ConCept 컨셉

농촌지도사

농촌지도론
기출예상문제집

서울고시각

**Stand by
Strategy
Satisfaction**

새로운 출제경향에 맞춘 수험서의 완벽서

머리말
INTRO

「컨셉 농촌지도론 기출·예상문제집」은 기출문제와 예상문제로 구성되어 있습니다. 기출문제는 최신 기출문제를 복원·변형한 것과 저자가 재직 중에 실제로 출제하였던 문제들을 수록하였으며, 예상문제는 최신 기출문제들을 속속들이 파악하여 요즘 출제 트렌드에 맞게 문제들을 만들어 예상문제의 선택지 한 문장, 한 문장을 완벽하게 이해하고 파악해야만 문제가 풀리도록 꼼꼼하게 구성하였습니다.

농촌지도론은 농촌지도 직렬의 과목입니다. 이 과목의 최근 출제 경향을 파악해 보면 절반 가량이 단답형 문제들이며 나머지는 다양한 길이의 지문형 문제들로 구성되어 있음을 알 수가 있으나 각 지방자치단체, 혹은 지역별로 출제되는 문제의 특수성으로 각 시험마다 난이도는 천차만별이며 같은 지자체에서 출제되는 문제라도 매해 다르게 출제되어 앞서 서술한 경향을 제외하고는 시험의 패턴이나 규칙성을 찾기가 어렵습니다. 이러한 까닭으로 시험을 준비하는 수험생들은 가장 기본적인 개념문제부터 까다로운 고난이도 문제까지 모두 섭렵해야만 고득점을 노려볼 수 있는 어려움이 있습니다. 이러한 어려움 속에 있는 수험생들에게 도움이 되기 위해 다양한 수준의 많은 문제들을 수록하려 노력하였고 기출문제 학습과정에서 이론까지 확장하여 정리할 수 있도록 본 교재의 문제를 배열할 때 「컨셉 농촌지도론」 기본서의 단원별 구성과 일치하게 배치하여 수험생들이 컨셉 기본서와 병행하여 학습할 때 더욱 시너지 효과를 얻을 수 있게 하였습니다.

나태하거나 불완전한 준비로 인해 시험 낙방이라는 결과를 받아 한 해 동안의 노력이 물거품이 되는 비운의 당사자가 되지 않도록 노력합시다. 한두 문제 차이로 떨어지는 이 시험에서 공무원 합격이라는 목표를 이룰 수 있도록 보다 정확한 학습을 해야 함은 물론이고 명확한 개념 이해와 암기가 반드시 수반되어야 함을 명심하시기 바랍니다.

인생은 기나긴 항해라고 합니다. 수험생활도 그와 별반 다르지 않다고 생각합니다. 수험생활을 하다보면 긴 항해와 같이 폭풍우를 만나기도 하고, 칠흑 같은 어둠에 두려운 마음이 들기도 하며, 자신의 무능함에 한탄을 하기도 할 것입니다. 그럼에도 불구하고 우리는 '공무원 합격'이라는 확고한 목표를 잃지 않고 열정적으로 노력하여 반드시 시험이라는 시련을 이겨내고 '합격'하도록 합시다.

저자 장 사 원

GUIDE

농촌지도사 시험안내

1 응시자격

① 대한민국 국적 소지자
② 응시연령 : 20세 이상
③ 거주지 제한
  - 국가직 : 거주지 제한 없음
  - 지방직 : 아래의 요건 중 어느 하나를 충족하여야 함
    - 해당 연도 1월 1일 이전부터 최종시험 시행예정일까지 계속하여 해당 지역에 주민등록상 주소지를 갖고 있는 자로서 동 기간 중 주민등록의 말소 및 거주 불명으로 등록된 사실이 없어야 함
    - 해당 연도 1월 1일 이전까지, 해당 지역에 주민등록상 주소지를 두고 있었던 기간을 모두 합산하여 총 3년 이상인 사람
    - 서울시는 거주지와 무관하게 누구나 응시 가능
④ 응시결격사유 등 : 최종시험 시행예정일(면접시험 최종예정일) 현재를 기준으로 「국가공무원법」 제33조의 결격사유에 해당하거나, 동법 제74조(정년)에 해당하는 자 또는 「공무원임용시험령」 등 관계법령에 의하여 응시자격이 정지된 자는 응시할 수 없음

❷ 시험과목 및 방법

구분		제1차 시험과목	제2차 시험과목	시험방법
국가직 (농촌진흥청)·지방직 공채	농촌지도사 (농업직)	국어(한문 포함), 영어(영어능력검정시험 대체), 한국사(한국사능력검정시험 대체)	재배학, 작물생리학, 농촌지도론, 생물학개론	• 제1·2차 시험(병합실시) : 선택형 필기시험(사지선다형, 과목당 20문항) • 제3차 시험 : 면접시험
	농촌지도사 (농촌생활직)		생활과학학, 농촌사회학, 식품영양학, 농촌지도론	
	농촌지도사 (원예직)		생물학개론, 재배학, 원예학, 농촌지도론	
	농촌지도사 (농업기계직)		물리학개론, 농업기계학, 농업시설공학, 농촌지도론	
서울시 경채	농촌지도사 (원예직)	• 필수(2) : 재배학, 원예학 • 선택(1) : 토양학, 작물생리학, 농촌지도론		
지방직 경채	농촌지도사 (농업직)	재배학, 작물생리학, 농촌지도론		
	농촌지도사 (원예직)	재배학, 원예학, 농촌지도론		
	농촌지도사 (축산직)	축산학개론, 가축사양학, 농촌지도론		
	농촌지도사 (농촌생활직)	생활과학학, 농촌사회학, 농촌지도론		

※ 경력경쟁채용시험의 경우 시험과목이 지역마다 다르고, 관련 자격증을 소지해야 하는 등 별도의 자격 제한이 있으므로 해당 지역 공고문을 꼭 확인해야 함

❸ 가산특전

① 가산점 적용대상자 및 가산비율표

구분	가산비율	비고
취업지원대상자	과목별 만점의 5% 또는 10%	• 취업지원대상자 가산점과 의사상자 등 가산점은 본인에게 유리한 것 하나만 선택, 적용 • 취업지원대상자(또는 의사상자 등) 가산점과 자격증 가산점은 각각 적용
의사상자 등(의사자 유족, 의상자 본인 및 가족)	과목별 만점의 3% 또는 5%	
직렬별 가산대상 자격증 소지자	과목별 만점의 3~5% (1개의 자격증만 인정)	

※ 취업지원대상자 가점을 받아 합격하는 사람은 선발예정인원의 30%(의사상자 등 가점의 경우 10%)를 초과할 수 없음
※ 취업지원대상자 여부와 가산비율은 본인이 사전에 직접 국가보훈처 및 지방보훈청에 확인, 의사상자 등 여부와 가산비율은 보건복지부 등에 확인하여야 함

② 관련 자격증 가산비율

구분		자격증 등급별 가산비율	
농촌지도 (농업기계)	기술사	기계, 공조냉동기계, 철도차량, 차량, 건설기계, 용접, 금형, 산업기계설비, 기계안전, 공장관리, 품질관리	• 기술사, 기능장, 기사 : 5% • 산업기사 : 3%
	기능장	기계가공, 에너지관리, 철도차량정비, 자동차정비, 건설기계정비, 용접, 금형제작, 판금제관, 배관	
	기사	일반기계, 메카트로닉스, 공조냉동기계, 철도차량, 자동차정비, 건설기계설비, 건설기계정비, 궤도장비정비, 기계설계, 용접, 프레스금형설계, 사출금형설계, 농업기계, 에너지관리, 산업안전, 품질경영, 승강기	
	산업기사	컴퓨터응용가공, 기계조립, 생산자동화, 기계설계, 공조냉동기계, 철도차량, 철도운송, 자동차정비, 건설기계설비, 건설기계정비, 궤도장비정비, 치공구설계, 정밀측정, 용접, 프레스금형, 사출금형, 기계정비, 판금제관, 농업기계, 배관, 에너지관리, 산업안전, 품질경영, 영사, 승강기	
농촌지도 (농업)	기술사	종자, 시설원예, 농화학, 식품	
	기사	종자, 시설원예, 식물보호, 토양환경, 식품, 바이오화학제품제조, 유기농업, 화훼장식	
	산업기사	종자, 식물보호, 농림토양평가관리, 식품, 유기농업, 화훼장식	
농촌지도 (농촌생활)	기술사	섬유, 의류, 조경, 산업위생관리, 수질관리, 폐기물처리, 농어업토목, 자연환경관리, 인간공학	
	기사	섬유, 의류, 조경, 산업위생관리, 수질환경, 폐기물처리, 토목, 자연생태복원, 인간공학, 바이오화학제품제조	
	산업기사	섬유, 패션디자인, 조경, 산업위생관리, 수질환경, 폐기물처리	

농촌지도 (원예)	기술사	종자, 시설원예, 농화학, 조경, 식품
	기사	종자, 시설원예, 식물보호, 토양환경, 조경, 식품, 바이오화학제품제조, 유기농업, 화훼장식
	산업 기사	종자, 식물보호, 농림토양평가관리, 조경, 식품, 유기농업, 화훼장식
농촌지도 (축산)	기술사	축산, 식품
	기사	축산, 식품, 수의사, 방사성동위원소취급자(일반), 방사선취급감독자
	산업 기사	축산, 식품, 가축인공수정사

※ 비고 : 폐지된 자격증이 국가기술자격법령 등에 따라 그 자격이 계속 인정되는 경우에는 가산대상 자격증으로 인정한다.

CONTENTS

PART 01 농촌지도 기초

CHAPTER 01	농촌지도 개념	3
CHAPTER 02	성인 학습이론	51
CHAPTER 03	혁신전파이론	82
CHAPTER 04	농촌지도 접근법	118

PART 02 정책론

CHAPTER 01	농촌지도 계획(Plan)	167
CHAPTER 02	농촌지도 집행(Do)	205
CHAPTER 03	농촌지도 평가(See)	249

PART 03 조직론

| CHAPTER 01 | 한국의 농촌지도 조직 | 287 |
| CHAPTER 02 | 외국의 농촌지도 조직 | 319 |

PART 04 인적자원론

CHAPTER 01	농촌지도요원의 전문성	357
CHAPTER 02	리더십	375
CHAPTER 03	농촌 인적자원개발(HRD)	402
CHAPTER 04	농촌지도사업 성과와 과제	438

PART 01

농촌지도 기초

01 농촌지도 개념
02 성인 학습이론
03 혁신전파이론
04 농촌지도 접근법

01 농촌지도 개념

01

사회집단은 접촉방식에 따라 1차집단과 2차집단으로 구분할 수 있다. 다음 중 2차집단이 아닌 것은?

① 이익단체
② 또래집단
③ 회사
④ 정당

해설
접촉방식에 따른 사회집단의 분류 : 1차집단과 2차집단

구분	1차집단	2차집단
의미	구성원 간의 대면(對面) 접촉과 친밀감을 바탕으로 형성된 집단 원초집단이라고도 함	간접적 접촉을 기본으로 하며, 특정한 목적이나 이해관계를 달성하기 위해 인위적으로 결합된 집단
특징	• 구성원들 간에 전인격적이고 비형식적인 인간관계가 나타남 • 개인의 인성 및 가치관 형성에 중요하며, 구성원의 자아 형성과 사회 유지에 기여함 • 도덕, 관습 등 비공식적인 수단에 의해 사회 통제와 질서 유지가 이루어짐 • 인간관계가 지속적이며, 집단의 규모가 대체로 작고, 지리적으로 근접해 있음	• 구성원들 간에 부분적이고 형식적인 인간관계가 나타남 • 구성원 간의 간접 접촉, 수단적인 만남이 이루어짐 • 규칙, 법률 등 공식적 수단에 의해 사회 통제가 이루어짐 • 인간관계가 일시적이고, 집단의 크기가 대체로 대규모임
예	가족, 문중, 놀이 집단, 이웃, 촌락, 지역 공동체	학교, 회사, 정당, 조합, 각종 단체, 도시, 국가 등

02

전 세계적으로 농촌지도사업을 의미하는 단어로, 영국에서 최초로 사용된 용어는?

① 혁신
② 확장
③ 자문
④ 숙련

[17. 지도사 기출변형]

정답 01.② 02.②

해설▶
1873년 Cambridge대학에서 일반시민에게 제공하였던 교육혁신(educational innovation)을 소개하면서 확장(extension)이라는 용어를 처음 사용하였다.

03

농촌지도의 어원에 대한 설명으로 옳지 않은 것은?

① 농촌지도는 영어로 협동확장활동이라고 하며 영국에서 확장 개념을 가장 먼저 사용하였다.
② 미국에서는 주로 농민을 대상으로 교육하면서 농촌지도가 본격 출발하였다.
③ 오늘날 영국, 독일, World Bank 등 유럽 각국에서 농촌지도를 자문 활동이라 부르기도 한다.
④ 확장 및 자문지도에 초점을 두는 농촌지도는 중국에서는 농업개량보급사업이라 한다.

해설▶
㉠ **영국** : 19세기 후반 영국 Cambridge와 Oxford 대학에서 정규학생이 아닌 일반시민을 상대로 개설한 공개강좌, 즉 대학확장교육(university extension education)이라고 부름
㉡ **미국** : 농촌지도(cooperative extension work : 협동확장활동)는 협동확장체계(Cooperative Extension System, CES)라 하여 공적 재원(public-funded)을 바탕으로 USDA-주립대학-지역행정조직단위의 교육·연구를 연계시킨 비형식적 교육 활동
㉢ **중국** : 옮기고 넓힌다는 의미의 추광사업(推廣事業)
㉣ **일본** : 농업에 대한 미흡한 점을 보완하여 더 좋게 고치는 '개량(改良)'과, 널리 전파시켜 많은 사람들이 효과를 누리게 하는 '보급(普及)'이라는 의미의 농업개량보급사업, 최근 협동농업기술보급사업으로 개칭함

[17. 지도사 기출변형]

04

농촌지도의 의미에 대한 설명으로 옳지 않은 것은?

① extension 개념은 미국 주립대학에서 주로 농민 대상 교육에서 농촌지도가 처음으로 시작되었다.
② 일본의 농촌지도사업은 '농업개량보급사업'에서 최근 '협동농업기술보급사업'으로 개칭하였다.
③ 스페인의 농촌지도는 'capacitacion'으로 일반적으로 '훈련'을 가리킨다.
④ 중국의 농촌지도는 옮기고 넓힌다는 의미로 추광사업(推廣事業)이라고 한다.

03.④ 04.① 정답

> **해설**
>
> **국가별 농촌지도의 의미**
> ㉠ 영국 : 확장(extension)이라는 용어는 1873년 Cambridge대학에서 일반시민에게 제공하였던 교육혁신(educational innovation)을 소개하면서 처음 사용함
> ㉡ 미국 : 영국의 extension 개념은 미국으로 전파되어 주립대학에서 실시되었는데 주로 농민 대상 교육에서 농촌지도가 본격 출발하게 됨
> ㉢ 독일(또는 네덜란드)의 '불밝힘 활동(voorlichting)'
> ㉣ 스페인은 'capacitacion' : 일반적으로 '훈련'을 가리키지만 사람들의 기술을 향상시키는 의도
> ㉤ 오스트리아는 'Forderung' : 바람직한 방향으로 가게 한다는 의미
> ㉥ 한국의 '농촌지도사업(農村指導事業)' : 어떠한 목적이나 방향으로 남을 가르쳐 이끈다는 의미(지도)
> ㉦ 중국의 추광사업(推廣事業) : 옮기고 넓힌다는 의미(추광)
> ㉧ 일본의 '농업개량보급사업' : 최근 협동농업기술보급사업으로 개칭함

05

[19. 전북지도사 기출]

국가별 농촌지도 기원에 대한 설명이 옳지 않은 것은?

① 독일의 '불밝힘 활동(voorlichting)'은 가야 할 길을 쉽게 갈 수 있도록 불을 밝혀주는 활동이다.
② 스페인의 'capacitacion'은 일반적으로 '훈련'을 가리킨다.
③ 중국의 추광사업(推廣事業)은 농업에 대한 미흡한 점을 보완하여 더 좋게 고친다는 의미이다.
④ 오스트리아의 'Forderung'은 바람직한 방향으로 가게 한다는 의미이다.

> **해설**
> • 중국의 추광사업(推廣事業) : 옮기고 넓힌다는 의미(추광)
> • 일본의 '농업개량보급사업' : 농업에 대한 미흡한 점을 보완하여 더 좋게 고치는 '개량(改良)'과, 널리 전파시켜 많은 사람들이 효과를 누리게 하는 '보급(普及)'이라는 의미. 최근 협동농업기술보급사업으로 개칭함

06

다음 용어들의 연결이 잘못된 것은?

① 독일 – 불밝힘 활동(voorlichting)
② 인도네시아 – torch(penyuluhan)
③ 스페인 – capacitacion
④ 말레이시아 – Forderung

정답 05.③ 06.④

> **해설**
> ㉠ 독일(또는 네덜란드)의 '**불밝힘 활동**(voorlichting)' : 가야 할 길을 쉽게 갈 수 있도록 불을 밝혀주는 활동
> ㉡ 인도네시아는 'torch(penyuluhan)', 말레이시아는 'perkembangan' : 독일과 같은 의미
> ㉢ 스페인은 'capacitacion' : 일반적으로 '훈련'을 가리키지만 사람들의 기술을 향상시키는 의도
> ㉣ 오스트리아는 'Forderung' : 바람직한 방향으로 가게 한다는 의미

07

미국 Edgar는 농촌지도를 하나의 '사회교육체계'라고 정의하였다. 그가 정의한 3측면에 해당하지 않는 것은?

① 인류를 돕는 사업
② 인류를 가르치는 사업
③ 혁신을 실천하도록 격려하는 사업
④ 생산성 향상과 능력을 개발하는 사업

> **해설**
> **Edgar(1989)** : 농촌지도를 '사회교육체계'라고 정의. 3측면에서 정의
> ㉠ 인류를 가르치는 사업(teaching)
> ㉡ 인류를 돕는 사업(helping)
> ㉢ 혁신을 실천하도록 격려하는 사업(inspiring)
> **Oakley & Garforth(1985)** : 농촌주민의 생활을 향상시키기 위하여 주민과 함께 활동하는 과정으로, 생산성 향상을 도와주고 능력을 개발하는 활동

08

Van den Ban & Hawkins는 농촌지도를 체계적으로 전개하는 일련의 과정으로 보았다. 그 과정을 순서대로 나열한 것은?

> ㉠ 농업인 자신이 처한 상황에서 가장 적절한 대안을 책임감 있게 선택할 수 있도록 도와주는 행위
> ㉡ 분석을 통해 밝혀진 문제점을 농업인이 명확히 인식하도록 도와주는 과정
> ㉢ 농업인 자신이 선택한 것을 실천할 수 있도록 동기를 촉진시키는 행위
> ㉣ 농업인이 현재와 미래의 상태를 분석하도록 도와주는 과정

① ㉡ → ㉣ → ㉠ → ㉢
② ㉣ → ㉡ → ㉢ → ㉠
③ ㉡ → ㉣ → ㉢ → ㉠
④ ㉣ → ㉡ → ㉠ → ㉢

07.④ 08.④ 정답

해설
Van den Ban & Hawkins(1996) : 7사항을 체계적으로 전개하는 일련과정
㉠ 농업인이 현재와 미래의 상태를 분석하도록 도와주는 과정
㉡ 분석을 통해 밝혀진 문제점을 농업인이 명확히 인식하도록 도와주는 과정
㉢ 지식을 증대시키고 문제에 대한 통찰력을 개발시켜 기존의 지식을 구조화하도록 도와주는 행위
㉣ 특정 문제해결과 관련된 상세한 지식과 정보를 획득하고 가능한 대안들을 발견할 수 있도록 도와주는 행위
㉤ 농업인 자신이 처한 상황에서 가장 적절한 대안을 책임감 있게 선택할 수 있도록 도와주는 행위
㉥ 농업인 자신이 선택한 것을 실천할 수 있도록 동기를 촉진시키는 행위
㉦ 자신의 의견 형성과 의사결정의 기술을 향상시키고 평가하도록 도와주는 체계적인 과정

09

다음 중 Feder, Willett & Zijp가 주장한 '기능으로서의 농촌지도'로 옳지 않은 것은?

① 농장, 농촌집단, 지역사회를 동원하고 조직하는 기능을 수행한다.
② 교육을 통해 잠재역량과 인적자원을 개발하고 개인과 지역의 역량을 향상시키는 기능을 수행한다.
③ 기술을 보급하고, 인적·물적 자원을 동원하며, 교육하고 있는 공공기관과 민간기관을 모두 포함한다.
④ 지속가능한 농산물의 생산, 가공, 유통을 위해 다양한 방향에서 관련 기술을 보급하는 기능을 수행한다.

해설
Feder, Willett & Zijp의 농촌지도
㉠ 기능으로서의 농촌지도
　ⓐ 지속가능한 농산물의 생산, 가공, 유통을 위해 다양한 방향에서 관련 기술을 보급하는 기능을 수행
　ⓑ 농장, 농촌집단, 지역사회를 동원하고 조직하는 기능을 수행
　ⓒ 교육을 통해 잠재역량과 인적자원을 개발하고 개인과 지역의 역량을 향상시키는 기능을 수행
㉡ **체계로서의 농촌지도** : 기술을 보급하고, 인적·물적 자원을 동원하며, 교육하고 있는 공공기관과 민간기관을 모두 포함

정답 09.③

[18. 강원지도사 기출변형]

10

기능으로서의 농촌지도가 아닌 것은?

① 교육을 통해 개인과 지역의 역량을 향상시킨다.
② 지속가능한 농산물의 생산, 가공, 유통을 위해 다양한 방향에서 관련 기술을 보급한다.
③ 기술을 보급하고, 교육하고 있는 공공기관과 민간기관을 모두 포함한다.
④ 농장, 농촌집단, 지역사회를 동원하고 조직한다.

해설
기능으로서의 농촌지도
㉠ 지속가능한 농산물의 생산, 가공, 유통을 위해 다양한 방향에서 관련 기술을 보급하는 기능을 수행
㉡ 농장, 농촌집단, 지역사회를 동원하고 조직하는 기능을 수행
㉢ 교육을 통해 잠재역량과 인적자원을 개발하고 개인과 지역의 역량을 향상시키는 기능을 수행

[23. 서울지도사]

11

〈보기〉에서 농촌지도의 기능에 대한 설명으로 옳은 것을 모두 고른 것은?

가. 농촌지도는 농산물의 생산, 가공, 유통을 위해 다양한 방향에서 관련 기술을 보급하는 기능을 수행한다.
나. 농촌지도는 농장, 농촌조직, 지역사회를 동원하고 조직하는 기능을 수행한다.
다. 농촌지도는 교육을 통해 잠재역량과 인적자원을 개발하고 개인과 지역의 역량을 향상시키는 기능을 수행한다.
라. 농촌지도는 농업 및 농촌개발을 포함하여 광범위한 영역에서 농업인의 역량을 향상시키는 기능을 수행한다.

① 나, 다 ② 다, 라
③ 가, 나, 라 ④ 가, 나, 다, 라

해설
농촌지도의 개념과 기능은 다양하다.
Feder, Willett & Zijp의 기능으로서 농촌지도
ⓐ 지속가능한 농산물의 생산, 가공, 유통을 위해 다양한 방향에서 관련 기술을 보급하는 기능을 수행한다.
ⓑ 농장, 농촌집단, 지역사회를 동원하고 조직하는 기능을 수행한다.
ⓒ 교육을 통해 잠재역량과 인적자원을 개발하고 개인과 지역의 역량을 향상시키는 기능을 수행한다.

10.③ 11.④ **정답**

12

농촌지도의 개념과 접근방법을 설명한 것으로 가장 적절한 것은?

① 농촌발전을 위해 현재지향적인 사업에 전력을 기울이는 행정적 접근방법이다.
② 농촌주민들이 스스로 농촌을 발전시켜 나갈 수 있도록 능력을 배양하는 사회교육적 접근방법이다.
③ 농촌의 경제발전을 위해 농업발전과 농외소득 증대에 주안을 두는 경제적 접근방법이다.
④ 농촌의 빈곤문제를 해결하기 위한 사회복지적 접근방법이다.
⑤ 농촌주민의 문화수준을 높이고, 전통문화를 계승하기 위한 문화적 접근방법이다.

해설
Wikipedia에 따르면 농촌지도(rural extension, agricultural extension, advisory service)는 실생활에 종사하고 있는 농촌 주민에게 복지증진과 권익신장을 위하여 농업·가정·지역사회의 발전을 스스로 도모할 수 있는 인격과 능력을 배양하는 실천적 사회교육활동이라고 정의하고 있다.

[14. 지도사 기출변형]

13

합의수준의 농촌지도이념에 대한 설명으로 가장 옳지 않은 것은?

① 농촌주민과 함께 인간 개개인의 발전과 행복을 추구한다.
② 농업과 농촌발전을 통한 국가발전을 지향한다.
③ 세계와 인류의 발전을 지향한다.
④ 농촌지역사회의 희생을 바탕으로 국가발전을 추구한다.

해설
합의수준의 농촌지도이념
㉠ 농촌주민과 함께 인간 개개인의 발전과 행복을 추구하고 있다.
㉡ 농업과 농촌발전을 통한 국가발전을 지향하고 있다.
㉢ 세계와 인류의 발전을 지향하고 있다.

[20. 서울지도사 기출]

정답 12.② 13.④

14

Coombs와 Ahmed가 분류한 농업발전을 위한 교육내용에 포함되지 않는 것은?

① 교양교육과 인성교육
② 직업교육
③ 일반기초교육
④ 지역사회 개선교육

해설
농촌발전을 위한 교육사업(Coombs & Ahmed)
㉠ 일반기초교육
㉡ 직업교육
㉢ 가정생활 개선교육
㉣ 지역사회 개선교육

[17. 지도사 기출변형]

15

학교교육과 사회교육에 대한 설명으로 옳지 않은 것은?

① 학교교육의 교육구조는 조직화와 구조화가 높으나, 사회교육은 조직화와 구조화가 낮다.
② 학교교육의 교육기능은 가변적 지식강조이나, 사회교육은 일반화된 지식을 강조한다.
③ 학교교육의 교육목표는 미래지향적이나, 사회교육은 현재지향적이다.
④ 학교교육의 교육보상은 연기된 보상이나, 사회교육은 직접적 보상이다.

해설
학교교육 vs 사회교육

구분	형식교육	사회교육
사례	학교교육	농촌지도
교육구조	조직화와 구조화가 높음	조직화와 구조화가 낮음
교육내용	이론적, 추상적, 학문적	기능적, 실용적
교육기간	장기간의 이수	단기간 이수
교육보상	연기된 보상	직접적 보상
교육장소	장소 제한이 많음	장소의 공간적 제한이 적음
교육방법	교사 중심	학습자 중심
학습자	학습자 연령의 제한	학습자 연령의 무제한
교사	자격증 필요	다양한 교육배경
졸업	졸업이 사회적 성취 좌우	사회적 성취와 관련 적음
교육기능	일반화된 지식 강조	가변적 지식 강조
교육목표	미래지향적	현재지향적

14.① 15.② **정답**

16

사회교육과 학교교육에 대한 설명이 옳지 않은 것은?

① 사회교육의 교육구조는 조직화와 구조화 정도가 낮다.
② 사회교육은 장소의 공간적 제한이 적다.
③ 학교교육의 내용은 실용적이며 기능적이다.
④ 학교교육에서 졸업은 사회적 성취를 좌우한다.

해설
학교교육의 내용은 이론적·추상적·학문적이라면, 사회교육은 실용적·기능적이다.

[19. 경북지도사 기출]

17

학교교육과 사회교육에 대한 설명으로 옳은 것은?

> ㉠ 학교교육의 교육보상은 연기된 보상을 받는다.
> ㉡ 사회교육의 교육기능은 가변적 지식을 강조한다.
> ㉢ 학교교육의 교육내용은 사회교육에 비해 이론적, 추상적, 학문적이다.
> ㉣ 사회교육의 교육구조는 학교교육에 비해 고도의 조직화와 구조화가 이루어져 있다.

① ㉠, ㉡
② ㉢, ㉣
③ ㉠, ㉡, ㉢
④ ㉠, ㉢, ㉣

해설
학교교육의 교육구조는 사회교육에 비해 고도의 조직화와 구조화가 이루어져 있다.

18

형식교육과 사회교육에 대한 설명이 옳지 않은 것은?

① 형식교육은 장소의 제한이 많지만, 사회교육은 공간적 제한이 적다.
② 형식교육은 교사의 다양한 교육배경이 필요하지만, 사회교육은 자격증이 필요하다.
③ 형식교육은 일반화된 지식을 강조하지만, 사회교육은 가변적 지식을 강조한다.
④ 형식교육은 미래 지향적이지만, 사회교육은 현재 지향적이다.

해설
형식교육은 교사의 자격증이 필요하지만, 사회교육은 교사의 다양한 교육배경이 필요하다.

[18. 전북지도사 기출변형]

정답 16.③ 17.③ 18.②

19

클라크가 제시한 종합농촌개발의 4가지 조건에 속하지 않는 것은?

① 농촌의 빈곤층에 취업알선
② 합리적 교육
③ 이익의 공정분배
④ 지역자원의 합리적 관리

해설
Clack의 종합농촌개발
㉠ 종합농촌개발의 필수 성격
　ⓐ 농촌개발계획과 전체적인 국가개발계획과의 상호관련성
　ⓑ 정치, 경제, 사회, 기술적 요인의 총괄성
㉡ 종합농촌개발의 기본 요구조건
　ⓐ 농촌의 빈곤층에 대한 취업알선 기회 부여
　ⓑ 이익의 공정분배 도모
　ⓒ 개발활동과 의사결정과정에서의 농민참여 유도
　ⓓ 지역자원의 합리적 관리

20

농촌지도와 농촌행정에는 공통점과 차이점이 있다. 다음 중 차이점에 대해 바르게 설명된 것은?

① 농촌지도의 주목표는 농업증산 및 식량수급, 농업공무원교육이다.
② 농촌행정의 주업무는 인허가 및 다수확 기술교육이다.
③ 농촌행정은 교육적 원리에 입각한다.
④ 농촌지도의 주기능은 새기술 전달, 사회교육이다.

해설

구분	농촌행정	농촌지도
목표	농업증산 및 식량수급	영농상의 문제점 해결
주기능	규제, 조장, 관리	기술전달, 사회교육
원리	법령에 의한 권력작용 및 이에 근거한 일방적 조정·통제	농민의 자발적 참여를 전제로 교육적 원리에 입각한 쌍방적 접근
주요업무	인허가, 등록, 신고, 증명, 지원 등 행정적 업무	기술교육, 새품종, 새기술 전달, 다수확 시범 및 전시포 설치, 청소년·여성 지도 등 교육업무
접촉수단	이·통장을 통한 직선적 접촉	농촌학습단체 육성을 통한 우회적 접촉과 시범, 전시 및 교육
공무원	농업직공무원	농촌지도사
공무원의 자질	• 농림자원통계 • 행정법, 농업실무 • 자재 및 생산물 수급계획 수립	• 교육학, 인간관계, 심리이론 • 교수법, 교재제작 활용법 • 농업전문지식 및 기술

19.② 20.④ **정답**

21

농촌지도와 농촌행정의 차이점을 연결한 것으로 바르지 못한 것은?

	농촌행정	농촌지도
① 목표	영농상의 문제점 해결	농업증산 및 식량수급
② 소속공무원	농업공무원	농촌지도사
③ 교육기능	규제, 조장, 관리	기술전달, 사회교육
④ 주요업무	증명, 등록, 신고	새품종, 새기술 전달

해설▶
농촌행정의 목표는 농업증산 및 식량수급이며, 농촌지도의 목표는 영농상의 문제점을 해결하는 것이다.

[20. 강원지도사 기출변형]

22

농업행정에 대한 설명으로 옳은 것은?

① 농업행정의 목표는 영농상의 문제점 해결이다.
② 농업행정의 접촉수단은 이장·통장을 통한 직선적 접촉이다.
③ 농업행정의 주기능은 기술전달, 사회교육이다.
④ 농업행정의 원리는 농민의 자발적 참여를 전제로 교육적 원리에 입각한 쌍방적 접근이다.

해설▶
① 농업행정의 목표는 농업증산 및 식량수급이고, 농촌지도의 목표는 영농상의 문제점 해결이다.
② 농업행정의 접촉수단은 이장·통장을 통한 직선적 접촉이고, 농촌지도는 농촌학습단체 육성을 통한 우회적 접촉과 시범, 전시 및 교육이다.
③ 농업행정의 주기능은 규제, 조장, 관리 등이고, 농촌지도는 기술전달, 사회교육이다.
④ 농업행정의 원리는 법령에 의한 권력작용 및 이에 근거한 일방적 조정·통제이고, 농촌지도는 농민의 자발적 참여를 전제로 교육적 원리에 입각한 쌍방적 접근이다.

정답 21.① 22.②

23

다음 농촌지도에 대한 설명으로 틀린 것은?

① 농촌지도란 성인과 청소년이 실천을 통해서 배우는 교외교육활동이다.
② 농촌지도는 형식적 교육으로서 일정 연령의 사람을 위한 사업이다.
③ 농촌지도는 농촌주민이 일상적 농업경영, 가정생활 그리고 기타 농촌생활에 과학적인 지식을 적용하도록 촉진하는 교실외 교육이다.
④ 농촌가족으로 하여금 자연과학 및 사회과학을 농업경영, 가정생활 그리고 1차적 지역사회생활에 적용하도록 촉진하는 학교외 노변교육이다.

해설
미국 농무성 보고서의 농촌지도의 성격
㉠ 농촌지도는 교육적 사업의 하나이다.
㉡ 농촌지도는 비형식적·비학점제의 교육으로서 모든 연령의 사람을 위한 사업이다.
㉢ 지도대상자는 평소에 느끼는 문제를 결정하고 해결하며, 그 결과에 대해 책임을 질 수 있도록 해야 한다.
㉣ 목적에 있어서 지역단위 간, 지도영역 간, 지도대상 간 균형적 발전을 도모해야 한다.
㉤ 주민 스스로 자기 자신을 위해 의사결정을 할 수 있도록 사실적 정보를 객관적으로 제시하고 분석한다.

24

농촌지도의 성격을 종합 분석하여 보면 크게 4가지 측면으로 나눌 수 있는데, 이에 속하지 않는 것은?

① 민주적 성격
② 행동적 성격
③ 균형적 성격
④ 협동적 성격

해설
농촌지도 기본성격의 종류 : 균형적 성격, 협동적 성격, 민주적 성격, 교육적 성격

[19. 충남지도사 기출]

25

다음에서 설명하는 농촌지도의 기본성격은 무엇인가?

> 농촌지역주민의 잠재성과 창의성을 개발하여 농업생산과 생활향상을 꾀할 수 있도록 필요한 정보·지식을 제공하고, 필요시 함께 토의·상의·격려·조언하는 사업이다.

① 민주적 성격
② 교육적 성격
③ 균형적 성격
④ 협동적 성격

정답 23.② 24.② 25.②

> **해설**
>
> **농촌지도의 교육적 성격**
> ㉠ 농촌지도는 인간의 행동과 자질의 함양을 직접 목표로 하는 사업이며, 농업생산·농가소득 등 물질의 증대를 직접 목표로 하는 사업이 아니다.
> - 농촌지도는 행동적 변화를 통해 경제적·사회적 개선을 도모하는 사업
> - 농촌지역주민의 잠재성과 창의성을 개발하여 농업생산과 생활향상을 꾀할 수 있도록 필요한 정보·지식을 제공하고, 필요시 함께 토의·상의·격려·조언하는 사업
> ㉡ 농촌지도는 학교교육과 다른 사회교육(비형식)적 성격을 갖는다.
> - 사회교육 대상자는 이질적이고, 교육내용은 실용적이며 현재지향적
> - 사회교육은 농장, 가정 등 현장에서 토의·대화·연시·인쇄물 등 다양한 방법을 활용
> - 비형식 교육의 교육자는 모든 분야에 대해 넓게 알고 있어야 함
> ㉢ 농촌지도는 행정적 과정과 다른 교육적 과정으로 추진된다.
> - 행정적 과정이 주체지향(행정공무원에 의한 행정목표 달성)이라면, 교육적 과정은 객체지향(교육대상자에 의해 교육목표 달성)
> - 교육은 행정에 비하여 객체의 자발성과 자원성이 강조되며, 다루는 내용도 자유로움
> - 교육과정은 교육대상자에게 학습경험(자아와 환경과의 상호작용)을 갖게 하는 과정

26

다음 농촌지도의 기본성격 중 농촌지도 이외의 농촌개발기관들과 수평적으로 혹은 상하로 유기적으로 협동해야 효과적이라는 성격은?

① 균형적 성격
② 협동적 성격
③ 민주적 성격
④ 교육적 성격

> **해설**
>
> **협동적 성격**
> ㉠ 농촌지도는 농업관계기관 상호 간 수평적, 횡적, 유기적으로 협동해야 효과적으로 수행할 수 있음
> ㉡ 자원을 효율적으로 이용함
> ㉢ 미국의 경우 주립대학 – 연방정부 농무성이 협동체제를 이룸

27

[23. 충북지도사]

농촌지도의 기본성격 중 다음 설명과 일치하는 것은?

> 농촌지도는 농업관계기관 상호 간 수평적, 횡적, 유기적으로 상호협동해야 효과적으로 수행할 수 있다.

① 민주적 성격
② 교육적 성격
③ 협동적 성격
④ 균형적 성격

28

농촌지도의 기본성격에 대한 설명으로 거리가 먼 것은?
① 지도대상자들은 책임을 져야 하고 균형적 발전을 도모해야 한다.
② 교육을 통하여 지도대상자들은 평소에 느끼는 문제를 결정하고 해결하며, 그 결과에 대하여 책임을 질 수 있도록 해야 한다.
③ 협동적 사업으로서 정부와 지도소 및 지도대상자의 비용부담률이 비슷하여야 한다.
④ 목적에 있어서 지역단위 간, 지도영역 간 및 지도대상 간의 균형적 발전을 도모해야 한다.

해설
농촌지도는 협동적 사업으로서 농업관계기관 상호 간 수평적, 횡적, 유기적으로 협동해야 효과적으로 수행할 수 있고, 자원을 효율적으로 이용할 수 있다.

29

농촌지도의 기본성격 분류 중 민주적 성격을 가장 잘 설명한 것은?
① 농촌주민은 농촌지도사의 권장사항을 따르기만 하면 된다.
② 농촌지도의 계획, 실천, 평가는 농촌지도사를 위주로 농민도 참여한다.
③ 농촌지도의 민주적 성격이란 농촌주민의, 농촌주민에 의한, 농촌주민을 위한 것을 말한다.
④ 농촌지도는 우선적으로 사회복지와 국가발전을 위한 것이어야 한다.

해설
농촌지도의 민주적 성격
㉠ **농촌주민의(of)** : 농촌주민에게 의사결정이 달려 있음
㉡ **농촌주민에 의한(by)** : 지도 계획, 실천, 평가는 농민참여를 전제로 함
㉢ **농촌주민을 위한(for)** : 지도가 농촌주민의 소득증대와 복지향상에 의해 전개됨

30

농촌지도의 기본성격 중 교육적 성격에 대한 설명으로 가장 옳은 것은?

① 지도대상자가 학습경험을 가질 때 비로소 농촌지도목표에 도달할 수 있다.
② 모든 의사결정은 지도대상자에게 달려 있으며, 그 책임도 지도대상에게 있다.
③ 농촌주민, 지역사회 및 국가의 목적들은 상호 간 상보적 관계를 유지해야 한다.
④ 농촌지도기구가 독자적으로 농촌지도(교육)사업을 전개할 수 없는 것은 아니다.

해설
② **민주적 성격** : 모든 의사결정은 지도대상자에게 달려 있으며, 그 책임도 지도대상에게 있다.
③ **균형적 성격** : 농촌주민, 지역사회 및 국가의 목적들은 상호 간 상보적 관계를 유지해야 한다.
④ **협동적 성격** : 농촌지도기구가 독자적으로 농촌지도(교육)사업을 전개할 수 없는 것은 아니다.

31

농촌지도의 교육적 성격에 대한 설명이 옳은 것은?

① 인간의 행동과 자질의 함양을 직접 목표로 하는 사업이다.
② 행정적 과정과 동일한 교육적 과정으로 추진된다.
③ 농촌지도가 원칙적으로 농촌주민의 소득증대와 복지향상에 의해 전개된다.
④ 농촌주민과 도시주민, 생산자와 소비자, 남자와 여자 등 대등한 비중으로 균형있게 다루어야 한다.

해설
② 농촌지도의 교육적 성격은 행정적 과정과 다른 교육적 과정으로 추진된다.
③ 민주적 성격, ④ 균형적 성격

정답 30.① 31.①

[18. 전북지도사 기출변형]

32
농촌지도의 기본성격 중 모든 의사결정이 농촌주민에게 달려있음을 강조하는 것은 무엇인가?

① 민주적 성격 ② 교육적 성격
③ 균형적 성격 ④ 협동적 성격

해설
농촌지도의 민주적 성격
㉠ **농촌주민의(of)** : 모든 의사결정이 농촌주민에게 달려 있음
㉡ **농촌주민에 의한(by)** : 농촌지도의 계획·실천·평가는 농촌주민 참여를 전제로 함
㉢ **농촌주민을 위한(for)** : 농촌지도가 원칙적으로 농촌주민의 소득증대와 복지향상에 의해 전개됨. 농촌지도는 농촌주민 개인의 발전을 통한 농촌지역사회발전을 추구하고, 이를 통해 국가발전을 도모하는 사업임

33
농촌지도의 기본성격 중 협동적 성격에 대한 설명으로 잘못된 것은?
① 농촌지도는 타 기관과 협동할 때 그 효과를 올릴 수 있다.
② 우리나라는 농촌관계기관 상호 간 수평적, 횡적, 유기적으로 협동해야 효과적 수행이 가능하다.
③ 자원을 효율적으로 이용할 수 있다.
④ 미국은 주립대학과 연방정부의 농무성이 협동체제를 이루고 있다.
⑤ 협동적 성격은 상·하 간의 계층적 성질이다.

해설
농촌지도의 협동적 성격은 상·하 간의 계층적 성질이 아니라 농업관계기관 상호 간 수평적, 횡적, 유기적 성질이다.

34
다음은 농촌지도사업의 어떤 특성에 속하는가?

> 농촌지도사업은 농촌인에 의한 농촌개발사업이다. 지도공무원이 일방적으로 사업을 계획하고 실천하는 것이 아니라 농촌인과 함께 사업을 계획하고 실천 및 평가하여야 한다.

① 교육 과정적 특성 ② 민주적 특성
③ 협동적 특성 ④ 종합적 특성
⑤ 사회 교육적 특성

정답 32.① 33.⑤ 34.②

35

다음에서 설명하는 농촌지도의 기본성격은 무엇인가?

- 모든 의사결정이 농촌주민에게 달려 있다.
- 농촌지도가 원칙적으로 농촌주민의 소득증대와 복지향상에 의해 전개된다.

① 교육적 성격　　② 민주적 성격
③ 균형적 성격　　④ 협동적 성격

해설
민주적 성격 : 농촌주민의(의사결정), 농촌주민에 의한(참여), 농촌주민을 위한(복지) 농촌지도성격을 말한다.

[19. 강원지도사 기출]

36

다음 〈보기〉와 같은 농촌지도의 성격은?

- 주민의 행동적 변화를 통하여 경제적, 사회적 개선을 도모함
- 주민이 필요한 정보를 제공하고 토의, 상의, 격려, 조언함

① 민주적 성격　　② 사회적 성격
③ 집중적 성격　　④ 교육적 성격
⑤ 조언적 성격

해설
교육적 성격
㉠ 농촌지도는 인간의 행동과 자질의 함양을 직접 목표로 하는 사업이다.
㉡ 사회교육의 일환으로 실용적이며, 현재지향적이다.
㉢ 행정독려적 성격을 가장 경계해야 한다.
㉣ 객체지향적 교육이므로 객체의 자발성과 자원성이 더욱 강조된다.

[14. 지도사 기출변형]

37

다음 제시문은 농촌지도의 특성 중 무엇을 의미하는가?

농촌주민, 지역사회 및 국가의 각 수준에서 설정될 수 있는 목적들은 상호 간에 상보적, 상반적 혹은 의무관계를 지지할 수 있다.

① 교육적 특성　　② 협동적 특성
③ 균형적 특성　　④ 민주적 특성

정답　35.②　36.④　37.③

해설
균형적 성격
㉠ **지역단위간 균형** : 농촌주민, 지역사회, 국가 각 수준의 목적들이 상호 간 상보적 관계를 유지하고 있어야 함
㉡ **지도영역간 균형** : 농업발전, 환경보전, 가정생활개선, 관광발전 등 여러 영역을 연관시켜 균형있게 개선해야 함
㉢ **지도대상간 균형** : 농촌주민과 도시주민, 생산자와 소비자, 남자와 여자, 어린이·청소년·장년·노인을 대등한 비중으로 균형있게 다루어야 함

38
다음 중 농촌지도의 성격으로 바르지 않은 것은?
① 국가시책 달성을 위한 행정 독려
② 민주적인 사회교육
③ 실용적이고 문제중심적인 지도내용
④ 지도사와 농민, 농민 상호 간의 협동사업

해설
농촌지도는 행정독려적 성격을 가장 경계해야 한다.

39
국가발전 측면에서 농촌지도의 필요성이 아닌 것은?
① 식량생산
② 도시와 농촌의 균형발전
③ 농촌가정생활의 합리적 운영
④ 자연자원보존

해설
농촌지도의 필요성
㉠ **현대산업사회적 특성에서 농촌지도의 필요성** : 과학의 발달, 신속한 사회변화, 산업의 전문화, 지식수준의 향상
㉡ **국가발전적 측면에서 농촌지도의 필요성** : 식량생산, 도·농간 균형발전, 농촌청소년 지도, 농촌주민의 현대적 시민자질, 농촌가정생활의 합리적 운영

40
다음 중 현대산업사회의 특성에서 농촌지도의 필요성에 속하는 것은?
① 산업의 전문화
② 식량자급의 필요성 대두
③ 농촌청소년지도의 필요성
④ 농촌, 도시와의 균형적 발전
⑤ 자연자원의 효율적 이용

해설
현대산업사회적 특성에서 농촌지도의 필요성 : 과학의 발달, 신속한 사회변화, 산업의 전문화, 지식수준의 향상

38.① 39.④ 40.① **정답**

41

다음 전통적 관점의 농촌지도의 목적이 아닌 것은?

① 영농에 관한 능력의 배양
② 농업생산을 증대할 수 있는 능력배양
③ 가정생활을 행복하게 영위할 수 있는 자질배양
④ 인생의 가치 인식

해설
농촌지도의 일반목적
㉠ 합리적 영농을 통한 농업생산을 증대할 수 있는 자질을 길러줌
㉡ 효율적 시장유통을 통하여 소득증대를 도모할 수 있는 자세와 능력 제고
㉢ 지역실정에 맞는 작목을 복합영농할 수 있는 능력 개발
㉣ 농업기계화와 협동영농에 대한 능력 배양
㉤ 가정생활을 행복하게 영위할 수 있는 자질 배양
㉥ 건전한 시민성과 합리성을 기르고, 복지증진을 위한 협동능력 배양

42

농촌지도목표의 분류가 다른 것은?

① 경제적 영역
② 정의적 영역
③ 심체적 영역
④ 인지적 영역

해설
농촌지도목표의 분류
㉠ **인간행동을 중심으로 한 분류**
　ⓐ **인지적 영역(知)** : 지식, 이해력, 사고력, 분석력, 평가력, 종합력 등
　ⓑ **정의적 영역(德)** : 태도, 흥미, 습관, 가치관, 성격 등
　ⓒ **심체적 영역(技)** : 건강, 숙련기능, 전문기능, 예술기능 등
㉡ **지도내용을 중심으로 한 분류**
　ⓐ **경제적 영역** : 농업생산, 농외소득증대, 농산물유통, 농업경영 등
　ⓑ **사회적 영역** : 사회복지사업, 농촌주민의 사회참여, 건전한 사회의식 함양개발 등
　ⓒ **문화적 영역** : 농촌생활환경개선, 문화시설 확충, 전통문화개발 등
　ⓓ **보건적 영역** : 농촌주민의 보건·영양 개선, 위생관리 등

43

[19. 경북지도사 기출]

농촌지도목표를 분류할 때 정의적 영역에 해당하는 것은?

① 가치관, 습관, 태도
② 흥미, 이해력, 사고력
③ 성격, 건강, 숙련기능
④ 분석력, 사고력, 종합력

정답 41.④ 42.① 43.①

> [해설]
> **농촌지도목표의 분류**
> - 인지적 영역(知, cognitive domain) : 지식, 이해력, 사고력, 분석력, 평가력, 종합력 등
> - 정의적 영역(德, affective domain) : 태도, 흥미, 습관, 성격, 가치관 등
> - 심체적 영역(技, psychomotor domain) : 건강, 숙련기능, 전문기능, 예술기능 등

[18. 전북지도사 기출변형]

44

농촌지도목표의 분류 중 정의적 영역에 해당하는 것은?

| 가. 분석력 | 나. 가치관 |
| 다. 태도 | 라. 건강 |

① 가, 나 ② 나, 다
③ 다, 라 ④ 가, 라

> [해설]
> **농촌지도목표의 분류**
> ㉠ **인지적 영역(知)** : 지식, 이해력, 적용, 분석력, 평가력, 종합력 등
> ㉡ **정의적 영역(德)** : 태도, 흥미, 습관, 성격, 가치관 등
> ㉢ **심체적 영역(技)** : 건강, 숙련기능, 전문기능, 예술기능 등

[21. 경북지도사 기출변형]

45

인간 행동을 중심으로 한 정의적 영역에 속하는 것은?

① 건강 ② 가치관
③ 지식 ④ 분석력

> [해설]
> **정의적 영역(德)** : 태도, 흥미, 습관, 성격, 가치관 등

46

농촌지도가 목적하는 인간행동의 인지적 영역은?

① 기술, 이해, 기능 ② 지식, 사고력, 종합력
③ 가치관, 태도, 흥미 ④ 가치관, 문제해결력
⑤ 기술, 가치관, 태도

> [해설]
> **인지적 영역(知)** : 지식, 이해력, 사고력, 분석력, 평가력, 종합력 등

44.② 45.② 46.② 정답

47
다음 중 밀러의 분류에 의한 농촌지도의 영역이 아닌 것은?

① 국가시책의 달성
② 농업생산의 효율화 추구
③ 자연자원의 보호 및 이용
④ 경영관리능력 향상 지도

해설
농촌지도 영역(밀러)
㉠ 농업생산의 효율화
㉡ 지도력 배양
㉢ 가정생활의 개선
㉣ 청소년 지도
㉤ 경영관리능력 배양
㉥ 지역사회개발
㉦ 농산물 시장유통 및 이용의 효율화
㉧ 공공사업교육
㉨ 자연자원 및 환경자원의 보호, 개발
㉩ 국제 농촌지도사업

48
농촌지도 발달 과정이 순서대로 나열된 것은?

> 가. NARS   나. AIS   다. AKIS/RD

① 가 → 나 → 다
② 나 → 가 → 다
③ 가 → 다 → 나
④ 다 → 나 → 가

해설
농업지식체제(AKS) 흐름
㉠ 1950~60년대 : 국가농업연구기관(NARI, National Agricultural Research Institute)
㉡ 1970년대 : 국가농업연구체계(NARS, National Agricultural Research System)
㉢ 1980년대 : 농업지식정보체계(AKIS)
㉣ 2000년대 : 농업혁신체계(AIS)

정답 47.① 48.③

49

다음 중 농업지식체제(AKS) 흐름을 바르게 제시한 것은?

㉮ 농업인을 체계의 중심으로 두면서 연구, 지도, 교육 간의 연계를 강조하는 농업지식정보체계(AKIS)가 대두
㉯ 농업혁신체계(AIS)가 등장
㉰ 국가농업연구기관의 연구결과를 농촌지도기관을 통해 농업인에게 전달하는 선형적 기술보급모형
㉱ 국가농업연구체계, 국가농촌지도체계, 국가농업교육훈련체계가 개별적으로 공존하면서 연계·협력이 이루어지는 농업연구-지도-교육체계

① ㉰ - ㉱ - ㉮ - ㉯
② ㉮ - ㉯ - ㉰ - ㉱
③ ㉰ - ㉮ - ㉯ - ㉱
④ ㉮ - ㉰ - ㉱ - ㉯

해설
농업지식체제(AKS) 흐름
㉠ 1950~60년대 : 국가농업연구기관(NARI)의 연구결과를 농촌지도기관을 통해 농업인에게 전달하는 선형적 기술보급모형(linear model)이었음
㉡ 1970년대 : 국가농업연구체계(NARS), 국가농촌지도체계(NAES), 국가농업교육훈련체계(NAETS)가 개별적으로 공존하면서 연계·협력이 이루어지는 농업연구-지도-교육체계가 관심받음
㉢ 1980년대 : 농업인을 체계의 중심으로 두면서 연구, 지도, 교육 간의 연계를 강조하는 농업지식정보체계(AKIS)가 대두
㉣ 2000년대 : 농업혁신체계(AIS)가 등장

50

농업지식정보체계의 구성 3요소가 아닌 것은?

① 교육(education)
② 지원(support system)
③ 지도(extension)
④ 연구(research)

해설
농업지식정보체계(AKIS/RD)의 구성 3요소 : 농업연구(research), 농촌지도(extension), 교육(education)

51

다음 중 농업지식정보체계에 대한 설명으로 옳지 않은 것은?

① 농촌지도를 기능·목적적 차원의 정의보다는 일련의 체제적 관점에서 정의한다.
② 농업지식정보체계 3요소는 개별적으로 기능하기보다 하나의 체제 내에서 상호보완적인 투자 관계이다.
③ 관련 모든 행위자가 농업인 또는 농촌지역 행위주체와 관계를 맺으며, 관계 양상(화살표)이 top-down으로 표시된다.
④ 농업지식정보체계에서 농촌지도는 농가와 농업교육시스템으로부터 적절한 정보를 수용하여 현장관찰자에게 피드백 해주는 역할을 수행한다.

해설▶
관련 모든 행위자가 농업인 또는 농촌지역 행위주체와 관계를 맺으며, 관계 양상(화살표)이 쌍방향으로 표시됨 → 하향식(top-down) 접근방법이 아니다.

AKIS/RD 특징
㉠ 농촌지도를 기능·목적적 차원의 정의보다는 일련의 체제적 관점에서 정의함
㉡ 농업지식정보체계에서 농촌지도는 농가와 농업교육시스템으로부터 적절한 정보를 수용하여 현장관찰자(정책담당자, 농업교사, 농업인 등)에게 피드백 해주는 역할 수행
㉢ 지도는 농업관련 직업 및 고등교육(대학) 시스템과 직접 연계되어 있으며, 지도사업에 종사할 인력을 배출하기도 함
㉣ 농촌지도사가 전달하는 농업지식은 농업연구개발 과정에서 응용과 적용을 통해 도출된 것이기 때문에 농업지도와 농업연구는 훨씬 더 긴밀한 관계에 놓여 있음

52

[20. 강원지도사 기출변형]

농업지식정보체계에 대한 설명으로 옳지 않은 것은?

① 관계 양상이 하향식(top-down) 접근방법이 아닌 쌍방향으로 표시된다.
② 시스템의 구성요소들은 각자의 기능에 대한 책임을 져야 한다.
③ 농촌지도와 농업연구는 상호독립적이다.
④ 재정적·사회적·기술적으로 지속 가능하다.

해설▶
농업지식정보체계에서 농업연구(research), 농촌지도(extension), 교육(education) 3요소는 개별적으로 기능하기보다 하나의 체제 내에서 상호보완적인 투자 관계이면서 연속성을 유지하도록 계획·실천되어야 한다.

[18. 경남지도사 기출변형]

53

AKIS에 대한 설명으로 옳지 않은 것은?

① 시스템의 구성요소들은 각자의 기능에 대한 책임을 져야 한다.
② 농촌지도를 기능·목적적 차원의 정의보다는 일련의 체제적 관점에서 정의한다.
③ AKIS는 하향식이며 농업연구, 농촌지도, 교육을 개별적으로 실시한다.
④ 농촌지도는 농가와 농업교육시스템으로부터 적절한 정보를 수용하여 현장관찰자에게 피드백 해주는 역할을 수행한다.

해설
농업지식정보체계(AKIS) 구성 3요소 : 농업연구, 농촌지도, 교육
㉠ 3요소는 개별적으로 기능하기보다 하나의 체제 내에서 상호보완적인 투자 관계이면서 연속성을 유지하도록 계획·실천되어야 함
㉡ 농업지식체계는 농업인-관계기관 간 긴밀한 유대관계를 통하여 학습효과를 증진시키고, 농업관련 지식·기술·정보를 새로이 창출·공유하며, 효과적으로 활용할 수 있음
㉢ 관련 모든 행위자가 농업인 또는 농촌지역 행위주체와 관계를 맺으며, 관계 양상(화살표)이 쌍방향으로 표시됨 → 하향식(top-down) 접근방법이 아님

54

2000년 세계식량기구와 세계은행에서 제시한 농업지식정보체계(AKIS/RD)의 전략적 비전과 지도원리의 전략으로 옳지 않은 것은?

① 농업지식정보체계는 재정적, 사회적, 기술적으로 지속 가능하다.
② 농업인들의 요구를 반영한 프로그램에 참여하도록 동기를 부여하는 산출지향적인 시스템이다.
③ 시스템의 구성요소들은 각자의 기능에 대한 책임을 져야 한다.
④ 농업인, 교육, 연구와 지도 간의 접촉이고 통합이다.

해설
AKIS/RD 전략적 비전과 지도원리 전략(FAO & World Bank)
㉠ 농업지식정보체계는 재정적·사회적·기술적으로 지속 가능하다.
㉡ 농업지식정보체계는 지식과 기술의 창출과 공유, 흡수에 적절하고 효과적인 과정이다.
㉢ 농업지식정보체계는 농업인의 요구를 반영한 프로그램에 참여하도록 동기를 부여하는 요구지향적인 시스템이다.
㉣ 농업인, 교육, 연구와 지도 간의 접촉(interface)이고, 통합(integration)이다.
㉤ 시스템의 구성요소들은 각자의 기능에 대한 책임을 져야 한다.

53.③ 54.② 정답

55

다음 중 농업혁신체계(AIS)에 대한 설명으로 옳지 않은 것은?

① 농업연구·지도·교육을 넘어 다양한 이해관계자 간의 파트너십을 강조한다.
② 농업지식정보체계(AKIS)는 농업혁신체계(AIS)의 하부시스템으로 볼 수 있다.
③ 농업혁신체계에서 혁신의 중심점이 연구(Research)라고 인식한다.
④ 국가혁신체제(NIS) 개념에 기반하여 농업혁신체계(AIS)가 개발되었다.

해설
농업혁신체계에서는 혁신의 중심점을 연구로 보는 것에서 벗어나 연구도 다양한 혁신의 근원들 중 하나로 인식하였다.

농업혁신체계(AIS)의 특징
㉠ **AIS의 다양한 참여** : 농업혁신체계에 전통적 농업연구·지도·교육기관 이외에 참여하는 파트너는 농식품체계에서 혁신을 주도하는 모든 요소[농산물 원료 제공자, 가공업체, 수출회사, 비정부기구(non-governmental organization, NGO), 미디어 등]가 포함됨
㉡ **AIS의 구성요소 중 하나인 농촌지도의 역할** : 농업지식정보체계(AKIS)는 농업혁신체계(AIS)의 하부시스템으로 볼 수 있으며, 지도기관은 농업혁신체계에서 촉진·조정·지원 등 중요한 기능을 수행함
㉢ **현장에 실용가능한 연구 강조** : 농업혁신체계에서 혁신의 중심점이 연구(Research)라는 시각에서 벗어나 연구도 다양한 혁신의 근원들 중 하나로 인식함

56

다음 농업지식정보체계와 농업혁신체계에 대한 정리가 잘못된 것은?

	농업지식정보체계(AKIS)	농업혁신체계(AIS)
① 목적	농업생산 및 마케팅 체제 전반의 혁신 능력 강화	농업·농촌부문 종사자 대상의 지식 전달과 소통
② 행위자	국립농업과학 연구기관, 농과대학 및 기관, 지도기관, 농가, NGO, 산업체	공공·민간 영역의 모든 농관련 주체
③ 결과	기술적용, 농업생산혁신	생산, 마케팅, 정책, 산업체 부문에서 기술 및 구조혁신의 결합
④ 운영원리	지식의 축적과 접근	사회, 경제 변화에 지식을 활용

해설

농업지식정보체계 vs 농업혁신체계

구분	농업지식정보체계(AKIS)	농업혁신체계(AIS)
목적	농업·농촌부문 종사자 대상의 지식 전달과 소통	농업생산 및 마케팅 체제 전반의 혁신 능력 강화
행위자	국립농업과학 연구기관, 농과대학 및 기관, 지도기관, 농가, NGO, 산업체	공공·민간 영역의 모든 농관련 주체
결과	기술적용, 농업생산혁신	생산, 마케팅, 정책, 산업체 부문에서 기술 및 구조혁신의 결합
운영원리	지식의 축적과 접근	사회, 경제 변화에 지식을 활용

57

국가농업연구체계(NARS)의 특징으로 옳지 않은 것은?

① 목적 : 농업R&D, 보급기능의 강화
② 결과 : 기술개발, 기술이전
③ 필요역량 : 소통 강화, 상호작용 및 학습
④ 행위자 : 국립농업과학 연구기관, 농과대학 및 기관, 지도기관, 농가

해설
필요역량 : 인프라, 인적자원개발

[17. 지도사 기출변형]

58

국가농업연구체계, 농업지식정보체계, 농업혁신체계의 특징으로 옳지 않은 것은?

① 다양한 이해관계자들을 고려하게 되면 농업지식정보체계는 농업혁신체계의 하부시스템으로 볼 수도 있다.
② 농업혁신체계에서 행위자는 국립농업과학 연구기관, 농과대학 및 기관, 지도기관 및 농가에 한해 있다.
③ 농업혁신체계에서 정책은 요소통합과 연계틀을 마련하는 역할을 한다.
④ 국가농업연구체계에서는 시장과의 결합력이 미약하다.

57.③ 58.② **정답**

해설

농업연구체계 vs 지식정보체계 vs 혁신체계

구분	국가농업연구체계 (NARS)	농업지식정보체계 (AKIS)	농업혁신체계 (AIS)
목적	농업R&D, 보급기능의 강화	농업·농촌부문 종사자 대상의 지식 전달과 소통	농업생산 및 마케팅 체제 전반의 혁신 능력 강화
행위자	국립농업과학 연구기관, 농과대학 및 기관, 지도기관, 농가	국립농업과학 연구기관, 농과대학 및 기관, 지도기관, 농가, NGO, 산업체	공공·민간 영역의 모든 농관련 주체
결과	기술개발, 기술이전	기술적용, 농업생산혁신	생산, 마케팅, 정책, 산업체 부문에서 기술 및 구조혁신의 결합
운영원리	과학을 기술개발에 이용	지식의 축적과 접근	사회, 경제 변화에 지식을 활용
혁신 메커니즘	기술이전	상호 학습	상호 학습
시장과 결합	미약함	낮음	높음
정책의 역할	자원배분, 우선순위 책정	연계틀 마련	요소통합과 연계틀 마련
필요역량	인프라, 인적자원개발	농업부문 행위자 간 소통 강화	소통강화, 상호작용 및 학습, 혁신을 위한 조직구조 마련, 환경 조성

* 국가농업연구체계가 지식 생산에 초점을, 농업지식정보체계는 지식의 생산과 전파에 관심을, 농업혁신체계는 지식의 생산·전파·적용에 초점을 둠

59

[20. 강원지도사 기출변형]

농업지식혁신체계의 특징과 가장 거리가 먼 것은?

① 수요자의 참여에 의한 연구개발과 지식공유방식을 갖는다.
② 정책의 역할은 자원배분과 우선순위를 결정하는 것이다.
③ 농업지식 및 혁신전파와 관련된 주체들의 참여형 농업정책에 의해 탄생하였다.
④ 산학연협력체제·혁신체제(innovation system)·클러스터(cluster) 등이 주 모델로 활용된다.

해설
국가농업연구체계(NARS)에서 정책의 역할은 자원배분과 우선순위를 결정하는 것이다.

정답 59.②

60

EU가 제시한 농업지식혁신체계(AKIS)의 4대 구성요소가 아닌 것은?

① 연구 분야
② 농촌지도 분야
③ 농업자문기구 분야
④ 지원시스템 분야

해설
농업지식혁신체계(AKIS)의 4대 구성요소 : 연구(research), 농촌지도(rural extension), 교육(agricultural education), 지원시스템(support system)

61

유럽연합이 제시한 농업지식혁신체계의 4대 구성요소의 분야별 사례로 옳지 않은 것은?

① 농업교육 분야 – 프랑스의 중등농업교육학교
② 연구 분야 – 프랑스의 응용 농업연구네트워크(NARA)
③ 농촌지도 분야 – 덴마크의 농업자문 기구(DAAS)
④ 지원시스템 분야 – 핀란드의 과학기술 및 혁신전략센터(SCSTI)

해설
AKIS 4대 구성요소 : 연구, 지도, 교육, 지원
㉠ **연구 분야** : 핀란드의 과학기술 및 혁신전략센터(SCSTI, Strategic Centers for Science and Technology and Innovation), 프랑스의 응용 농업연구네트워크(NARA, Network for Applicative Research in Agriculture)
㉡ **농촌지도 분야** : 덴마크 농업자문기구(DAAS, Danish Agricultural Advisory Service)
㉢ **농업교육 분야** : 프랑스의 AKIS와 연계한 중등농업교육학교(Place of Secondary Agriculture Education in the AKIS)
㉣ **지원시스템 분야** : EU 농업회의소 플랫폼(PCA, Platform of Chamber of Agriculture)

62

Davidson & Ahmad이 제시한 농촌지도 기능에 포함되지 않는 것은?

① 교육
② 조력
③ 기술 전이
④ 정보 제공

60.③ 61.④ 62.② **정답**

해설

Davidson & Ahmad의 농촌지도 기능
㉠ 교육(education) : 농업인에게 교육을 제공할 뿐만 아니라 교육 여건을 조성하는 것. "지식이야말로 힘이고, 교육은 동기부여다(Knowledge is power and education is empowerment)" 정보제공과 기술전이를 넘어 농업인이 적극적으로 참여할 수 있도록 촉진하는 것
㉡ 정보 제공(disseminating information) : 농업인의 생산능력(productivity capability)을 강화하는 데 필요한 정보를 제공하는 것
㉢ 기술 전이(transferring technology) : 농업인에게 새로운 기술과 기법을 영농 현장에 적용하도록 도와주는 것

63

Van den Ban & Hawkins는 역사적으로 농촌지도사업의 정의가 사업의 목적에 따라 다양한 관점으로 정의되고 있으며 5가지 목적으로 귀결된다고 하였다. 그가 제시한 목적에 포함되지 않은 것은?

① 이전(transferring)　② 조정(coordination)
③ 자문(advising)　④ 자극(stimulating)

해설

Van den Ban & Hawkins의 농촌지도 목적
㉠ 이전(transferring) : 연구자가 농업인에게 농업기술과 지식을 전달·보급하는 것
㉡ 자문(advising) : 농업인의 의사결정을 도와주는 것
㉢ 자극(stimulating) : 자발적으로 농업·농촌개발에 참여할 수 있도록 촉진시키는 것
㉣ 조력(enabling) : 목적과 가능성을 명확히 하고 이를 실현할 수 있도록 하는 것
㉤ 교육(educating) : 농업인의 능력을 향상시키기 위해 가르치는 것

64

Van dan Ban이 제시하는 농촌지도 목적으로만 묶인 것은?

① 조력, 교육, 봉사, 자원
② 조력, 교육, 협동, 봉사
③ 자원, 교육, 이전, 자극
④ 이전, 자문, 자극, 조력

해설

Van dan Ban & Hawkins 농촌지도 목적 : 이전, 자문, 자극, 조력, 교육
Davidson & Ahamd 농촌지도 기능 : 교육, 정보제공, 기술전이

[23. 충북지도사]

정답　63.②　64.④

65

반덴반과 호킨스의 농촌지도사업의 목적으로 옳지 않은 것은?

① 자극 : 자발적으로 농업·농촌개발에 참여할 수 있도록 촉진시키는 것
② 자문 : 농업인의 의사결정을 도와주는 것
③ 이전 : 연구자가 농업인에게 농업기술과 지식을 전달·보급하는 것
④ 개발 : 농업·농촌개발이 발전할 수 있도록 기술을 전달시키는 것

[24. 충북지도사]

66

반덴반 호킨스의 농촌지도 목적 중 자발적으로 농업·농촌개발에 참여할 수 있도록 촉진시키는 것은 무엇인가?

① 자극(stimulating)　② 자문(advising)
③ 조력(enabling)　④ 이전(transferring)

해설
자극(stimulating) : 자발적으로 농업·농촌개발에 참여할 수 있도록 촉진시키는 것

[19. 강원지도사 기출]

67

다음에서 설명하는 Van den Ban & Hawkins의 농촌지도 목적은 무엇인가?

- 자발적으로 농업·농촌개발에 참여할 수 있도록 촉진시키는 것이다.
- 농촌지도 책임자에게 가장 중요한 목적이다.

① 이전(transferring)　② 자문(advising)
③ 자극(stimulating)　④ 조력(enabling)

68

Van den Ban & Hawkins이 제시한 농촌지도 목적 중에서 Feder, Willett & Zijp가 농촌지도 책임자에게 가장 중요하다고 강조한 것은?

① 교육　② 이전
③ 조력　④ 자극

정답 65.④ 66.① 67.③ 68.④

69

다음 중 Feder가 가장 중요하게 강조한 농촌지도 책임자의 역할은 무엇인가?

① 연구자가 농업인에게 농업기술과 지식을 전달, 보급하는 것
② 농업인의 의사결정을 도와주는 것
③ 농업인의 능력을 향상시키기 위해 가르치는 것
④ 자발적으로 농업, 농촌개발에 참여할 수 있도록 촉진시키는 것

[20. 경북지도사 기출]

70

농업교육 관점에서 농촌지도의 기원을 찾고자 한다. 이와 관련이 깊은 사건은?

① 종교혁명
② 르네상스
③ 산업혁명
④ 미국혁명

해설
농촌지도의 기원을 유럽의 르네상스 시기로 본다.

71

농촌지도의 기원에 대한 설명으로 옳지 않은 것은?

① 농업교육은 르네상스시기를 기원으로 본다.
② 농업협회는 주립대학 설립의 필요성을 환기시켰다.
③ 스코틀랜드에서 조직된 'The Society of Improvers in the Knowledge of Agriculture'가 농업협회의 최초 형태이다.
④ 헝가리 자바는 최초의 농업학교로, 유럽 농업대학의 모델이다.

[18. 경남지도사 기출변형]

해설
㉠ 농업교육의 강조를 통해 1779년 헝가리 자바에서 최초의 농업학교가 설립되었다.
㉡ 유럽 농업대학의 모델이라 할 수 있는 1797년 케스트헤이(Keszthely)에서 조지콘 아카데미(Georgicon Academy)가 설립되었다.

정답 69.④ 70.② 71.④

[23. 서울지도사]

72

농촌지도의 기원에 대한 설명으로 가장 옳지 않은 것은?

① 농민학원(farmer's institutes)을 유럽과 북미주 농촌 지도사업의 기원으로 보고 있다.
② 1797년 설립된 조지콘 아카데미(Gsorgicon Academy)는 유럽 농업대학의 모델이 되었다.
③ 농업교육의 기원은 16~17세기 유럽의 르네상스시기까지 거슬러 올라갈 수 있다.
④ 농촌지도사업의 원시적 형태는 순회농업교사를 활용하는 방법에서 비롯되었다.

해설
농업협회를 유럽과 북미주 농촌 지도사업의 기원으로 보고 있다.

73

Rivera가 제시하는 세계 농촌지도의 발전과정으로 적당한 것은?

> 가. 식량증산을 통한 국부 창출
> 나. 다양한 농업·농촌·농업인 문제해결
> 다. 소외된 계층에게 새로운 기회제공

① 가 → 나 → 다 ② 나 → 가 → 다
③ 가 → 다 → 나 ④ 다 → 가 → 나

해설

19세기 후반	2차대전~1980년대	1980년대 이후
소외된 계층에게 새로운 기회제공	식량증산을 통한 국부 창출	다양한 농업·농촌·농업인 문제해결

74

세계 농촌지도의 공통적인 변화 동향에 대한 설명이 옳지 않은 것은?

① 국토의 균형발전을 위한 지역개발사업은 2차대전~1980년대의 활동이다.
② 소득개발을 중시하여 종래의 일반적 기술보급에서 전문화된 컨설팅 사업으로의 변화는 1980년대 이후의 활동이다.
③ 소외된 자에 대한 관심과 이들의 지위향상을 위한 계몽활동이 중심되었던 시기는 19세기 후반이다.
④ 식량증산을 통한 국부 창출을 중시했던 시기는 2차대전 이후이다.

72.① 73.④ 74.① 정답

해설
국토의 균형발전을 위한 지역개발사업은 1980년대 이후의 주요활동이다.
Rivera(1992) : 세계 농촌지도의 공통적인 변화 동향을 제시함

시기	19세기 후반	2차대전~1980년대	1980년대 이후
흐름	소외계층에 대한 사회적 관심	농업을 통한 산업발전의 기반 확보	농촌지도사업의 다양화
목적	소외된 계층에게 새로운 기회제공	식량증산을 통한 국부 창출	다양한 농업·농촌·농업인 문제 해결
주요 활동	• 귀족과 부유층 자제들을 중심으로 대학 주변의 소외된 주민에게 '읽고 쓰는 것', '생활을 영위하는 데 필요한 기술'을 교육	• 흉작으로 농촌경제가 파탄에 이르자 농업인을 교육하여 농업을 개량하기 위한 활동 착수 • 2차대전 후 많은 국가가 자국의 부족한 식량을 지급하고 수입식량을 대체하기 위해 증산에 필요한 생산기술을 보급	• 국토의 균형발전을 위한 지역개발사업 • 농업인의 보건, 복지환경 및 농촌생활환경사업 • 소득개발을 중시하여 종래의 일반적 기술보급에서 전문화된 컨설팅 사업으로 변화
주요 특징	• 소외된 자에 대한 관심과 이들의 지위향상을 위한 계몽활동이 중심	• 농업이 국민경제 내에서 먹거리, 유기원료를 공급하는 산업의 역할을 제대로 수행하는 데 초점	• 일부 국가는 농촌 문제에 관심을 가지면서 지도사업의 범위를 확대 • 일부 국가는 농업기술에 한정하여 지도사업의 효율화 방안모색

75

Feder, Willett, Zijp가 제시한 농촌지도의 세계적 흐름에 대한 설명으로 옳지 않은 것은?

① 초기 식민지시대에는 코모디티 프로그램이 강조되었다.
② 1960년대는 지도자와 농업인 사이의 대인커뮤니케이션이 중요한 방법으로 활용되었다.
③ 1980년대는 농촌지도를 전담하는 기관이 제도적으로 설치되고 운영되기 시작하였다.
④ 1990년대는 방법론적으로 연구자와 농민 사이에 직접적인 네트워킹이 강조되었다.

해설
Feder, Willett & Zijp

초기 식민지시대	⊙ 개발도상국가 농촌지도사업의 동향은 코모디티 프로그램 강조 ⓒ 식민지 권력층이 농촌전문가를 파견하여 건강·보건, 세금징수, 인구조사 등의 역할을 수행
1950년대	⊙ 국가 차원에서 농촌지도가 제도화되고 중단기 발전계획이 수립되어 추진 ⓒ 위계적이고 독력식 과정으로 기술보급이 이루어지는 전달체계 ⓒ 대학보다 주로 행정당국의 주관에 의해 추진되고, 연구기관과 연계도 미흡함 ⓔ 주로 선진국 농업기술을 후진국·개발도상국에 이전하는 확산모델(diffusion model)이 적용

정답 75.③

1960년대	㉠ 선진농업기술의 이전을 지속하며 지도자−농업인 간 대인커뮤니케이션이 중요한 방법으로 활용됨 ㉡ 개별 농가보다 농촌지역을 하나의 사업단위로 생각하는 지역사회개발에 초점을 맞춤 ㉢ 농산물을 대량으로 생산하려는 녹색혁명(green revolution)이 시작
1970년대	㉠ 식량자급을 위한 농업기술적 문제에 대한 지도와 자문이 더 체계적으로 진행됨 ㉡ 농촌지도 전담기관이 설치·운영 : 지도사업 특징은 통합농촌개발 성격, 농촌지도방법으로 T&V 시스템 등장, 농촌지도의 전파 모델을 통해 기술권리 획득 모델이 도입
1980년대	㉠ 전환기 시기로, 참여접근법이 급속히 강조 ㉡ 여성의 생산성 증대와 생태계 보전에 대한 관심이 부각됨
1990년대	㉠ 공공부문에 재정집행과 관련하여 민주화가 실현 ㉡ 방법론적으로 연구자와 농민 사이에 직접적 네트워킹이 강조 ㉢ 농촌지도의 재정에 대한 지속가능한 접근은 융통성과 다면적 파트너를 포함시키게 됨

[19. 경남지도사 기출]

76

다음 중 농촌지도 발달에 대한 설명으로 옳지 않은 것은?

① 농촌지도 발달 초기에는 코모디티 프로그램이 강조되었다.
② 1950년대에는 국가차원에서 농촌지도가 제도화되고 중단기의 발전계획이 수립되었다.
③ 1960년대에는 지도자와 농업인 사이의 대인커뮤니케이션이 활용되었다.
④ 1970년대는 민주화가 실현되어 연구자와 농민 간의 직접적 네트워킹이 강조되었다.

해설
④는 1990년대를 설명한 것이다.
1990년대는 공공부문에 재정집행과 관련하여 민주화가 실현되고, 방법론적으로 연구자와 농민 사이에 직접적 네트워킹이 강조된 시기이다. 농촌지도의 재정에 대한 지속가능한 접근은 융통성과 다면적 파트너를 포함시키게 된다.

77
농촌지도사업의 세계적 흐름에 대한 설명으로 가장 옳지 않은 것은?

① 1950년대 농촌지도사업은 국가 차원에서 농촌지도가 제도화되고 중·단기 발전계획이 수립되어 추진되기 시작하였다.
② 1970년대 농촌지도사업은 통합적 농촌개발이며 이때 농촌지도 방법으로 훈련·방문 시스템(Training & Visiting System)이 등장하였다.
③ 1980년대 농촌지도사업은 전환기로서 참여접근법이 강조되었고 여성의 생산성 증대와 생태계 보전에 대한 관심이 부각되었다.
④ 1990년대 농촌지도사업은 개별 농가에 대한 관심보다는 농촌지역을 하나의 사업단위로 고려하는 지역사회개발에 초점이 맞추어졌다.

해설
1960년대 농촌지도사업은 개별 농가에 대한 관심보다는 농촌지역을 하나의 사업단위로 고려하는 지역사회개발에 초점이 맞추어졌다.

[20. 서울지도사 기출]

78
농촌지도론의 인접학문과 관련성이 적은 것은?

① 사회교육
② 지역사회개발
③ 인적자원개발
④ 정부정책분석

해설
농촌지도 발전 추이: 농촌지도 → 농촌사회교육 → 지역사회개발 → 인적자원개발

79
미국의 농촌지도의 설명으로 옳지 않은 것은?

① USDA와 주립대학, 지역의 행정조직 단위의 교육과 연구를 연계한 교육활동이다.
② 협동확장체계라 하여 공적인 재원을 바탕으로 한다.
③ 비형식적 교육 활동이다.
④ 학점 교육을 통해 제공되는 정보는 지역 주민들에게 도움이 되도록 대학에서 제공하는 것이다.

해설
미국 농촌지도의 특징: 협동지도사업, 협동확장체계, 공적인 재원, USDA-주립대학-지역행정조직 단위의 교육과 연구를 연계한 교육, 비형식적 교육 활동, 비학점 교육, 지역 주민에게 제공하는 대학 서비스, 국가적 차원의 교육체계 등

정답 77.④ 78.④ 79.④

80

Seevers가 제시하는 미국의 협동지도사업의 특징이 아닌 것은?

① 고착된 교육과정이 존재한다.
② 다양한 영역의 전문가들을 교수자로 활용한다.
③ 농촌지도에서의 연구와 지도조직은 동등한 파트너이다.
④ 지도대상은 다양하고 이질적이다.

해설
미국 협동지도사업(CES)의 특징(Seevers)
㉠ 농촌지도는 법률에 의거 정부기관에서 시행한다.
㉡ 농촌지도는 연방, 주, 지역 정부 간의 협력관계다.
㉢ 농촌지도에서의 연구와 지도조직은 동등한 파트너다.
㉣ 정보의 제공은 연구에 기반하여야 한다.
㉤ 고객의 참여는 순수하게 자발적이다.
㉥ 고객에게 기술적 서비스를 제공한다.
㉦ 농촌지도는 헌신적이다.
㉧ 농촌지도요원이 매우 중요하며, 그 누구에게도 편향되지 않은 서비스를 제공한다.
㉨ 농촌지도의 현장은 주로 농업, 가정 경제 관련 영역이다.
㉩ 농촌지도프로그램은 농업인과 지역사회의 요구에 기반하고 있다.
㉠ 교육 프로그램의 계획-집행-평가에 자원지도자의 참여가 중요하다.
㉡ 농촌지도 프로그램은 유연하면서도 가치 있다.
㉢ 농촌지도는 교육기관들의 보편적인 미션과는 매우 다른 교육기관이다.
  ⓐ 고착된 교육과정이 없다.
  ⓑ 학년과 학위도 없다.
  ⓒ 수업 장소로서 농장, 가정, 산업현장 등 캠퍼스 밖에서 무형식적으로 운영된다.
  ⓓ 다양한 영역의 전문가들을 교수자로 활용한다.
  ⓔ 지도 대상은 다양하고 이질적이다.
  ⓕ 문제 해결을 위한 이론적인 것보다는 보다 실제적인 주제를 제공한다.
  ⓖ 농촌지도는 다양한 교수기법을 무형식적으로 활용하여 수행되고, 교육 대상자의 정신과 물리적 행위의 변화를 요구하는 특성을 가진 교육이다.

81

미국의 협동지도사업(CES)의 특징으로 옳지 않은 것은?

① 농촌지도는 법률에 의거 정부기관에서 시행한다.
② 농촌지도 프로그램은 농업인과 지역사회의 요구에 기반하고 있다.
③ 교육기관들의 보편적인 미션이 존재하는 교육기관이다.
④ 지도요원은 그 누구에게도 편향되지 않은 서비스를 제공한다.

해설
농촌지도는 교육기관들의 보편적인 미션과는 매우 다른 교육기관이다.

82

미국의 협동지도사업(CES)에 대한 설명이 모두 옳은 것은?

> 가. 농촌지도는 법률에 의거 정부기관에서 시행한다.
> 나. 고객의 참여는 순수하게 자발적이다.
> 다. 다양한 교수기법을 무형식적으로 활용하여 수행된다.
> 라. 수업 장소로서 대학 캠퍼스에서 운영된다.
> 마. 고객에게 정책적, 재무적, 기술적 서비스를 제공한다.

① 가, 다
② 나, 라, 마
③ 가, 나, 다
④ 가, 다, 라, 마

해설
라. 수업 장소로서 대학 캠퍼스 밖에서 무형식적으로 운영된다.
마. 고객에게 기술적 서비스를 제공한다.

 [24. 충북지도사]

83

미국의 협동지도사업(CES)의 특징이 아닌 것은?

① 연방정부, 주립대학, 지방 행정기관 또는 지역 농촌지도프로그램을 관장하는 자가 조직에 포함된다.
② 농촌지도는 연방, 주, 지역 정부 간의 협력관계이다.
③ 고객의 참여는 순수하게 자발적이다.
④ 농촌지도에서의 연구와 지도조직은 상하관계의 파트너이다.

해설
농촌지도에서의 연구와 지도조직은 동등한 파트너다.

84

다음 중 유럽의 농촌지도의 특징이 아닌 것은?

① 국가적 차원의 교육체계
② 일종의 자문활동
③ 농촌지도학의 복잡성
④ 지도사업 대상 및 영역의 불명확성

정답 82.③ 83.④ 84.①

> **해설**
>
> **유럽 농촌지도의 특징**
> ㉠ 일종의 자문활동 : 현명한 결정과 더 나은 해결책을 토의·모색하는 전형적인 사회활동
> ㉡ 지도사업 대상 및 영역의 불명확성 : 농업인의 평생학습에 대한 요구가 증가하고, 한 분야의 깊이 있는 전문가(specialist)보다는 다방면에 박식한 자(generalist)를 요구함
> ㉢ 유럽 농촌지도학의 복잡성 : 응용연구이고 부분적 실천연구이며 여러 학문에 연계되어 있고, 방법과 내용에서도 사회과학이면서 농업과 농촌개발이 복합적으로 존재함

[17. 지도사 기출변형]

85

농촌지도학, 농촌사회교육, 지역사회개발의 비교에서 공통점으로 옳지 않은 것은?

① 일정한 지역의 성인 남녀를 위한 비정규적 사회교육에 역점을 두고 있다.
② 세 분야 모두 농촌지역사회에 더 큰 비중을 두고 있다.
③ 세 분야의 연구과정이나 실제 사업수행에서 다같이 대상자들의 참여를 무엇보다 강조한다.
④ 세 분야 모두 다학문적 접근의 특성을 갖지 않고 특정한 한 학문적인 계보를 가지고 발전된 것이다.

> **해설**
> **농촌지도학, 농촌사회교육, 지역사회개발의 비교에서 공통점**
> ㉠ 일정한 지역의 성인 남녀를 위한 비형식적 사회교육에 역점을 둔다.
> ㉡ 도시지역보다 농촌지역사회에 더 큰 비중을 둔다.
> ㉢ 연구 과정이나 실제 사업수행에서 대상자의 참여를 무엇보다 강조한다.
> ㉣ 어떤 학문적 계보를 가지고 발전된 것이 아니라 다학문적·간학문적(interdisciplinary) 접근의 특성을 가진다.

[18. 경북지도사 기출변형]

86

농촌지도, 농촌사회교육 및 지역사회개발의 공통점으로 옳지 않은 것은?

① 도시지역보다 농촌지역사회에 더 큰 비중을 둔다.
② 연구 과정이나 실제 사업수행에서 대상자의 참여를 무엇보다 강조한다.
③ 일정한 지역의 성인 남녀를 위한 비형식적 사회교육에 역점을 둔다.
④ 어떤 학문적 계보를 가지고 발전하였다.

> **해설**
> 어떤 학문적 계보를 가지고 발전된 것이 아니라 다학문적·간학문적(interdisciplinary) 접근의 특성을 가진다.

정답 85.④ 86.④

87

농촌지도와 농촌사회교육을 비교한 내용으로 옳지 않은 것은?

	농촌지도	농촌사회교육
① 대상범위	농촌, 농업, 농민	농촌, 농업, 농민
② 주요관련 학문 분야	농업기술, 생활과학	사회교육학
③ 대상을 보는 시각	교육대상 : 농민, 농가 주부 등	교육대상 : 지역사회 주민
④ 주민접근 전략	농장 및 가정 방문	개인, 집단, 대중접촉의 혼합

해설
농촌지도·농촌사회교육·지역사회개발의 차이점

구분	농촌지도	농촌사회교육	지역사회개발
주요 관련 학문 분야	농업기술, 생활과학	사회교육학	교육학, 사회학, 사회복지학, 경제학, 행정학, 지리학 등
주민접근 전략	농장 및 가정 방문	개인, 집단, 대중접촉의 혼합	주로 집단 및 조직 접근
대상을 보는 관점	• 교육대상 : 농민, 농가주부, 농촌청소년 • 전문인력 : 지도사, 지도요원	• 교육대상 : 농민, 농가주부, 농촌청소년 • 전문인력 : 학습도우미, 촉진자, 교사	• 교육대상 : 지역사회 및 사업추진주체자로서 주민 • 전문인력 : 지역사회개발요원, 사업조정관
대상의 범위	농촌, 농업, 농민	농촌, 농업, 농민	도시까지 확장

88

[19. 강원지도사 기출]

농촌지도학, 농촌사회교육 및 지역사회개발에 대한 설명으로 옳지 않은 것은?

① 농촌사회교육은 사회교육학의 한 범주로서 농촌지역에서 전개되는 사회교육을 넓게 다룬다.
② 지역사회개발에서는 지도 전문인력을 지도사 또는 지도요원이라 호칭한다.
③ 농촌지도학에서는 농장 및 가정 방문과 같은 개인적 접촉을 주로 활용한다.
④ 지역사회개발은 사회과학뿐 아니라 자연과학과 신학 같은 특수분야까지 종합학문적 성격을 가진다.

해설
농촌지도학에서 지도 전문인력을 지도사 또는 지도요원이라 호칭한다.

정답 87.③ 88.②

[23. 서울지도사]

89

농촌지도와 지역사회개발을 비교하여 설명한 내용으로 가장 옳지 않은 것은?

① 농촌지도 전문인력은 지도사와 지도요원이며, 지역사회개발 전문인력은 촉진자와 교사이다.
② 농촌지도의 주민접근전략은 농장 및 가정 방문이고, 지역사회개발은 주로 집단 접근방식이다.
③ 사업수행에 있어서 대상자의 참여를 강조한다는 공통점이 있다.
④ 농촌지도의 주요 관련 학문분야는 농업기술, 생활과학이며, 지역사회개발의 주요 관련 학문분야는 교육학, 사회학, 행정학 등이다.

해설
농촌지도 전문인력은 지도사와 지도요원이며, 지역사회개발 전문인력은 지역사회개발요원과 사업조정관이다.

[23. 충북지도사]

90

농촌지도와 지역사회개발의 차이점으로 옳은 것은?

① 농촌지도는 전문인력을 지도사·지도요원이라고 부르고, 지역사회개발은 지역사회 개발요원이라 부른다.
② 농촌지도의 주민접근은 집단적 접촉이나 조직적 접근방법을 더 많이 활용하고, 지역사회개발은 농장 및 가정 방문과 같은 개인적 접촉을 주로 활용한다.
③ 농촌지도는 사회교육학의 한 범주로서 농촌지역에서 전개되는 사회교육을 넓게 다룬다.
④ 지역사회개발의 대상은 농촌, 농업, 농민으로 범위를 설정한다.

해설
② 농촌지도의 주민접근은 농장 및 가정 방문과 같은 개인적 접촉을 주로 활용하고, 지역사회개발은 집단적 접촉이나 조직적 접근방법을 더 많이 활용한다.
③ 농촌사회교육은 사회교육학의 한 범주로서 농촌지역에서 전개되는 사회교육을 넓게 다룬다.
④ 지역사회개발의 대상은 농촌, 농업, 농민을 포함하여 도시까지 확장하여 범위를 설정한다.

89.① 90.① 정답

91

지역사회개발에 해당하는 내용으로 옳지 않은 것은?

① 주민접근전략 : 농장 및 가정 방문
② 주요관련 학문 분야 : 교육학, 사회학, 사회복지학 등
③ 교육대상 : 지역사회 및 사업추진주체자로서 주민
④ 대상의 범위 : 농촌, 농업, 농민뿐만 아니라 도시까지 확장

해설
주민 접근 전략 측면
㉠ **농촌지도** : 농장 및 가정 방문과 같은 개인적 접촉을 주로 활용
㉡ **농촌사회교육** : 개인적 · 집단적 · 대중적 접촉을 때와 장소에 따라 탄력적으로 적용
㉢ **지역사회개발** : 지역사회개발위원회의 조직운영같이 주로 집단적 접촉이나 조직적 접근방법을 더 많이 활용

[14. 지도사 기출변형]

92

다음 농촌사회교육을 기술한 내용 중 적절하지 못한 것은?

① 교육의 내용은 정신교육이어야 한다.
② 자율성에 바탕을 두어야 한다.
③ 사회적인 참여의식 교육이 포함되어야 한다.
④ 농민적 시각에서 이루어져야 한다.
⑤ 농민들의 의사와 요구를 잘 반영해야 한다.

해설
농촌사회교육 : 농촌지도보다 범위가 넓음. 농촌주민이 비농가인 경우가 점차 늘어남에 따라 지도내용도 농업기술 중심에서 벗어나서, '농촌지도(권위적, 비민주적)'에서 '농촌사회교육'으로 발전 · 확장됨

93

다음 중 농촌사회의 구조와 문화에 대한 설명으로 바르지 않은 것은?

① 문화란 어떤 특정 사회가 소유하고 있는 생활과 행동양식으로서 관습, 전통, 태도, 규범, 생산방식을 포괄한다.
② 사회적 유산으로서 개개 사회구성원에 의하여 후천적으로 학습 · 습득된다.
③ 문화는 새로이 변화한다.
④ 문화는 관습과 습관의 우연적 집합이다.

> **해설**
> **문화** : 어떤 특정사회가 소유하고 있는 생활과 행동양식. 관습, 전통, 태도, 규범, 생산방식을 포괄함. 문화는 사회적 유산으로서 개개 사회구성원에 의하여 후천적으로 학습되며 또 새로이 변화하며, 관습과 습관의 우연적 집합이 아니라 사회구성원이 생활설계와 영위를 편하게 하기 위하여 발전시켜 옴

[18. 경남지도사 기출변형]

94
농촌지도요원이 고려해야 할 구조적 요인은 무엇인가?

① 농촌사회집단
② 영농상태
③ 토지소유형태
④ 전통적 의사전달방법

> **해설**
> ㉠ **농촌사회의 구조적 요인** : 사회구분단, 농촌지역사회 내의 사회집단, 여론지도자 등
> ㉡ **지역사회의 문화적 요소** : 영농형태, 토지소유방식, 사회의식, 전통적 의사전달방법 등

[19. 경남지도사 기출]

95
다음 중 농촌사회의 문화적 요소로 옳지 않은 것은?

① 토지소유형태
② 사회의식
③ 전통적 의사전달방법
④ 농촌사회집단

> **해설**
> ㉠ **농촌사회의 구조적 요인** : 사회구분단, 농촌지역사회 내의 사회집단, 여론지도자 등
> ㉡ **지역사회의 문화적 요소** : 영농형태, 토지소유방식, 사회의식, 전통적 의사전달방법 등

96
다음 중 농촌사회의 구조적 요인으로만 묶인 것은?

가. 계모임	나. 여론지도자
다. 농촌사회집단	라. 추수감사제
마. 사회구분단	바. 사랑방 모임

① 가, 나
② 나, 다, 라
③ 나, 다, 마
④ 나, 다, 마, 바

> **해설**
> ㉠ **농촌사회의 구조적 요인** : 사회구분단, 농촌지역사회 내의 사회집단, 여론지도자 등
> ㉡ **지역사회의 문화적 요소** : 영농형태, 토지소유방식, 사회의식, 전통적 의사전달방법 등

정답 94.① 95.④ 96.③

97

다음 보기에서 설명하고 있는 구조적 요인은 무엇인가?

> 어느 사회에나 사회구성원의 태도와 행동, 의사결정에 중요한 영향을 미치고 그들에게서 존경을 받으며, 이들은 대면적 의사전달망을 통해 영향력을 행사한다.

① 사회구분단 ② 농촌지도요원
③ 여론지도자 ④ 농촌사회집단

해설
여론지도자 : 어느 사회나 사회구성원의 행동·태도·의사결정에 영향을 미치고 존경받는 공식적·비공식적 여론지도자가 있는데, 이들은 대면적 의사전달망(interpersonal communication)을 통해 지도력을 발휘하며, 혁신의사 전파를 촉진하거나 저해할 수도 있음

[17. 지도사 기출변형]

98

농촌지도요원들이 농촌지도와 관련하여 기본적으로 알고 있어야만 하는 지역사회의 문화적 요소가 아닌 것은?

① 영농형태 ② 토지소유방식
③ 경제 수준 ④ 전통적 의사전달방법

해설
지역사회의 문화적 요소 : 영농형태, 토지소유방식, 사회의식, 전통적 의사전달방법 등

[19. 경남지도사 기출]

99

다음 중 우리나라 농업현황에 대한 설명으로 옳은 것은? (2018년 기준 통계)

> ㉠ 2017년도의 농업인구는 242만명이다.
> ㉡ 2017년도에 2종 겸업농가가 1종 겸업농가보다 많다.
> ㉢ 2017년도에는 전업농가가 겸업농가보다 많다.

① ㉠   ② ㉠, ㉡
③ ㉡, ㉢   ④ ㉠, ㉡, ㉢

해설
㉠ 2017년도 농업인구는 242만명, 농가(가구)수는 102만호 정도이다.
㉡ 2017년도 2종 겸업농은 32만호, 1종 겸업농은 12만호 정도이다.
㉢ 2017년 전업농은 58만호, 겸업농은 44만호 정도이다.

정답 97.③ 98.③ 99.④

[24. 강원지도사]

100

현재(2024년) 우리나라 농업통계에 대한 설명이 옳지 않은 것은?

① 농가 호당 가구원수는 약 2인이 평균이다.
② 농업인구비율은 10% 이상 차지한다.
③ 농촌의 65세 이상 노인인구는 50%를 초과한다.
④ 농가는 약 100만호 정도이다.

해설>

연도	농가 (천호)	농인구비율 (%)	농가인구 (천명)	호당 농가인구	노인인구 비율(%)
2022	1,022	4.2	2,165	2.12	50 초과

[19. 경남지도사 기출]

101

경남 농촌의 지도환경변화에 대한 설명으로 옳지 않은 것은?

① 농촌인구의 감소
② 다문화인구의 증가
③ 토지생산량 감소
④ 아열대기후로의 변화

해설>
농업기술의 발전과 농업기계화 비율이 높아지면서 단위면적당 생산성은 높아지고 있다.

102

농촌지도환경에 대한 설명으로 옳지 않은 것은?

① 경지면적은 완만하게 감소하고 있다.
② 농업소득은 정체되는 반면에 농외소득이 빠른 속도로 증가할 것이다.
③ 최근에 농촌인구의 감소폭이 증가하고 있다.
④ 면부의 인구는 크게 감소하고, 도시 인구는 꾸준히 증가하고 있다.

해설>
최근에 농촌인구의 감소폭이 줄어들고 있다.

100.② 101.③ 102.③ 정답

103

농촌지도환경의 변화로 옳지 않은 것은?

① 농가소득은 꾸준히 증가할 것으로 예측되나 농업소득은 계속 감소 추세이다.
② 경지규모별 농가현황을 보면 0.5ha 미만과 3.0ha 이상의 농가가 증가하여 경지규모의 규모화가 어느 정도 진행되고 있다.
③ 경지규모 5ha 이상의 농가들이 30%를 차지하며 전통적 농가와 다른 형태의 지도가 요구된다.
④ 농촌의 고령화는 농촌지역사회의 지속가능성을 위협하는 문제이다.

해설
경지규모 5ha 이상의 농가들이 4만 가구 정도로 3%를 차지하며 전통적 농가와 다른 형태의 지도가 요구된다.

104

농촌지도환경의 변화로 옳지 않은 것은?

① 전국 다문화 가구 중 농어촌 거주가구가 도시 거주가구보다 더 많다.
② 마케팅능력이나 시장구조의 문제는 교육과 지도로 해결되기 어렵다.
③ 겸업농가의 비율이 꾸준히 증가하는 것은 농가 경제활동의 다각화가 진행되었다는 것을 의미한다.
④ 도시지역에 비해 농어촌 지역의 1인 가구 및 1인 가구원의 비율이 현저하게 낮다.

해설
다문화 가구수(2010) : 전국 다문화 가구 38만 7천호, 그중 농어촌 거주가구는 18.6%를 차지

105

[17. 지도사 기출변형]

우리 사회의 메가트렌드 중 신기술의 발전 및 정보화가 농업농촌에 미치는 영향은?

① 자원순환형 농업의 발달
② 지역공동체의 약화 및 사이버 공동체의 발달
③ 바이오매스 등 신농업 출현
④ 전국 반나절 생활권 형성

정답 103.③ 104.① 105.②

해설

메가트렌드	농업농촌에 미치는 영향
• 신기술의 발전 및 정보화	• 지역공동체의 약화 및 사이버 공동체의 발달 • 유비쿼터스 시대 도래 • 농촌복지 수준의 향상

106

우리사회의 변화를 주도하는 메가트렌드가 농업·농촌에 미치는 영향이 아닌 것은?

① 세계화 - 농업의 축소 및 광범위한 구조조정
② 신기술의 발전 및 정보화 - 지역공동체의 강화 및 사이버공동체의 발달
③ 도시화의 진전과 교통의 발달 - 여가공간, 정주공간으로서의 농촌의 매력증대
④ 웰빙을 추구하는 소비패턴 확산 - 귀농, 귀촌 인구의 증가

해설
메가트렌드가 농업·농촌에 미치는 영향

메가트렌드	농업농촌에 미치는 영향
• 세계화	• 농업의 축소 및 광범위한 구조조정 • 한계제조업의 쇠퇴
• 도시화의 진전과 교통의 발달	• 전국 반나절 생활권 형성 • 대도시 중심의 광역생활권 형성 • 여가공간, 정주공간으로서의 농촌의 매력 증대
• 신기술의 발전 및 정보화	• 지역공동체의 약화 및 사이버 공동체의 발달 • 유비쿼터스 시대 도래 • 농촌복지 수준의 향상
• 저출산 고령화	• 농촌사회의 활력 저하 및 지역경제 위축, 공공 역할 증가 • 농촌주민의 복지수요 급증 • 외국인의 유입 증가
• 환경과 자원문제 심화	• 자원순환형 농업의 발달 • 바이오매스 등 신농업 출현
• 웰빙을 추구하는 소비패턴 확산	• 농촌 어메니티를 활용한 지역개발활동 활성화 • 귀농, 귀촌 인구의 증가 • 친환경농업의 확대

106.② 정답

107

메가트렌드가 농업·농촌에 미치는 영향에 대한 설명으로 옳지 않은 것은?

① 유비쿼터스 시대의 도래는 농촌사회의 활력을 높이고 지역경제를 활성화 시킨다.
② FTA의 지속적 진행은 한계제조업의 쇠퇴를 촉진시킨다.
③ 환경과 자원문제의 심화는 바이오매스 등 신농업을 출현시킨다.
④ 웰빙을 추구하는 소비패턴은 농촌 어메니티를 활용한 지역개발활동이 활성화된다.

해설
유비쿼터스 시대의 도래는 농촌사회의 활력을 저하시키고 지역경제를 위축시키며, 공공의 역할이 증가할 것이다.

[14. 지도사 기출변형]

108

저투입 지속형 농업(LISA : Low Input & Sustainable Agriculture)의 설명으로 가장 적절한 것은?

① 이농을 최소한으로 억제하고, 젊은 노동력을 투입하여 지속적으로 영농을 하는 것이다.
② 단일 품목을 지속적으로 재배하여 전문화하는 것이다.
③ 생태계가 유지·보존될 수 있도록 농업화학물질을 최소한으로 투입하여 지속적으로 농업생산성을 유지 내지 향상시키는 농업생산방식이다.
④ 생태계를 지속적으로 유지하기 위해 농업화학물질을 전혀 투입하지 않고 영농을 하는 것이다.
⑤ 조상 대대로 내려오는 영농규모를 계속 유지하여 영농하는 것이다.

해설
저투입 지속형 농업(LISA : Low Input & Sustainable Agriculture)은 생태계가 유지·보존될 수 있도록 농업화학물질을 최소한으로 투입하여 지속적으로 농업생산성을 유지 내지 향상시키는 농업생산방식이다.

정답 107.① 108.③

109

농촌사회를 변화시키는데 장애가 되는 요소라고 볼 수 없는 것은?

① 전통과 권위주의
② 정의적 가치평가기준
③ 변화에 대한 적극적인 대처
④ 농촌사회구조

해설▶
농촌사회변화의 장애요인
㉠ 전통과 권위주의
㉡ 정의적 가치평가기준
㉢ 사회적 책임
㉣ 농촌사회구조
㉤ 공무원에 대한 태도
㉥ 커뮤니케이션

[18. 강원지도사 기출변형]

110

농촌사회변화의 장애요인이 아닌 것은?

① 사회의식
② 사회적 책임
③ 전통과 권위주의
④ 정의적 가치평가기준

해설▶
농촌사회변화의 장애요인 : 사회적 책임, 전통과 권위주의, 정의적 가치평가기준, 농촌사회구조, 공무원에 대한 태도, 커뮤니케이션

[19. 경북지도사 기출]

111

농촌사회변화 장애요인이 아닌 것은?

① 농촌사회구조
② 전통과 권위주의
③ 농촌지도공무원에 대한 태도
④ 합리적 가치평가기준

109.③ 110.① 111.④ 정답

02 성인 학습이론

01

교수(teaching)란 무엇인가?

① 스스로의 활동을 통하여 행동적 변화를 일으키는 과정
② 창조적인 상호작용
③ 학습자가 더 잘 배우도록 학습과정을 도우며 이끄는 과정
④ 모방적인 반응의 과정

해설
① 학습, ② 교육, ④ 훈련

교 수	학 습
• 교육자의 활동 • 지식과 정보를 제공함으로써 교육대상자의 행동을 변화시키는 것 • 교육대상자로 하여금 유인물과 사회현상에서 필요한 정보를 스스로 얻어내도록 도와주는 과정 • 스스로 그들의 미래를 설계하여 성취하는 데 필요한 학습을 하도록 도와주는 과정 • 교육자와 피교육자 간 유기적인 인간관계가 조성되는 과정	• 교육대상자의 활동 • 피교육자 스스로 훌륭한 지식, 태도, 기술 등을 가지기 위하여 의도적으로 활동하는 과정 • 학습 자체에도 관심을 가질 뿐만 아니라, 결과적으로 행동적 변화가 초래되도록 하는 과정 • 학습자 스스로의 의사결정과정이며 선택과정 • 학습자의 이전 경험과 새로운 경험을 결부시키고 통합하는 과정(Bender)
훈 련	교 육
• 모방적인 반응의 과정 • 연습·모방적 행동·기억·즉각적 결과 사용방법 등을 위한 단순한 과정	• 창조적인 상호작용 • 비판적인 자기평가가 강조되며, 새로운 경험과의 창조적인 통합과 스스로의 선택과정이 주어지는 심오한 과정

02

학습자 스스로의 의사결정과정이며, 선택과정인 것을 일컫는 것은?

① 학습　　　　　　　　② 교수
③ 모방　　　　　　　　④ 훈련

정답 01.③ 02.①

해설
학습(learning)
㉠ 피교육자 스스로 훌륭한 지식, 태도, 기술 등을 가지기 위하여 의도적으로 활동하는 과정
㉡ 학습 자체에도 관심을 가질 뿐만 아니라, 결과적으로 행동적 변화가 초래되도록 하는 과정
㉢ 학습자 스스로의 의사결정과정이며 선택과정
㉣ 학습자의 이전 경험과 새로운 경험을 결부시키고 통합하는 과정(Bender)

03

성인의 학습원리 중 강화이론(reinforcement theory)이 주장하는 내용과 밀접한 것은?

① 인간의 모든 양식은 유전과 학습 또는 복합적인 상호작용의 결과로부터 얻어진다는 이론이다.
② 학습자로 하여금 학습과정에 능동적으로 참여토록 함으로써 학습효과를 증대시키고자 하는 이론이다.
③ 교육대상자들의 필요나 문제의식이 학습을 통하여 해결되도록 하는 원리이다.
④ 교육대상자의 행동에 대하여 적절한 보상을 해줌으로써 학습효과를 극대화하고자 하는 이론이다.

해설
② 참여의 원리, ③ 필요충족의 원리
강화이론(reinforcement theory)
㉠ 정적(正的) 보상이나 쾌감을 받았던 행동은 반복·강화되고, 부적(負的) 보상이나 불쾌감을 받았던 행동은 억제·약화된다.
㉡ 기능 학습은 기능습득과정에서 내적 보상(자신의 능력신장, 성취감, 자아존중감 등)을 개발하는 것이 외적 보상과 같이 효과적이다.

04

다음 여러 학습이론 중 강화이론에 의해 설명될 수 있는 것은?

① 지식　　　　　② 태도
③ 기능　　　　　④ 구조

해설
① 지식-지각이론, ② 태도-인지균형이론
기능의 습득은 그에 대한 행동의 반복을 필요로 하므로 기능의 학습을 설명하기 위해서는 반복적 행동의 역동적 과정과 원인을 설명하는 강화이론이 적절하다.

정답 03.④ 04.③

05

물리적·심리적·사회적 환경에 대한 개인의 습관적 사고 유형은 어느 것인가?

① 지능
② 지식
③ 태도
④ 학습

해설
태도 : 물리적·심리적·사회적 환경에 대한 개인의 습관적 사고유형으로 정의될 수 있다. 태도는 복잡한 심성구조인데, 지식·신념·정서·평가의 요소로 복합되어 있다. 습관화된 태도는 개인으로 하여금 주위환경의 여러 상황에 대하여 기존에 형성되어 일반화된 반응경향을 보이도록 개인의 행동을 선행경향화한다. 이러한 태도의 형성과 변화는 인지균형이론에 의하여 설명될 수 있다.

06

태도변화를 유도하기 위하여 가장 효과적인 학습원리에 대한 내용을 내포한 것은?

① 지각이론
② 부적 보상
③ 인지균형이론
④ 정적 보상

해설
태도의 인지균형이론 : 개인이 사회문화적 성장과 생활 속에서 형성된 기성의 태도가 새로운 경험과 서로 모순되지 않게 균형상태를 유지하거나 회복하려는 과정을 통하여 새롭게 태도가 형성되고 변화된다는 이론. 태도는 기존의 인지균형상태에 새로운 지식, 정보, 환경변화 새로운 경험 등이 주어졌을 때 변화될 수 있다. 태도는 개인의 태도체계 내에서 상호의존적으로 서로 연관되어 있기 때문에 한순간 급격한 변화가 나타나지 않고, 다분히 자신의 인생경험과 인성구조에 달려있다.

07

[17. 지도사 기출변형]

다음 중 학습의 원리가 아닌 것은?

① 관심의 원리
② 강화의 원리
③ 필요충족의 원리
④ 시행착오의 원리

해설
농촌지도에서 고려되어야 할 학습원리(Bender) : 관심의 원리, 필요충족의 원리, 사고의 원리, 참여의 원리, 강화의 원리

정답 05.③ 06.③ 07.④

[14. 지도사 기출변형]

08
벤더와 마이어 등은 성인들을 위한 농업교육에 있어서 효과적인 학습원리를 제창하였는데 이에 속하지 않는 것은?

① 예습의 원리 ② 흥미의 원리
③ 필요충족의 원리 ④ 강화의 원리
⑤ 참여의 원리

해설
농촌지도에서 고려되어야 할 학습원리(Bender) : 관심의 원리, 필요충족의 원리, 사고의 원리, 참여의 원리, 강화의 원리

[21. 경북지도사 기출변형]

09
Bender의 학습원리 중 학습이란 학습자 자신의 자기활동 과정이라는 원리는 무엇인가?

① 강화의 원리 ② 참여의 원리
③ 사고의 원리 ④ 관심의 원리

해설
㉠ **Bender의 학습원리** : 관심의 원리, 필요충족의 원리, 사고의 원리, 참여의 원리, 강화의 원리
㉡ **참여의 원리** : 학습이란 학습자 자신의 자기활동 과정이다. 학습자가 학습에 능동적으로 많이 참여하면 그만큼 많은 학습을 얻게 된다.

[19. 경남지도사 기출]

10
농촌지도에서 강화이론으로 옳은 것은?

① 습득된 기능을 지속화하기 위하여 칭찬과 인정감을 주어 스스로 만족감을 준다.
② 교육대상자들이 관심과 흥미를 가질 때 효과가 증진된다.
③ 학습자 스스로 학습내용을 사고하고 문제를 해결하도록 하면 학습효과가 높아진다.
④ 학습자의 필요나 문제가 해결되고 충족되고 있다고 생각할 때 효과가 증진된다.

08.① 09.② 10.① **정답**

해설
② 관심의 원리, ③ 사고의 원리, ④ 필요충족의 원리

농촌지도에서 고려되어야 할 학습원리(Bender)
㉠ **관심의 원리** : 학습내용에 대하여 피교육자들이 관심과 흥미를 가질 때 학습효과가 증진된다.
㉡ **필요충족의 원리** : 피교육자들은 필요나 문제의식이 학습을 통하여 해결·충족되고 있다고 생각할 때 학습효과가 증진된다.
㉢ **사고의 원리** : 학습 시에 학습자가 스스로 학습내용을 사고하고, 주어진 자극을 평가하고 검토하여 보는 기회가 주어질 때 학습효과는 증대된다. 스스로 문제를 해결해 보도록 학습 시에 가끔 질문하여 그들의 사고력을 자극하여 주면 학습효과가 높아진다.
㉣ **참여의 원리** : 학습자가 학습에 능동적으로 많이 참여하면 그만큼 많은 학습을 얻게 된다.
㉤ **강화의 원리** : 학습자에게 칭찬과 인정감을 주어 스스로 만족감을 가지게 만드는 것이 필요하다.

11

다음은 Bender의 학습원리에 대한 설명이다. 옳은 것은?

> 학습자가 학습도중에 자신의 의견을 이야기할 때 "매우 좋은 말씀입니다." 또는 "훌륭한 답변입니다." 등으로 학습자에게 칭찬과 인정감을 주어 스스로 만족감을 가지게 만드는 원리이다.

① 필요충족의 원리 ② 사고의 원리
③ 강화의 원리 ④ 관심의 원리

12

농촌지도 관련이론과 학자를 연결한 것이 옳지 않은 것은?

① 사회적 학습이론 – Bandura
② 시행착오설 – Jacobsen
③ 갈등론 – Coser
④ 고전적 조건화 – Pavlov

해설
- **Thorndike** : 시행착오설, 자극과 반응의 결합이 유기체에 만족을 줄 때는 강화되며, 불만족을 줄 때는 약화된다.
- **Jacobsen의 학습원리** : 학습성과의 유형에 따라 학습원리를 진술하였다.

정답 11.③ 12.②

13

갈등론적 사회변동을 이론적 체계로 확립한 사람은?

① Karl Marx ② Coser
③ Schumpeter ④ Rosers

해설
Karl Marx : 갈등론적 사회변동을 이론적 체계로 확립한 학자. 사회변동은 혁명의 형태로 나타나며, 계급투쟁은 바로 경제적인 계급 사이의 갈등에서 비롯된다고 주장하였다.

14

갈등론자들의 주장에 따르면 사회교육의 기능을 어디에 두자고 주장하는가?

① 사회화 ② 현실이해
③ 인간성 회복 ④ 경제적 효율성 증대

해설
갈등론자들은 사회교육의 기능은 사회화에 두는 것이 아니라 인간성 회복에 두어야 한다고 주장한다.

15

다음 중 성인학습자의 특성으로 옳지 않은 것은?

① 다양한 경험 ② 자발성
③ 현업활용성 ④ 이성적 특성

해설
성인학습자의 특성

구 분	내 용
다양한 경험	성인학습자는 풍부하고 다양한 경험을 가지고 있음
자발성	성인학습자는 강제적이거나 의무적이 아니라 자신이 배울 필요가 있다고 생각하는 것을 학습함
현업활용성	성인학습자는 배운 것을 현업에 돌아가서 곧 활용하기를 원함
감정적 특성	성인학습자는 기분에 따라서 학습효과가 좌우되는 특성이 있음

13.① 14.③ 15.④ 정답

16

성인기의 변화에 대한 특성으로 옳은 것은?

① 성인기의 변화의 생물학적 영향으로 결정성 지능이 쇠퇴하고, 유동성 지능이 높아진다.
② 경험의 누적으로 자기중심적으로 사고하게 된다.
③ 새로운 것을 학습하는데 두려움이 없다.
④ 새로운 대상에 대한 순발력 있는 반응을 보인다.

해설
성인기의 변화
㉠ 신체적 측면(노화에 초점)
　ⓐ 성인의 생리적인 작용은 신경 계통의 노화에 의해 반응속도가 느려지고 새로운 대상에 대한 순발력 있는 반응을 저하시킴
　ⓑ 유전적·생물학적 영향을 받는 유동성 지능(예 수리능력, 공간지각능력)의 경우 연령이 높아짐에 따라 쇠퇴하는 경향
　ⓒ 환경과의 접촉을 통해서 형성되고 굳어지는 결정성 지능(예 언어능력, 문제해결능력)의 경우는 연령이 올라가면 높아지는 경향
㉡ 심리적 측면
　ⓐ 성인은 살면서 겪었던 긍정적·부정적 누적된 경험을 자기 분야에서 자기중심적으로 사고하는 심리 상태를 만듦
　ⓑ 부정적 경험과 신체적 기능의 감퇴는 자신감이 저하되고, 새로운 일을 할 때 조심성을 높임
　ⓒ 옛것과 친근한 사물에 대해 고집이 강해지는 경직성의 증가는 새로운 것을 학습하는 데 두려움을 증가시킴

17

성인학습이론(Adult Learning Theory)에서 성인의 특성에 대한 설명 중 옳지 않은 것은?

① 성인은 자신들이 무언가를 왜 학습하는지 알고 싶어한다.
② 성인은 더 많은 직무 관련 경험을 학습 상황에 적용한다.
③ 성인은 학습하기 위해 문제중심 접근방식으로 학습 경험에 임한다.
④ 성인은 학습에 있어 피동적인 성향을 가지고 있다.

해설
성인학습이론에서 성인의 특성
㉠ 성인은 자신들이 무언가를 왜 학습하는지 알고 싶어한다.
㉡ 성인은 자기주도적인 성향을 가지고 있다.
㉢ 성인은 더 많은 직무 관련 경험을 학습 상황에 적용한다.
㉣ 성인은 학습하기 위해 문제중심 접근방식으로 학습 경험에 임한다.
㉤ 성인은 내·외부의 동기인자들에 의해 학습 동기화가 이루어진다.

정답 16.② 17.④

18

Mayer가 제시하는 성인의 독특한 교육적 특성에 관한 내용으로 옳지 않은 것은?

① 많은 생활의 경험을 가지기에 그 경험들은 그들의 관심영역을 넓힌다.
② 동기화가 많이 되어 있고 활동 지향적이다.
③ 시간적으로 자유로워 다양한 역할을 수행할 수 있다.
④ 수업에 대한 불안감과 선입관이 있다.

해설
성인의 독특한 교육적 특성(Mayer & Bender)
㉠ 성인이 겪은 생활 속 다양한 경험들은 그들의 관심 영역을 넓히고, 이성과 판단력을 강화시키고, 문제해결자로서의 능력을 배양시킴
㉡ 성인은 직업적 성취·개인적 성취·자아실현 욕구가 강하기 때문에 학습하는 데 동기화가 잘 됨. 성인은 활동지향이며 직접적 유용성이 있는 내용에 더 많은 관심을 가지고, 배운 것을 직접 적용하기를 원함
㉢ 성인은 시간적 제약 속에서 많은 역할과 책임 등을 수행해야 함 → 성인교육자는 성인의 제한된 시간성과 다양한 지위·역할에 대하여 관심을 가짐
㉣ 성인 대부분은 오랜 기간 학습을 받지 않았기 때문에 수업에 불안감을 보임. 일부는 선입관 때문에 새로운 학습을 어렵게 하지만, 성인이 건강하고 동기화만 된다면 학습 욕구가 생김
㉤ 성인의 개인차는 학생들의 개인차보다 심하기 때문에 개인차를 고려하는 교육이 필요함

19

성인의 교육적 특성을 설명한 것 중 틀린 것은?

① 성인들의 개인차는 학생차보다 더 크다.
② 성인들의 직업적 성취욕구가 낮기 때문에 학습동기화 수준이 낮다.
③ 성인들은 제한된 시간과 다양한 역할을 동시에 하고 있기 때문에 이를 고려하여야 한다.
④ 성인들은 직접적인 유용성이 있는 것에 보다 많은 관심을 기울인다.

해설
성인은 직업적 성취·개인적 성취·자아실현 욕구가 강하기 때문에 학습하는 데 동기화가 잘 된다.

18.③ 19.②

20

성인학습자의 특성에 따른 교수 방향에 대한 설명으로 가장 옳지 않은 것은?

① 교육의 출발점을 다양하게 제시한다.
② 내재적 동기부여보다 외재적 동기부여에 초점을 둔다.
③ 학습에 대한 강화는 부적 강화보다 정적 강화가 더 효과적이다.
④ 학습의 극대화를 위해 정보를 조직적으로 제시한다.

해설
외재적 동기부여보다 내재적 동기부여에 초점을 둔다.

[20. 서울지도사 기출]

21

성인학습이론으로 옳지 않은 것은?

① 성인은 자기주도적 성향을 가지고 있다.
② 성인의 개인차가 학생보다 심하지 않다.
③ 문제중심의 접근방식으로 학습 경험을 임한다.
④ 내·외부 동기인자들에 의해 학습 동기화가 이루어진다.

해설
성인의 개인차는 학생들의 개인차보다 심하기 때문에 개인차를 고려하는 교육이 필요하다.

[20. 경남지도사 기출]

22

Bandura의 사회학습이론에 대한 설명이 옳지 않은 것은?

① 조건화된 자극이 조건화된 반응을 이끌어내는 과정이다.
② 직접 행동·기술을 사용한 결과를 경험하면서 학습한다.
③ 타인을 관찰하고 그들 행동의 결과를 보는 과정을 통해서 학습한다.
④ 학습은 개인의 자기효능감(selfefficacy)에 의해 영향을 받는다.

해설
조건화된 자극이 조건화된 반응을 이끌어내는 과정을 설명하는 이론은 Pavlov의 고전적 조건화 이론이다.
Bandura의 사회학습이론(Social Learning Theory)
㉠ 강화되거나 보상받은 행동은 반복하며, 보상받은 모델의 행동이나 기술은 관찰자에 의해 채택된다.
㉡ 직접 행동·기술을 사용한 결과를 경험하면서 학습한다.
㉢ 타인을 관찰하고 그들 행동의 결과를 보는 과정을 통해서 학습한다.
㉣ 학습은 개인의 자기효능감(selfefficacy)에 의해 영향을 받는다.

정답 20.② 21.② 22.①

[17. 지도사 기출변형]

23

사회학습이론에 따른 인지적 과정으로 옳은 것은?

① 인지 → 과정 → 평가 → 시행 → 수용
② 신념변수 → 개인태도 → 이용의도 → 실제 이용
③ 지식 → 설득 → 결정 → 실행 → 확인
④ 주의집중 → 파지 → 운동재생산 → 동기화

해설
사회학습이론에 따른 인지적 과정(학습) 4단계
㉠ 1단계 : 주의집중 과정
㉡ 2단계 : 파지 과정(기억 과정)
㉢ 3단계 : 운동재생산 과정(관찰한 행동을 시도하는 것)
㉣ 4단계 : 동기화 과정

[20. 서울지도사 기출]

24

성인학습자의 학습이론 중 사회학습이론에 따른 인지적 과정(학습)의 4단계를 순서대로 바르게 나열한 것은?

① 주의집중 → 동기화 → 운동재생산 → 파지
② 주의집중 → 파지 → 운동재생산 → 동기화
③ 동기화집중 → 파지 → 운동재생산 → 주의집중
④ 파지 → 주의집중 → 운동재생산 → 동기화

해설
사회학습이론에 따른 인지적 과정(학습)의 4단계 : 주의집중 → 파지 → 운동재생산 → 동기화

[20. 강원지도사 기출변형]

25

사회학습이론에 따른 인지적 과정이 옳은 것은?

① 주의집중 → 동기화 → 파지 → 운동재생산
② 동기화 → 운동재생산 → 주의집중 → 파지
③ 주의집중 → 파지 → 운동재생산 → 동기화
④ 동기화 → 주의집중 → 운동재생산 → 파지

23.④ 24.② 25.③ 정답

26

사회학습이론 중 학습자의 주의집중과정에 영향을 주는 요인이 아닌 것은?

① 관찰자의 특징
② 모델의 특징
③ 습득한 지식, 기술
④ 교제 유형

해설
학습자의 주의집중 과정에 영향을 주는 요인
㉠ 관찰자의 흥미, 개인적인 과거의 경험 등 관찰자의 특징
㉡ 관찰자와의 동질성, 모델 자체의 매력 등과 관련한 모델의 특징
㉢ 자신에게 이익이 되는지 여부와 관련된 모델 자극의 특성
㉣ 좋아하거나 자주 접하는 집단 구성원의 행동을 더 많이 관찰하고 모방하는 것과 관련한 교제 유형

27

다음 중 파지 과정에 대한 설명으로 옳은 것은?

㉠ 이 단계에서 중요한 것은 시연이다.
㉡ 2번째 과정이다.
㉢ 모델이 받았던 것과 동일한 강화를 받게 되는지 확인하는 과정이다.
㉣ 어느 정도의 시간이 지난 다음 행동이 이루어지므로 시각적 또는 언어적인 형태의 상징적 부호로 저장한다.

① ㉠, ㉡
② ㉡, ㉢
③ ㉠, ㉢, ㉣
④ ㉠, ㉡, ㉣

해설
㉢은 운동재생산 과정이다.

28

사회학습단계에서 시연이 중요한 단계는?

① 주의집중 과정
② 파지 과정
③ 운동재생산 과정
④ 동기화 과정

해설
파지 과정에서 시연이 중요한데, 시연은 마음속으로 상상해보는 내적 시연과 실제로 행동으로 나타내는 외적 시연이 있다. 이는 학습자의 수준에 의해 영향을 받는다.

[19. 경남지도사 기출]

[19. 충남지도사 기출]

정답 26.③ 27.④ 28.②

29

사회학습이론 중 모델이 받았던 것과 동일한 강화를 받게 되는지 확인하기 위해서 학습자가 관찰한 행동을 시도하는 과정은?

① 주의집중 과정
② 파지 과정
③ 운동재생산 과정
④ 동기화 과정

> **해설**
> 운동재생산 과정(사회학습이론 과정 중)
> ㉠ 모델이 받았던 것과 동일한 강화를 받게 되는지 확인하기 위해 학습자가 관찰한 행동을 시도하는 것을 말함
> ㉡ 재생산 능력은 학습자가 행동·기술을 회상해낼 수 있는 정도에 따라 결정되며, 학습자는 행동을 수행하거나 기술을 재연할 수 있는 물리적 역량이 있어야 함

[23. 서울지도사]

30

사회학습이론에 따른 인지적 과정(학습)의 4단계 중 〈보기〉에서 설명하는 단계로 가장 옳은 것은?

- 모델이 받았던 것과 동일한 강화를 받게 되는지 확인하기 위해서 학습자가 관찰한 행동을 시도하는 것과 밀접하게 관련되어 있다.
- 사회학습이론에 따른 인지적 과정(학습)의 4단계 중에서 3번째 단계에 해당한다.

① 파지 과정
② 주의집중 과정
③ 동기화 과정
④ 운동재생산 과정

> **해설**
> 사회학습이론 과정 : 주의집중 과정 → 파지 과정 → 운동재생산 과정 → 동기화 과정

29.③ 30.④ 정답

31

사회학습이론에 대한 설명으로 옳지 않은 것은?

① 주의집중 과정은 학습자가 모델을 관찰할 수 있는 물리적 역량을 가지고 있어야 한다.
② 파지 과정은 학습자가 행동·기술을 회생해낼 수 있는 정도에 따라 결정된다.
③ 운동재생산 과정은 학습자가 행동을 수행하거나 기술을 재연할 수 있는 물리적 역량이 있어야 한다.
④ 동기화 과정에서 강화 가능성에 따라 실제 수행 여부가 좌우된다.

해설▶
파지 과정(기억 과정)은 학습자는 모델을 관찰한 후 일정 시간이 지난 후 행동을 모방하기 때문에 이를 일정한 방식으로 상징적 부호(시각적·언어적 형태)로 저장하는 과정이다.
운동재생산 과정은 학습자가 행동·기술을 회생해낼 수 있는 정도에 따라 결정되는 과정이다.

32

사회학습이론에 대한 설명 중 옳지 않은 것은?

① 운동재생산 과정은 학습자가 관찰한 행동을 시도하는 것과 관련이 있다.
② 주의집중 과정은 학습자가 모델을 관찰할 수 있는 물리적 역량을 가지고 있어야 한다.
③ 파지 과정은 학습자가 행동의 정확한 표현을 위해 필요한 운동기능을 갖추어야 한다.
④ 동기화 과정에서는 학습자가 유인동기가 없으면 수행하지 않을 것이다.

해설▶
학습자가 행동의 정확한 표현을 위해 필요한 운동기능을 갖추어야 하는 과정은 관찰한 행동을 시도하는 운동재생산 과정이다.

정답 31.② 32.③

[20. 경북지도사 기출]

33

사회학습이론에 대한 설명이 옳지 않은 것은?

① 일상적인 상황에서 학습하는 현상을 설명한다.
② 주의집중 과정, 파지 과정, 운동재생산 과정, 동기화 과정으로 구성되어 있다.
③ 타인을 관찰하고 간접적 행동·기술을 사용한 결과를 경험하면서 학습한다.
④ 학습전이의 요인에는 상사의 지원, 상사제재, 동료지원, 조직변화가능성 등이 있다.

해설>
사회학습이론의 새로운 행동·기술의 학습
㉠ 직접 행동·기술을 사용한 결과를 경험하면서 학습한다.
㉡ 타인을 관찰하고 그들 행동의 결과를 보는 과정을 통해서 학습한다.
㉢ 학습은 개인의 자기효능감(selfefficacy)에 의해 영향을 받는다.

34

학습전이에 대한 영향요인이 아닌 것은?

① 상사의 제재
② 조직보상
③ 조직의 변화가능성
④ 기억 과정

해설>
학습전이에 대한 영향요인 : 상사 관련 변인, 동료 관련 변인, 조직의 변화가능성, 기대되는 성과(보상) 관련 변인

35

Holton과 Enos가 제시하는 학습전이를 촉진하는 핵심요소는 무엇인가?

① 상사의 지원
② 동료의 지원
③ 조직의 변화가능성
④ 기대되는 성과

해설>
Holton과 Enos의 학습전이를 위한 전이풍토의 요인에 대한 연구는 상사가 지원하는 정도를 중심으로 수행되었는데, 이것은 상사의 지원이 학습전이를 촉진하는 핵심요소라고 하였다.

33.③ 34.④ 35.① 정답

36

Noe가 제시하는 학습전이를 촉진하는 상사의 지원활동에서 가장 높은 수준은?

① 상사의 참가　② 격려
③ 강화　　　　④ 지원활동

해설
Noe의 상사의 지원 수준 : 교육훈련 참여를 허락하는 것 < 격려 < 상사의 참가 < 강화 < 실습 기회의 제공 < 지원활동 순

37

교수 학습전략 중 문제중심학습(PBL)에 대한 설명이 아닌 것은?

① 문제가 학습자의 적극적인 참여와 지식구성 과정을 촉진할 수 있다는 관점을 바탕으로 한다.
② 전통적인 교수방법보다 실제 문제를 중심으로 학습자의 적극적인 참여가 이루어지는 것이 효과적일 것이라는 인식에서 발생했다.
③ 집단 구성원 개개인의 목적과 조직 전체의 요구를 동시에 충족시킬 수 있는 학습 형태이다.
④ 문제를 중심으로 이루어지는 교육 프로그램의 구체적인 모형을 제공한다.

해설
집단 구성원 개개인의 목적과 조직 전체의 요구를 동시에 충족시킬 수 있는 학습 형태는 액션러닝을 설명한 것이다.
문제중심학습(PBL, Problem Based Learning)
㉠ PBL은 문제(problem)가 학습자의 적극적 참여와 지식구성 과정을 촉진할 수 있다는 관점. 문제를 중심으로 이루어지는 교육 프로그램의 구체적 모형을 제공함
㉡ PBL은 의과대학에서 주로 사용되던 교수방법으로, 의과대학 학생이 미래의 의사로서 직면하게 되는 비구조적 문제를 다룰 수 있는 지식과 기능을 획득하기 위해서 전통적 교수방법보다 실제 문제를 중심으로 학습자의 적극적 참여가 이루어지는 방법이 더욱 효과적일 것이라는 인식에서 출발함
㉢ **문제중심학습(PBL) 구성** : 문제제기 단계 → 문제 재확인 단계 → 발표 단계 → 문제결론 단계

[20. 경북지도사 기출]

38

다음 중 문제중심학습(PBL)에 관한 설명으로 옳지 않은 것은?

① 문제를 중심으로 이루어지는 교육 프로그램의 구체적인 모형을 제공한다.
② 문제가 학습자의 적극적인 참여로 지식구성과정을 촉진한다는 관점을 바탕으로 한다.
③ PBL의 구성요소로는 문제, 그룹, 질의 및 성찰, 실행의지, 학습의지, 촉진자가 있다.
④ 의과대학에서 주로 사용하는 방법으로 의과대학 학생이 직면하게 되는 비구조적 문제를 다룰 수 있는 지식과 기능을 학습하는 것이다.

해설
PBL은 의과대학에서 주로 사용되던 교수방법으로, 의과대학 학생이 미래의 의사로서 직면하게 되는 비구조적 문제를 다룰 수 있는 지식과 기능을 획득하기 위해서 전통적 교수방법보다 실제 문제를 중심으로 학습자의 적극적 참여가 이루어지는 방법이 더욱 효과적일 것이라는 인식에서 출발한다.
③은 액션러닝의 구성요소를 설명한 것이다.

39

액션러닝을 처음 소개한 학자는?

① Marquart
② Enos
③ Reg Revans
④ Robinson & Robinson

해설
Reg Revans : 액션러닝을 최초 사용, 영국 케임브리지 대학의 심리학자

[19. 충남지도사 기출]

40

다음이 설명하는 교수학습법은 무엇인가?

> 소규모로 구성된 한 집단이 조직, 그룹, 개인이 직면하고 있는 실질적인 문제와 원인을 규명하고, 이를 해결하기 위한 방법을 모색하여 대안을 현장에 적용하며, 이러한 과정에 대한 성찰을 통한 학습

① 액션러닝
② 문제중심학습
③ 심포지엄
④ 야외훈련

정답 38.③ 39.③ 40.①

41

다음 보기에서 설명하는 교수학습법은?

- 레그레반스가 최초로 사용한 교수학습전략
- 조직, 그룹, 개인이 직면하고 있는 실질적인 문제와 원인을 규명하고, 이를 해결하기 위한 방법을 모색하여 대안을 현장에 적용하며, 이러한 과정에 대한 성찰을 통한 학습

① 야외훈련
② 문제중심학습
③ 액션러닝
④ 사례연구

[20. 강원지도사 기출변형]

42

액션러닝에 대한 설명으로 옳은 것은?

① 액션러닝의 그룹은 아이디어만 제안하는 그룹이다.
② 적절한 답변보다는 적절한 질문을 더 중요하게 생각한다.
③ 조직의 이익과 직결되는 가상문제를 다루고 실현가능한 것이어야 한다.
④ 즉각적이고 단기적인 이익을 얻는 것이 목적이다.

해설
① 액션러닝의 그룹은 아이디어만 제안하는 그룹이 아니라 직접 실행하는 그룹이어야 한다.
③ 조직의 이익과 직결되는 실전문제를 다루고 실현가능한 것이어야 한다.
④ 문제해결을 통해 즉각적이고 단기적인 이익을 얻는 것이 목적이 아니라 학습한 내용을 전 조직과 개인의 삶에 적용하는 것에 의미를 둔다.

[19. 경남지도사 기출]

43

성인교육의 교수학습 전략 중 액션러닝(Action Learning)에 대한 설명으로 가장 옳지 않은 것은?

① 액션러닝은 적절한 답변보다 적절한 질문에 더 큰 비중을 둔다.
② 액션러닝은 학습한 내용을 전 조직과 개인의 삶에 적용하는 것에 의미를 둔다.
③ 액션러닝 그룹은 문제에 관심이 있는 사람, 문제에 대한 지식이 있는 사람, 그룹의 결정사항을 실행할 권한이 있는 사람 등으로 구성된다.
④ 액션러닝은 문제해결을 통해 즉각적 이익을 얻는 것에 목적이 있다.

해설
액션러닝은 문제해결을 통해 즉각적·단기적 이익을 얻는 것이 목적이 아니라, 학습한 내용을 전 조직과 개인의 삶에 적용하는 것에 의미가 있다.

[20. 서울지도사 기출]

정답 41.③ 42.② 43.④

44

액션러닝에 대한 설명 중 옳지 않은 것은?

① 영국 케임브리지 대학의 심리학자 Reg Revans가 처음 소개했다.
② 소규모로 구성된 한 집단이 조직, 그룹 또는 개인이 직면하고 있는 실질적인 문제와 원인을 규명한다.
③ Marquart의 6대 구성요소는 문제, 그룹, 질의 및 성찰, 실행의지, 학습의지, 참가자이다.
④ 집단 구성원 개개인의 목적과 조직 전체의 요구를 동시에 충족시킬 수 있는 학습 형태이다.

> **해설**
> Marquart의 6대 구성요소는 문제, 그룹, 질의 및 성찰, 실행의지, 학습의지, 촉진자이다.

[24. 충북지도사]

45

액션러닝에 대한 설명이 옳지 않은 것은?

① 구성요소로 문제, 그룹, 질의 및 성찰, 실행의지, 학습의지, 결정자 등이 있다.
② 그룹에는 그룹의 결정사항을 실행할 권한이 있는 사람으로 구성한다.
③ 그룹은 아이디어만 제안하는 그룹이 아니라, 직접 실행하는 그룹이어야 한다.
④ 참가자의 시급한 프로젝트 처리가 아니라 과제 원인을 찾는 것이 우선이다.

> **해설**
> 액션러닝 구성요소 : 문제, 그룹, 질의 및 성찰, 실행의지, 학습의지, 촉진자

[24. 강원지도사]

46

액션러닝에 대한 설명이 옳지 않은 것은?

① 액션러닝은 집단 구성원 개개인의 목적과 조직 전체의 요구를 동시에 충족시킬 수 있는 학습 형태이다.
② 문제는 조직 이익과 직결되는 실제 문제여야 하며, 실현가능한 것이어야 한다.
③ 액션러닝은 문제해결을 통해 즉각적인 결과를 얻는 것이 목적이다.
④ 그룹은 아이디어만 제안하는 그룹이 아니라, 직접 실행하는 그룹이어야 한다.

> **해설**
> 액션러닝은 문제해결을 통해 즉각적·단기적 이익을 얻는 것이 목적이 아니라, 학습한 내용을 전 조직과 개인의 삶에 적용하는 것에 의미를 둔다.

정답 44.③ 45.① 46.③

47
액션러닝의 개발단계의 프로세스가 옳은 것은?

① 전체설계 → 촉진자 양성과정 → 액션러닝 워크북 → 가상공동체 → 집합교육프로그램
② 전체설계 → 집합교육프로그램 → 액션러닝 워크북 → 가상공동체 → 촉진자 양성과정
③ 액션러닝 워크북 → 가상공동체 → 촉진자 양성과정 → 전체설계 → 집합교육프로그램
④ 액션러닝 워크북 → 가상공동체 → 전체설계 → 집합교육프로그램 → 촉진자 양성과정

해설
액션러닝 프로세스
㉠ 1단계 : 요구분석 단계
㉡ 2단계 : 성공여건을 조성하는 단계
㉢ 3단계 : 액션러닝 프로그램 전체를 설계하는 단계
㉣ 4단계 : 집합교육 프로그램을 개발하는 단계
㉤ 5단계 : 액션러닝 워크북을 개발하는 단계
㉥ 6단계 : 가상공동체(cyber community)를 개발하는 단계
㉦ 7단계 : 촉진자(facilitator) 양성 과정
㉧ 8단계 : 운영 단계
㉨ 9단계 : 결과 발표, 평가 및 평가결과 활용 단계
㉩ 10단계 : 사후관리 단계

48
액션러닝의 구성요소가 아닌 것은?

① 질의 ② 학습의지
③ 그룹 ④ 수용자

해설
액션러닝 구성요소 : 문제, 그룹, 질의 및 성찰, 실행의지, 학습의지, 촉진자

49
다음 중 액션러닝의 구성요소로만 묶여진 것은?

① 질의, 학습의지, 그룹
② 문제, 학습의지, 토의
③ 그룹, 조직지원, 실행의지
④ 강화, 촉진자, 질의 및 성찰

해설
액션러닝 구성요소 : 문제, 그룹, 질의 및 성찰, 실행의지, 학습의지, 촉진자

[17. 지도사 기출변형]

[18. 강원지도사 기출변형]

[18. 전북지도사 기출변형]

정답 47.② 48.④ 49.①

50

액션러닝에서 가장 중요한 요소는 무엇인가?

① 질의 및 성찰 과정   ② 실행의지
③ 문제   ④ 촉진자

51

Marquart의 액션러닝의 6대 구성요소에 대한 설명으로 옳지 않은 것은?

① 촉진자 : 상호작용이나 다양한 행동을 성찰하도록 요청할 수 있다.
② 학습의지 : 참가자들에게 프로젝트 처리가 시급함을 알려 조직역량을 강화해야 한다.
③ 문제 : 조직의 이익과 직결되는 실제 문제여야 하며 실현 가능한 것이어야 한다.
④ 실행의지 : 액션러닝 그룹은 아이디어만을 내놓는 그룹이 아니라 직접 실행하는 그룹이어야 한다.

해설
참가자의 시급한 프로젝트 처리가 아니라 과제 원인을 찾는 것이 우선임을 알려서 개인, 팀, 조직의 지식과 역량을 강화해 나가야 한다.

52

액션러닝에서 Marquart의 6대 구성요소 중 옳지 않은 것은?

① 실행의지 – 액션러닝에서 가장 중요한 요소로 아이디어만을 내놓는 그룹이 아니라 직접 실행하는 그룹이어야 한다.
② 문제 – 가상의 문제가 아니라 조직의 이익과 직결되는 실제 문제여야 한다.
③ 학습의지 – 학습한 내용을 전 조직과 개인의 삶에 적용할 수 있어야 한다.
④ 촉진자 – 문제해결 과정에 개입하기도 한다.

해설
액션러닝 구성요소(Marquart, 6가지)
㉠ **문제** : 액션러닝에 적합한지를 선택할 때, 반드시 해결해야 하는 문제로서 조직 이익과 직결되는 실제 문제(가상문제 ×)여야 하며, 실현가능한 것이어야 함
㉡ **그룹(액션러닝의 주체)** : 문제에 대해 진정한 관심이 있는 사람, 문제에 대해 지식이 있는 사람, 그룹의 결정사항을 실행할 권한이 있는 사람 등으로 구성하고, 조직 구성원은 편안하게 문제를 제기할 수 있도록 서로 능력이 비슷하지만 반드시 다양성을 갖는 구성이 되어야 함

50.① 51.② 52.① 정답

ⓒ **질의 및 성찰** : 액션러닝에서 가장 중요한 요소. 액션러닝은 적절한 답변보다 적절한 질문에 더 큰 비중을 둠. 참가자는 행동, 실험, 경험에 대한 성찰을 통해 경험의 결과나 파급효과를 고찰함
ⓓ **실행의지** : 액션러닝 그룹은 아이디어만 제안하는 그룹이 아니라, 직접 실행하는 그룹이어야 함
ⓔ **학습의지** : 액션러닝은 문제해결을 통해 즉각적·단기적 이익을 얻는 것이 목적이 아니라, 학습한 내용을 전 조직과 개인의 삶에 적용하는 것에 의미를 둠
ⓕ **촉진자(facilitator)** : 촉진자는 구성원이 지속적으로 학습하고 자신감을 기르며 새로운 아이디어를 발전시킬 수 있도록 환경을 조성해야 함

53

[18. 경북지도사 기출변형]

액션러닝에 대한 설명으로 옳지 않은 것은?

① 액션러닝은 적절한 질문보다 적절한 답변에 더 큰 비중을 둔다.
② 액션러닝 그룹은 아이디어만 제안하는 그룹이 아니라, 직접 실행하는 그룹이어야 한다.
③ 액션러닝은 즉각적·단기적 이익을 얻는 것이 목적이 아니라, 학습한 내용을 전 조직과 개인의 삶에 적용하는 것이다.
④ 액션러닝의 문제는 기술적인 문제가 아닌 조직적인 특성과 관련된 문제이다.

해설
액션러닝은 적절한 답변보다 적절한 질문에 더 큰 비중을 둔다.

54

액션러닝의 프로세스 중 프로그램의 실시목적, 즉 프로그램을 통해 얻고자 하는 결과를 구체화하는 단계는 무엇인가?

① 요구분석 단계
② 전체설계 단계
③ 액션러닝 워크북 단계
④ 촉진자 양성 단계

해설
액션러닝 프로세스
㉠ **1단계** : 요구분석 단계. 프로그램을 통해 얻고자 하는 결과를 구체화하는 단계(프로그램의 실시 목적)
㉡ **2단계** : 성공여건을 조성하는 단계
㉢ **3단계** : 액션러닝 프로그램 전체를 설계하는 단계
㉣ **4단계** : 집합교육 프로그램을 개발하는 단계
㉤ **5단계** : 액션러닝 워크북을 개발하는 단계
㉥ **6단계** : 가상공동체(cyber community)를 개발하는 단계
㉦ **7단계** : 촉진자(facilitator) 양성 과정
㉧ **8단계** : 운영 단계
㉨ **9단계** : 결과 발표, 평가 및 평가결과 활용 단계
㉩ **10단계** : 사후관리 단계

정답 53.① 54.①

55

다음 중 강의법에 대한 설명 중 옳지 않은 것은?

① 비교적 짧은 시간에 많은 내용을 전달함으로써 시간과 비용을 절약할 수 있다.
② 강사는 학습자를 파악하고 이를 적극 활용해야 한다.
③ 강사는 세부적인 내용으로 들어가기 전에 학습내용이나 시간 등의 교육에 대한 전반적인 조망을 제시해주어야 한다.
④ 강의는 쉬운 것보다 어려운 것부터 시작하는 것이 좋다.

해설
강의는 어려운 것보다 쉬운 것부터 시작하는 것이 좋다.
강의법이 효과적일 때
㉠ 주로 강사가 짧은 시간 내에 많은 양의 정보를 제공하고자 할 때
㉡ 학습자가 강의내용을 이해할 수 있는 충분한 경험과 명확한 학습동기를 가지고 있을 때
㉢ 학습자의 인원이 다른 기법을 사용하기에 다소 많을 때

[19. 경남지도사 기출]

56

다음 중 2명의 발표자가 사회자의 진행으로 하나의 주제를 놓고 서로 다른 관점에서 발표하는 것은?

① 자유의사토의 ② 패널토의
③ 토론 ④ 심포지엄

해설
토론은 2명의 발표자가 사회자의 진행으로 하나의 주제를 놓고 서로 다른 관점에서 발표하는 방식이다.

[24. 충북지도사]

57

소수의 사람이 깊이 있게 연구하여 발표하는 토의방법은?

① 그룹토의 ② 심포지엄
③ 패널발표 ④ 브레인스토밍

해설
심포지움은 소수의 사람이 깊이있게 연구하여 발표하는 특징이 있다. 어떤 주제에 대하여 소수의 사람들이 그 주제의 여러 측면을 따로따로 체계적으로 연구하여 발표하게 하고 청중이나 청중의 대표자가 발표내용을 중심으로 중요사항을 질문하고 응답하는 토의방법이다. 새로운 지식이나 문제를 조직적·체계적으로 깊이있게 청중들에게 알려주려고 할 때 사용된다.

55.④ 56.③ 57.② 정답

58

토의 유형에 대한 설명으로 옳지 않은 것은?

① 심포지엄 : 발표자와 사회자 사이에서만 상호작용이 일어난다.
② 토론 : 2명의 발표자가 사회자의 진행으로 하나의 주제를 놓고 서로 다른 관점에서 발표하는 방식이다.
③ 버즈 그룹 : 3명이나 그 이상의 사람들이 그룹 앞에서 특정 주제에 대해 토의한다.
④ 대화법 : 두 사람이 참가자 앞에서 주제에 관해 자유롭게 토의하는 방식이다.

해설
토의법 유형

그룹 토의 (group discussion)	2명이나 그 이상의 사람이 의견, 경험, 정보를 나누고 함께 아이디어를 제시한 후 평가를 하는 방식으로 진행됨. 그룹토의에서 참가자는 합의나 더 나은 의견을 도출하기 위해 서로 협동함
강의식 포럼 (lecture forum)	한 사람이 강의도 하고, 특정 부분에 대해 질문도 받는 형식으로 진행됨
심포지엄 (symposium)	3명이나 그 이상의 사람들이 서로 다른 시각으로 짤막한 발표를 하고 난 뒤 사회자의 진행으로 질문과 답변을 하는 방식으로 진행되는 토의법
패널(panel)	3명이나 그 이상의 사람들이 그룹 앞에서 특정 주제에 대해 토의를 한 후 사회자의 진행으로 그룹 토의를 하는 방식으로 진행됨. 패널 토의는 심포지엄과 유사한 형식으로 진행되는데, 심포지엄이 발표자와 사회자 사이에서만 상호작용이 일어남
토론(debate)	2명의 발표자가 사회자의 진행으로 하나의 주제를 놓고 서로 다른 관점에서 발표하는 방식
대화법 (conversation)	두 사람이 참가자 앞에서 주제에 관해 자유롭게 토의하는 방식
버즈 그룹 (buzz group)	큰 집단을 5~10여 명의 소집단으로 나누어 주제를 토의하고, 나중에 큰 집단으로 모여 결과를 보고하는 방식의 토의법

[19. 경북지도사 기출]

59

큰 집단을 5~10여 명의 소집단으로 나누어 주제를 토의하고, 나중에 큰 집단으로 모여 결과를 보고하는 방식의 토의법은?

① 심포지엄
② 그룹 토의
③ 버즈 그룹
④ 강의식 포럼

[18. 전북지도사 기출변형]

60
다음 중 토의법에 대한 설명이 옳은 것은?
① 심포지엄(symposium) : 3명이나 그 이상의 사람들이 그룹 앞에서 특정 주제에 대해 토의를 한 후 사회자의 진행으로 그룹 토의를 하는 방식
② 강의식 포럼(lecture forum) : 3명이나 그 이상의 사람들이 서로 다른 시각으로 짤막한 발표를 하고 난 뒤 사회자의 진행으로 질문과 답변을 하는 방식
③ 버즈 그룹(buzz group) : 큰 집단을 5~10여 명의 소집단으로 나누어 주제를 토의하고, 나중에 큰 집단으로 모여 결과를 보고하는 방식
④ 패널(panel) : 한 사람이 강의도 하고, 특정 부분에 대해 질문도 받는 형식

해설
① 패널(panel, 배석토의) : 3명이나 그 이상의 사람들이 그룹 앞에서 특정 주제에 대해 토의를 한 후 사회자의 진행으로 그룹 토의를 하는 방식
② 심포지엄(symposium) : 3명이나 그 이상의 사람들이 서로 다른 시각으로 짤막한 발표를 하고 난 뒤 사회자의 진행으로 질문과 답변을 하는 방식
④ 강의식 포럼(lecture forum) : 한 사람이 강의도 하고, 특정 부분에 대해 질문도 받는 형식

61
토의 방법 중 심포지엄을 가장 적절하게 설명한 것은?
① 두 사람이 참가자 앞에서 주제에 관해 자유롭게 토의하는 방식이다.
② 3명이나 그 이상의 사람들이 그룹 앞에서 특정 주제에 대해 토의를 한 후 사회자의 진행으로 토의하는 방식이다.
③ 3명이나 그 이상의 사람들이 서로 다른 시각으로 짤막한 발표를 하고 난 뒤 사회자의 진행으로 질문과 답변을 하는 방식의 토의법이다.
④ 2명의 발표자가 사회자의 진행으로 하나의 주제를 놓고 서로 다른 관점에서 발표하는 방식이다.

해설
①은 대화법, ②는 패널, ④는 토론

60.③ 61.③ 정답

62

사례연구(Case Study)에 대한 설명이 옳지 않은 것은?

① 특정 개체를 대상으로 하여 그 대상의 특성이나 문제를 종합적이며 심층적으로 기술·분석하는 것이다.
② 하버드대 Christopher Columbus Langdell 교수가 창안하였다.
③ 사례연구의 핵심은 적절한 사례에 있다.
④ 충분한 자료와 충분한 시간을 갖고 사례를 연구해야 한다.

해설
사례 선정시 점검사항 : 사례연구의 핵심은 적절한 사례에 있음
㉠ 사례가 현실성이 있는지 검토할 필요가 있다.
㉡ 실제적인 해결방안이 나올 수 있을 정도의 충분한 자료가 사례에 수록되어 있어야 한다.
㉢ 강사가 학습자에게 학습시키고자 하는 이론이나 원칙이 사례에 반영되어 있어야 한다.
㉣ 제한된 시간 내에 마칠 수 있는 정도의 수준인지를 점검해야 한다.

63

[19. 경남지도사 기출]

다음 중 사례 제작의 순서 옳은 것은?

① 목표 설정 → 대상자 선정 → pilot test → 사례 제작 → 수정 및 보완 → 학습자에게 적용
② 대상자 선정 → 목표 설정 → 사례 제작 → pilot test → 수정 및 보완 → 학습자에게 적용
③ 목표 설정 → 대상자 선정 → 사례 제작 → pilot test → 수정 및 보완 → 학습자에게 적용
④ 대상자 선정 → 목표 설정 → pilot test → 사례 제작 → 수정 및 보완 → 학습자에게 적용

해설
사례 제작 절차

교육대상자 선정	먼저 사례 연구를 사용할 교육대상자를 선정해야 함
학습목표 작성	그 대상자에 따라 교육시킬 이론이나 원칙을 골라 학습목표를 작성해야 함
사례 제작	• 신문기사, 방송물, 개인적 경험, 우화, 인터뷰 등을 참고하여 학습목표 달성을 위해 적합한 상황을 토대로 사례를 만든 후 사례 제목을 결정함 • 사례 내용을 정리한 뒤, 학습목표를 달성할 수 있는 질문을 만듦
Pilot test	개발된 사례를 학습자 전체에게 배포하기 전에 이를 테스트
수정 및 보완	테스트하고 수정 및 보완함
학습자에게 적용	학습자 전체에게 배포

64

다음 중 학습자들 간의 공동체의식과 성취의식을 기를 수 있는 교수방법은?

① 경영자 코칭
② 게임법
③ 인바스켓 기법
④ 야외 훈련

해설
야외 훈련(outdoor education)
㉠ 의미 : 학습자들이 직접 신체적 체험을 함으로써 학습자들 간의 공동체 의식과 성취의식을 기를 수 있는 교수기법
㉡ 장점 : 최근 기업교육에서 많이 쓰는 기법으로, 의사소통이나 신뢰 및 인식을 강화하기 위한 자극적인 기회를 제공함
㉢ 단점 : 학습자들이 직접 야외 활동을 하는 것이기 때문에 돌발 상황이 발생할 가능성. 지식·기술·정보 등을 직접 학습자에게 전달하지 않고, 정서적 측면의 교육적 효과를 목적으로 하기 때문에 그 결과가 비가시적. 많은 비용과 시간을 소모하기 때문에 비효율적

65

최근 기업교육에서 많이 쓰이는 기법으로, 의사소통이나 신뢰 및 인식을 강화하기 위한 기회를 제공하는 장점을 지닌 교수방법은?

① 사례연구
② 야외 훈련
③ 경영자 코칭
④ 인바스켓 기법

[18. 경남지도사 기출변형]

66

다음 중 역할연기에 관한 설명으로 옳지 않은 것은?

① 다양한 방식을 통한 주제에 대한 탐구를 목적으로 한다.
② 그룹 준비시키기 단계에서 역할을 분석하고 참여자를 선정한다.
③ 그룹 준비시키기 → 참가자 선정하기 → 무대준비하기 → 관찰자 준비시키기 순으로 진행된다.
④ 2인 혹은 그 이상의 교육생들에게 배정된 역할을 연기하도록 하는 방법이다.

해설
참가자 선정하기 단계에서 역할을 분석하고 참여자를 선정한다.

역할연기 활동 절차

단계	설명
그룹 준비시키기 (warm up the group)	문제를 규명하고 소개하고, 이를 명확하게 하며, 문제 상황을 해석하고 이슈를 탐구하며, 역할연기에 대해 설명함
참가자 선정하기 (select participants)	역할을 분석하고, 역할연기자를 선정함
무대 준비하기 (set the stage)	연기 동선을 준비하고, 역할을 재진술하며, 문제 상황을 이해하는 활동을 함
관찰자 준비시키기 (prepare the observers)	관찰 포인트를 결정하고, 각 관찰자별 관찰 과업을 할당함
역할 연기하기 (enact)	본격적인 역할연기를 시작하고 이를 유지함
토론 및 평가 (discuss and evaluate)	역할연기 중 잠깐의 휴식(break)을 가지는데, 이때 역할연기 활동에 대해 리뷰하고 중요한 초점에 대해 논의하며 다음 연기의 개발에 대해 논의하고 평가하는 활동을 함
재역할 연기하기 (reenact)	다시 수정된 역할을 연기함
토론 및 평가 (discuss and evaluate)	역할연기가 모두 끝난 다음 역할연기 활동에 대한 2차 논의 및 평가를 함
경험 공유 및 일반화 (share experience and generalize)	문제 상황과 실제 경험 및 현재 상황을 연계하고 행동의 일반적 원칙을 탐구하는 경험 공유 및 일반화 단계를 거쳐 역할연기 활동을 종료함

[17. 지도사 기출]

67

다음이 설명하는 교수·학습방법은?

> 쟁점문제를 토의할 기회와 쟁점을 이해하고 유익한 객관적인 피드백과 제안을 제공할 수 있으면서도, 완전한 비밀을 유지할 수 있는 어떤 사람과 함께 아이디어를 시도해볼 수 있는 기회를 가지게 된다. 또한 이 방법은 공식적인 훈련에 비해 편이성, 비밀유지, 유연성, 개인에 대한 배려 등 여러 가지 장점을 가진다. 약점으로는 일대일 비용이 높다는 것이다.

① 야외 훈련
② 경영자 코칭
③ 강의
④ 게임법

68

다음 성인교수학습법에 대한 설명으로 옳은 것은?

① 액션러닝은 의과대학에서 주로 사용하는 교수방법이다.
② 문제중심학습의 구성요소는 학습의지, 촉진자, 실행의지, 그룹 등이다.
③ 역할연기는 특정 개체를 대상으로 하여 그 대상의 특성이나 문제를 종합적이며 심층적으로 기술·분석하는 것이다.
④ 시뮬레이션은 경영게임에서 발전되었으며 피드백은 가장 핵심적 성공요인이 된다.

해설
① 문제중심학습은 의과대학에서 주로 사용하는 교수방법이다.
② 액션러닝의 구성요소는 학습의지, 촉진자, 실행의지, 그룹, 문제, 질의 및 응답 등이다.
③ 사례연구는 특정 개체를 대상으로 하여 그 대상의 특성이나 문제를 종합적이며 심층적으로 기술·분석하는 것이다.

67.② 68.④ 정답

69

다음 중 교수학습 방법에 대한 설명이 옳지 않은 것은?

① 경영자 코칭은 강의자가 실제적인 상황을 이용하여 만든 사례를 통해 학습자의 문제해결 능력을 함양시키는 교수방법이다.
② 야외 훈련은 학습자들이 직접 신체적 체험을 함으로써 학습자들 간의 공동체 의식과 성취의식을 기를 수 있는 교수기법이다.
③ 게임법은 학습자가 흥미로운 환경을 제공받고, 그 안에서 정해진 규칙에 따라 목적에 달성할 수 있는 경쟁적·도전적 요소를 첨가한 학습 환경이다.
④ 인바스켓 기법은 교육훈련 상황을 실제 상황과 비슷하게 설정하는 것으로, 주로 문제해결 능력이나 계획 능력을 향상시키는 교수방법이다.

[해설]
사례연구는 강의자가 실제적인 상황을 이용하여 만든 사례를 통해 학습자의 문제해결 능력을 함양시키는 교수방법이다.

70

다음 중 경영자 코칭에 대한 설명이 옳지 않은 것은?

① 공식적 훈련에 비해 비밀유지가 어렵다.
② 일대일 코칭의 비용이 높다.
③ 유능한 코치가 부족하다.
④ 코치는 내부 컨설턴트 또는 외분전문가일 수 있다.

[해설]
경영자 코칭의 장단점
㉠ **장점** : 공식적 훈련에 비해 편이성, 비밀유지, 유연성, 개인에 대한 배려 등
㉡ **약점** : 제한된 시간 동안 사용할 경우조차도 일대일 코칭의 비용이 높음. 유능한 코치가 부족함.

71

다음 중 게임법에 대한 설명으로 옳지 않은 것은?

① 경쟁적, 도전적 요소는 경쟁심을 유발하여 학습목표가 명확해진다.
② 강의식 방법보다는 학습시간이 많이 소요된다.
③ 게임의 속성을 이용하여 문제해결 및 의사결정능력을 향상시키는 교수법이다.
④ 학습참여자 전원이 게임에 참가하기 때문에 동료 간 상호학습이 이루어진다.

정답 69.① 70.① 71.①

해설

게임법
ⓐ 의미 : 게임의 속성을 이용한 학습방법으로, 문제해결 및 의사결정 능력을 향상시키기 위한 교수방법
ⓑ 장점
 ⓐ 체험적 학습으로 참여자에게 현실감을 심어줄 수 있으며, 학습 참여자 전원이 게임에 참가하기 때문에 동료 간 상호학습이 이루어짐
 ⓑ 학습속도가 매우 빨라서 참여자의 순발력을 개발하는 데 도움이 되며, 학습자의 몰입을 유도할 수 있음
ⓒ 단점
 ⓐ 학습목표를 상실하고 과열한 경쟁심만 유발시킬 가능성이 있으며, 지나치게 흥미만 강조하게 되어 학습목표를 상실하기도 함
 ⓑ 게임 자체의 설계가 잘못되어 학습활동의 목적과 결부되지 않을 수 있으며, 일반 강의식 수업보다는 학습시간이 많이 소요됨

[19. 경북지도사 기출]

72

다음 교수학습법은 무엇을 설명한 것인가?

> 교육훈련 상황을 실제 상황과 비슷하게 설정하는 것으로, 주로 문제해결 능력이나 계획 능력을 향상시키는 교수방법이다.

① 인바스켓 기법
② 시뮬레이션
③ 행동모델링
④ 경영자 코칭

해설

인바스켓 기법(in-basket method)
ⓐ 의미 : 교육훈련 상황을 실제상황과 비슷하게 설정하는 것으로, 주로 문제해결 능력이나 계획 능력을 향상시키는 교수방법
ⓑ 인바스켓 기법에 의해 개발되는 능력 : 우선순위를 정하고 사안 간의 관련성, 추가적 정보 요구 등에 관한 상황판단능력, 보고서 작성 기법, 회의 개최 계획, 의사결정과 대안모색에 관한 자율성 등

72.① 정답

73

교육훈련 상황을 실제 상황과 비슷하게 설정하는 것으로, 주로 문제해결 능력이나 계획 능력을 향상시키는 교수방법은?

① 인바스켓
② 경영게임
③ 시뮬레이션
④ 역할연기

74

경영게임에서 발전한 시뮬레이션의 가장 핵심적인 성공요인은?

① 인지기술
② 의사결정
③ 대인관계 기술
④ 피드백

해설
시뮬레이션
㉠ 시뮬레이션은 경영게임에서 발전하였지만, 인간관계 사례·역할연기·인바스켓·집단문제해결 실습 등의 훈련방법과 많은 특징을 결합함
㉡ 피드백은 시뮬레이션의 가장 핵심적 성공요인이 됨. 동일 집단의 참가자들에게 주는 피드백은 그들이 의사결정과 갈등해소과정을 이해하고 개선하기 위해 사용될 수 있음

[21. 경북지도사 기출변형]

정답 73.① 74.④

03 혁신전파이론

01

농촌지도의 가장 대표적인 이론으로, 기업에서 핵심인재 선발 및 새로운 아이디어 창출에서도 가장 지배적인 이론은?

① 사회학습이론 ② 학습전이이론
③ 혁신전파이론 ④ 성인학습이론

해설
Rosers의 혁신전파 : 세계적으로 농촌지도사업의 가장 핵심 모델이며, 혁신은 사회체제 내 의사결정자들 사이에서 시간 흐름과 함께 여러 경로를 통해서 전달되는 과정이며, 전파는 새로운 아이디어라고 인식되는 메시지의 파급에 관계되는 커뮤니케이션의 특수한 형태로 봄

02

다음 중 혁신이란 용어는 누구로부터 연유되었는가?

① 슘페터 ② 코 서
③ 일리치 ④ 바네트

해설
② Coser-갈등론, ③ Illich-갈등론, ④ Barnett-혁신발생에 영향을 주는 사회문화적 요인

Schumpeter의 혁신
㉠ 혁신은 기업 활동에 새로운 방법이 도입되어 획기적인 새로운 국면이 나타나는 현상
㉡ 생산 기술의 변화만이 아니라 새로운 경영 기법의 도입, 새로운 상품의 개발, 새로운 시장의 개척, 새로운 경영 조직의 결성, 새로운 생산 방법의 도입, 새로운 자원의 획득 등을 포함하는 넓은 개념, 블루 오션(blue ocean) 전략 필요함
㉢ 혁신 = 창조적 파괴(creative destruction)의 과정
㉣ 이윤 발생의 원천이자 자본주의 경제발전의 원동력
㉤ **기업가 정신** : 혁신에는 상당한 위험 부담이 따르는데 이러한 위험을 무릅쓰고 혁신을 추구하는 기업가의 모험적이고 창의적인 의지

01.③ 02.① **정답**

03

Barnett가 제시한 혁신발생에 영향을 주는 요인이 아닌 것은?

① 창작욕구
② 권위주의
③ 공동노력
④ 경쟁

해설
혁신발생에 영향을 주는 사회문화적 요인(Barnett)
㉠ **아이디어의 집적** : 한 사회가 가지고 있는 문화적 유산의 양과 질에 맞는 수준에서 혁신이 결정된다.
㉡ **아이디어의 집중** : 아이디어의 축적은 혁신발생의 최소한의 조건일 뿐이다. 사회적 정보도 서로 분산되지 않게 재결합하고 수정하여야만 혁신이 쉽게 발생한다.
㉢ **공동노력** : 여러 개인이 협동하면서 새로운 것을 탐구할 때 새로운 사업이 개발될 가능성이 크다.
㉣ **이질적 요소 간의 접합** : 서로 다른 가치관, 사물, 관습들이 접촉을 하게 되면 질적으로 전혀 새로운 것이 나타날 가능성이 크다.
㉤ **변동의 기대** : 새로운 것, 즉 혁신을 기대하는 분위기 속에서는 혁신이 일어날 가능성이 크다.
㉥ **권위주의** : 사회적으로 권위주의나 보수주의가 팽배할수록 혁신의 발생이 일어날 가능성이 줄어든다.
㉦ **경쟁** : 경쟁적 분위기는 인간의 욕망을 자극하여 혁신을 가능하게 한다.
㉧ **기존가치의 변혁** : 종래의 사회적 위치나 규범, 가치관 등의 변혁이 일어날수록 혁신의 가능성이 크다.

04

다음 중 혁신전파의 4요소로 적절하지 않은 것은?

① 시간
② 연구
③ 사회체계의 구성원
④ 혁신

해설
혁신전파의 4요소
전파(확산)란 ㉠ 하나의 혁신(innovation)이 ㉡ 시간(time)을 두고, ㉢ 사회체계의 구성원(member) 사이에서, ㉣ 특정 채널(channel)을 통해 커뮤니케이션이 이루어지는 과정(communication process)이다.

정답 03.① 04.②

[18. 충남지도사 기출변형]

05

혁신전파이론의 구성요소 중 시간과 관계없는 것은?

① 의사결정과정
② 매스미디어
③ 혁신성
④ 수용률

해설▶

혁신전파 4요소	혁신	새롭게 지각된 아이디어, 실체, 객체
	시간	혁신성, 수용률, 의사결정과정(지식, 설득, 결정, 실행, 확인)
	구성원	혁신자, 조기수용자, 조기다수자, 후기다수자, 지체자
	채널	매스미디어, 대인 채널

06

혁신전파이론에 관한 설명 중 옳지 않은 것은?

① E. Rogers의 '혁신의 전파'를 출판하면서부터 국내에 소개되었다.
② 슘페터의 혁신이란 창조적 파괴의 과정을 의미한다.
③ 혁신성이란 개인이 새로운 아이디어를 채택함에 있어 절대적으로 신속한 정도이다.
④ 혁신의 수용률은 혁신이 사회체계 구성원에 의해 채택되는 데 걸리는 상대적 속도를 말한다.

해설▶
㉠ **혁신성**: 의사결정단위가 사회체계 내의 다른 사람보다 새로운 아이디어를 채택함에 있어 상대적으로 신속한 정도. 혁신성에 근거하여 사회체제의 구성원을 혁신자, 조기수용자, 조기다수자, 후기다수자, 지체자 등 5가지 유형으로 구분
㉡ **혁신의 수용률**: 혁신이 사회체계 구성원에 의해 채택되는 데 걸리는 상대적 속도
㉢ **혁신-의사결정 과정**: 개인(또는 다른 의사결정 단위)이 혁신을 처음 알게 된 후부터 개혁에 대한 태도 형성, 채택 여부 결정, 새로운 아이디어의 실행과 이용, 그러한 결정에 대한 확산에 이르기까지의 과정

05.② 06.③ 정답

[20. 경남지도사 기출]

07

다음 중 혁신수용률에 대한 설명으로 옳은 것은?

① 모든 혁신의 수용 및 전파는 바람직하다.
② 혁신의 수용률은 혁신이 사회체계 구성원에 의해 채택되는 데 걸리는 상대적 속도이다.
③ 사회체계에서 권력이나 지위, 기술적 능력을 가진 비교적 소수개인에 의해 혁신이 채택되거나 거부가 선택되는 것을 선택적 혁신 결정이라 한다.
④ 혁신에서 커뮤니케이션은 이질적 사람들 사이에 더 효과적이다.

해설
① 모든 혁신의 수용·전파가 반드시 바람직한 것만은 아니다. 특정 상황의 개인에게 바람직하지만, 다른 상황에 있는 잠정 수용자에게는 그렇지 않을 수 있다.
③ 사회체계에서 권력이나 지위, 기술적 능력을 가진 비교적 소수개인에 의해 혁신이 채택되거나 거부가 선택되는 것을 권위에 의한 혁신 결정이라 한다.
④ 혁신에서 커뮤니케이션은 어느 정도 이질성이 존재하는데, 보다 효과적인 커뮤니케이션은 동질적인 사람 간에 발생하고, 이질성은 커뮤니케이션의 장애물이 되기도 한다.

혁신 결정의 형태
㉠ **선택적 혁신 결정** : 사회체계 내의 다른 사람들의 결정과는 관계없이 개인에 의해 혁신의 채택이나 거부를 선택하는 것
㉡ **집합적 혁신 결정** : 사회체계의 구성원의 합의에 의하여 혁신의 채택이나 거부가 선택되는 것
㉢ **권위에 의한 혁신 결정** : 사회체계에서 권력이나 지위, 기술적 능력을 가진 비교적 소수의 개인들에 의해 혁신의 채택이나 거부가 선택되는 것
㉣ **부수적 혁신 결정** : 혁신 결정의 세 형태 중 둘 이상의 연쇄적 혼합인 결정, 이는 혁신에 대한 최초의 결정이 내려진 뒤에 혁신의 채택이나 거부가 선택되는 것

08

혁신전파이론에서 혁신에 대한 설명으로 옳지 않은 것은?

① 개인이 지각된 아이디어의 새로움 정도는 그 개인의 반응을 결정한다.
② 혁신에 있어서 새로움이란 반드시 새로운 지식을 의미하는 것은 아니다.
③ 혁신전파이론에서 논의되는 대부분의 새로운 아이디어는 기술적 혁신이다.
④ 모든 혁신의 수용과 전파는 바람직하다.

해설
모든 혁신의 수용·전파가 반드시 바람직한 것만은 아니다. 특정 상황의 개인에게 바람직하지만, 다른 상황에 있는 잠정 수용자에게는 그렇지 않을 수 있다.

정답 07.② 08.④

[18. 경남지도사 기출변형]

09

혁신전파이론에 대한 설명으로 옳지 않은 것은?

① 시간은 혁신의사결정과정, 혁신성, 혁신의 수용률과 깊은 관계가 있다.
② 혁신의 수용률에 영향을 미치는 요인으로는 의사소통채널, 사회시스템의 속성이 있다.
③ 혁신의사결정과정은 인지단계, 관심단계, 평가단계, 수용단계, 시행단계 순으로 구성되어 있다.
④ 혁신전파이론에서 언급되는 새로운 아이디어는 기술적 혁신만을 의미한다.

해설
혁신의사결정과정
㉠ Rosers : 인지단계 → 관심단계 → 평가단계 → 시행단계 → 수용단계
㉡ Rosers & Shoemaker : 지식기능 → 설득기능 → 의사결정기능 → 실행기능 → 확인기능

10

혁신성 결정요인이 아닌 것은?

① 사회경제적 특성
② 시간
③ 개인적 기질
④ 의사소통 행위

해설

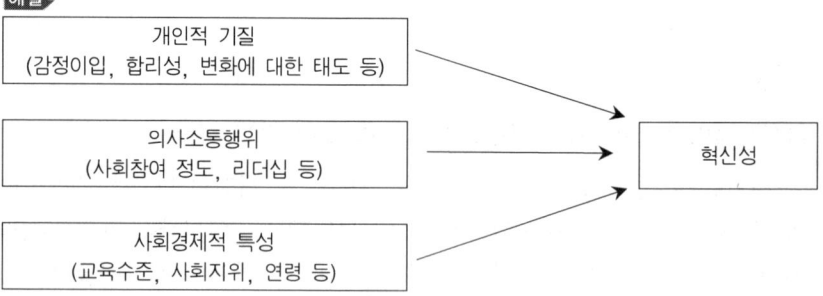

정답 09.③ 10.②

11

혁신전파이론에서 혁신성 결정요인에 해당하지 않는 것은?

① 사회지위　　　　　　② 교육수준
③ 사회시스템의 속성　　④ 감정이입

해설
사회시스템의 속성은 수용률 결정변수에 해당한다.
혁신성 결정요인
㉠ 개인적 기질 : 감정이입, 합리성, 변화에 대한 태도 등
㉡ 의사소통행위 : 사회참여 정도, 리더십 등
㉢ 사회경제적 특성 : 교육수준, 사회지위, 연령 등

[20. 강원지도사 기출변형]

12

다음 중 수용자의 교육정도, 생활수준 등의 성격에 해당되는 혁신성 결정변수는 어느 것인가?

① 사회, 경제적 특성　　② 교육, 문화적 특성
③ 개인적 선 변인　　　　④ 의사전달적 행동

해설
혁신성을 결정하는 변수
㉠ **개인적 기질 변수** : 감정이입, 합리성, 변화에 대한 태도 등
㉡ **의사소통 행위 변수** : 사회참여 정도, 리더십 등
㉢ **사회경제적 변수** : 연령, 교육수준, 사회지위 등(연령은 혁신성과 무관함)

13

다음 중 혁신성을 결정하는 독립변수 중 개인적 기질에 속하는 변수가 아닌 것은?

① 감정이입　　　　② 리더십
③ 합리성　　　　　④ 변화에 대한 태도

해설
개인적 기질 변수 : 감정이입(empathy), 합리성(rationality), 변화에 대한 태도 등

정답　11.③　12.①　13.②

14

혁신성 결정요인에 대한 설명으로 옳은 것은?

① 사회경제적 특성에서 연령은 혁신성과 관련이 없다.
② 개인적 기질에는 사회참여정도, 리더십 등이 포함된다.
③ 의사소통 행위는 조기수용자가 후기수용자보다 사회참여 정도가 낮다.
④ 후기수용자들은 조기수용자보다 변화촉진자와 더 많은 접촉을 한다.

해설
② 의사소통 행위 변수에는 사회참여정도, 리더십 등이 포함된다.
③ 의사소통 행위는 조기수용자가 후기수용자보다 사회참여 정도가 크다.
④ 조기수용자들은 후기수용자보다 변화촉진자와 더 많은 접촉을 한다.

[20. 서울지도사 기출]

15

혁신의 의사결정과정 및 수용자 범위에 대한 설명으로 가장 옳지 않은 것은?

① 혁신의 의사결정과정 중 관심단계는 혁신사항에 대한 설득기능을 담당한다.
② 혁신의 의사결정과정에 참여하는 사람이 많을수록 수용률은 감소하게 된다.
③ 혁신에 대한 조기수용자의 지배적 가치관은 존경이라 할 수 있으며, 지역적인 성격을 가진다.
④ 혁신에 대한 조기수용자는 후기수용자에 비해 소규모 조직에 속해서 일하는 경우가 많다.

해설
혁신에 대한 조기수용자는 후기수용자에 비해 대규모 조직에 속해서 일하는 경우가 많다.

16

혁신수용률에 영향을 미치는 요인이 아닌 것은?

① 혁신결정의 유형
② 의사소통 채널
③ 변화촉진자의 홍보효과 정도
④ 지각된 유용성

14.① 15.④ 16.④ 정답

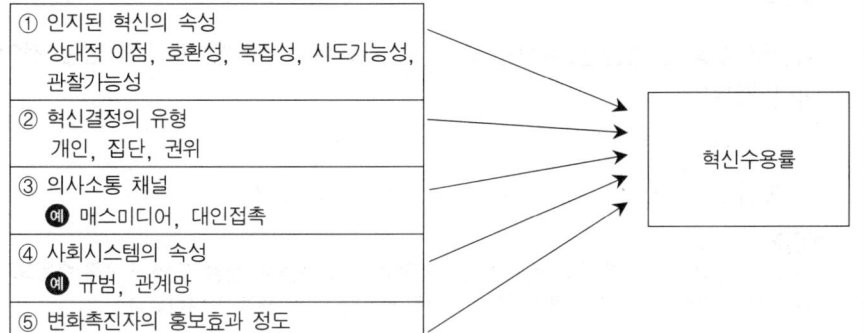

17

혁신-의사결정과정에서 인지된 혁신의 속성이 아닌 것은?

① 호환성
② 복잡성
③ 시행가능성
④ 상대적 불리성

해설
인지된 혁신의 속성: 상대적 이점, 호환성, 복잡성, 시도가능성, 관찰가능성

[17. 지도사 기출]

18

혁신사항의 특성 중 「혁신사항이 수용하려는 가치관, 경험, 그리고 지역사회의 규범 및 관습과 관련성」과 밀접한 것은?

① 복잡성
② 시행성
③ 적합성
④ 상대적 유리성

해설
호환성(compatibility)≒적합성
㉠ 혁신이 잠재적 수용자가 갖고 있는 기존의 가치관, 과거의 경험, 욕구에 부합하는 것으로 인지되는 정도
㉡ 혁신의 호환성은 수용률과 정(+)의 관계
㉢ 기존 사회체계의 가치·규범에 부합하는 아이디어는 빠르게 채택되지만, 부합하지 않는 개혁은 느리게 채택되며, 개혁이 채택되기 위해서는 새 가치체계의 채택이 선행되어야 함

정답 17.④ 18.③

19

혁신의 수용에 영향을 미치는 속성 중 수용률과 정적인 관계에 있는 것이 아닌 것은?

① 호환성　　② 상대적 이점
③ 복잡성　　④ 시행가능성

해설
인지된 혁신의 속성(상대적 이점, 호환성, 복잡성, 시도가능성, 관찰가능성 등) 중 수용률과 부(-)적인 관계는 복잡성 1개뿐이며, 나머지는 정(+)적인 관계가 나타난다.

[24. 충북지도사]

20

혁신수용률과 정적인 관계가 아닌 것은?

① 시행가능성　　② 복잡성
③ 관찰가능성　　④ 호환성

해설
혁신수용률과 복잡성은 부(-)적인 관계가 나타난다.

21

농민의 혁신사항 수용을 위해 설치하는 시범포가 강조하고자 하는 특징을 내포하는 설명은?

① 관찰성　　② 적합성
③ 시행성　　④ 상대적 유리성

해설
관찰가능성(observability)
㉠ 혁신의 결과가 타인에게 보여질 수 있는 정도
㉡ 혁신의 관찰가능성은 수용률과 정(+)적인 관계
㉢ 사람들은 혁신의 결과가 가시적일수록 혁신을 수용할 가능성이 높아짐. 눈에 보이는 혁신의 군집화는 관찰가능성의 중요성을 보여줌

19.③　20.②　21.①　정답

22
혁신의 속성 중 적합성의 의미와 효과에 대한 설명은?

① 어느 전파·수용되는 혁신이 그에 대하여 대체·치환되는 기존의 낡은 혁신에 비하여 우월한 정도
② 어느 혁신이 수용자의 현실적 및 현재적인 가치관, 과거의 경험·사상 그리고 필요 또는 욕구와 동조되는 것으로 지각되는 정도
③ 어느 혁신을 이해하고 실제로 적용하는데 있어서 직면하는 곤란한 정도
④ 어느 혁신이 국한적인 범위 내에서 또는 분할적으로 시험 삼아 수용될 수 있는 정도

해설
①은 상대적 이점, ③은 복잡성, ④는 시행가능성

23
혁신수용률에 영향을 미치는 요인에 대한 설명으로 옳지 않은 것은?

① 의사소통채널 – 사람들은 주위 사람들의 주관적 의견보다는 전문가 의견에 더 영향을 받는다.
② 혁신결정의 유형 – 의사결정 참여자 수가 많을수록 수용률은 떨어진다.
③ 변화촉진자의 홍보효과 정도 – 수용자가 증가하여 임계량을 넘어서면 변화촉진자의 노력은 큰 의미가 없어진다.
④ 사회시스템의 속성 – 혁신기술의 확산을 촉진하기도 하고 방해하기도 한다.

해설
사람들은 전문가 의견이나 과학적 연구결과보다는 혁신기술을 수용한 주위 사람들의 주관적 의견에 더 영향을 받는다.

24
수신자의 특성과 수용률과의 관계를 잘못 설명한 것은?

① 수신자의 의욕, 가치관, 성격 등이 진취적이고 적극적일 때 수용률이 상대적으로 크다.
② 교육정도, 생활수준, 사회접촉기회 등이 높을 때 수용률은 상대적으로 크다.
③ 영농규모가 작고 단순한 영농작물을 선정하는 농민일수록 수용률이 높다.
④ 농촌지도사 또는 전문가와 자주 만나는 사람이 혁신사항을 더 빨리 수용한다.

해설
영농규모가 작고 단순한 영농작물을 선정하는 농민일수록 수용률이 낮다.

정답 22.② 23.① 24.③

25

전달된 사항에 대한 수신자의 심리적 반응과정을 뜻하는 것은?

① 의사전달과정
② 의사결정과정
③ 수요과정
④ 심리과정
⑤ 반응과정

해설
㉠ 혁신전파과정 : 서로 다른 문화체계나 사회집단 또는 개인 사이에서 혁신사항이 전달되는 과정(사회적 과정)
㉡ 혁신-의사결정과정(innovation-decision process) : 혁신전파과정에 근거하여 개인이 혁신사항을 받아들이는 과정(개인의 심리적 과정)

[23. 서울지도사]

26

〈보기〉의 로저스(Rogers)가 제시한 혁신-의사결정과정의 단계를 순서대로 바르게 나열한 것은?

> 가. 관심 단계(interest stage)
> 나. 인지 단계(awareness stage)
> 다. 수용 단계(adoption stage)
> 라. 시행 단계(trial stage)
> 마. 평가 단계(evaluatbn stage)

① 가 - 나 - 다 - 라 - 마
② 가 - 나 - 라 - 다 - 마
③ 나 - 가 - 마 - 라 - 다
④ 나 - 가 - 라 - 마 - 다

해설
혁신-의사결정과정 5단계(Rosers)
㉠ 인지단계(awareness stage) : 의식
㉡ 관심단계(interest stage) : 흥미
㉢ 평가단계(evaluation stage) : 의사결정
㉣ 시행단계(trial stage) : 소규모 실천
㉤ 수용단계(adoption stage) : 본격적 적용

25.② 26.③ 정답

27

혁신 의사결정과정 순서로 옳은 것은?

① 인지-관심-평가-시행-수용
② 인지-관심-시행-평가-수용
③ 관심-인지-평가-시행-수용
④ 관심-인지-시행-평가-수용

[23. 충북지도사]

28

다음 중 혁신의사결정 5단계의 순서가 옳은 것은?

① 관심단계 → 인지단계 → 시행단계 → 수용단계 → 평가단계
② 인지단계 → 관심단계 → 시행단계 → 수용단계 → 평가단계
③ 관심단계 → 인지단계 → 수용단계 → 평가단계 → 시행단계
④ 인지단계 → 관심단계 → 평가단계 → 시행단계 → 수용단계

[19. 강원지도사 기출]

29

로저스의 혁신-의사결정 단계가 옳은 것은?

① 관심 → 인지 → 평가 → 시행 → 수용
② 인지 → 관심 → 평가 → 시행 → 수용
③ 관심 → 인지 → 시행 → 수용 → 평가
④ 인지 → 관심 → 시행 → 수용 → 평가

[24. 강원지도사]

30

다음 중 지도활동단계에서 성공사례나 선진지 견학 등을 실시하는 것은 어느 단계에서 하는가?

① 수용단계
② 평가단계
③ 관심단계
④ 시행단계

해설
관심단계(interest stage) : 전달사항에 관심과 흥미를 가져 그것에 대하여 관심을 가지고 알아보는 단계. 어느 신품종이나 새로이 개발된 기술 등 혁신사항에 대하여 수신자로 하여금 심리적 충동이 발동되게 설득기능(persuasion function)을 하는 단계

정답 27.① 28.④ 29.② 30.③

31
수용과정의 시간적인 단계에서 볼 때 전달사항의 수용 또는 배척이 나타나는 단계는?

① 인지단계
② 관심단계
③ 평가단계
④ 시행단계
⑤ 확신단계

해설
평가단계(evaluation stage): 전달사항의 특성과 장단점을 조사하고 자기 자신의 여러 가지 사정과 결부시켜 전달된 사항을 받아들일까 혹은 거절할까를 결정하고 선택하는 사고의 마지막 단계, 즉 의사결정기능(decision function)을 말한다.

32
혁신-의사결정과정 중 다음의 내용을 시행하는 단계는?

> 전달사항의 특성과 장단점을 조사하고 자기 자신의 여러 가지 사정과 결부시켜 전달된 사항을 받아들일까 혹은 거절할까를 결정하고 선택하는 사고의 마지막 단계, 즉 의사결정 기능을 일컫는다.

① 시행단계
② 수용단계
③ 평가단계
④ 관심단계

33
혁신-의사결정과정 중 마음으로 결정한 사항을 실제의 행동으로 소규모로 실천하여 보는 단계는?

① 인지단계
② 관심단계
③ 시행단계
④ 수용단계

해설
혁신-의사결정과정 5단계(Rosers)

인지단계 (awareness stage)	전달사항에 대하여 수신자가 의식을 하는 단계로서 혁신사항에 대하여 지식기능(knowledge function)을 하는 단계
관심단계 (interest stage)	전달사항에 관심과 흥미를 가져 그것에 대하여 관심을 가지고 알아보는 단계. 설득기능(persuasion function)을 하는 단계
평가단계 (evaluation stage)	전달사항의 특성과 장단점을 조사하고 자기 자신의 여러 가지 사정과 결부시켜 전달된 사항을 받아들일까 혹은 거절할까를 결정하고 선택하는 사고의 마지막 단계, 즉 의사결정기능(decision function)을 말함
시행단계(trial stage)	마음으로 결정한 사항을 실제의 행동으로 시험적으로 소규모로 실천하여 보는 단계
수용단계(adoption stage)	시행의 결과가 만족스러울 때 전달사항 혹은 의사결정사항을 본격적으로 받아들이고 적용하는 단계

34

보기는 기술수용의 단계로 볼 때 어느 단계에 속하는가?

> 어떤 농민이 최신 다수확장려품종을 매스컴을 통하여 알았다. 금년에는 자기 논 3,000평 중 1/2에 이 품종을 재배하였다.

① 인지단계
② 관심단계
③ 평가단계
④ 시행단계
⑤ 수용단계

해설
시행단계(trial stage) : 마음으로 결정한 사항을 실제의 행동으로 시험적으로 소규모로 실천하여 보는 단계

35

혁신의사결정과정 중 각 단계에 대한 설명으로 옳지 않은 것은?

① 인지단계란 전달대상자에 대하여 의식하는 단계이다.
② 관심단계란 전달사항에 대하여 관심과 흥미를 갖는 과정이다.
③ 평가단계란 전달사항의 수용여부를 판단하는 과정이다.
④ 시험단계란 의사결정의 결과로서 전달사항을 실제생활에 소규모로 실천하는 과정이다.
⑤ 수용단계란 결과에 만족하여 시험적으로 적용하는 과정이다.

해설
혁신-의사결정과정 5단계
㉠ **시행단계(trial stage)** : 마음으로 결정한 사항을 실제의 행동으로 시험적으로 소규모로 실천하여 보는 단계
㉡ **수용단계(adoption stage)** : 시행의 결과가 만족스러울 때 전달사항 혹은 의사결정사항을 본격적으로 받아들이고 적용하는 단계

정답 34.④ 35.⑤

[24. 충북지도사]

36

혁신-의사결정 내용에 대한 설명이 옳지 않은 것은?

① 혁신을 최초로 인지하고 그에 대한 태도를 형성하며 궁극적으로 혁신을 수용 혹은 거부할 것이라고 결정하고 이해는 것
② 로저스의 혁신-의사결정과정은 인지-관심-평가-시행-수용 단계를 따른다.
③ 로저스&슈메이커의 과정은 지식-설득-의사결정-실행-확인 과정을 따른다.
④ 로저스&슈메이커의 과정은 혁신전파과정에 근거하여 개인이 혁신사항을 받아들이는 과정을 나타낸다.

해설
로저스는 혁신의사결정과정을 혁신전파과정에 근거하여 개인이 혁신사항을 받아들이는 과정으로 보았다.
로저스&슈메이커는 혁신의사결정과정을 개인이 혁신을 수용하는 데 불확실성을 제거하기 위해정보를 추구하거나 가공하는 행위로 보았다.

37

혁신-의사결정과정에 대한 설명으로 바르지 않은 것은?

① 혁신전파과정이 개인의 심리적 과정이라면, 혁신-의사결정과정은 사회적 과정이 된다.
② Rogers는 혁신-의사결정과정이 인지-관심-평가-시행-수용의 다섯 단계를 거친다고 하였다.
③ 평가단계는 의사결정기능을 하는 단계이다.
④ 실제에서 보면, 시행단계는 거치지 않는 경우가 많으며, 평가는 전파의 한 단계로서가 아니라 모든 단계에서 이루어지고 있다.

해설
㉠ **혁신전파과정** : 서로 다른 문화체계나 사회집단 또는 개인 사이에서 혁신사항이 전달되는 과정(사회적 과정)
㉡ **혁신-의사결정과정(innovation-decision process)** : 혁신전파과정에 근거하여 개인이 혁신사항을 받아들이는 과정(개인의 심리적 과정)

36.④ 37.① **정답**

38
혁신의 수용과정을 시간적인 면에서 순서대로 나열한 것은?

① 지식기능 → 설득기능 → 의사결정기능 → 실행기능
② 설득기능 → 지식기능 → 의사결정기능 → 확인기능
③ 지식기능 → 의사결정기능 → 설득기능 → 확인기능
④ 설득기능 → 지식기능 → 의사결정기능 → 확인기능
⑤ 확인기능 → 지식기능 → 설득기능 → 의사결정기능

해설
혁신-의사결정 모델의 새 기능(Rosers & Shoemaker)
㉠ **지식기능**(knowledge function) : 인지, 방법, 원리(인지적)
㉡ **설득기능**(persuasion function) : 심중 태도형성(심리적)
㉢ **의사결정기능**(decision function) : 수용/거부
㉣ **실행기능**(implementation function) : 외적 행동, 재발명
㉤ **확인기능**(confirmation function) : 불연속

 [17. 지도사 기출변형]

39
혁신-의사 결정과정에서 혁신에 관한 지식의 유형에 속하지 않는 것은?

① 인지지식
② 방법지식
③ 실행지식
④ 원리지식

해설
혁신에 관한 3가지 지식유형
㉠ **인지지식**(awareness-knowledge) : 보통 혁신을 인지함과 동시에 '혁신이란 무엇인가?', '혁신은 어떻게 작용하는가?', '왜 작용하는가?' 등에 대한 물음을 갖게 됨
㉡ **방법지식**(how-to knowledge) : 혁신을 적절하게 사용하는 데 필요한 정보. 수용자는 혁신을 어느 정도 선택해야 하고, 어떻게 사용하는지 등을 이해해야 함
㉢ **원리지식**(principles-knowledge) : 혁신이 어떻게 작용하는가에 관련된 기능적 원리와 관련된 정보

40
혁신의사결정과정의 시계열적인 단계 중 혁신에 대하여 태도를 형성할 때 인지되는 기능은?

① 지식기능
② 설득기능
③ 확인기능
④ 의사결정기능

해설
설득단계에서 수용자의 심중에서 태도가 형성되거나 변화하는 양상이 나타난다.

정답 38.① 39.③ 40.②

41

다음에서 설명하는 이 단계는 무엇인가?

> 이 단계는 혁신에 대한 일반적 지각이 형성·발전되기 때문에 선택적 지각의 문제가 태도를 결정짓는 데 매우 중요하다. 상대적 이점, 호환성, 복잡성과 같은 개인의 지각된 특성들이 중요하다.

① 지식단계 ② 설득단계
③ 결정단계 ④ 실행단계

42

개인 또는 의사결정 단위가 혁신사항에 대한 수용과 배척에 대한 선택을 하게끔 하는 활동을 할 때 일어나는 것은?

① 지식 ② 설득
③ 결정 ④ 실천

해설
결정단계에서 수용자가 혁신을 수용 또는 거부를 선택하는 행위가 일어난다.

43

혁신-의사결정과정에서 대부분의 재발명이 이루어지는 시기는 어느 단계인가?

① 의사결정 ② 설득
③ 실행 ④ 확인

해설
대부분 재발명은 혁신-의사결정과정의 실행단계에서 발생한다.

41.② 42.③ 43.③

44

Rogers & Shoemaker가 새롭게 제시한 혁신전파 기능에 대한 설명으로 옳지 않은 것은?

① 다섯 가지 기능은 지식, 설득, 의사결정, 실행, 확인 기능이다.
② 지식 단계에서 정신적 활동이 주로 정서적인 것인 반면 설득 단계에서의 사고는 인지적인 것이다.
③ 시험이 가능한 혁신은 보통 수용되는 속도가 더 빠르다.
④ 재발명은 사용자가 혁신을 변형, 변경시키는 정도로 혁신을 수용하고 실행하는 과정에서 발생한다.

해설
지식 단계에서 정신적 활동이 주로 인지적인 것인 반면 설득 단계에서의 사고는 정서적인 것이다.

45

[19. 강원지도사 기출]

혁신-의사결정 모델의 새 기능에 대한 설명으로 옳지 않은 것은?

① 수용자는 혁신을 인지하고 지식을 갖게 되는 과정에서 비교적 능동적이다.
② 설득은 수용자의 심중에서 태도가 형성되거나 변화하는 것을 말한다.
③ 결정단계에서 수용자가 혁신을 수용 또는 거부를 선택하는 행위가 일어난다.
④ 대부분 재발명은 혁신-의사결정과정의 실행단계에서 발생한다.

해설
수용자는 혁신을 인지하고 지식을 갖게 되는 과정에서 비교적 수동적이다.
혁신-의사결정 새모델 단계 : 지식기능 → 설득기능 → 의사결정기능 → 실행기능 → 확인기능

46

혁신-의사결정과정에 대한 설명으로 옳지 않은 것은?

① Rogers & Shoemaker는 언제나 수용으로 끝나는 혁신-의사결정과정을 비판했다.
② 수용자가 조직이 아닌 개인일 때 실행의 문제는 좀 더 복잡해진다.
③ 결정 단계가 반드시 수용으로 이어지는 것은 아니다.
④ 선택적 노출과 선택적 지각은 혁신을 인지하고 지식을 얻는 것보다 선행하는 과정이다.

해설
수용자가 개인이 아닌 조직일 때 실행의 문제는 좀 더 복잡해진다.

[20. 강원지도사 기출변형]

47

혁신-의사결정에 대한 설명이 옳지 않은 것은?

① 의사결정이 개인보다 집단단위로 이루어질 때 수용률이 높아진다.
② 대중매체는 혁신기술을 알리는 데 효과적이며, 대면접촉은 혁신기술을 설득하는 데 가장 효과적이다.
③ 사람들은 전문가 의견보다는 혁신기술을 수용한 주위 사람들의 주관적 의견에 더 영향을 받는다.
④ 교육수준·사회적 지위·신념 등이 동질적일수록 커뮤니케이션이 더 효과적이다.

해설
의사결정이 집단보다 개인단위로 이루어질 때 수용률이 높아진다.

48

혁신-의사결정과정의 확인단계에 대한 설명으로 옳지 않은 것은?

① 혁신의 불연속이란 수용한 혁신을 중단하는 것을 말한다.
② 혁신-의사결정과정의 초기 세 단계인 지식-설득-결정 과정은 반드시 순차적으로 일어나는 것은 아니다.
③ 지식단계와 결정단계는 가장 명백히 존재하는 단계이지만, 설득단계는 비교적 모호한 편이다.
④ 집단주의 문화에서는 집단의 압력이 작용하는 경우가 있을 때 혁신 의사결정이 설득-결정-지식의 순서로 결정된다.

해설
집단주의 문화에서는 집단의 압력이 작용하는 경우가 있을 때 혁신 의사결정이 지식-결정-설득의 순서로 결정된다.

49

혁신성 결정요인에서 조기수용자에 대한 설명으로 옳지 않은 것은?

① 조기수용자는 후기수용자보다 더 구체적 개념을 다루는 능력이 탁월하다.
② 조기수용자는 후기수용자보다 덜 운명론적이다.
③ 조기수용자는 후기수용자보다 더 대규모 단위에 소속되어 있다.
④ 조기수용자는 후기수용자보다 덜 독단적이다.

해설
조기수용자는 후기수용자보다 더 추상적 개념을 다루는 능력이 탁월하다.
조기수용자는 후기수용자에 비해 공식적 교육을 더 많이 받았고, 더 지적이며, 더 높은 사회적 지위를 가지고 있으며, 높은 신분으로의 사회적 이동 정도가 크고, 대규모의 단위(농장, 회사, 학교 등)에 소속되어 있음.
조기수용자는 후기수용자에 비해 공감력이 더 뛰어나고, 덜 독단적이며, 추상적 개념을 다루는 능력이 더 탁월하고, 더 합리적이며, 더 지성적이고, 변화에 대해 더 우호적이고, 불확실성과 위험을 다루는 능력이 더 많고, 과학에 대해 더 우호적인 태도를 가지고, 덜 운명론적이고, 자아효능감도 크고, 공식교육·높은 신분의 직업 등에 대한 높은 열망을 가짐

50

육종된 옥수수를 수용한 농민의 수를 분석하여 S형 확산곡선을 시험한 학자는?

① Ryan & Gross ② Rogers
③ Shoemaker   ④ Lionberger

해설
Ryan & Gross(1950) 연구
㉠ 목적: 육종된 옥수수를 수용한 농민의 수를 분석하여 S형 확산곡선을 시험
㉡ 결과: 시간에 따른 수용속도는 일반적으로 정규 S형 곡선을 그리고, 수요자 분포는 종형 곡선을 따르고 정규분포에 가까워짐

51

새로운 아이디어가 체계로 흘러가는 문지기 역할을 하는 변화주도자는?

① 혁신자   ② 조기수용자
③ 조기다수자 ④ 후기다수자

해설
혁신자는 새로운 아이디어가 체계로 흘러가는 문지기 역할을 수행함. 혁신자가 구성원에 의해서 존경받지는 않지만 전파 과정에서 매우 중요한 역할을 하는데 외부에서 혁신을 들여와 사회체계에서 새 아이디어가 확산되는 가장 근원적인 역할을 수행함

52

수용자의 범주 중 혁신자에 대한 설명으로 바르지 않은 것은?

① 혁신자는 범지역적이고 국제적인 움직임을 가진다.
② 혁신자는 사회체계의 구성원들에 의해 존경받는다.
③ 혁신자는 재정적으로 넉넉한 편이다.
④ 혁신자는 복잡한 기술지식을 이해하고 적용하는 능력이 필요하다.

해설
조기수용자는 사회체계의 구성원들에 의해 존경받는다.

[20. 강원지도사 기출변형]

53

수용자의 범주 중 혁신자의 특성에 대한 설명 중 거리가 먼 것은?

① 모험심과 투기심이 강하다.
② 지역사회에서 생활수준과 교육수준이 높은 사람들이다.
③ 대단히 신중하여 업무의 치밀함을 보인다.
④ 새로운 혁신사항을 그 지역사회에 가장 먼저 전파한다.

해설
③ 조기다수자
모험심이 강한 혁신자(innovator) 특징
㉠ 혁신자는 성급하고 대담하고 무모할 정도로 모험심이 강하고, 새 아이디어에 과도한 흥미를 가짐에 따라 범지역적인 사회관계로 이끄는 경향이 있음
㉡ 혁신자 계층은 개개인이 멀리 떨어져 있더라도 공통 커뮤니케이션 패턴을 가지고 있고 친구관계에 있는 경우가 많음
㉢ 혁신자는 새로운 아이디어가 반드시 성공적일 수 없다는 사실을 기꺼이 받아들여야 하며 때로는 실패도 감내해야 함
㉣ 혁신자는 새로운 아이디어가 체계로 흘러가는 문지기 역할을 수행함. 혁신자가 구성원에 의해서 존경받지는 않지만 전파 과정에서 매우 중요한 역할을 하는데 외부에서 혁신을 들여와 사회체계에서 새 아이디어가 확산되는 가장 근원적인 역할을 수행함
㉤ 재정적으로 넉넉해야 혁신 수용에 따르는 손실의 부담을 덜게 됨
㉥ 복잡한 기술·지식을 이해하고 적용하는 능력이 필요하며, 수용할 당시 불확실성에 대해 어느 정도 대처할 수 있어야 함

[18. 경남지도사 기출변형]

54

혁신전파 이론에서 혁신자에 대한 설명 중 옳은 것을 모두 고른 것은?

> 가. 전체 구성원 중 12.5%를 차지한다.
> 나. 전파과정에서 매우 중요한 역할을 한다.
> 다. 복잡한 기술을 이해하고 적용하는 능력이 있어야 한다.
> 라. 불확실에 대해 대처할 수 있을 정도로 재정적으로 넉넉해야 한다.

① 가, 나
② 다, 라
③ 가, 나, 라
④ 나, 다, 라

해설
혁신자는 전체 구성원 중 약 2.3%를 차지한다.

53.③ 54.④ 정답

55

사회체제의 구성원 중 여론지도력이 높은 그룹은?

① 혁신자
② 조기수용자
③ 조기다수자
④ 후기다수자

해설
조기수용자는 지역적 성격을 가짐. 조기수용자는 다른 수용자보다 여론지도력(opinion leadership)이 더 높기 때문에 잠재적 수용자는 혁신에 대한 조언과 정보를 위해 이들에게 문의한다.

[19. 경남지도사 기출]

56

농촌지도사업의 측면에서 가장 바람직한 수용자이면서, 혁신사항의 가치를 일찍 인정하고 좋다는 것을 확인하면 즉시 수용하는 것과 관련이 깊은 것은?

① 혁신자
② 후기다수자
③ 조기다수자
④ 조기수용자

해설
존경받는 조기수용자(early adopter)
㉠ 조기수용자는 혁신자보다 사회체계에서 더 통합적인 부분을 담당함
㉡ 혁신자가 범지역적·국제적 움직임을 가진 반면 조기수용자는 지역적 성격을 가짐. 조기수용자는 다른 수용자보다 여론지도력(opinion leadership)이 더 높기 때문에 잠재적 수용자는 혁신에 대한 조언과 정보를 위해 이들에게 문의함
㉢ 조기수용자는 혁신이 사회체계로 전파될 때 임계점을 형성시킴
㉣ 조기수용자는 새 아이디어를 수용하기 전에 의논해야 할 사람으로 간주되며, 혁신주도자는 일반적으로 혁신 전파를 도모하기 위해 조기수용자와 접촉함. 조기수용자는 보통 사람보다 많이 앞서가는 계층은 아니지만 다른 구성원에게 어떠한 '역할 모델'을 하기 때문

57

혁신이 사회체계로 전파될 때 임계점을 형성시키는 사회체제 구성원은 누구인가?

① 조기 수용자
② 조기 다수자
③ 혁신자
④ 전통적 지체자

[24. 강원지도사]

정답 55.② 56.④ 57.①

58

혁신자의 범주에서 평균적인 사람보다 많이 앞서가는 계층은 아니지만 사회체계 다른 구성원에게 어떠한 '역할 모델'을 하는 수용자는?

① 후기다수자 ② 조기다수자
③ 조기수용자 ④ 혁신자

59

혁신자의 범주 중 보통 전체 구성원의 1/3을 차지하고, 혁신의 전파가 그 사회체계의 평균점에 도달하기 직전까지 혁신을 수용하는 계층은?

① 존경받는 조기수용자
② 신중한 조기다수자
③ 회의적인 후기다수자
④ 전통적인 지체자

해설
신중한 조기다수자(early majority)
㉠ 조기다수자는 혁신 전파가 사회체계의 평균에 도달하기 직전까지 혁신을 수용하는 계층
㉡ 조기다수자는 동료와 자주 상호작용하나 체계 내에서 여론지도자로 활동하는 경우는 많지 않으며, 상대적으로 일찍 수용하거나 매우 늦게 수용하는 사람들 사이를 연결하는 경향이 있고, 대인 네트워크에서도 상호 연결되는 지점에 위치함
㉢ 조기다수자는 수용자 중 구성원이 가장 많으며, 전체 구성원의 1/3 정도 차지
㉣ 혁신결정 시기는 혁신자와 조기수용자보다 오래 걸림. 새 아이디어를 완전히 수용하기 전에 어느 정도 더 생각하며, 혁신 수용에 의도적으로 신중한 태도를 취함

[21. 경북지도사 기출변형]

60

혁신이 사회체제로 전파될 때 임계점(critical mass) 이후로 혁신을 받아들이는 집단은?

① 혁신자 ② 조기수용자
③ 후기다수자 ④ 조기다수자

해설
조기수용자는 혁신이 사회체계로 전파될 때 임계점을 형성한다. 임계점 이후로 혁신을 받아들이는 다음 집단은 조기다수자가 된다.

58.③ 59.② 60.④ **정답**

61

경제적으로 중층이 많으며 지역사회의 유지들이 속하는 그룹은?

① 조기수용자 ② 조기다수자
③ 후기다수자 ④ 혁신자

해설
조기다수자는 상대적으로 나이가 많은 편이고 신중성을 기하며 경제적으로 상층~중층이 많으며, 지역사회의 유지들이 이 그룹에 속한다.

62

수용자를 수용의 시간경과에 따라 분류할 수 있다. 그 분류 중 가장 사회경제적 지위가 높은 집단이 속해 있는 범주는?

① 조기다수자 ② 후기다수자
③ 조기수용자 ④ 지체자

해설
조기다수자
㉠ 혁신사항을 신중하게 검토하고 관찰하여 조기수용자 다음으로 비교적 일찍 수용하는 사람들
㉡ 상대적으로 나이가 많은 편이고 신중성을 기하며 경제적으로 상층~중층이 많으며, 지역사회의 유지들이 이 그룹에 속한다.

63

다음 중 조기다수자에 대한 설명으로 옳은 것은?

① 대인 네트워크에서 상호 연결되는 지점이고 전체 구성원의 1/3을 차지한다.
② 다른 수용자보다 여론지도력이 높다.
③ 사람들이 혁신에 대한 조언과 정보를 위해 문의를 구한다.
④ 주변 사람들의 사회적 압력으로 혁신을 수용한다.

해설
②, ③ 조기수용자
④ 후기다수자

[19. 충남지도사 기출]

[20. 경남지도사 기출]

64

다음 보기에서 혁신을 수용하는 계층의 분류는?

> 동료와 자주 상호작용하나 체계 내에서 여론지도자로 활동하는 경우는 많지 않으며, 상대적으로 일찍 수용하거나 매우 늦게 수용하는 사람들 사이를 연결하는 경향이 있고, 대인 네트워크에서도 상호 연결되는 지점에 위치한다.

① 존경받는 조기수용자
② 회의적인 후기다수자
③ 신중한 조기다수자
④ 모험심이 강한 혁신자

[17. 지도사 기출변형]

65

혁신을 수용하기 위해서는 동료의 압력이 필요한 수용자는?

① 혁신자
② 조기수용자
③ 조기다수자
④ 후기다수자

해설
후기다수자가 혁신을 자발적으로 수용하기 위해서는 혁신이 안전하다고 느낄 만큼 확신이 있어야 하고, 사회적 규범이 긍정적 평가를 해줘야 하며, 동료의 압력이 필수적이다.

66

Rogers에 의해 혁신성 정도에 따라 수용자를 다섯 가지로 분류하였을 때, 수용자와 그에 따른 설명으로 적절하지 못한 것은?

① 혁신자 : 재정적으로 넉넉해야 한다.
② 조기수용자 : 다른 구성원들에게 역할 모델을 한다.
③ 조기다수자 : 혁신을 수용함에 있어 신중한 태도를 취하나 혁신을 이끄는 경우는 드물다.
④ 후기다수자 : 혁신과 혁신주도체를 의심하거나 부정적으로 평가한다.

해설
지체자 : 혁신과 혁신주도체를 의심하거나 부정적으로 평가한다.
회의적 후기다수자(late majority)
㉠ 후기다수자는 혁신 전파가 그 사회체계의 평균점에 도달한 직후 수용하는 성향이 있는 계층, 체계 구성원의 1/3 정도 차지
㉡ 후기다수자는 보통 경제적 필요에 의해, 주변 사람들의 사회적 압력에 이끌려 혁신을 수용함. 혁신에 매우 회의적이고 조심스러운 태도로 접근하고 다른 사람들이 이미 혁신을 수용하고 나서야 수용함

정답 64.③ 65.④ 66.④

ⓒ 후기다수자가 혁신을 자발적으로 수용하기 위해서는 혁신이 안전하다고 느낄 만큼 확신이 있어야 하고, 사회적 규범이 긍정적 평가를 해 줘야 하며, 동료의 압력이 필수적임
ⓔ 대부분 후기다수자는 경제적 여유가 적거나 혁신의 위험을 불식시킬 정신적·물질적 자원이 넉넉하지 못함

67

다음 보기에 해당하는 수용자는?

> 여론지도력이 매우 낮으며, 사회적 네트워크에서 거의 고립되어 있다. 주로 전통적 가치를 가지는 구성원과 상호작용을 한다.

① 모험심이 강한 혁신자
② 신중한 조기다수자
③ 전통적인 지체자
④ 회의적인 후기다수자

해설
전통적 지체자(laggard)
㉠ 지체자는 혁신을 마지막으로 수용하는 계층으로 여론 지도력이 매우 낮음
㉡ 가장 지역 중심적이며 대부분 사회적 네트워크에서 고립되어 있으며, 행위적 결정을 할 때 보통 과거에 의존하며 이전에 무엇을 행했느냐가 중요함
㉢ 주로 전통적 가치를 가지고 있는 구성원과 상호작용하며, 혁신과 혁신주도체를 의심하거나 부정적으로 평가함
㉣ 지체자는 혁신결정과정이 상대적으로 오래 걸림
㉤ 지체자는 경제적으로 불안정하기 때문에 혁신을 권유하는 것이 조심스러움

68

조기수용자와 후기수용자의 특성에 대한 설명과 거리가 먼 것은?

① 조기수용자는 후기수용자보다 연령이 낮다.
② 조기수용자는 후기수용자보다 높은 정도의 감정이입, 추상화적인 능력, 지능, 긍정적인 변화성향 등을 지니고 있다.
③ 변화 촉진자와의 접촉, 대량전달매개경로에의 노출, 혁신적인 정보의 추구 등이 조기수용자는 후기수용자보다 더 크거나 더 많은 것은 지니고 있다.
④ 조기적인 문맹률에 있어서 후기수용자보다 낮다.

해설
조기수용자는 후기수용자보다 연령이 낮다고 단정할 수 없고, 오히려 연령보다 성격·성향이나 경제력의 영향을 더 많이 받는다.

69

다음 중 혁신자의 범주에 대한 설명이 옳지 않은 것은?

① 혁신자는 새로운 아이디어가 체계로 흘러가는 흐름에서 문지기의 역할을 한다.
② 조기수용자는 혁신이 사회체계 내에서 전파될 때 임계점을 형성하는 데 영향을 미친다.
③ 조기다수자는 그들이 수용하기 위해선 동료들의 압력이 필수적이다.
④ 전통적인 지체자는 사회적 네트워크에서 거의 고립되어 있다.

해설
후기다수자는 그들이 수용하기 위해선 동료들의 압력이 필수적이다.

70

혁신자의 범주에 대한 설명으로 옳지 않은 것은?

① 조기다수자는 혁신이 사회체계 내에서 전파될 때 임계점을 형성하는데 영향을 미친다.
② 후기다수자는 혁신의 전파가 그 사회체계의 평균점에 도달한 직후 수용한다.
③ 혁신자는 사회체계 구성원들에 의해서 존경받지 않는 반면 전파 과정에서는 중요한 역할을 한다.
④ 조기수용자는 여론지도력이 높다.

해설
조기수용자들은 혁신이 사회체계 내에서 전파될 때 임계점을 형성하는데 영향을 미친다.

71

혁신전파이론에 대한 비판으로 옳지 않은 것은?

① 친혁신적 편향
② 형평성의 문제
③ 체계 책임 편향
④ 혁신전파 연구에서의 회상의 문제

해설
혁신전파이론에 대한 비판: 친혁신적 편향, 형평성의 문제, 개인 책임 편향, 혁신전파 연구에서의 회상의 문제

69.③ 70.① 71.③ 정답

72

혁신전파이론의 비판에 대한 대안으로 옳지 않은 것은?

① 친혁신적 편향 – 혁신을 수용하게 되는 동기에 대한 이해를 높여야 한다.
② 혁신전파 연구에서의 회상의 문제 – 혁신전파과정의 하나의 시점에서 자료를 수집해야 한다.
③ 형평성 문제 – 사회경제적 지위가 높은 수용자들에게만 더 많은 이익이 돌아가는 일이 없도록 해야 한다.
④ 개인책임 편향 – 잠재적인 수용자나 거부자를 포함한 모든 참가자가 혁신의 전파 문제의 정의에 포함되어야 한다.

해설
혁신전파 연구에서의 회상의 문제에서 혁신전파과정의 하나의 시점에서 자료를 수집하면(횡단면적 자료수집), 혁신이 전파되어가는 연속적 흐름을 추적할 수 없기 때문에 여러 시점에서 자료를 수집해야 한다(종단적 패널 연구).

73

로저스의 신 전파이론이 1970년대 이후 비판을 받고 있는 이유에 해당하지 않는 내용은?

① 농촌의 이중구조, 즉 빈부격차를 심화시켰다.
② 새로운 것이면 무조건 좋다는 관점에서 시행되었다.
③ 혁신사항에 영향을 미치는 사회구조적인 변수를 설명하지 못하고 있다.
④ 전파는 혁신이 포함된 것이라야 가치가 있다.

해설
혁신전파이론의 비판: 친혁신적 편향, 개인책임 편향, 형평성 문제, 전파과정에서 회상의 문제

74

1970년대 개발에 대한 지배적 패러다임의 기본요소로 옳지 않은 것은?

① 주로 산업화된 나라들에서 이전되는 자본 중심적이고 노동절약적인 기술
② 개발 과정의 속력을 높이기 위해 주로 민간기업에 의한 계획
③ 산업화와 도시화를 통한 경제적 성장
④ 무역이나 산업 선진국과의 외부적 관계보다는 개발도상국 자체에 주로 내재해 있는 저개발의 원인들

> **해설**
>
> **개발에 대한 지배적 패러다임의 기본요소(1970년대)**
> 개발 패러다임은 개발 주도체로부터 기술혁신의 전이가 일어남
> ㉠ 산업화와 도시화를 통한 경제적 성장
> ㉡ 주로 산업화된 나라들에서 이전되는 자본중심적·노동절약적인 기술
> ㉢ 개발 과정의 속력을 높이기 위해 주로 정부 경제학자나 금융가에 의한 중앙집중식 계획
> ㉣ 무역이나 산업 선진국과의 외부적 관계보다는 개발도상국 자체에 주로 내재된 저개발의 원인들

[17. 지도사 기출]

75

혁신의 본질적 요소에 해당하지 않는 것은?

① 형태　　　　　　　② 기능
③ 의미　　　　　　　④ 태도

> **해설**
>
> **혁신의 본질적 3요소**
> ㉠ **형태(form)** : 직접적으로 관찰 가능한 혁신의 외양과 내용
> ㉡ **기능(function)** : 혁신이 사회구성원의 삶의 방식에 기여하는 양상
> ㉢ **의미(meaning)** : 사회구성원이 혁신에 대해 가지는 주관적·무조건적인 인식의 차원

76

오늘날 농촌지도사업에서 혁신전파이론이 발전적으로 적용되기 위해서 고려해야 할 점으로 옳지 않은 것은?

① 지도사업 방법이 어떤 농민에게 성공에 도움을 주는지, 성공을 배제시키는지 인지해야 한다.
② 사회과학자들의 논리적인 비판은 받아들여야 한다.
③ 경제적 불평등을 조장하지 않는 측면에서 발전되어야 한다.
④ 대농들이나 엘리트 중심의 농민들에게 도움이 될 수 있는 농촌지도사업을 전개해야 한다.

> **해설**
> 부유하고 혁신적인 농민보다 조금 소외된 농민에게 초점을 맞추어야 한다.
> **혁신전파이론이 발전하기 위한 고려사항**
> ㉠ **소외된 농민에게 적용** : 부유하고 혁신적인 농민보다 조금 소외된 농민에게 초점을 맞추어야 함. 농민이나 지도요원이 위험을 더 많이 감수할수록 이들에게 더 많은 이점을 줄 수 있음
> ㉡ **지도사업의 성격 변화** : 오늘날 지도사업의 대상은 농민·농촌지역사회·소비자인가, 지도사업 노력의 성과는 무엇인가?라는 질문에 대한 성찰이 필요함
> ㉢ 지도사업 방법이 어떤 농민에게 성공에 도움을 주는지, 성공을 배제시키는지 인지하고 혁신전파이론을 변화시켜 나가야 함

75.④　76.④ 정답

ⓔ 농촌지도요원은 지도사업을 연구하는 사회과학자를 자신과 반대논리를 가진 사람으로 인식하므로, 사회과학자의 비판은 지도요원에게 인지되지 못함. 이를 개선하기 위한 대안이 필요함

ⓜ **혁신전파이론의 새로운 변화** : 혁신전파이론의 가장 부정적 결과는 농가에게 경제적 불평등을 조장한 것인데 이러한 불평등을 시정해야 함

77

의사전달의 요소가 아닌 것은?

① 의사전달자
② 전달사항
③ 전달방법
④ 전달경로
⑤ 전달목적

해설
의사전달 요소
ⓐ **의사전달자** : 의사전달의 주도자. 전달자는 전달사항을 보내려는 뚜렷한 목적의식을 갖고 있어야 함
ⓑ **전달사항** : 전달자가 수신자에게 전하려는 생각, 지식, 태도 등
ⓒ **전달방법** : 전달사항이 수신자에게로 전달되는 매개체
ⓓ **전달경로** : TV, 라디오, 신문, 그림 등

78

전달사항의 수용에 영향을 주는 요인이 아닌 것은?

① 전달자의 특성
② 혁신의 특성
③ 사회구조의 요인
④ 지역사회의 특성
⑤ 외부지원

해설
수용에 영향을 주는 요인 : 혁신의 특성, 혁신과정 요인, 사회구조적 요인, 지역사회의 특성, 외부지원 등

79

의사결정 후 나타나는 수신자의 행동이 아닌 것은?

① 계속적 수용
② 무반응
③ 중절
④ 뒤늦게 수용
⑤ 계속적 비판

해설
의사결정 후 수신자의 행동 : 계속적 수용, 중절, 계속적 비판, 뒤늦게 수용

정답 77.⑤ 78.① 79.②

80

기술수용모형(TAM)에 대한 설명 중 옳지 않은 것은?

① 혁신기술인 컴퓨터 수용에 대한 사용자의 행동을 설명하는 모형이다.
② 인간의 일반적인 행동을 설명하고자 한다.
③ 합리적 행동이론에 근거한다.
④ 개인의 정보기술 수용에 영향을 미치는 중요요인으로 지각된 유용성과 지각된 용이성을 설정하고 있다.

해설
기술수용모형(TAM, Technology Acceptance Model)
㉠ TAM : 혁신기술인 컴퓨터 수용에 대한 사용자의 행동을 설명하는 모형(Davis, 1986)으로, 정보기술 즉 컴퓨터와 같은 혁신기술의 수용행동을 설명하려는 것
㉡ 합리적 행동이론(TRA)이 인간의 일반적 행동을 설명한다면, TAM은 개인의 정보기술 수용에 영향을 미치는 중요 요인으로, 신념 변수인 지각된 유용성·지각된 용이성을 설정하고 있음
㉢ 외부 변수는 지각된 유용성·지각된 용이성에 영향을 미치고, 지각된 유용성·지각된 용이성은 정보기술수용에 대한 개인 태도에 영향을 미치고, 그 태도는 이용의도에 영향을 미치고, 이용의도는 최종적으로 이용행동을 결정하게 됨

[20. 강원지도사 기출변형]

81

기술수용모형에 대한 설명으로 옳지 않은 것은?

① 개인의 정보기술 수용에 영향을 미치는 중요 요인으로, 신념 변수인 지각된 유용성·지각된 용이성을 설정하고 있다.
② 농가의 규모가 크고, 농민의 자신감이 클수록 신기술을 수용할 가능성이 높다.
③ 컴퓨터 기술의 수용에 대한 사용자의 행동을 설명하는 모형이다.
④ 인간의 행동은 행동에 대한 태도에 따라 결정되며, 행동에 대한 태도는 행동의 의도에 영향을 받는다.

해설
합리적 행동이론(TRA)에서 인간의 행동은 실제로 행동할 것인지의 의도에 따라 결정되며, 행동의 의도는 행동에 대한 태도와 주관적 규범에 영향을 받는다.

82

확장된 기술수용모형에서 사회적 영향 프로세스에 해당하지 않는 것은?

① 자발성
② 지각된 용이성
③ 주관적 규범
④ 이미지

해설
지각된 유용성에 영향을 주는 변수
㉠ 사회적 영향 프로세스 : 주관적 규범, 자발성, 이미지
㉡ 인지적 도구 프로세스 : 직무관련성, 결과품질, 결과 실연성, 지각된 용이성

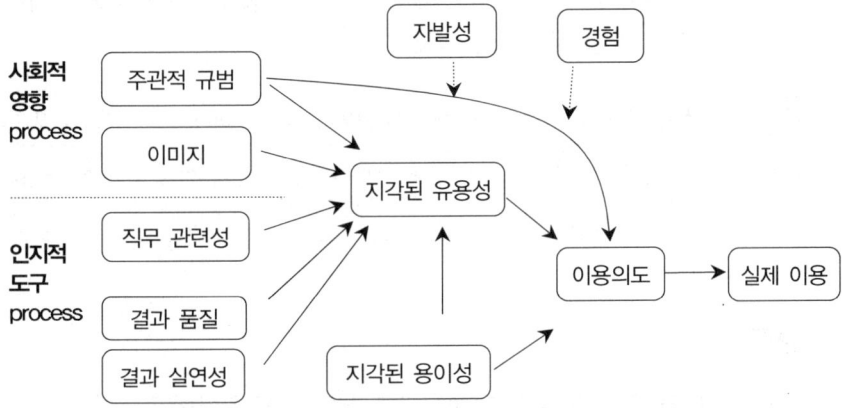

83

지각된 유용성에 영향을 끼치는 사회적 영향 프로세스는?

① 주관적 규범
② 이용행동
③ 지각된 용이성
④ 직무관련성

해설
지각된 유용성에 영향을 미치는 독립변수로 사회적 영향 프로세스(주관적 규범, 자발성, 이미지)와 인지적 도구 프로세스(직무관련성, 결과품질, 결과 실연성, 지각된 용이성)가 있다.

[17. 지도사 기출변형]

[20. 강원지도사 기출변형]

정답 82.② 83.①

84

기술수용모형에 대한 설명으로 옳지 않은 것은?

① 이용의도는 최종적으로 이용행동을 결정하게 된다.
② 지각된 유용성은 '특정시스템을 사용하는 것이 힘들지 않은 것'이라고 믿는 정도를 말한다.
③ 외부변수 → 지각된 유용성·용이성 → 태도 → 이용의도 → 실제이용의 순서이다.
④ 확장된 기술수용모형에서 기술수용에 대한 사람들의 이용의도는 지각된 유용성과 지각된 용이성에 의해 결정된다.

해설
지각된 용이성은 '특정시스템을 사용하는 것이 힘들지 않은 것'이라고 믿는 정도를 말한다.

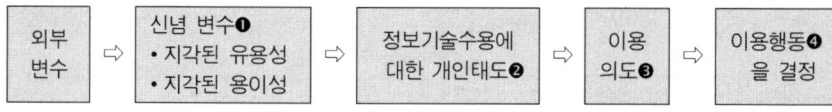

[18. 경남지도사 기출변형]

85

농촌지도이론 중 기술수용모형에 대한 설명이 옳은 것은?

① 태도에는 지각된 용이성과 이용의도가 영향을 미친다.
② 초기단계에서는 지각된 유용성이 효과적이고 이후의 단계에서는 지각된 용이성이 효과적이다.
③ 이용행동은 이용의도의 가장 즉각적인 결정요소이다.
④ 자발적으로 기술을 이용하는 사용자들은 기술의 유용성을 크게 자각할 수 있다.

해설
① 태도에는 지각된 용이성과 지각된 유용성이 영향을 미친다.
② 초기단계에서는 지각된 용이성이 효과적이고 이후의 단계에서는 지각된 유용성이 효과적이다.
③ 이용의도는 이용행동의 가장 즉각적인 결정요소이다.

84.② 85.④ 정답

86

신기술 수용에 영향을 미치는 요인에 대한 설명이 틀린 것은?

① 성별, 연령, 교육수준이 신기술 수용에 영향을 준다.
② 농민이 최신정보를 많이 갖고 있을수록 신기술에 대한 거부감이 낮다.
③ 농가 규모가 클수록 신기술 채택가능성이 높다.
④ 농업소득은 높고, 농업 이외 소득은 낮을수록 신기술에 대한 거부감이 낮다.

해설
신기술 수용에 영향을 미치는 요인
㉠ 농민 개개인의 성별·연령·교육 수준과 함께 경작 규모, 정보에 대한 접근성, 토지 소유 유무, 농업 외 소득, 기반시설 유무 등
㉡ 농가의 규모가 크고, 농민의 자신감이 클수록 신기술을 채택할 가능성이 높음
㉢ 농업 및 농업 이외 소득이 높을수록, 농민 자신이 최신 정보를 많이 갖고 있을수록 신기술에 대한 거부감이 낮음

87

기술도입 촉진을 위한 핵심 쟁점 중 옳지 않은 것은?

① 대규모 단위로 농민의 단체행동을 권장한다.
② 신기술은 대규모 농가에 적합하고, 위험을 감수하는 사람들에 의해 쉽게 수용된다는 인식이 강하다.
③ 대규모 상업적 영농업체의 경우, 법체계와 시스템 및 정책이 갖춰지면, 자급자족 능력이 있기 때문에 민간부문의 서비스를 충분히 활용할 수 있다.
④ 신기술의 적합성을 전면적으로 탐색하는 일은 드물다.

해설
소규모 단위로 농민의 단체행동을 권장한다.
신기술 도입을 위한 핵심쟁점
㉠ 소규모 단위로 농민의 단체행동을 권장함
㉡ 대규모 농가는 신기술 적용에 적합하고, 위험을 감수하는 사람들에 의해 쉽게 수용된다는 인식이 강하지만, 소규모 농가의 경우 위험에 취약하고 가용자원이 충분치 못한데다 파편화되어 있기 때문에 신기술 수용시 기술적 보조가 필요함
㉢ 대규모 상업적 영농업체는 민간부문 서비스를 충분히 활용하지만, 소규모 농가는 신기술 도입 단계부터 지속적으로 지원해야 함
㉣ 신기술이 상업적 존속 가능성을 가지고 있어야 함
㉤ 농촌은 능력·교육·재정적 자원이 부족하고 기술발전 정보를 입수하더라도 이해하기 어렵기 때문에 기술발전을 따라가기 어려움

정답 86.④ 87.①

ⓑ 농업기술전문가와 정책입안자는 신기술 배포·적용에 필요한 방안을 준비하는 핵심역할을 하며, 신기술을 노출시켜 신기술 수용비율을 높여야 함
ⓐ 신기술 적합성을 전면 탐색하는 일은 적음. 신기술 적용시도는 시범도입단계에서 미비한 분석결과 실패하게 되고, 신기술은 한정된 적용 범위만 도입 후 더 확산되지 못한 채 사장되어 버림
ⓒ 농업 분야는 성적(性的) 편견을 고착시키는 현상이 나타남

88

기술수용모형에서 지각된 유용성과 지각된 용이성에 대한 설명으로 옳지 않은 것은?

① 지각된 유용성은 '특정 시스템을 사용하는 것이 업무수행을 향상시켜줄 것이라고 개인이 믿는 정도'이다.
② 지각된 용이성의 효과는 주로 직접적이다.
③ 새로운 농업기술을 수용하는 과정은 지각된 유용성이다.
④ 지각된 용이성은 예측과정으로 볼 수 있다.

해설
신념변수

지각된 용이성 (perceived ease of use)	지각된 유용성 (perceived usefulness)
특정 시스템을 사용하는 것이 힘들지 않을 것이라고 개인이 믿는 정도	특정 시스템을 사용하는 것이 업무수행을 향상시켜줄 것이라고 개인이 믿는 정도
예측과정	예측결과
새로운 농업기술을 수용하는 과정	새로운 농업기술의 수용을 통해 얻게 되는 것에 관한 것
이용의 초기단계에서 지각된 용이성의 효과는 주로 직접적	지각된 유용성을 통하여 간접적이며 약한 효과를 가져옴

[18. 경남지도사 기출변형]

89

기술수용모형에서 신념변수의 비교가 잘못된 것은?

① 지각된 용이성은 예측결과를, 지각된 유용성은 예측과정을 중시한다.
② 이용의 초기단계에서 지각된 용이성의 효과는 주로 직접적이다.
③ 지각된 유용성은 특정 시스템을 사용하는 것이 업무수행을 향상시켜줄 것이라고 개인이 믿는 정도를 말한다.
④ 지각된 유용성은 새로운 농업기술의 수용을 통해 얻게 되는 것에 관한 것이다.

88.③ 89.① 정답

해설

지각된 용이성	지각된 유용성
특정 시스템을 사용하는 것이 힘들지 않을 것이라고 개인이 믿는 정도	특정 시스템을 사용하는 것이 업무수행을 향상시켜 줄 것이라고 개인이 믿는 정도
예측과정	예측결과
새로운 농업기술을 수용하는 과정	새로운 농업기술의 수용을 통해 얻게 되는 것에 관한 것
이용의 초기단계에서 지각된 용이성의 효과는 주로 직접적	지각된 유용성을 통하여 간접적이며 약한 효과를 가져옴

90

혁신전파이론과 기술수용모형의 비교로 가장 거리가 먼 것은?

① 혁신전파모형과 기술수용모형은 여러 연구에서 상호보완관계에 있다.
② 혁신전파이론은 혁신에 비판 혹은 호의적인 태도 형성을 설명한다.
③ 혁신전파이론은 간접적인 관계와 주 영향에 대해서만 초점을 맞추고 있다.
④ 기술수용모형은 '신념-태도-이용의도-이용'이라는 연결고리를 비교적 명확히 제시한다.

해설
혁신전파이론은 직접적인 관계와 주 영향에 대해서만 초점을 맞추고 있다.

혁신전파이론 vs 기술수용모형

구분	혁신전파이론	기술수용모형
차이점	혁신에 대한 호의적·비호의적 태도 형성을 설명하지만 어떻게 이 태도가 실제 혁신기술의 수용·거부로 발전하는가에 대해 설명하지 못하고, 혁신전파이론이 직접적 관계와 주 영향에 대해서만 초점을 맞추고 있다는 비판을 받음	'신념 → 태도 → 이용의도 → 이용'이라는 인과관계에 관한 이론적 연결고리를 비교적 명확히 제시해 줌
공통점	혁신전파모형·기술수용모형 모두 다양하고 광범위한 기술수용을 설명·예측하는 모델이라는 점과 여러 연구에서 상호 보완관계에 있음(혁신전파이론과 기술수용모형은 다른 학문적 근원에서 출발했음에도 불구하고 상당히 유사함)	

정답 90.③

04 농촌지도 접근법

01

Negal의 농촌지도 접근방법의 유형 중 선택적인 고객접근에 해당하는 것은?

① 훈련·방문 지도접근
② 대학 중심의 지도 사업
③ 상품지향적 지도사업
④ 농촌개발사업

해설
네갈(Negal, 1997)의 접근법
㉠ 일반적 고객 접근
　ⓐ 정부 주도의 일반적 지도(Ministry Based General Extension)
　ⓑ 훈련·방문 지도접근(Training and Visit Extension, T&V)
　ⓒ 종합적 사업 접근(The Integrated Approach)
　ⓓ 대학 중심의 지도사업(University Based Extension)
　ⓔ 농촌개발사업(Animation Rurale)
㉡ 선택적 고객 접근
　ⓐ 상품지향적 지도사업(Commodity Based Extension)
　ⓑ 상업서비스로서의 지도사업(Extension as a Commercial Service)
　ⓒ 고객중심 및 고객이 통제하는 지도사업(Client-Based and Client-Controlled Extension)

02

Negal의 농촌지도 접근방법의 유형 중 일반적 고객 접근으로만 묶인 것은?

가. 상품지향적 지도사업
나. 종합적 사업 접근
다. 상업서비스로서의 지도사업
라. 고객중심 및 고객이 통제하는 지도사업
마. 대학 중심의 지도사업
바. 훈련·방문 지도접근

① 가, 나, 라
② 가, 나, 라, 마
③ 나, 마, 바
④ 나, 라, 마, 바

정답 01.③ 02.③

03
개발도상국에서 주로 사용할 수 있는 미국식 농촌지도 접근방법이 아닌 것은?

① 훈련·방문 지도 접근
② 프로젝트 접근
③ 정부 주도의 일반적 지도 접근
④ 영농체계연구지도 접근

해설
미국식 농촌지도 접근법(Seevers, 1997) : 개도국에서 주로 사용하는 농촌지도 접근법
㉠ 훈련·방문 지도접근(Training and Visit Extension, T&V)
㉡ 프로젝트 접근(Project Approach)
㉢ 농민우선주의 접근(Farmer First Approach)
㉣ 영농체계연구지도 접근(Farming Systems Research and Extension, FSR&E)

04
국내 농촌지도 접근방법은 기존 농촌접근방법과 새로운 농촌접근방법으로 나눌 수 있다. 다음 중 유형이 다른 하나는?

① 협동자조 접근법
② 영농체계연구지도 접근법
③ 종합농촌개발 접근법
④ 전통적 농촌지도 접근법

해설
국내 농촌지도 접근법
㉠ **기존 접근법** : 전통적 농촌지도 접근법, 종합농촌개발 접근법, 협동자조 접근법
㉡ **새로운 접근법** : 훈련·방문 지도접근, 영농체계연구지도 접근, 농민우선주의 지도접근

[17. 지도사 기출변형]

05

농촌지도 접근방법 중 목적집단 지도방식이 아닌 것은?

① 특성화 지도방식
② 프로젝트 지도방식
③ 생산자조직 지도방식
④ 고객집단 지도방식

해설▶

목적집단 지도방식	주로 전문가, 고객, 지역 또는 시간에 초점을 두고 고비용을 회피하려는 지도접근방식
특성화 지도방식	특정 생산물 또는 영농방식(관개, 비료, 산림 관리 등)의 생산성 개선을 위한 노력에 초점을 둠
프로젝트 지도방식	특정 기간 동안 한정된 장소에서 농촌지도 자원의 증가에 초점을 둠
고객집단 지도방식	영세농, 여성, 소농 또는 소수인종과 같이 특정 유형의 농업인 집단에 초점을 둠

06

다음 중 농업연구-지도의 이론 모형에 대한 설명 중 잘못된 것은?

① 기술보급 모형은 혁신 전파이론에 기반한 행위자 모형이다.
② 시스템 모형은 조직간의 연계, 정보 흐름도, 연구지도 연계 등을 중심으로 설명한다.
③ 영농체계연구지도와 농업지식체계는 행위자 모형과 시스템 모형의 복합 적용된 접근법이다.
④ 참여연구 접근법은 지속가능한 농업과 자연자원 개발을 위한 접근법이다.

해설▶

농업연구-지도의 이론적 모형
㉠ 기술보급 모형(행위자 모형) : 훈련·방문(T&V), 농민우선
㉡ 시스템 모형 : 영농체계연구지도, 농업지식체계, 투입산출 모형(미국 위스콘신 주립대학교에서 개발)
㉢ 행위자모형과 시스템모형이 복합적용된 접근법 : 현장연구, 참여연구

[23. 서울지도사]

07

농업연구와 지도의 접근방법에 대한 설명으로 가장 옳지 않은 것은?

① 훈련 및 방문 접근법(T&V)과 농민우선 접근법(farmer first)은 시스템 모형 접근법이다.
② 기술보급 모형은 농촌지도요원의 행동 특성, 동기, 자질, 사기 등을 중심으로 설명하는 이론이다.
③ 혁신전파 이론에 기반한 행위자 모형은 기술보급 모형이라고도 한다.
④ 현장연구(on-farm research)와 참여연구(participatory action research)는 행위자 모형과 시스템 모형을 결합한 접근법이다.

05.③ 06.③ 07.① 정답

해설▶
훈련 및 방문 접근법(T&V)과 농민우선 접근법(farmer first)은 기술보급 모형 접근법이다.

08

농촌지도의 접근 방법 중 생산자주도 농촌지도의 유형이 아닌 것은?

① 일반적 농촌지도 ② 농촌 활성화
③ 참여적 농촌지도 ④ 영농체계개발 지도

해설▶

생산자주도 농촌지도	지도과정에 지식과 자원을 생산하도록 농업인을 관여시킴
농촌활성화	하향식 패턴의 개발프로그램을 타파하기 위한 전략으로서 아프리카 프랑코폰(francophone)에서 최초로 적용된 방식
참여적 농촌지도	집단회의를 조성하고, 요구와 우선순위를 구명하고, 지도활동을 계획하거나 생산체계를 개선하도록 고유 지식을 활용하는 농업인의 역량 제고
영농체계개발 지도	지도, 연구자와 지역 농업인 또는 농업인 단체 간의 파트너십 필요
생산자조직 지도방식	전적으로 생산자들에 의해 계획되고 관리되는 방식

09

농촌지도 접근방법 중 국가농촌지도 접근법에 해당하는 것만 고른 것은?

가. 참여적 농촌지도   나. 전략적인 지도 캠페인
다. 훈련·방문 지도   라. 교육기관에 의한 지도
마. 영농체계개발 지도 바. 농촌활성화

① 가, 나, 다   ② 나, 다, 라
③ 다, 라, 마   ④ 라, 마, 바

해설▶

국가농촌지도 접근	공공영역 주도로 현장의 농업인에게 무상으로 자문을 제공하는 표준형 접근방식
일반적 농촌지도	1980년 이전까지 지배적으로 이루어지던 전통적인 농촌지도의 유형
훈련방문 지도	비효율적이던 일반적 농촌지도의 개선방안으로 1970년대 후반에 나타남
전략적 지도 캠페인	국가농촌지도사업에 사람들의 참여를 결합시키는 방법. FAO에서 개발함
교육기관에 의한 지도	교육기관, 주로 농과대학이 국가농촌지도를 수행함
공공기관 계약 지도	정부와 계약한 민간회사 또는 비정부조직(NGO)이 지도사업 수행

정답 08.① 09.②

[20. 서울지도사 기출]

10

국가농촌지도 접근방법으로 가장 옳지 않은 것은?

① 훈련방문 지도(Training & Visit Extension)
② 영농체계개발 지도(Farming Systems Development Extension)
③ 전략적 지도 캠페인(Strategic Extension Campaign)
④ 교육기관에 의한 지도(Educational Institution)

해설▶

1. 국가농촌지도 접근	일반적 농촌지도(general agricultural extension)
	훈련방문 지도(training & visit extension)
	교육기관에 의한 지도(educational institution)
	공공기관 계약 지도(publicly-contracted extension)
	전략적 지도 캠페인(strategic extension campaign)
2. 생산자주도 농촌지도	생산자조직 지도방식(producer-organized extension services)
	영농체계개발 지도(farming systems development extension)
	참여적 농촌지도(participatory extension)
	농촌활성화(animation rurale. AR)

11

행위자 모형에 기반한 농업연구와 농촌지도의 문제를 접근하는 이론으로 맞는 것은?

① 농민우선(farmer first)
② 영농체계연구와 지도(farming system research and extension)
③ 농업지식체계(agricultural knowledge system)
④ 현장연구(on-farm research), 참여연구(participatory action research)

해설▶
기술보급 모형(transfer of technology model)은 혁신전파이론에 기반한 행위자 모형(actor model)으로, 농업연구사와 농촌지도사의 행동 특성, 동기, 자질, 사기 등을 중심으로 설명하는 이론이다. 관련 이론으로는 훈련방문접근과 농민우선주의 접근이 있다.

12

다음 중 행위자모형에 포함되는 접근법은?

① T&V 접근법
② 영농체계연구지도
③ 농업지식체계(AKS)
④ 투입-산출모형

10.② 11.① 12.① 정답

> **해설**
> **행위자 모형(actor model)** : 훈련방문(T&V)접근, 농민우선주의 접근

13

참여연구에 대한 설명으로 옳지 않은 것은?

① 행위자 모형과 시스템 모형이 복합적으로 적용된 접근법이다.
② 연구와 지도과정에 농민들의 참여를 중요시한다.
③ 지속가능한 농업과 자연자원 개발을 위한 접근방법이다.
④ 참여적 농촌평가방법은 외부인의 관점에서 평가하는 접근법이다.

> **해설**
> 신속한 농촌평가법은 외부인의 관점에 중심을 둔다면, 참여적 농촌평가법은 지역주민이 스스로 주체가 되어 평가하는 접근법이다.
> **참여연구 접근**
> ㉠ 특징은 지속가능한 농업과 자연자원 개발을 위한 접근방법
> ㉡ 참여연구는 연구·지도과정에 농민 참여를 중시하는데, 농업연구·농촌지도과정에서 농민 역할을 중요하게 고려함
> ㉢ 농촌평가를 위한 접근법으로 사용됨
>   ⓐ 신속한 농촌평가법은 외부인의 관점에 중심을 둔다면, 참여적 농촌평가법은 지역주민이 스스로 주체가 되어 평가하는 접근법
>   ⓑ 참여적 농촌평가방법이 신속한 농촌평가보다 발전되어 나타난 접근법

14

국가별 농촌지도 유형을 옳게 짝지은 것은?

① 민간주도형 - 뉴질랜드
② 학교외연 교육형 - 덴마크
③ 정부조직형 - 타이완
④ 농민조합기구형 - 네덜란드

> **해설**
> ② 학교외연 교육형 - 미국, 스위스 등
> ③ 정부조직형 - 한국, 일본, 타이 등
> ④ 농민조합기구형 - 덴마크, 프랑스, 타이완(대만) 등

[20. 서울지도사 기출]

[19. 강원지도사 기출]

15

다음 중 농민조합기구형 국가에 해당하는 것은?

① 스위스, 미국
② 타이, 한국
③ 뉴질랜드, 영국
④ 타이완, 프랑스

해설

농민조합기구형	덴마크, 프랑스, 타이완(대만) 등
학교외연교육형	미국, 스위스 등
민간주도형	영국, 네덜란드, 뉴질랜드 등
정부조직형	한국, 일본, 타이 등

[19. 경북지도사 기출]

16

농촌지도체계가 농민조합기구 형태를 취하는 나라가 아닌 것은?

① 대만
② 덴마크
③ 프랑스
④ 네덜란드

해설

구분	특 징	비 고
농민조합 기구형	• 농민의 필요에 의해 자연발생적으로 태동 기구형 • 농민조직이 전문지도원을 채용하여 지도	덴마크, 프랑스, 타이완(대만) 등
학교외연 교육형	• 학교교육 기능이 먼저 발전된 일부 선진국 유형 교육형 • 농업발전을 위한 사회교육적 기능이 강조	미국, 스위스 등
민간 주도형	• 농촌지도 비용의 수혜자 부담정책 도입. 지도사업 민영화 • 시장지향적 컨설팅 및 수요자 중심의 농촌지도	영국, 네덜란드, 뉴질랜드 등
정부 조직형	• 정부주도의 식량자급, 농촌개발 목적에서 출발 • 농림부 하부조직형과 외청조직형으로 구분	한국, 일본, 타이 등

[17. 지도사 기출변형]

17

다음 중 농촌지도체계의 유형이 다른 나라는?

① 영국
② 네덜란드
③ 뉴질랜드
④ 스위스

해설

농민조합기구형	덴마크, 프랑스, 타이완(대만) 등
학교외연교육형	미국, 스위스 등
민간주도형	영국, 네덜란드, 뉴질랜드 등
정부조직형	한국, 일본, 타이 등

15.④ 16.④ 17.④ 정답

18

농촌지도의 유형이 바르게 짝지어지지 않은 것은?

① 대학주도형 – 덴마크
② 농업행정주도형 – 일본
③ 정부통합형 – 인도
④ 농민주도형 – 대만

해설
- **대학주도형**: 미국, 스위스
- **농민조합기구형**: 덴마크, 프랑스, 타이완(대만)

19

농촌지도조직의 유형 중에서 농촌지도사업을 정부기관에서 시행하지 않고, 농민조직체에서 이행하는 조직형태에 관한 설명은?

① 정부기관통합형
② 농업행정기관주도형
③ 대학주도형
④ 농민조직주도형

해설
농민조합기구형
㉠ 농민의 필요에 의해 자연발생적으로 태동한 기구형
㉡ 농민조직이 전문지도원을 채용하여 지도함

20

다음 중 선진국일수록 지향해야 할 농촌지도의 방향은?

① 정부기관통합형
② 농업행정기관주도형
③ 농민조직주도형
④ 종합농촌개발

21

농촌지도체계 유형 중 옳지 않은 것은?

① 대학주도형 – 농업후진국에 사용하는 방법으로 미국이 대표적이다.
② 농민조합형 – 농민조합이 전문지도원을 채용하여 새로운 농업기술을 교육한다.
③ 정부조직형 – 2차세계대전 후 미국 영향을 받아 도입한 것으로 국가적 식량문제 해결을 최우선 과제로 삼았다.
④ 민간주도형 – 수혜자 부담 정책의 도입에 따라 민영화를 통해 시장지향적 컨설팅 및 수요자중심의 농촌지도가 전개된다.

해설
대학주도형은 학교교육 기능이 발전된 선진국 유형이다.

정답 18.① 19.④ 20.③ 21.①

22

다음 설명은 농촌지도체계의 유형 중 어디에 해당하는가?

> 2차세계대전 후 미국의 영향을 받아 정부의 국가적 식량문제 해결을 최우선으로 하는 과제로 삼았으며, 최근 농촌개발에 초점을 두는 형태이다.

① 학교외연교육형　　② 정부조직형
③ 민간주도형　　　　④ 농민조합기구형

해설
농촌지도조직의 정부조직형
㉠ **농업행정기구주도형** : 우리나라의 경우 중앙단위에 농림축산식품부 외청으로 농촌진흥청을 두어 농업연구와 농촌지도사업을 전개하며, 도-시군 단위에서는 농업행정과 협동적 관계를 유지하고 있다.
㉡ **정부기관통합형** : 농촌개발과 관련된 각종 정부부처가 협동과 조정을 통하여 농촌개발에 관여할 수 있도록 하나의 상설위원회를 설치하여, 위원회에서 농촌지도를 포함한 지역사회종합발전을 위한 모든 업무를 담당하고 있는 조직형이다. 중앙 단위에 국가발전위원회(위원장은 수상), 하부수준에서 각 단위의 개발위원회(위원장은 기관장)를 설치한다.

23

우리나라는 중앙단위에 농림축산식품부 외청으로 농촌진흥청을 두어 농촌지도사업을 전개하게 되는데 우리나라의 농촌지도조직의 유형은?

① 정부기관통합형　　② 농업행정기관주도형
③ 농민조직주도형　　④ 대학주도형

해설
농업행정기구주도형 : 우리나라의 경우 중앙단위에 농림축산식품부 외청으로 농촌진흥청을 두어 농업연구와 농촌지도사업을 전개하며, 도-시군 단위에서는 농업행정과 협동적 관계를 유지하고 있다.

[17. 지도사 기출변형]

24

우리나라의 농업행정주도형의 단점은 무엇인가?

① 의사결정이 신속하지 못하다.
② 다른 부처와 조정이 어렵다.
③ 지도내용에 있어서 실용성이 결여될 가능성이 있다.
④ 계획된 사업이 일관성이 없다.

22.② 23.② 24.② **정답**

해설
① 기관통합형, ③ 대학주도형, ④ 농민조직체 주도형

농촌지도조직 유형의 장단점

정부 기관통합형	장점	• 위원회제는 의사결정이 집단적으로 행해지므로 모든 자의적·조변석개적 행동을 방지할 수 있다. • 모든 결정이 여러 사람의 견해와 경험을 토대로 이루어진다. • 각 참여자에게 자유로이 의견을 교환하게 함으로써 창의적 결정이 이루어진다.
	단점	• 의사결정이 신속하지 못하여 시간과 경비 낭비가 많다. • 위원회에서 각 부처간 의견이 대립되는 경우 합리적 문제해결에 도달할 가능성이 낮다.
농업 행정주도형	장점	• 기관통합형에 비하여 행정의 책임소재가 분명하므로 농민의 의견과 필요에 좀더 민감할 수 있다. • 명령의 통일을 이룰 수 있다. • 기관통합형보다 조직적·능률적이며 책임있게 일할 수 있다.
	단점	• 사업이 자의적으로 수행될 가능성이 있다. • 농촌개발과 직접적으로 관련하는 다른 부처와 조정이 어렵다.
대학주도형	장점	• 혁신기술과 정보의 소유가 신속하다. • 교육적 성격이 강화되어 행정적 성격이 완전히 배제되므로 선진사회에 적당한 조직유형이다.
	단점	• 지도내용에 있어서 실용성이 결여될 가능성이 있다. • 지도대상자에게 모든 의사결정을 맡기므로 지도 효과가 늦게 나타난다.
농민조직체 주도형	장점	• 민주적 이상에 적합한 형태이다.
	단점	• 사업이 농민의 필요와 문제에 중심을 두기 때문에 계획된 사업이 일관성이 없고 산만하며 평면적이고 깊이가 없다. • 조직의 혁신기술과 정보의 소유가 늦고 사업계획 자체가 농업생산부문에 치중되는 경향이 있어 사회경제적 요인과 농업경제부문의 문제점을 반영하지 못한다.

25

다음 중 정부기관통합형의 단점에 관한 설명 중 적합한 것은?

① 사업이 자의적으로 수행될 가능성이 있고 농촌개발과 직접적으로 관련하는 다른 부처와의 조정이 어렵다.
② 정부기관통합으로 인해 결정단계에서 신속한 처리가 어렵다.
③ 지도내용에 있어 실용성이 결여될 가능성이 있다.
④ 사업이 농민의 필요와 문제에 너무 중심을 둠으로써 계획된 사업의 일관성이 없고 산만하다.

해설
①은 농업행정기관주도형, ③은 대학주도형, ④는 농민조직주도형을 설명한 것이다.

26
다음은 국가별 농촌지도유형이다. 틀린 것은?

① 정부기관통합형은 인도에서 채택하고 있다.
② 농업행정기관주도형은 한국에서 채택하고 있다.
③ 대학주도형은 미국에서 채택하고 있다.
④ 덴마크는 지방정부가 주관한다.

해설
덴마크는 농민단체(농민연합과 소농협회)가 농촌지도를 수행한다.

27
농촌지도체계의 유형에 관한 설명 중 옳지 않은 것은?

① 농민조합기구형은 농민의 필요에 의해 자연발생적으로 태동하였다.
② 학교외연교육형은 농업발전을 위한 사회교육적 기능이 강조된다.
③ 시대변화에 따른 여러 시스템적 문제들에 정부조직형은 잘 적응한다.
④ 민간주도형은 지도사업이 민영화된 경우이다.

해설
시대변화에 따른 여러 시스템적 문제들에 농업연구·지도체계가 농민조합기구형과 학교외연교육형은 잘 적응하지만, 정부조직형은 적응하지 못한다.

농촌지도체계의 유형
㉠ 농민조합기구형
  ⓐ 농업연구와 농촌지도가 농민 필요에 의해 자연 발생적으로 태동한 형태
  ⓑ 덴마크, 영국, 프랑스, 독일 등 서구의 농민조합이 전문지도원을 채용하여 새로운 농업기술에 대해 지도하는 형태
  ⓒ 대만과 일본의 농회의 지도기능도 이와 유사한 유형에 속함
㉡ 학교외연교육형
  ⓐ 학교교육 기능이 먼저 발전된 일부 선진국 유형
  ⓑ 미국, 스위스가 대표적
  ⓒ 농업연구를 하는 농과대학이 농촌지도를 농과대학의 외연기능으로 수행하는 형태
㉢ 민간주도형
  ⓐ 농촌지도 비용의 수혜자 부담 정책의 도입에 따라 지도사업이 민영화된 경우
  ⓑ 과거 국가주도·정부조직 형태가 아닌 민영화를 통해 시장지향적 컨설팅 및 수요자 중심의 농촌지도가 전개됨
  ⓒ 영국, 네덜란드, 뉴질랜드 등
㉣ 정부조직형
  ⓐ 2차대전 후 미국의 영향을 받아 도입한 것으로 정부의 국가적 식량문제 해결을 최우선 과제로 삼았으며, 최근 농촌개발에 초점을 두는 형태
  ⓑ 농림부 하부조직형과 외청 조직형, 정부 각 부처 분산조직형, 국가계선조직형, 지방정부조직형 등
    예 우리나라 농식품부 하부조직이 점차 지방정부조직형으로 전환
  ⓒ 한국, 일본, 태국 등

26.④ 27.③ **정답**

28

농촌지도체계의 유형에 대한 설명으로 옳지 않은 것은?

① 민간주도형은 민영화를 통해 시장지향적 컨설팅 및 수요자 중심의 농촌지도가 이루어진다.
② 농민조합기구형은 농민조합이 전문지도원을 채용하여 새 농업기술을 지도하는 형태이다.
③ 정부조직형에 속하는 국가에는 일본, 태국이 있다.
④ 우리나라는 지방정부조직형이던 것이 점차 농림축산식품부 하부조합형으로 전환되었다.

해설
우리나라는 농림축산식품부 하부조합형이던 것이 점차 지방정부조직형으로 전환되었다.

[17. 지도사 기출변형]

29

세계적으로 가장 보편적인 농촌지도 접근법이라 평가받는 것은?

① 전통적 농촌지도 접근법
② 정의적 사고를 통한 접근법
③ 협동·자조 접근법
④ 종합농촌개발 접근법

해설
전통적 농촌지도 접근법 : 일반농촌지도 접근, 정부주도의 일반적 지도, 여러 국가에서 채택하고, 가장 고전적인 농촌지도 시스템이다.

30

다음 중 농촌개발을 협의적 의미로 이해하는 농촌지도 접근방법은?

① 협동·자조 접근법
② 전통적 농촌지도 접근법
③ 종합농촌개발 접근법
④ 의식개발 접근법
⑤ 정의적 사고를 통한 접근법

해설

일반적 농촌지도 접근	종합농촌개발 접근	협동자조 접근
• 사회는 균형에 바탕 • 농업인에게 기술이나 교육을 전달하면 농업은 개선 가능함 • 농촌개발에 대한 협의적 이해	• 사회는 균형에 바탕 • 농촌개발은 농촌개발에 관여하는 모든 기능이나 기관의 상호협동에 의해서만 가능함	• 사회를 갈등적 측면에서 파악 • 농촌지도는 불이익을 받는 농촌이나 소농의 이익을 반영해줘야 함

정답 28.④ 29.① 30.②

31

농촌지도사업의 접근형태 중 전통적 농촌지도 접근법의 특징으로 보기 어려운 것은?

① 전문적인 직무훈련과 현직훈련은 농촌지도기관에서 자체적으로 실시한다.
② 농촌지도기관은 교육학, 커뮤니케이션 등의 복합적 이론에 근거를 두고 있다.
③ 농업, 경제, 국가가 하나의 단위체로 농촌지도에 참여한다.
④ 소수의 진보적 지도층 농민을 대상으로 설득자 또는 촉진자로서의 역할을 수행한다.

해설
전통적 농촌지도 접근은 전형적인 농림부 소관이며, 국가의 농업정책, 농업목표, 정책우선순위의 범주 안에서 독자적으로 업무를 수행한다. 지도기관은 전문적으로 훈련된 지도사를 근간으로 중앙-도-시군 단위가 단계적으로 상부기관의 감독과 지도를 받는 것이 일반적이다.

32

일반농촌지도 접근에 대한 설명으로 옳지 않은 것은?

① 전통적 농촌지도접근법이다.
② 정부주도의 일반적 지도 접근방법이다.
③ 지도대상은 농촌에 거주하는 모든 주민이다.
④ 중앙에서 농업인에게 쌍방적으로 정보를 전달하는 상향식으로 운영된다.

해설
일반농촌지도 접근법의 특징
㉠ 여러 국가에서 채택, 가장 고전적 농촌지도 시스템
㉡ 지도사업 전체 기획을 정부에서 통제함
㉢ 중앙에서 농업인에게 일방적으로 정보를 전달하는 하향식으로 운영
㉣ **지도대상**: 농촌 거주 모든 주민
㉤ 지도사업이 지방행정구역에 임용된 현장지도요원에 의해 수행됨

31.③ 32.④ 정답

33

일반농촌지도 접근에 관한 설명 중 옳지 않은 것은?

① 일반적으로 가장 고전적인 농촌지도 시스템으로 평가받고 있다.
② 중앙 행정기관이 주도하고 지역의 하부기관이 참여가 어렵기 때문에 농업관련 정책을 지역단위 농촌까지 전달하기 어렵다.
③ 농업인의 관심, 문제, 요구 등이 농촌지도채널을 통해 중앙에 잘 전달되지 않는다.
④ 단점으로 시스템 비용이 많이 들고, 비효율적이다.

해설
중앙 행정기관이 주도하고 지역의 하부기관이 참여하기 때문에 농업관련 정책을 지역단위 농촌까지 전달하기 용이하다.

일반농촌지도 접근법의 장단점
㉠ 장점
  ⓐ **농업정책을 지역단위 농촌까지 전달하기 용이함** : 중앙행정기관이 주도하고 지역의 하부기관이 참여하기 때문. 말단 행정구역까지 사무실이 설치되어 농촌지도요원이 배치되기 때문에 국가 전역을 상대로 정책을 펼칠 수 있으며, 이러한 점을 활용해 농촌지도 사업의 일관성 유지가 가능
  ⓑ **중앙정부의 통제 용이** : 중앙정부가 농업인에게 필요한 정보를 신속하게 전달
㉡ 단점
  ⓐ **쌍방적 정보흐름의 결여** : 농업인의 관심, 문제, 요구 등이 농촌지도 채널을 통해 중앙에 전달되지 않으며, 지역 특성을 반영한 지도사업을 실행하기 어려움
  ⓑ 그 결과 지도요원은 현장 상황에 적합하지 않은 중앙 실천사항을 받아들이도록 독려함
  ⓒ 지도요원은 농업 규모가 크고, 부유한 농업인을 대상으로 지도사업을 수행함
  ⓓ **비용이 많이 들고, 비효율적** : 지도요원의 수가 많고, 이들의 급여를 지급하기 때문에 많은 비용이 소요됨

34

 [19. 경북지도사 기출]

일반농촌지도 접근법에 대한 설명이 옳지 않은 것은?

① 사회를 균형론적 관점에서 바라본다.
② 교육을 제공하면 농업인의 삶이 개선될 것이라고 전제한다.
③ 비용이 많이 들고, 비효율적이다.
④ 농촌의 경제적 발전은 물론 사회적·문화적 발전을 기대한다.

해설
④는 농촌종합개발 접근법이다.
일반농촌지도 접근법은 영농기술의 보급·확산을 통해 생산성을 향상시켜 농가소득을 증진시키는 것을 목적으로 한다.

[18. 경북지도사 기출변형]

35

일반농촌지도 접근법에 대한 설명으로 옳지 않은 것은?

① 농업정책을 지역단위 농촌까지 전달하기 용이하다.
② 농촌지도사업의 일관성 유지가 가능하다.
③ 비용이 적게 들고, 효율적이다.
④ 쌍방적 정보흐름의 결여되어 있다.

해설
일반농촌지도 접근법은 비용이 많이 들고, 비효율적이다.

일반농촌지도 접근법

장점	㉠ **농업정책을 지역단위 농촌까지 전달하기 용이함** : 중앙행정기관이 주도하고 지역의 하부기관이 참여하기 때문. 말단 행정구역까지 사무실이 설치되어 농촌지도요원이 배치되기 때문에 국가 전역을 상대로 정책을 펼칠 수 있으며, 이러한 점을 활용해 농촌지도사업의 일관성 유지가 가능 ㉡ **중앙정부의 통제 용이** : 중앙정부가 농업인에게 필요한 정보를 신속하게 전달
단점	㉠ **쌍방적 정보흐름의 결여** : 농업인의 관심, 문제, 요구 등이 농촌지도 채널을 통해 중앙에 전달되지 않으며, 지역 특성을 반영한 지도사업을 실행하기 어려움 ㉡ 그 결과 지도요원은 현장 상황에 적합하지 않은 중앙 실천사항을 받아들이도록 독려함 ㉢ 지도요원은 농업 규모가 크고, 부유한 농업인을 대상으로 지도사업을 수행함 ㉣ **비용이 많이 들고, 비효율적** : 지도요원의 수가 많고, 이들의 급여를 지급하기 때문에 많은 비용이 소요됨

36

일반농촌지도 접근방법의 단점이 아닌 것은?

① 쌍방적인 정보흐름이 결여되어 있다.
② 각 지역의 특성을 반영한 지도사업을 실행하기 어렵다.
③ 일반적으로 농촌지도요원은 농업의 규모가 크고, 부유한 농업인을 대상으로 수행한다.
④ 농촌지도사업의 일관성을 유지하기 어렵다.

해설
농촌지도사업의 일관성을 유지할 수 있다.

37

농촌발전 접근법에 관하여 경제적 발전 중심의 사고에서 벗어난 접근법은?

① 전통적 농촌지도 접근법
② 종합농촌개발 접근법
③ 협동자조 접근법
④ 의식개발 접근법

해설
종합농촌개발 접근은 전통적 농촌지도 접근 같은 경제적 발전 중심의 사고에서 탈피하여 농촌개발은 농촌개발에 관여하는 모든 기능이나 기관의 상호협동에 의해서만 가능하다고 본다.

38

농촌종합개발 접근에 대한 설명으로 옳지 않은 것은?

① 사회를 균형론적 관점으로 파악한다.
② 농촌지도요원은 변화촉진자와 조정자의 역할을 한다.
③ 농촌개발목적에 따라 농업분야 뿐만 아니라 건강, 문화적 활동 등 매우 광범위한 내용을 다룬다.
④ 농촌사회 전반의 경제·사회·문화적 측면을 학습단체를 통해 교육한다.

해설
④ 협동자조접근
농촌종합개발 접근
㉠ 의미 : 사회를 균형적 관점에서 파악하며, 여러 가지 이념과 교육방법을 상호절충하여, 농촌개발에 필요한 여러 가지 기본요소들을 단일 '농촌개발경영체제' 아래 통합하고, 농민들로 하여금 개발과정에 널리 참여하고 협동하도록 조장하는 접근법임
㉡ 지도대상 : 농촌 거주 모든 남녀노소. 지역실정에 따라 농업 분야뿐만 아니라 건강, 사회복지, 문화적 활동 등 다양하고 광범위한 내용을 다룸
㉢ 특징
  ⓐ 정부의 어느 한 부처 소관으로 이루어지기보다 특정 지역단위로 하나의 종합적 개발센터를 설립해 전개함
  ⓑ 지도요원은 변화촉진자뿐만 아니라 조정자로서 기능을 더 수행함

정답 37.② 38.④

39

보기에서 설명하는 농촌지도 접근방법은?

> 사회를 균형적 관점에서 파악하고 있으며, 농촌의 개발은 농촌개발에 관여하는 모든 기능이나 기관의 상호협동에 의해서만 일어날 수 있다.

① 협동자조 접근
② 교육기관 접근
③ 농촌종합개발 접근
④ 일반농촌지도 접근

해설
농촌종합개발 접근은 농촌개발은 농촌개발에 관여하는 모든 기능이나 기관의 상호협동에 의해서만 일어난다고 가정하며, 교육·기술이 단독으로 농민에게 소개되어서는 아무 효과가 없다고 본다.

[20. 서울지도사 기출]

40

협동자조 농촌지도 접근법에 대한 설명으로 가장 옳은 것은?

① 교육과 정보를 하향식으로 전달하며, 농가소득 증진을 최우선으로 한다.
② 교육 및 기술이 단독으로 전파되어서는 아무런 효과가 없다고 강조한다.
③ 경제적인 측면의 양적 발전보다는 인간적인 측면의 질적 발전을 더 강조한다.
④ 수혜자가 비용의 일부분을 담당해야 그 지도의 효과가 크다고 강조한다.

해설
① 일반농촌지도 접근　② 농촌종합개발 접근　④ 비용분담 접근

[20. 강원지도사 기출변형]

41

다음 보기의 접근법은 무엇인가?

> • 농촌사회 전반의 경제·사회·문화적 측면을 학습단체나 방송망 활용을 통해 교육
> • 농촌지도는 불이익을 받는 농촌이나 소농의 이익을 반영해 줘야 함
> • 사회를 갈등적 측면에서 파악

① 협동자조 접근법
② 농촌종합개발 접근법
③ 일반농촌지도 접근법
④ 훈련방문지도 접근법

39.③　40.③　41.①　**정답**

42

다음이 제시하는 농촌지도 접근법은?

> 교육적인 수단에 의하여 전통적인 농촌의식을 개발하여 사회의 빈곤층인 농민들에게 생의 의욕과 자신감을 고취시키고 자유스러운 삶을 추구하도록 능력을 함양시키는데 강조를 둔다.

① 종합농촌개발 접근 ② 전통적 농업 접근
③ 협동자조적 접근 ④ 대중농업적 접근

43

[18. 강원지도사 기출변형]

협동자조 접근법에 대한 설명이 옳은 것은?

① 사회를 갈등 측면에서 파악하고, 인간의 질적 발전을 강조한다.
② 다양한 내용을 다양한 방법으로 교육한다.
③ 정책을 농촌에 전달하기 용이하다.
④ 농촌개발은 농촌개발에 관여하는 모든 기능이나 기관의 상호협동에 의해서만 가능하다.

해설
② 종합적 접근법
③ 전통적 접근법
④ 종합적 접근법

구분	협동자조 접근
배경	• 사회를 갈등적 측면에서 파악 • 농촌지도는 불이익을 받는 농촌이나 소농의 이익을 반영해 줘야 함
목적	• 교육적 수단을 통해 전통적 농촌의식을 개발하여 사회 빈곤층인 농민에게 생의 의욕·자신감을 고취시킴
교육 방법	• 농촌사회 전반의 경제·사회·문화적 측면을 학습단체나 방송망 활용을 통해 교육(상향식)
지도자역할	• 상호협조자적·상담자적 교육자
장점	• 새로운 시각 제시
단점	• 자체적 노력에 너무 크게 의존

정답 42.③ 43.①

44

협동자조 접근방법에 대한 설명으로 옳지 않은 것은?

① 사회를 갈등측면에서 파악하고 있다.
② 인간적인 측면의 질적 발전보다 경제적인 양적 발전을 더 강조하고 있다.
③ 지도대상은 원칙적으로는 모든 농촌주민을 대상으로 하나 그들 중 빈곤한 소농이나 소외당하는 여성 또는 청소년들에 대한 지도를 더 강조한다.
④ 교육활동은 주민참여에 의한 상향식 계획수립에 따른다.

해설
경제적인 양적 발전보다 인간적인 측면의 질적 발전을 더 강조하고 있다.
협동자조 접근방법
㉠ **사회를 갈등 측면에서 파악** : 농촌이 개발되기 위해 농촌지도는 갈등 상태에서 불이익을 당하는 농촌이나 소농을 위해 전개되어야 한다고 주장
㉡ 패배주의에 젖어 있는 농민을 각성시켜 자신들이 조직체를 결성하고, 상호 협동하여 스스로 권익을 옹호하면서 농촌개발을 성취하여야 한다고 주장
㉢ 경제적인 양적 발전보다 인간적 측면의 질적 발전을 더 강조함
㉣ **지도대상** : 원칙은 모든 농촌주민이지만, 그들 중 비편익 계층인 소농·소외당하는 여성·청소년들에 대한 지도를 더 강조함

45

다음에서 제시하는 농촌지도 접근방법은?

> 패배주의에 젖어 있는 농민을 각성시켜 자신들이 조직체를 결성하고, 상호 협동하여 스스로 권익을 옹호하면서 농촌개발을 성취하여야 한다고 주장하는 접근법

① 일반농촌지도 접근
② 협동자조 접근
③ 농촌종합개발 접근
④ 교육기관 접근

46

협동자조적 접근법에 대한 설명으로 옳은 것은?

① 농촌지도는 불이익을 받는 농촌이나 소농의 이익을 반영해 줘야 한다.
② 농업인에게 기술이나 교육을 전달하면 농업은 개선 가능하다.
③ 주로 전시를 통해 생산기술을 교육한다.
④ 농업개발에 필요한 지식·교육뿐 아니라 운송, 신용, 영농자재 구입, 영농구조개선 등을 균형있게 조달할 수 있는 제도를 설립한다.

해설
②, ③은 일반적 농촌지도 접근법, ④는 종합농촌개발 접근법이다.

구분	일반적 농촌지도 접근	종합농촌개발 접근	협동자조 접근
배경	• 사회는 균형에 바탕 • 농업인에게 기술이나 교육을 전달하면 농업은 개선 가능함	• 사회는 균형에 바탕 • 농촌개발은 농촌개발에 관여하는 모든 기능이나 기관의 상호협동에 의해서만 가능함	• 사회를 갈등적 측면에서 파악 • 농촌지도는 불이익을 받는 농촌이나 소농의 이익을 반영해줘야 함
목적	• 생산성 향상을 통한 농가소득 증진	• 농업개발에 필요한 지식·교육뿐 아니라 운송, 신용, 영농자재 구입, 영농구조개선 등을 균형있게 조달할 수 있는 제도·하부구조 설립	• 교육적 수단을 통해 전통적 농촌의식을 개발하여 사회 빈곤층인 농민에게 생의 의욕·자신감을 고취시킴
교육 방법	• 주로 전시를 통해 생산기술을 교육	• 농업을 포함한 다양한 내용을 다양한 방법으로 교육	• 농촌사회 전반의 경제·사회·문화적 측면을 학습단체나 방송망 활용을 통해 교육
지도자 역할	• 교육자적 변화촉진자/설득자/독려자	• 변화촉진자/조정자	• 상호조작자적·상담자적 교육자

[17. 지도사 기출변형]

47

전통적 농촌지도 접근법에 대한 설명으로 옳지 않은 것은?

① 협동자조 접근법을 사회균형적인 방법으로 접근했다.
② 농촌종합개발 접근법은 농촌의 경제적 발전은 물론 적극적으로 사회·문화적 발전을 기대한다.
③ 종합농촌개발 접근법의 단점은 방법론적 문제 제시가 부족하다.
④ 일반농촌지도 접근법은 행정구역 말단까지 사무실이 설치되어 농촌지도 요원이 배치되기 때문에 국가 전역을 상대로 정책을 펼칠 수 있다.

해설
협동자조 접근법은 사회를 갈등적 측면으로 접근했다.

[21. 경북지도사 기출변형]

정답 46.① 47.①

48

전통적 농촌지도 접근방법의 비교로 옳지 않은 것은?

① 일반적 농촌지도 접근은 정책을 농촌에 전달하기 용이하다.
② 종합농촌개발 접근은 쌍방적인 정보흐름이 결여되어 있다.
③ 협동자조 접근은 교육적 수단을 통해 전통적인 농촌의식을 개발하여 농민에게 자신감을 고취시킨다.
④ 종합농촌개발 접근에서 지도자는 변화촉진자 내지 조정자 역할을 수행한다.

해설
일반적 농촌지도 접근은 쌍방적인 정보흐름이 결여되어 있다.

구분	일반적 농촌지도 접근	종합농촌개발 접근	협동자조 접근
배경	• 사회는 균형에 바탕 • 농업인에게 기술이나 교육을 전달하면 농업은 개선 가능함	• 사회는 균형에 바탕 • 농촌개발은 농촌개발에 관여하는 모든 기능이나 기관의 상호협동에 의해서만 가능함	• 사회를 갈등적 측면에서 파악 • 농촌지도는 불이익을 받는 농촌이나 소농의 이익을 반영해줘야 함
목적	• 생산성 향상을 통한 농가소득 증진	• 농업개발에 필요한 지식·교육뿐 아니라 운송, 신용, 영농자재 구입, 영농구조개선 등을 균형 있게 조달할 수 있는 제도·하부구조 설립	• 교육적 수단을 통해 전통적 농촌의식을 개발하여 사회 빈곤층인 농민에게 생의 의욕·자신감을 고취시킴
교육 방법	• 주로 전시를 통해 생산기술을 교육	• 농업을 포함한 다양한 내용을 다양한 방법으로 교육	• 농촌사회 전반의 경제·사회·문화적 측면을 학습단체나 방송망 활용을 통해 교육
지도자 역할	• 교육자적 변화촉진자/설득자/독려자	• 변화촉진자/조정자	• 상호협조자적·상담자적 교육자
장점	• 농촌지도를 교육적 사업으로 확립 • 정책을 농촌에 전달하기 용이	• 농촌개발을 광의적으로 이해 • 경제적 발전 중심의 사고에서 탈피	• 새로운 시각 제시
단점	• 농촌개발에 대한 협의적 이해 • 쌍방적 정보흐름의 결여	• 방법론적 문제 제시 부족	• 자체적 노력에 너무 크게 의존

48.② 정답

49

다음 중 농촌지도접근방법에 대한 설명으로 옳지 않은 것은?

① 일반적 농촌지도 접근은 주로 생산기술을 연시나 전시를 통해 교육한다.
② 종합농촌개발 접근에서는 사회를 균형론적으로 바라본다.
③ 협동자조 접근은 새로운 시각을 제시한다는 장점이 있다.
④ 일반적 농촌지도 접근은 상향식으로, 협동자조 접근은 하향식으로 운영한다.

해설▶
일반적 농촌지도 접근은 하향식으로, 협동자조 접근은 상향식으로 운영한다.

50

전통적 농촌지도 접근방법을 설명한 내용으로 옳지 않은 것은?

① 농촌종합개발 접근은 농업을 포함한 다양한 내용을 다양한 방법으로 교육한다.
② 협동자조 접근은 사회를 갈등 측면에서 파악하고 있다.
③ 농촌종합개발 접근에 의한 농촌지도는 경제적 발전 중심의 사고에 바탕을 두고 있다.
④ 일반농촌지도 접근은 주로 전시를 통해 생산기술을 교육한다.

해설▶
농촌종합개발 접근에 의한 농촌지도는 경제적 발전 중심의 사고에서 탈피하여, 농촌의 경제적 발전은 물론 적극적으로 사회·문화적 발전을 기대한다.

51

교육기관 접근에 관한 설명으로 옳지 않은 것은?

① 대학이 농촌지도사업의 주된 책임기관이 된다.
② 연방정부는 별도의 행정체계와 비용을 들이지 않고 전문가를 확보할 수 있다.
③ 지도사업 목표가 실습교육 → 기술전이 → 인적자원개발이라는 넓은 개념이다.
④ 농촌지도가 지나치게 학술적으로 흘러서 농민 입장에서 실용적이지 못할 수도 있다.

정답 49.④ 50.③ 51.①

해설
대학이 농촌지도사업의 주된 책임기관은 아니지만, 부수적 활동을 통해 지도사업의 주된 역할을 수행하는 형태이다.
교육기관 접근(educational institution approach)
㉠ 의미
　ⓐ 대학중심 지도체계(University based extension) : 교육기관 중심으로 농촌지도를 실시하는 접근, 농업학교와 대학이 가진 기술을 농업인이 배울 수 있도록 함
　ⓑ 미국 주립대학 기반의 농촌지도 : 미국 농촌지도는 USDA와 각 주정부, 주립대학 및 군(County)의 센터 간의 협력으로 이루어짐. 지도사업 목표가 실습교육 → 기술전이 → 인적자원개발이라는 넓은 개념으로 전환
　ⓒ 대학이 농촌지도사업의 주된 책임기관은 아니지만, 부수적 활동을 통해 지도사업의 주된 역할을 수행하는 형태
㉡ 장점
　ⓐ 연방정부는 별도의 행정체계와 비용을 들이지 않고 전문가를 확보할 수 있고, 학교는 연구와 관련된 현장을 경험할 수 있음
　ⓑ 전문적 학자와 현장 지도요원이 접촉할 수 있고, 전문가 확보 비용을 줄일 수 있으며, 학교는 시험장으로서 현장을 확보할 수 있음
㉢ 단점
　ⓐ 대학 교수가 농촌지도를 담당할 경우 농촌지도가 지나치게 학술적으로 흘러서 농민 입장에서 실용적이지 못할 수도 있음
　ⓑ 농촌지도사업에 대한 농업행정 부서와 교육기관 간의 경쟁적인 분위기를 조성할 수 있음

52

훈련방문지도 접근방법에 대한 특징으로 옳지 않은 것은?

① 지도요원이 전문성을 지니고 있다.
② 사업자체의 관리나 통제는 지도사업 담당기관에서 일관성 있게 관리되어야 한다.
③ 선형구조가 아니라 지식망형 구조를 보이고 있다.
④ 시의성 있게 농촌지도가 이루어진다.

해설
영농체계연구지도 접근법은 선형구조가 아니라 지식망형 구조를 보이고 있다.
T&V 특징
㉠ **지도요원의 전문성** : 농촌지도서비스의 목적이 농가소득 제고에 있고, 사업수행자의 전문성에 따라 사업의 성패가 좌우된다고 보기 때문에, 개별농가의 상황에 따라 지도사는 관련분야 지식을 끊임없이 습득·연구·전문기술 숙지하는 훈련을 받아야 함
㉡ **단일지휘체계의 농촌지도** : 지도사업은 기술/행정이라는 양면에서 일원적 지휘 계통을 유지해야 하므로, 지도사업 유관기관(학교, 연구기관, 농민단체, 지방행정관서 등)과 지속적 협력을 유지하면서 사업 자체의 관리·통제는 지도사업 담당기관에서 일관성 있게 관리해야 함
㉢ **집중성** : 지도요원은 오직 지도사업에만 전념하며, 각각 영역·지위에 맞는 분리된 고유 지도업무만 담당해야만 농가 생산·소득을 제고할 수 있음

52.③ 정답

ⓔ **시의성(時宜性)** : 지도요원의 농가 방문·지도, 지도요원의 교육훈련 등이 시의 적절히 이루어져야 효율적 자원사용과 지도가 이루어짐
ⓜ **현장 위주의 농촌지도** : 모든 연구·지도요원이 정기적으로 현장 농민과 접촉해야 함. 방문일정은 농민에게 사전에 통지하고, 지도요원은 농민 의견을 충분히 청취해야 함
ⓗ **지도요원의 지속적 훈련** : 규칙적·지속적 훈련으로 지도요원의 기술·지식을 최신화하고, 농가의 특정과제에 대한 해결책을 토론·제시할 수 있어야 함
ⓢ **연구와의 연계** : 지도사·연구사는 정기적 워크숍과 합동현장방문을 통해 현장 환경과 과제를 인식해야 함 → 연구요원은 현장 과제의 적절한 해결책을 개발하고, 이를 지도요원이 농가에 제시함

53

농촌지도 접근방법 중 훈련·방문지도 접근법에 대한 설명으로 옳지 않은 것은?

① 사업수행자는 전문성을 지녀야 하며, 이 전문성에 따라 사업의 성패가 좌우된다.
② 지도요원들은 지도사업뿐 아니라 행정업무도 수행할 수 있어야 농가의 생산 및 소득을 제고할 수 있다.
③ 농촌지도는 정기적이고 시기적절해야 자원의 효율적인 사용과 지도가 이루어질 수 있다.
④ 지도사와 연구사들은 현장인식 능력을 향상시키기 위해 워크숍 및 합동 현장방문을 할 필요가 있다.

해설
지도요원은 오직 지도사업에만 전념하며, 각각 영역·지위에 맞는 분리된 고유 지도업무만 담당해야만 농가 생산·소득을 제고할 수 있다.

54

다음 농촌지도 접근 방법은?

> 과제별 전문지도사(subject matter specialist)는 지도사업의 각 단계에 배치되어 일반지도사·주재지도사의 고정된 훈련프로그램을 담당하고, 주재지도사는 고정된 방문프로그램에 의해 담당 농가를 지도한다.

① 교육기관 접근
② 훈련·방문지도 접근
③ 영농체계연구 지도접근
④ 농민우선주의 지도접근

정답 53.② 54.②

55

T&V의 장단점에 대한 설명으로 옳지 않은 것은?

① 지도기관이 권위적으로 운영될 가능성이 있다.
② 지도사업의 초점이 교육에 맞추어져 일선 농촌지도사는 교육과 정보전달 기능만 수행한다.
③ 빈번한 지역 농가 방문으로 훈련과 지도가 효율적으로 연계된다.
④ 많은 수의 인적자원이 요구되지 않는다.
⑤ 농가의 문제점이 신속하게 지도 및 연구기관에 피드백된다.

해설
지나치게 많은 수의 인적자원이 요구된다.

훈련방문지도
㉠ T&V 장점
  ⓐ 지도사의 기술·경영 훈련과 빈번한 지역농가 방문으로 훈련·지도가 효율적으로 연계됨
  ⓑ 지도기관과 일선 지도요원의 직접 연결로 조직구성이 일원화되어, 기술지원과 조정이 용이하고 사업 중복성을 피해 효율성이 높아짐
  ⓒ 지도사업의 초점이 교육에 맞추어져 일선 지도사는 교육·정보전달 기능만 수행함
  ⓓ 과제별 전문지도사를 통해 연구기관↔지도기관↔농가 간 기술정보전달을 유지하고 농가 문제점이 신속하게 지도·연구기관에 피드백될 수 있음
  ⓔ 지도사가 담당할 지도영역에 대한 책임 한계를 분명히 하여 지도사와 지도사업에 대한 지역사회의 신뢰가 제고됨
㉡ T&V 단점
  ⓐ 하향식 구성으로 사업기획단계에 개별농가의 참여가 배제됨
  ⓑ 사업의 계획 및 진행에 시간적 유연성이 없음
  ⓒ 지나치게 많은 수의 인적자원이 요구됨
  ⓓ 대중전달매체의 효과적 이용을 배제함
  ⓔ 지도기관이 권위적으로 운영될 가능성이 있음
  ⓕ 정보전달 과정에서 왜곡되거나 부적절한 정보가 수집될 수 있고 정보전달 속도가 느릴 때 문제가 야기됨

[17. 지도사 기출변형]

56

T&V의 단점 중 옳지 않은 것은?

① 하향식 구성으로 사업의 기획 단계에 개별농가의 참여가 배제되어 있다.
② 사업의 계획 및 진행이 시간적인 면에서 유연성이 없다.
③ 대중매체의 효과적인 이용을 배제한다.
④ 조직구성이 이원화되어 사업의 중복성이 나타난다.

해설
지도기관과 일선 지도요원의 직접 연결로 조직구성이 일원화되어, 기술지원과 조정이 용이하고 사업 중복성을 피해 효율성이 높아진다.

55. ④ 56. ④ **정답**

57

다음과 같은 유형의 농촌지도는?

> **장점** : 훈련과 지도의 효율적 연계, 조직의 구성이 간편하고 일원화, 지도사업의 초점이 교육에 맞추어짐. 지도사가 담당할 지도범위와 영역에 대한 책임의 한계 명확
> **단점** : 하향식, 사업계획단계에서 농가 배제

① 영농체계연구지도 ② 훈련방문지도
③ 농민우선 지도   ④ 전통적 농촌지도

[17. 지도사 기출변형]

58

지식망형 구조를 보이고 있으며 지도사업구성원 간의 상호작용이 쉽고 사업의 조정이 비교적 쉬운 농촌지도의 접근방법은?

① 농민우선주의 접근   ② 농촌종합개발 접근
③ 영농체계연구지도 접근 ④ 협동자조 접근

해설
전통 연구지도체계가 연구 – 지도 – 농민의 선형구조를 보이지만, FSR&E는 지식망(network) 구조를 보이고, 지도사업의 주체와 객체가 같은 영역에서 구성원 간 상호작용이 쉽고, 사업목적이 일치되어 사업 조정이 용이하다.

[17. 지도사 기출변형]

59

영농체계연구지도 접근법에 대한 설명으로 옳지 않은 것은?

① 대농 위주로 사업이 시작되어 연구하고 평가받는다.
② 전통 연구지도체계가 연구 – 지도 – 농민의 선형구조를 보이지만, FSR&E는 지식망(network) 구조를 보인다.
③ 지도사업의 주체와 객체가 같은 영역에서 구성원 간 상호작용이 쉽다.
④ 한 농가의 여러 영농과제보다는 개별농가 전체 조건과 목표·특성·자원·생산활동·경영활동을 종합적 체제로 본다.

해설
영농체계 연구지도 접근(Farming Systems Research and Extension) : 한 농가의 여러 영농과제보다는 개별농가 전체의 물리적·생물적·사회경제적 조건과 목표·특성·자원·생산활동·경영활동을 종합적 체제로 보고, 연구·지도함으로써 정책개선·생산지원·농가복리증진·생산성을 제고하는 사업체계이다. 소규모 농가(소농) 위주로 사업이 시작되어 연구하고 평가받음. 학문적 연구보다 직접적 문제해결에 초점을 맞추어, 한 농가의 총체적 문제들을 파악하고 그 결과의 수용가능성을 평가함

정답 57.② 58.③ 59.①

60

영농체계연구지도 접근에 대한 설명으로 옳은 것은?

① 한 농가에서 발생하는 여러 영농과제 개개의 연구와 지도에 치중한다.
② 연구-지도-농민의 선형구조를 보인다.
③ 농가의 현장연구를 통해 농가위주의 기술개발과 수용을 가속한다.
④ 사회과학의 가치판단은 배제하고 자연과학의 실증적 지식이 필요하다.

해설
① 한 농가에서 발생하는 여러 영농과제보다는 개별농가 전체의 물리적·생물적·사회경제적 조건과 목표·특성·자원·생산활동·경영활동을 종합적 체제로 본다.
② 연구-지도-농민의 지식망 구조를 보인다.
④ 자연과학의 실증적 지식과 사회과학의 가치판단까지 포함하는 종합적 지식이 필요하다.

[24. 강원지도사]

61

영농체계지도에 대한 설명이 옳지 않은 것은?

① 연구·지도 대상 간의 목적이 일치하며, 사업의 효율성을 증진시킨다.
② 영농체계의 목표나 환경변화가 잦은 경우 사업 자체가 재구성되어 지속성이 낮고 비경제적이다.
③ 소규모 농가(소농) 위주로 사업이 시작되어 연구하고 평가받는다.
④ 연구, 지도, 수용까지 당면문제해결에 시의적절하게 대응할 수 있다.

해설
영농체계지도 접근법은 연구, 지도, 수용까지 시간이 오래 걸려 당면문제해결에 시의 적절하게 대응하지 못하는 단점이 있다.

[18. 경남지도사 기출변형]

62

영농체계연구지도 접근법의 수행단계로 바르게 나열된 것은?

① 대상농가 및 지역선정 → 과제파악 및 기초자료 분석 → 현장 연구계획 → 연구분석
② 과제파악 및 기초자료 분석 → 대상농가 및 지역선정 → 현장 연구계획 → 연구분석
③ 과제파악 및 기초자료 분석 → 대상농가 및 지역선정 → 연구분석 → 현장 연구계획
④ 대상농가 및 지역선정 → 과제파악 및 기초자료 분석 → 연구분석 → 현장 연구계획

해설
영농체계연구지도 접근법 수행단계: 대상농가 및 지역 선정 → 과제파악 및 기초자료 분석 → 현장 연구계획 → 현장 연구 및 분석 → 시험 및 평가 → 결과 보급 및 지도

60.③ 61.④ 62.① **정답**

63

영농체계연구지도 접근의 특징으로 옳지 않은 것은?

① 연구-지도 대상 간의 목적이 일치하며, 사업의 효율성을 증진시킬 수 있다.
② 연구-지도-농민의 선형구조를 보인다.
③ 영농체계의 목표나 환경변화가 잦은 경우 사업 자체가 재구성되어 지속성이 낮고 비경제적이다.
④ 농가의 현장(on farm)연구를 통하여 농가 중심의 기술을 개발한다.

해설
전통 연구지도체계가 연구-지도-농민의 선형구조를 보이지만, FSR&E는 지식망(network) 구조를 보이고, 지도사업의 주체와 객체가 같은 영역에서 구성원 간 상호작용이 쉽고, 사업 목적이 일치되어 사업 조정이 용이하다.

[20. 강원지도사 기출변형]

64

영농체계연구지도 접근의 장·단점으로 옳지 않은 것은?

① 농민과 연구, 지도와의 상호연계를 증진시켜 직접적인 과제해결에 도움을 준다.
② 학문적 연구보다 직접적 문제해결에 초점을 맞춘다.
③ 연구사나 지도사가 과다한 업무로 사업을 수행하는 어려움이 따른다.
④ 영농체계의 목표나 환경변화가 잦은 경우 사업이 재구성되어 경제적이다.

해설
영농체계의 목표나 환경변화가 잦은 경우 사업 자체가 재구성되어 지속성이 낮고 비경제적이다.
㉠ 장점
  ⓐ 농가의 현장(on farm)연구를 통하여 농가 중심의 기술개발과 수용
  ⓑ 농민과 연구·지도와의 상호연계를 증진시켜 직접적인 과제해결
  ⓒ 연구·지도 대상 간의 목적이 일치하며, 사업의 효율성을 증진시킴
  ⓓ 특정영농체계에 대한 전체적 접근을 통하여 전문성을 확보함
㉡ 단점
  ⓐ 다학문적 접근을 추구하고 있어 FSR&E팀의 목표와 전략 결정과정에서 학문 분야 간 다양한 견해가 나타날 수 있어 조정에 많은 시간·노력이 필요함
  ⓑ 정부나 유관기관의 사업에 대한 이해가 다르지 않을 경우 연구사나 지도사가 과다한 업무로 사업을 수행하는 어려움
  ⓒ 특정작목이나 영농체계에 대한 전문적 팀 접근으로 영농체계의 목표나 환경변화가 잦은 경우 사업 자체가 재구성되어 지속성이 낮고 비경제적임
  ⓓ 연구, 지도, 수용까지 시간이 오래 걸려 당면문제해결에 시의 적절하게 대응하지 못함

정답 63.② 64.④

65

영농체계연구지도 접근에 대한 설명으로 옳지 않은 것은?

① 다학문적 접근을 추구하고 있다.
② 연구, 지도 대상 간의 목적이 일치하며 사업의 효율성을 증진시킬 수 있다.
③ 특정영농체계에 대한 전체적인 접근을 통하여 전문성을 확보할 수 있다.
④ 연구와 지도 및 수용에 시간이 적게 걸려 문제해결에 시의 적절하게 대응할 수 있다.

해설
연구, 지도, 수용까지 시간이 오래 걸려 당면문제해결에 시의 적절하게 대응하지 못한다.

[23. 서울지도사]

66

영농체계 연구 지도접근(Farming Systems Research and Extension)에 대한 설명으로 가장 옳지 않은 것은?

① 사업의 계획 단계에서 개별 농가의 참여가 배제되어 있다.
② 공공기관의 프로그램인 것에 비추어 그 결과는 반드시 농가뿐만 아니라 사회에 대한 수용성도 고려하여 설계된다.
③ 학문적인 연구보다는 직접 농가에서 부딪히는 문제를 파악하여 농가의 주어진 조건하에서 해결책을 모색한다.
④ 연구와 지도 및 수용의 시간이 길어 당면한 문제해결에 시의적절하게 대응할 수 없다.

해설
T&V(훈련방문지도접근)는 하향식 구성으로 사업의 계획 단계에서 개별 농가의 참여가 배제되어 있다.

67

농촌지도접근법 중에서 농민이 새로운 기술을 배우고 농장에 적용하는 능력을 배양하는데 그 목적이 있는 것은?

① 프로젝트 접근법
② 영농체계연구지도 접근
③ 농민우선주의 지도접근
④ 농민학교

65.④ 66.① 67.③ 정답

68

농민우선주의 지도접근에 대한 설명으로 옳지 않은 것은?

① 모든 사업수행의 과정에는 농가가 주체가 되어야 한다.
② 지도내용은 명령이나 실행사항이기보다는 원칙이나 방법 등이다.
③ 농민이 새로운 기술을 배우고 농장에 적용하는 능력을 배양하는 목적이 있다.
④ 외부의 조력이 부족한 경우에는 지속되지 못하는 단점이 있다.
⑤ 전달방법도 독려가 아니라 농민의 선택에 의해 이루어진다.

해설
전통적 사업에 비해 기술개발의 전 과정이 농민 주도로 이루어져서 외부 조력이 부족해도 지속성이 높다.
농민우선주의
㉠ 장점
  ⓐ 농업 형태가 복잡·위험한 후진농가에 적응하기 용이함
  ⓑ 사업 전 과정이 현장에서 이루어져 현장에서 필요한 기술이 개발되고, 그 기술의 현장 적응력이 높음
  ⓒ 기술개발의 전 과정이 농민 주도로 이루어져서 전통적 사업에 비해 외부 조력이 부족해도 지속성이 높음
㉡ 단점
  ⓐ 사업수행이 전적으로 농민에 의해 이루어지기 때문에 농민의 사업수행능력이 낮으면 사업의 효율성이 낮음
  ⓑ 전통 연구기관의 역할에 비추어 제도적 변화가 선행되어야 함
  ⓒ 사업수행에 시간과 노력이 많이 필요함

69

[18. 경북지도사 기출변형]

농민우선주의와 전통적 기술전달형 비교에 대한 설명으로 옳지 않은 것은?

① 전통적 기술전달형의 주목적은 기술취득능력 개발이다.
② 농민우선형의 지도 내용은 원칙과 방법을 강조한다.
③ 전통적 기술전달형의 지도방법은 독려를, 농민우선형은 선택을 중시한다.
④ 농민우선형의 기술개발의 거점은 연구실·시험장이라기보다 농가의 현장이 된다.

해설
전통적 기술전달형의 주목적은 기술 전달이다.
전통적 기술전달형 vs 농민우선주의 접근

구분	기술전달형	농민우선형
주목적	기술전달	기술취득능력개발
과제분석	연구, 지도, 행정	농민
R&D 거점	연구실, 시험장	현장
지도 내용	실행사항	원칙, 방법
지도 방법	독려	선택

정답 68.④ 69.①

[18. 경남지도사 기출변형]

70

농민우선주의에 관한 설명으로 옳지 않은 것은?

① 농민우선형은 기술보급을 목적으로 한다.
② 농민우선형의 개발은 현장에서 한다.
③ 기술전달형의 지도내용은 실행사항이다.
④ 기술전달형의 지도방법은 독려이다.

해설▶
농민우선형은 기술취득능력개발을 주목적으로 한다.

[20. 경북지도사 기출]

71

전통적 기술전달형과 농민우선주의 사업의 성격에 관한 설명으로 옳지 않은 것은?

① 지도방법으로는 기술전달형은 독려이고, 농민우선주의는 선택이다.
② 기술전달형의 지도내용은 실행사항이고, 농민우선주의는 방법이다.
③ R&D 거점으로 기술전달형은 실험실이고, 농민우선주의는 시험장이다.
④ 전통적 기술전달형의 주목적은 기술전달이고, 농민우선형은 기술취득능력이다.

해설▶
R&D 거점으로 기술전달형은 연구실·시험장이고, 농민우선주의는 현장이다.

72

농민학교에 관한 설명으로 옳지 않은 것은?

① 형식적 성인교육에 기반한 집단자문 과정이다.
② 현장 관찰, 장기간 연구조사와 다양한 활동에 관심을 갖고 있다.
③ 지역영농체계의 기술적 전문성을 갖도록 농민을 임파워먼트 하는 것이 목표이다.
④ 더 나은 의사결정을 도와주는 교육훈련프로그램으로 참여기법을 활용한다.

해설▶
농민학교
㉠ 농민학교는 비형식적 성인교육(nonformal adult education, 가장 큰 특징)에 기반한 집단자문 과정으로서 현장 관찰, 장기간 연구조사와 다양한 활동에 관심 가짐
㉡ 농민학교는 지역 영농체계의 주요 특성에 관한 기술적 전문성을 갖도록 농민을 임파워먼트하는 것을 목표로 삼음

70.① 71.③ 72.① 정답

ⓒ 농민학교는 농촌지도사업의 패러다임 전환으로 일컫는데, 농민이 분석적 능력·비판적 사고능력·창조성을 개발하고, 더 나은 의사결정을 하도록 학습하는 데 도움을 주는 교육훈련프로그램으로 참여기법을 활용함

73

다음 보기에서 설명하는 지도접근방법은?

> ㉠ 수출작물(커피, 설탕, 담배, 목화, 고무 등), 가축, 우유, 수리·개선 등에 주로 적용됨
> ㉡ 품목조직의 농촌지도요원이 고도로 전문화된 지도사업을 실행하기도 함
> ㉢ 지도는 주로 말(언어)이나 개별농장 방문을 통해서 이루어짐

① 영농체계연구 지도접근
② 농민우선주의 지도접근
③ 전문상품중심 접근
④ 프로젝트 접근방법

해설

전문상품중심 접근
㉠ 특정상품의 생산성을 증대하기 위해서는 집중적 노력이 필요함
㉡ 연구, 투입물, 산출, 마케팅, 신용 등의 기능을 복합적으로 지도하는 것이 효과적이라고 봄
㉢ 해당상품 생산농가의 조합에 의해 농촌지도가 이루어지며, 조합원을 교육시키는 것이 주요 활동임
㉣ 수출작물(커피, 설탕, 담배, 목화, 고무 등), 가축, 우유, 수리·개선 등에 주로 적용됨

 [21. 경북지도사 기출변형]

74

전문상품중심 접근법에 대한 설명으로 옳지 않은 것은?

① 특정상품의 생산성을 증대하기 위해서는 집중적 노력이 필요하다.
② 품목조직의 농촌지도요원이 고도로 전문화된 지도사업을 실행한다.
③ 농업형태가 복잡하고 위험한 후진농가에 적응하기 용이하다.
④ 해당상품 생산농가의 조합에 의해 농촌지도가 이루어지며, 조합원을 교육시킨다.

해설
농민우선주의 접근법은 농업형태가 복잡하고 위험한 후진농가에 적응하기 용이하다.

정답 73.③ 74.③

75

프로젝트접근방법의 설명으로 옳지 않은 것은?

① 효과적인 사업은 외부의 재정이 없더라도 지속가능하다는 가정이다.
② 신규로 적용하고 싶은 방법과 기술을 시험할 수 있다
③ 성공의 측정은 사업기간동안 일어나는 단기간의 변화를 대상으로 한다.
④ 프로그램의 기획은 농민과 기증 기관이 함께 계획한다.

해설
외부 자금이 제공되기 때문에 기증 기관이 프로그램을 기획한다.
프로젝트접근방법
㉠ 상대적으로 짧은 기간 성취 가능한 것을 프로젝트로 수행하는 방법
㉡ 외부 자금이 제공되기 때문에 기증 기관이 프로그램을 기획함
㉢ 효과적 사업(활동)은 외부 재정적 지원이 더 없더라도 지속가능하다는 가정
㉣ 전시(모범)가 프로젝트 접근법의 목적이며, 농촌지도방법을 시험할 뿐만 아니라 대규모 농촌지도사업의 일부로 수행되기도 함

[24. 충북지도사]

76

새로운 농촌지도 접근법에 대한 설명이 옳지 않은 것은?

① 영농체계연구지도접근 : 개별농가의 사회경제적 조건보다는 한 농가의 여러 영농과제를 연구 및 지도한다.
② 훈련방문지도 : T&V는 연구-지도-농민 사이에 조직적, 정형화된 연계체제를 구축한다.
③ 농민우선주의 지도사업의 단계는 분석, 선별, 실험으로 이루어져 있다.
④ 비용분담 접근 : 농촌지도사업에 소요되는 비용을 국가, 지방, 농업인이 분담하는 방식이다.

해설
영농체계연구지도접근은 한 농가의 여러 영농과제보다는 개별농가 전체의 물리적·생물적·사회경제적 조건과 목표·특성·자원·생산활동·경영활동을 종합적 체제로 보고, 연구·지도함으로써 정책개선·생산지원·농가 복리증진·생산성을 제고하는 사업체계

77

다음 중 참여의 종류가 아닌 것은?

① 감사평가   ② 평가참여
③ 수행참여   ④ 의사결정참여

해설
사회참여의 종류(Cohen과 Uphoff, 1977) : 의사결정참여, 수행참여, 혜택참여, 평가참여 등

75.④ 76.① 77.①

78

다음 사회참여방법의 종류는 무엇인가?

> 개인이나 주민이 그에 관련되는 모든 사업의 계획이나 방향결정에 있어서 직접 혹은 간접 참여하는 것을 말한다.

① 수행참여
② 평가참여
③ 의사결정참여
④ 혜택참여

해설
㉠ **의사결정참여** : 개인이나 주민이 그에게 관련되는 모든 사업의 계획이나 방향결정에 있어서 직접 혹은 간접으로 참여하는 것. 사회참여에 있어서 기초적이며 핵심적인 형태로써, 농촌지도계획의 참여가 의사결정 참여에 해당한다.
정치와 교육에서 강조되는 과정으로써, 개인의 의사결정에 직접 참여할 때에는 직접참여라 하며, 참가자에게 자신의 의사나 권리를 위임할 때에는 간접적 참여라 한다.
㉡ **수행 참여** : 어떤 사업이 수행될 때 개인이 그것에 필요한 자원을 제공한다든가 혹은 그가 그 사업이 효과적으로 수행되도록 직접적으로 도와주는 행동적 참여. 농촌지도의 실천에서 민간농촌지도자의 전시포 운영, 자원지도자의 청소년지도 등이 이에 속한다.
㉢ **혜택 참여** : 어떤 사업이나 활동의 결과로써 이루어진 성과에 대한 혜택을 개인이나 주민이 받는 것을 말한다. 물질적 이익의 경제적 혜택, 교육과 훈련·공공봉사 등의 사회적 혜택, 존경심·사회적 안정감 등의 개인적 혜택이 있다.
㉣ **평가 참여** : 어떤 사업이나 활동에 대한 평가활동에 개인이나 주민이 직접·간접으로 참여하는 것을 의미할 때에는 직접참여라 하며, 여론형성에 영향을 주거나 직접참여자에게 의견이나 정보제공 등을 할 때에는 간접참여라 한다.

79

농촌지도계획에 농민의 주도적 참여로 얻을 수 있는 기대효과로 거리가 먼 것은?

① 농촌주민이 더욱 가치 있는 사업으로 농촌지도를 기대한다.
② 농촌주민의 정부에 대한 자신의 요구를 당당히 펼칠 수 있다.
③ 좋은 착상을 농민으로부터 얻을 수 있다.
④ 농촌주민으로부터 농촌지도에 대한 지원을 확보할 수 있다.

해설
농촌주민을 지도계획에 참여시킬 때의 효과(Kelsey와 Hearne)
㉠ 농촌주민들의 의견과 필요가 반영된다.
㉡ 농촌주민의 좋은 착상이나 지도력을 활용할 수 있다.
㉢ 농촌지도에 대한 농촌주민의 지원을 확보할 수 있다.
㉣ 농촌지도를 농촌주민들 자신의 사업으로 생각하게 된다.
㉤ 농촌주민들이 농촌지도를 더욱 가치 있게 생각한다.
㉥ 농촌주민들이 참여하여 토의하다 보면 많은 학습을 할 수 있다.

80

농촌지도계획에 농촌주민이 참여해야 하는 이유로 보기 어려운 것은?

① 농민의 필요를 농촌지도사업에 반영할 수 있다.
② 농민의 착상과 지도력을 활용할 수 있다.
③ 농촌지도계획의 시간과 노력을 줄일 수 있다.
④ 농촌주민을 토의 속에서 학습시킬 수 있다.

해설
농촌지도계획에 농촌주민이 참여는 시간·노력이 더욱 소모되고, 의사결정을 하기가 더 어렵다.

81

농촌지도위원회의 기능이 아닌 것은?

① 농촌지도계획의 수립을 위한 자문, 해설
② 농촌지도계획의 수립을 위한 타당화
③ 농촌지도계획의 수립을 위한 전달매개
④ 농촌지도사업의 실질적 주체자

해설
농촌지도위원회의 기능
㉠ **자문** : 계획위원이 지도사업의 전반적 사항을 지도사에게 자문해야 한다.
㉡ **의사결정** : 계획위원이 계획내용의 결정에 참여해야 한다.
㉢ **전달** : 계획위원이 지역사회의 모든 정보를 계획위원회에 알리고, 위원회의 토의·결정사항을 지역주민에게 전달해야 한다.
㉣ **홍보** : 위원이 주민, 지역유지, 관계기관, 지역사회조직체 등에 홍보하여 지도사업에 참여하도록 해야 한다.
㉤ **승인** : 계획위원회가 지도계획을 승인하여 공식적으로 그 타당성을 인정하여 재가하는 것을 의미한다.
㉥ **실행** : 위원이 필요시 지도대상자 모집, 전시, 직접 지도를 해야 한다.

82

농촌지도계획위원회의 주도적 역할을 담당하는 사람은?

① 농업관계기관대표
② 농민대표
③ 농촌행정기관의 대표
④ 농촌지도사
⑤ 농촌주민단체의 대표

80.③ 81.④ 82.④ 정답

83

만약 지도사업계획 수립을 위한 위원회를 조직한다면 어떠한 사람들로 구성하여야 가장 바람직한가?

① 지도원 + 농업관계자 대표
② 지도원 + 농업관계자 대표 + 농민대표
③ 지도원 + 농업교육자 + 농협대표
④ 지도원 + 농업행정기관대표 + 농업교육자

해설▶
계획위원회나 평가위원회는 주민대표와 농촌관련단체 대표가 위원으로 참여한다. 선발위원회(농촌지도요원과 신망이 두터운 주민대표 2~3명으로 구성)에서 위원회 위원을 선발한다.

84

사업적 성격의 농촌지도사업에 대한 설명이 옳지 않은 것은?

① 농촌지도요원은 지식전달자라기보다 정보전달자의 역할을 수행한다.
② 농업인은 단순히 기술수용자라기보다 기술개발 과정에서의 파트너로 본다.
③ 지도사업 제공 기관도 공공기관뿐만 아니라 NGO와 민간부문까지 확대한다.
④ 농업인이 유통·가공 관련 이슈를 주도하며, 지역 내 기관·관계자와 협력적 관계를 맺을 수 있도록 도움을 주는 것이다.

해설▶
개발도상국에서 농촌지도사업은 전체적·기능적 역할을 확대하고 있으며, 농촌지도요원은 단순 정보전달자가 아니라 조언자(advisor), 촉진자(facilitator), 지식전달자(knowledge broker)로서의 역할을 수행한다.

85

지도사업의 수행주체와 비용분담 구조에 대한 설명이 옳지 않은 것은?

① NGO가 사업제공자이며 정부가 비용을 부담하는 것은 공적예산으로 민간사업자와 계약하는 형태이다.
② 공공지도사업은 정부가 사업제공자이면서 비용부담자이다.
③ 수혜자가 비용을 부담하고 민간회사가 수행하면 민간 사업제공자, 농업인 비용부담자 유형이다.
④ 수혜자가 비용부담하는 공공지도사업은 정부는 사업제공자이고, 농업인은 비용부담자가 되는 유형에 해당한다.

해설
NGO가 사업제공자이며 정부가 비용을 부담하는 것은 공적예산으로 NGO와 계약하는 형태이다.

다원적 농촌지도사업의 구분

비용부담자 \ 사업제공자	공공	민간		제3자	
		농업인	민간회사	NGOs	FBOs
공공(정부)	공공지도사업(지방화)	수혜자가 비용 부담하는 공공지도사업	공공 부문과 계약한 민간회사	공공 부문과 계약한 NGOs	공공부문과 계약한 FBOs
민간(회사)	공적예산으로 민간사업자와 계약	수혜자가 비용 부담하고 민간회사가 수행	민간회사가 자사 제품의 마케팅 정보 제공	민간 부문과 계약한 NGOs	민간부문과 계약한 FBOs
제3자 NGOs	공적예산으로 NGO와 계약	농업인이 비용 부담하고 NGO가 지도사 고용	민간회사가 지도사업을 수행할 NGO와 계약	NGOs가 자체직원을 고용하여 무료 사업 제공	—
제3자 FBOs	공적예산으로 FBO와 계약	농업인이 비용 부담하고 FBO가 지도사 고용	—	FBO에 고용된 직원의 비용을 NGO가 부담	FBOs가 자체 직원을 고용하여 회원에게 사업제공

86

공공서비스의 특징 중 옳지 않은 것은?

① 공공서비스는 비경합성 속성을 갖는다.
② 공공서비스는 막대한 내부효과를 가진다.
③ 공공서비스는 많은 무임승차자를 양산한다.
④ 공공서비스는 비배제성 속성을 갖는다.

해설
공공서비스 특징
㉠ **비경합성(non-rivalness)**: 공공서비스는 여러 명이 공동으로 소비할 때 한 사람의 소비가 다른 사람의 소비량을 감소시키지 않음
㉡ **비배제성(non-consumption)**: 서비스에서 얻어지는 효용이 어느 특정인에게만 한정되지 않는 것
㉢ **커다란 외부효과(externality)**: 외부효과란 하나의 서비스 공급이 그로 인해 막대한 다른 파급효과를 불러오는 것
㉣ **많은 무임승차(free riders)**: 공공서비스는 누구나 집단적으로 소비할 수 있으므로 그 비용을 부담하지 않고 서비스 혜택을 누림

87

공공서비스의 특징으로 설명이 옳은 것은?

① 커다란 내부효과가 작용한다.
② 무임승차자를 배제할 수 있다.
③ 서비스의 효용이 어느 특정인에게만 한정되지 않는다.
④ 여러 명이 공동으로 소비할 때 한 사람의 소비가 다른 사람의 소비량을 감소시킨다.

해설
① 커다란 외부효과가 작용한다(외부효과).
② 무임승차자를 배제할 수 없다(무임승차).
④ 여러 명이 공동으로 소비할 때 한 사람의 소비가 다른 사람의 소비량을 감소시키지 않는다(비경합성).

[19. 경북지도사 기출]

88

공공재에 대한 설명이 옳지 않은 것은?

① 하나의 서비스 공급이 그로 인한 막대한 다른 외부효과를 불러온다.
② 비용을 부담하지 않는 무임승차자를 회피할 수 있다.
③ 한 사람의 소비가 다른 사람의 소비를 감소시키지 않는 비경합성이 나타난다.
④ 서비스의 효용이 어느 특정인에게만 한정되지 않는 비배제성 특징이 있다.

해설
공공재는 무임승차자가 발생한다.

[24. 강원지도사]

89

공공재에 대한 설명이 옳지 않은 것은?

① 한 사람의 소비가 다른 사람의 소비량을 감소시키지 않는다.
② 하나의 서비스 공급이 그로 인해 막대한 다른 파급효과를 불러온다.
③ 효용이 어느 특정인에게만 한정되지 않는다.
④ 무임승차가 나타나지 않는다.

해설
공공서비스 특징 : 비배제성, 비경합성, 외부효과, 많은 무임승차자(free riders)

정답 87.③ 88.② 89.④

[23. 서울지도사]

90

농촌지도사업과 공공서비스에 대한 설명으로 가장 옳지 않은 것은?

① 농업인과 소비자 등 공공의 이익을 위해 추진된다면 농촌지도사업은 공공서비스의 일종으로 볼 수 있다.
② 공공서비스는 사회공동체의 편익을 위하여 제공되는 재화와 용역을 포괄하는 개념이다.
③ 공공서비스는 비배제성과 비경합성의 특성 때문에 정부의 개입이 불필요하다.
④ 비경합성이란 한 사람의 소비가 다른 사람의 소비량을 감소시키지 않는 것을 말한다.

해설
공공서비스는 비배제성과 비경합성의 특성 때문에 정부의 개입이 반드시 필요하다.

[23. 충북지도사]

91

공공서비스의 특징에 대한 설명이 옳은 것은?

① 공공서비스는 소비자는 그 비용을 부담하고 서비스 혜택을 누릴 수 있다.
② 공공서비스는 여러 명이 공동으로 소비할 때 한 사람의 소비가 다른 사람의 소비량을 감소시킨다.
③ 서비스에서 얻어지는 효용이 어느 특정인에게만 한정되지 않는다.
④ 공공서비스의 배제성과 경합성이라는 특성 때문에 정부의 개입이 필요하다.

해설
① 공공서비스는 공공서비스는 누구나 집단적으로 소비할 수 있으므로 그 비용을 부담하지 않고 서비스 혜택을 누린다.
② 공공서비스는 여러 명이 공동으로 소비할 때 한 사람의 소비가 다른 사람의 소비량을 감소시키지 않는다.
④ 공공서비스의 비배제성과 비경합성이라는 특성 때문에 정부의 개입이 필요하다.

정답 90.③ 91.③

92

공공서비스 유형으로 옳지 않은 것은?

① 배재성, 개별적 – 민간재
② 비배재성, 개별적 – 공유재
③ 배재성, 집단적 – 요금재
④ 비배재성, 집단적 – 시장재

해설
비배재성, 집단적 – 집합재(공공재)
공공서비스의 유형

		소비 특성	
		집단적	개별적
배제성	배제 불가능	집합재 (collective goods)	공유재 (common pool goods)
	배제 가능	요금재 (toll goods)	민간재 (private goods)

93

다음 농업정보기술의 유형 중 공공재에 대한 설명으로 옳은 것은?

① 고객에 맞춘 정보 또는 조언
② 지역에서 활용가능한 자원 또는 투입요소로 표현되는 정보
③ 시간과 무관한 제품, 광범위한 적용의 마케팅 및 경영정보
④ 상업화 가능한 투입요소로 표현되는 정보

해설
①, ④는 민간재, ②는 공유재의 특징을 정리한 것이다.
배제성·경합성 정도에 따른 농업정보기술 유형

		경합성(rivalry)	
		저(low)	고(high)
배제성 (excludability)	저 (low)	공공재(public goods) • 시간과 무관한 제품, 광범위한 적용의 마케팅 및 경영정보	공유재(common-pool goods) • 지역에서 활용가능한 자원 또는 투입요소로 표현되는 정보 • 조직개발에 관한 정보
	고 (high)	요금재(toll goods) • 시간에 민감한 제품, 마케팅 및 경영정보	민간재(private goods) • 고객에 맞춘 정보 또는 조언 • 상업화 가능한 투입요소로 표현되는 정보

[17. 지도사 기출변형]

정답 92.④ 93.③

94

배제성·경합성의 정도에 따른 농업정보기술의 유형을 잘못 설명한 것은?

① 민간재 - 고객에 맞춘 정보 또는 조언
② 공유재 - 지역에서 활용가능한 자원 또는 투입요소로 표현되는 정보
③ 요금재 - 상업화 가능한 투입요소로 표현되는 정보
④ 공공재 - 시간과 무관한 제품, 광범위한 적용의 마케팅 및 경영정보

해설
상업화 가능한 투입요소로 표현되는 정보는 민간재(시장재)이다.

[24. 충북지도사]

95

공공서비스에 대한 짝짓기가 옳은 것은?

> a. 공공재   b. 공유재   c. 요금재   d. 민간재

> 가. 상업화 가능한 투입요소로 표현되는 정보
> 나. 지역에서 활용가능한 자원 또는 투입요소로 표현되는 정보
> 다. 시간에 민감한 제품, 마케팅 및 경영정보
> 라. 시간과 무관한 제품

① a-다
② b-라
③ c-나
④ d-가

해설
a-라, b-나, c-다, d-가

96

공공서비스를 편익의 귀속성과 시민편의에 따라 구분할 수 있다. 다음 설명이 잘못된 것은?

① 공익적·필수적 서비스 : 편익이 특정지역에 귀속되는 경우가 많으며, 납세자 이익 원칙이 적용됨
② 사익적·필수적 서비스 : 사익성이 높지만 주민생활에 기초적·필수적 서비스 분야
③ 공익적·선택적 서비스 : 공익성이 높지만 주민생활을 영위하는 데 2차적 이상의 선택적 서비스 분야
④ 사익적·선택적 서비스 : 편익의 개인적 귀속이라는 특성으로 민간부문이 공급하고 개인이 서비스 비용을 부담

94.③ 95.④ 96.①

해설
공공서비스의 편익의 귀속성과 시민편의에 따른 구분
㉠ **공익적 · 필수적 서비스** : 공익성이 높고 시민생활을 영위하는 데 기초적 · 필수적 서비스 분야
㉡ **사익적 · 필수적 서비스** : 사익성이 높지만 주민생활에 기초적 · 필수적 서비스 분야. 편익의 개인적 귀속이라는 특성으로 공공부문의 공급에 한정하지 않고 다양한 공급 주체가 존재함
㉢ **공익적 · 선택적 서비스** : 공익성이 높지만 주민생활을 영위하는 데 2차적 이상의 선택적 서비스 분야. 편익이 특정지역에 귀속되는 경우가 많으며, 납세자 이익 원칙이 적용됨.
　예 시민회관, 노인정 운영 등
㉣ **사익적 · 선택적 서비스** : 사익성이 높고 주민생활의 영위에서 2차적 이상의 선택적 서비스 분야. 편익의 개인적 귀속이라는 특성으로 민간부문이 공급하고 개인이 서비스 비용을 부담

97

국가주도의 지도사업을 수행하는 국가 중 권력의 집중도가 상이한 국가는?

① 한국　　　　　　　② 태국
③ 중국　　　　　　　④ 베트남

해설
국가주도 지도사업
㉠ **중앙집권화(centralization)** : 중앙정부 주도의 기술혁신 및 농촌개발을 하는 국가의 지도체계
　예 태국(태국농업지도청), 베트남(농수산지도센터), 중국(농업기술지도센터) 등
㉡ **지방화(decentralization)** : 지방 지도수요에 기초한 중앙지방의 협력사업이 이루어지는 국가 지도체계
　예 한국(농촌진흥청 : RDA), 미국(NIFA), 필리핀(NESAF) 등

98

공공농촌지도사업의 역할이 아닌 것은?
① 농촌에서 농업과 농업 외 분야의 고용을 촉진하고 기술을 향상시킨다.
② 대규모 농가의 경쟁력을 강화하고 시장진입을 촉진한다.
③ 시장접근을 개선하고 효율적인 가치사슬을 만든다.
④ 낮은 기술수준의 직업에 종사하는 농촌주민들의 생활을 개선한다.

해설
세계은행(World Bank)의 농업개혁 목표
㉠ 시장접근을 개선하고 효율적인 가치사슬(value chain)을 만든다.
㉡ 소규모 농가의 경쟁력을 강화하고 시장진입을 촉진한다.
㉢ 생계 영농이나 낮은 기술 수준의 직업에 종사하는 농촌주민의 생활을 개선한다.
㉣ 농촌에서 농업과 농업 외 분야의 고용을 촉진하고 기술을 향상시킨다.

정답 97.① 98.②

[17. 지도사 기출변형]

99

농촌진흥청의 농촌지도사업 주요 역할과 기능이 틀린 것은?

① 신성장동력을 위한 작물을 발견한다.
② 농업 생산성 향상과 농업경영의 합리화를 위한 기술을 보급한다.
③ 지식·정보화 시대에 부응한 농업·생활정보를 체계적으로 제공한다.
④ 양질의 안전한 국민식품 생산공급을 위한 기술을 보급한다.

해설
농촌진흥청의 농촌지도사업의 주요 기능과 역할
㉠ 양질의 안전한 국민식품 생산 공급을 위한 기술보급
㉡ 농업생산성 향상과 농업경영의 합리화를 위한 기술보급
㉢ 지속적 농업의 실현을 위한 환경보전농업 기술보급
㉣ 지식·정보화 시대에 부응한 농업 생활정보의 체계적 제공
㉤ 지역농업 특성화를 위한 기술지원

100

지도사업 개혁을 위한 최근의 혁신연구방법이 아닌 것은?

① 선형 모델(linear model)에 기초하여 개별 행위에 영향을 주는 맥락(context)의 중요성을 강조한다.
② 학제적 개방성을 추구하면서 '학습' 과정에 초점을 맞춘다.
③ 개인이 사회적·물리적 맥락과 상호작용하며 학습한다는 점을 인식하게 되었다.
④ 개인뿐만 아니라 조직도 학습하기 때문에 혁신을 '체계적 성격을 갖는 현상'으로 이해한다.

해설
종래의 혁신에 관한 접근은 선형 모델(linear model)에 기초하여 개별 행위에 영향을 주는 맥락(context)의 중요성을 간과하였으나, 최근의 혁신연구는 맥락의 중요성을 강조한다.
농촌지도사업 개혁을 위한 최근의 혁신연구
㉠ 블랙박스(black box)로 처리되었던 '혁신 메커니즘'에 집중한 연구는 학제적 개방성을 추구하면서 '학습' 과정에 초점을 맞춘 새로운 이론 틀을 개발함(학습은 기존의 인지적 틀(cognitive framework)에 정보를 부가하거나 기존 틀을 개선하며 이루어짐)
㉡ 개인이 사회적·물리적 맥락과 상호작용하며 학습한다는 점을 인식하게 되면서 '맥락'의 중요성이 부각됨
㉢ 개인뿐만 아니라 조직도 학습하기 때문에 혁신을 '체계적 성격을 갖는 현상'으로 이해하고, 집합적 활동의 소산으로서 혁신가(innovator)가 활동하는 사회구조에 따라 그 과정과 결과가 달라질 수 있음
㉣ 지방농촌진흥기관의 궁극적 목표는 '농촌을 혁신하는 것'으로서, 농업인·농촌주민·지역발전에 기여할 수 있는 사람들이 스스로 학습하고 조직화하는 과정을 도와야 함

99.① 100.① **정답**

101

공공농촌지도사업의 패러다임 변화로 옳지 않은 것은?

① 새로운 지도사업을 시도할 때 부농위주로 효율성을 제고해야 한다.
② 혁신적 농업인은 과정 혁신에 있어서 핵심 역할을 하게 된다.
③ 민간 분야는 생산물 혁신에, 공공지도사업은 과정 혁신에 초점을 둔다.
④ 공공농촌지도사업은 자연자원관리(natural resource management)의 실행에 더 높은 우선순위를 두어야 한다.

해설➤
공공농촌지도사업은 생산물 혁신보다 과정 혁신에 우선순위를 두어 소규모 농가의 소득을 증진시킬 수 있도록 도와야 한다.

공공농촌지도사업의 패러다임 변화(Swanson)
㉠ 공공농촌지도사업은 생산물 혁신보다 과정 혁신에 우선순위를 두어 소규모 농가의 소득을 증진시킬 수 있도록 도와야 함
㉡ 민간 분야는 생산물 혁신에, 공공지도사업은 과정 혁신에 초점을 두어 농촌지도요원이 촉진자·지식중개자로서 활동해야 함
㉢ 소규모 농가를 위한 과정 혁신은 대부분 지역에 특화됨
㉣ 혁신적 농업인은 과정 혁신에 있어서 핵심 역할을 하게 됨
㉤ 공공농촌지도사업은 자연자원관리(natural resource management)의 실행에 더 높은 우선순위를 두어야 함

 [21. 경북지도사 기출변형]

102

농촌지도사업 개혁을 위한 분석틀에 대한 설명이 잘못된 것은?

① 국제식량정책연구소는 범국가적 적용이 가능한 정형화된 지도사업 분석틀을 제시하였다.
② 분석틀은 간학문적 접근을 수용하고, 다양한 사업 결과물을 비교함으로써 보편적 분석틀을 제공한다.
③ 분석틀의 P·I영역은 지도사업 성과와 파급효과에 대한 부분이다.
④ 지도사업특성이 선택적 변수이고, 조건상황이 제시된다.

해설➤
농촌지도사업 설계 및 분석틀
㉠ 국제식량정책연구소는 각 국가 특성에 맞는 다원화된 지도사업 형태를 선정하는 분석틀을 제시함
㉡ 분석틀은 간학문적 접근을 수용하고, 다양한 사업 결과물을 비교함으로써 보편적 분석틀을 제공함
㉢ 지도사업특성(협치구조, 조직, 관리, 역량, 지도방법)이 선택적 변수이고, 조건상황이 제시됨
㉣ P·I영역은 지도사업 성과와 파급효과에 대한 부분
㉤ 농가 상황(H)이 특히 중요한데, 지도사업설계(농가경영체의 요구와 지도기관 책무의 메커니즘 형성)뿐만 아니라 효과에서 모두 적정성을 갖추어야 함

정답 101.① 102.①

103

농촌지도사업의 변화에 대한 설명으로 옳지 않은 것은?

① 농촌지도를 과정으로 인식하기보다는 과학적 학문으로 인식해야 한다.
② 지도사업은 국민과 정책결정자에 대한 홍보나 관계형성이 뛰어나기 때문에 더 잘 이루어지도록 지원해야 한다.
③ 단순 기술전달을 넘어선 농촌지도의 본질과 관련된 내용이 강화되어야 한다.
④ 농업인과 같은 목표집단과 소비자를 포함하는 일반인 사이에 정보 격차가 발생하고 있다.

해설
농촌지도사가 어떤 일을 수행하는지, 어떤 역량을 가졌는지 등에 대한 홍보가 너무 부족하기 때문에, 농촌지도대상자(소비자 포함)가 지도사업 프로그램이나 정책을 접할 수 있도록 어떤 사업이 어디에서 이루어지고 있는지 홍보할 필요가 있다.

[18. 경남지도사 기출변형]

104

농촌지도사업의 민영화 과정에서 나타나는 변화 중 옳은 것은?

① 농촌지도사업의 목적은 농업기술보급이다.
② 농촌지도의 정체성이 더욱 강화된다.
③ 지도사업에 대한 홍보를 적극적으로 해야 한다.
④ 목표집단과 소비자 간 정보격차가 감소하고 있다.

해설
농촌지도사업의 민영화 과정에서 나타나는 변화
㉠ **농촌지도사업 체계** : 농업혁신체계(agricultural innovation systems)에서 농촌지도의 기능과 역할의 연계가 중요함
㉡ **농촌지도 정책** : 농촌지도를 정부정책에 연결시킬 수 있어야 함
㉢ **농촌지도의 연계** : 지도사업에 대한 정보, 특히 우수한 지도사업 사례를 공유할 수 있는 우수사례센터(a center of excellence)가 필요함
㉣ 농촌지도사업에 대한 홍보를 적극적으로 해야 함
㉤ **지도사업을 둘러싼 상황(맥락, context) 변화** : 경쟁이 더욱 심해지고, 불확실성이 높아지고, 다양해짐
㉥ **농촌지도의 정체성(identity) 변화** : 지도요원의 정체성이 무너진 상태
㉦ **지도사의 교육훈련** : 단순기술 전달을 넘어선 농촌지도의 본질적 내용이 강화되어야 함
㉧ 목표 집단(target groups)과 소비자를 포함한 일반인 간 정보 격차와 다양성이 증가되고 있음
㉨ **지도사업 평가** : 지도전문가 네트워크(학습조직)를 통해 상호 학습하면서 평가할 수 있음
㉩ **농촌지도사의 역할** : 지식체계 안에 다양한 주체들 간 연계고리(link)를 만들고, 네트워킹과 커뮤니케이션을 촉진하며, 공동 지식을 나누어 함께 실행하도록 해야 함

정답 103.② 104.③

105

농촌지도사업 민영화에 대한 설명이 옳지 않은 것은?

① 농촌지도사의 정체성이 강화되었다.
② 1980년 이후 공공지도사업 비중이 줄어들고, 유럽 일부 선진국에서 농촌지도체계가 민영화되었다.
③ 농촌지도서비스는 현재의 농업인 요구를 고려해야 하며, 미래의 요구도 예측해야 한다.
④ 과거 지식근로자에서 이제는 지식체계 안에 다양한 주체들 간 연계고리(link)를 만들고, 네트워킹과 커뮤니케이션을 촉진해야 한다.

해설
농촌지도요원의 정체성이 무너진 상태로 보아야 한다.

[20. 경북지도사 기출]

정답 105.①

memo

PART 02

정책론

- **01** 농촌지도 계획(Plan)
- **02** 농촌지도 집행(Do)
- **03** 농촌지도 평가(See)

01 농촌지도 계획(Plan)

01

문제해결법의 절차를 설명한 것이다. 맞는 것은?

① 문제의 인식과 정의 → 해결방안의 선택 → 문제의 분석과 진술 → 대안모색 → 선정된 방안의 실행
② 문제의 분석과 진술 → 문제의 인식과 정의 → 대안모색 → 해결방안의 선택 → 선정된 방안의 실행
③ 문제의 인식과 정의 → 대안모색 → 문제의 분석과 진술 → 해결방안의 선택 → 선정된 방안의 실행
④ 문제의 인식과 정의 → 문제의 분석과 진술 → 대안모색 → 해결방안의 선택 → 선정된 방안의 실행

해설
정책결정 과정(≒문제해결 절차)
㉠ **정책의제 형성** : 여러 사회문제 중에서 정부당국이 심각성을 인정하여 적극적인 해결책을 모색하기 위하여 궁극적으로 채택한 정책문제
㉡ **정책목표의 설정** : 정책이 나아가야할 기본적인 방향 및 가치 설정
㉢ **정보의 수집·분석** : 대안 탐색을 위한 자료 수집·분석
㉣ **대안의 작성·탐색 개발** : 목표 달성을 위한 모든 방안을 강구
㉤ **예상결과 예측 및 대안의 평가** : 대안의 장단점을 파악·평가하여 예상결과 예측·비교
㉥ **우선순위 선정기준 선정** : 민주성, 능률성, 형평성, 경제적 합리성, 정치적 합리성 등
㉦ **우선순위 선정** : 대안의 예상결과에 따라 가장 바람직한 대안 순으로 우선순위를 정함
㉧ **종합판단** : 우선순위 조정 및 대안의 최종 선택
㉨ **정책 집행**

정답 01.④

02

농촌지도의 이 과정은 농촌지도를 어떠한 방향으로 무엇을 전개할 것인가를 결정하는 과정이다. 농촌지도 목적을 설정하는 과정으로 가장 핵심이 되는 이 과정은 무엇인가?

① 과제계획
② 실천계획
③ 실행계획
④ 평가계획

해설
과제계획 : 농촌지도를 어떠한 방향으로, 무엇을 전개할 것인가를 결정하는 과정, 농촌지도의 목적을 설정하는 과정으로 가장 핵심이 되는 계획의 과정, 이 부분의 계획을 농촌지도관계계획 혹은 설정이라고도 한다.

03

농촌지도계획이 갖추어야 할 성격이 아닌 것은?

① 종합성
② 일반성
③ 장기성
④ 독자성

해설
농촌지도계획의 성격 : 종합성, 일반성, 장기성 이외에 주민참여성, 연관성, 연속성, 계절성 등

04

농촌지도사업계획의 성격 중 일반성이 의미하는 것은?

① 물리적 개발뿐만 아니라 사회적, 정신적 개발도 포함해야 한다는 것이다.
② 농촌지도계획은 각 단계별로 상호 연관적이어야 한다는 것이다.
③ 더 나은 상태로의 접근을 위한 전반적인 의도의 표시이며 구체적인 것은 아니라는 점이다.
④ 농민 참여가 잘 되도록 하기 위하여 농번기를 피하여 교육시기의 기간이 고려되어야 한다는 것이다.

해설
①은 종합성, ②는 연관성, ④는 계절성
Black(1968)의 개발계획의 성격(3가지) : 종합성, 일반성, 장기성
㉠ **종합성** : 물리적 개발뿐만 아니라 사회적·정신적 개발도 포함하여야 한다.
㉡ **일반성** : 개발계획은 더 나은 상태로 접근하기 위한 전반적인 의도의 표시에 불과하며, 개별적·구체적 확약이나 규칙은 아니다.
㉢ **장기성** : 개발계획은 1년 내에 실현할 수 있는 성질의 것이 아니라 5년, 10년 혹은 50년의 장래를 전망하여 설계한다.

02.① 03.④ 04.③ 정답

05

영농구조가 단순하고 영농소득을 생산에만 의존하는 농촌사회에 적용되던 농촌지도계획 방식은?

① 주체중심 사업계획
② 객체중심 사업계획
③ 사실중심 사업계획
④ 종합중심 사업계획

해설
주체중심 사업계획은 영농구조가 단순하고 영농소득을 생산에만 의존하는 농촌사회에 적용되던 농촌지도계획 방식이다.

[20. 서울지도사 기출]

06

다음 지도사업계획에 관한 설명 중 괄호 안에 들어갈 용어는?

> 농촌사회가 발전하게 됨에 따라 농사 작목도 지역에 따라 다양해지고, 농민의 관심과 욕구도 서로 상이해짐으로써 농촌지도사가 일방적으로 계획을 수립할 수 없게 되었다. 농촌지도계획은 농민들과 함께 계획하는 (   )의 방식을 채택하게 되었다.

① 주체중심 사업계획
② 가치중심 사업계획
③ 객체중심 사업계획
④ 사실중심 사업계획

해설
농촌지도계획 방식의 발달
- **주체중심 사업계획** : 농촌지도사가 일방적으로 지도계획을 수립
- **객체중심 사업계획** : 농촌지도계획은 농민들과 함께 계획
- **사실중심 사업계획** : 지도사, 농민대표, 관계기관대표 및 전문가와 함께 사업을 계획

[20. 경북지도사 기출]

07

농촌지도 기본계획의 설정기간은?

① 1년 ② 2년
③ 5~10년 ④ 3~5년

해설
농촌지도계획에는 3~5년간의 장기적인 안목에서 계획을 수립하는 농촌지도 기본계획(master plan)이 있고, 그 안에 각 연도별로 수립해야 하는 연간계획 혹은 실행계획(annual plan of work)이 있으며, 최소 단위의 활동계획(plan of work)이 있다.

08

농촌지도를 위한 1년간의 구체적 생활계획은?

① 기본계획 ② 실행계획
③ 활동계획 ④ 평가계획
⑤ 장기계획

[18. 강원지도사 기출변형]

09

다음 빈칸에 들어갈 알맞은 용어는?

(가)는 (나)를 근간으로 그 해에 달성하여야 할 일들이 무엇인가를 확인하고, 특히 그 해에 성취하여야 할 지도사항을 파악하고 난 뒤에 실행계획을 수립하여야 한다.

	(가)	(나)
①	기본계획	활동계획
②	연간활동계획	장기지도계획
③	활동계획	장기지도계획
④	기본계획	연간활동계획

해설
농촌지도계획에는 3~5년간의 장기적인 안목에서 계획을 수립하는 농촌지도 기본계획(master plan, 장기지도계획)이 있고, 그 안에 각 연도별로 수립해야 하는 실행계획(annual plan of work, 연간활동계획)이 있으며, 최소 단위의 활동계획(plan of work)이 있다.

07.④ 08.② 09.② 정답

10

다음 중 활동의 계획 수립시 포함되어야 할 항목으로 거리가 먼 것은?

① 교재 및 교구
② 활동과제명
③ 지도대상자
④ 도입과정
⑤ 지역발전방향

[해설]
활동계획 항목 : 활동과제명, 활동목표, 지역현황과 문제점, 도입과정(동기유발방법), 지도방법별 지도내용, 책임지도사 및 조력자(자원지도자), 지도대상자, 지도장소 및 일시, 요약 및 평가, 교재 및 교구

11

농촌지도계획 원리에 대한 설명 중 옳지 않은 것은?

① 농촌지역사회의 실정에 기초를 두어야 한다.
② 주어진 자원의 한계 내에서 계획하며, 충분한 자료와 설명이 뒤따라야 한다.
③ 사업계획은 전통적 입장에 따라 계획되어야 한다.
④ 농촌지도계획은 영세민과 노약자의 보호에 관심을 두어야 한다.

[해설]
농촌지도계획의 원리
㉠ 충분한 자료와 설명이 있어야 한다.
㉡ 관계기관과 긴밀히 협동하여야 한다.
㉢ 농촌지역사회의 실정에 기초를 두어야 한다.
㉣ 주어진 자원의 한계 내에서 계획하여야 한다.
㉤ 농촌지도계획에는 농촌주민이 참여하여야 한다.
㉥ 사업계획은 사회변화에 따라 수정·보완되어야 한다.
㉦ 농촌지도계획은 영세민과 노약자의 보호에 관심을 두어야 한다.
㉧ 농촌지도사는 변화촉진자로서 그 지역사회의 관습과 문화적인 측면을 이해하고 있어야 한다.
㉨ 현재의 계획은 과거의 계획과 미래의 계획이 상호 연관되도록 작성하여야 한다.
㉩ 계획은 국가-시·도-시·군-읍·면의 각 단위에서 일관성이 유지되어야 한다.

[18. 충남지도사 기출변형]

12

농촌지도계획의 원리에 대한 설명이 옳지 않은 것은?

① 사업계획은 사회변화에 따라 수정·보완되어야 한다.
② 농촌지역사회의 실정에 기초를 두어야 한다.
③ 농촌지도는 투자와 산출의 관계에서 검토되어야 한다.
④ 국가-시·도-시·군-읍·면의 각 단위에서 일관성이 유지되어야 한다.

정답 10.⑤ 11.③ 12.③

해설
농촌지도를 투자와 산출의 관계에서 검토해야 하는 것은 농촌지도평가의 원리에 해당한다.

13

최민호의 농촌지도계획 원리에 대한 설명으로 옳지 않은 것은?

① 농촌지도계획에는 농촌주민이 참여하며 관계기관이 긴밀히 협동되어야 한다.
② 계획은 국가, 도, 시, 군, 읍, 면의 각 단위 별로 다르게 설정해야 한다.
③ 사회변화에 따라 수정·보완되어야 한다.
④ 현재의 계획은 과거의 계획과 동시에 앞으로 계획과도 상호 연관되도록 작성해야 한다.

해설
계획은 국가-시·도-시·군-읍·면의 각 단위에서 일관성이 유지되어야 한다.

14

우리나라 농촌지도 사업계획 수립시 고려해야 할 사항이 아닌 것은?

① 기본사업에 대한 객관적인 분석과 평가가 이루어져야 한다.
② 사업목적과 우선순위를 결정하여 예산확보에 적극 활용해야 할 것이다.
③ 지도사업 계획수립을 위해 공급자의 요구를 정확히 파악해야 한다.
④ 지도사업에 대한 장기전망을 마련한다.

해설
농업인 만족을 위한 사업계획 수립시 고려사항
㉠ 기본사업에 대한 객관적 분석과 평가가 전제되어야 함. 당초 사업이 농업인에게 효과가 있었는지 평가할 수 있는 측정도구를 개발·활용해야 함
㉡ 지도사업에 대한 장기전망을 마련하고 이것을 바탕으로 사업목적과 우선순위를 결정하여 예산을 확보할 수 있는 분야별 전문가들의 협의체를 적극 활용해야 함
㉢ 지도사업 계획수립을 위해서 농업인(지도고객)의 요구를 정확히 파악해야 함. 지역별로 농업인의 구체적 요구를 사업계획 수립시 반영해야 함

13.② 14.③ 정답

15

1997년 이후 농촌지도기관의 이원화로 인한 농촌지도계획 방식의 변화가 아닌 것은?

① 개별 지도기관 단위의 사업의 계획 및 시행이 가능해졌다.
② 사업예산 확보와 지역단위 사업을 실행할 수 있는 역량 부족으로 지역 실정에 맞는 지도사업전개에 난항을 겪고 있다.
③ 지자체 간 경쟁의 심화가 작용하고 있다.
④ 농촌지도사업 계획은 중앙에서 농촌지도사업기본지침을 수립하고, 시·군 농업기술센터에서 농업인지도계획을 수립한다.

해설
④는 1997년 이원화 이전의 계획수립 양상이다.
지방자치 도입 이후 농촌지도계획 수립의 변화 : 이원화
㉠ 지도기관은 국가단위의 농정(농업정책, 농촌정책)을 홍보·보급하는 수단이자, 지역단위 사업(프로그램)을 계획·실행해야 할 주체가 됨
㉡ 과거의 중앙기관의 기본지침을 하급기관으로 하달하던 계획방식과 더불어 개별 지도기관 단위의 사업 계획·시행이 가능해짐
㉢ 중앙 예산의 감소와 지자체 재정자립도 등 지도사업 예산확보의 한계, 지자체 간 경쟁의 심화도 지도사업의 한계로 작용함
㉣ 사업예산의 확보와 지역단위 사업을 지도기관에서 계획·실행할 수 있는 역량 부족으로 지도사업의 난항을 겪음

16

다음 중 농촌지도사업의 계획수립 4단계가 옳은 것은?

① 실태파악 – 계획수립 – 실천 – 지도방법 결정
② 계획수립 – 실태파악 – 실천 – 평가
③ 실태파악 – 계획수립 – 실천 – 평가
④ 지도대상 결정 – 지도항목 결정 – 실천 – 평가

17

다음 중 농촌지도계획의 절차를 바르게 나열한 것은?

① 문제의 분석 – 목적의 설정 – 평가의 계획 – 실천계획
② 문제의 분석 – 목적의 설정 – 실천계획 – 평가의 계획
③ 문제의 분석 – 평가의 계획 – 목적의 설정 – 실천계획
④ 문제의 분석 – 평가의 계획 – 실천계획 – 목적의 설정

정답 15.④ 16.③ 17.②

> [해설]
>
> **농촌지도계획 절차** : 지역실정 조사·분석 → 지역사회 문제결정 → 장기 농촌지도목표 설정 → 실천계획 및 평가계획 → 활동계획 수립 → 결과 평가

[14, 17. 지도사 기출변형]

18

농촌지도계획 수립의 절차에서 가장 먼저 파악되어야 할 분야는?

① 지역문제 결정
② 지역실정 조사 및 분석
③ 장기사업 목적의 설정
④ 사업실천과 사업평가의 계획
⑤ 장기사업계획서의 작성

> [해설]
>
> **농촌지도계획 절차** : 지역실정 조사·분석 → 지역사회 문제결정 → 장기 농촌지도목표 설정 → 실천계획 및 평가계획 → 활동계획 수립 → 결과 평가

19

농촌지도계획의 순서 중 가장 먼저 하여야 하는 것과 가장 늦게 하여야 하는 것을 짝지은 것 중 타당한 것은?

① 지역실정 조사·분석 - 장기지도계획서 작성
② 장기목적 설정 - 활동계획서 작성
③ 지역실정 조사·분석 - 실천계획 및 평가계획
④ 지역문제결정 - 장기지도계획서 작성

> [해설]
>
> | | |
> |---|---|
> | **계획(Plan)** | 지역실정 조사·분석 |
> | | 지역사회 문제결정 |
> | | 장기 농촌지도목표 설정 |
> | | 실천계획 및 평가계획 |
> | | 장기 지도계획서 작성 |
> | **실천(Do)** | 활동계획 작성 |
> | | 활동 전개 |
> | **평가(See)** | 결과평가 |

18.② 19.① 정답

20
농촌지도계획의 절차 중 실천단계에 속하는 것은?

① 지역문제의 결정
② 장기목적의 설정
③ 실천계획 및 평가계획
④ 장기지도계획서 작성
⑤ 활동계획의 작성

21
다음 중 현재의 산출과 기대 산출 간의 격차를 측정하여 그 격차를 해소할 수 있는 방법을 모색하는 공식적인 과정은?

① 요구분석
② 인지단계
③ 평가과정
④ 괴리분석

해설
요구분석 : 현재의 산출과 기대 산출 간의 격차를 측정하여 우선순위별로 배열하고 그 격차를 해소할 수 있는 방법을 모색하는 공식적인 과정

22
농촌지도계획은 여러 단계로 분류된다. 이 중 필요격차(need gap)를 파악하기 위해 반드시 필요한 단계는?

① 지역사회의 조사·분석
② 단기 농촌지도목표의 설정
③ 장기 농촌지도목표의 설정
④ 실천계획의 수립

해설
지역실정 조사·분석 과정에서 Beta 요구분석을 할 때 필요격차가 나타난다.

23
Kaufman과 English에 의한 지역 요구분석방법 중 지역실정의 분석에 대한 아무런 제약조건 없이 전면적인 개혁을 목적으로 실시되는 것은?

① Alpha 요구분석
② Beta 요구분석
③ Gamma 요구분석
④ Epsilon 요구분석

정답 20.⑤ 21.① 22.① 23.①

> **해설**
> **Alpha 요구분석**: 지역실정의 분석에 대한 아무런 제약조건 없이 전면적인 개혁을 목적으로 실시됨. 농촌지도사업의 현행정책이나 방법 등이 지역에서 필요로 하는 것과 일치하느냐의 여부를 아무 제약 없이 분석하여, 그에 따른 결과대로 새로이 계획을 수립하는 방법. 요구분석의 가장 기본적인 형태이며 가장 큰 변화를 초래할 수 있지만, 위험부담이 높음

[18. 전북지도사 기출변형]

24

알파분석에 대한 설명이 옳지 않은 것은?

① 요구분석의 가장 기본적인 형태이다.
② 현행정책이나 방법 등이 지역에서 필요로 하는 것과 일치하느냐의 여부를 아무 제약 없이 분석한다.
③ 아무런 제약조건 없이 전면적인 개혁을 목적으로 실시한다.
④ 지도사업의 목표의 우선순위를 결정하기 위하여 사용한다.

> **해설**
> ④는 Gamma 요구분석이다.
> **Kaufman과 English의 Alpha 요구분석**
> • 지역실정의 분석에 대한 아무런 제약조건 없이 전면적인 개혁을 목적으로 실시됨
> • 요구분석의 가장 기본적인 형태이며 가장 큰 변화를 초래할 수 있지만, 위험부담이 높음
> • 농촌지도사업의 현행정책이나 방법 등이 지역에서 필요로 하는 것과 일치하느냐의 여부를 아무 제약 없이 분석하여, 그에 따른 결과대로 새로이 계획을 수립하는 방법

[17. 지도사 기출변형]

25

알파 요구분석에 대한 설명이 옳은 것은?

가. 아무런 제약조건 없이 전면적인 개혁을 목적으로 실시한다.
나. 지도사업의 목표의 우선순위를 결정하기 위하여 사용한다.
다. 요구분석의 가장 기본적인 형태이며 가장 큰 변화를 초래할 수 있다.
라. 현재상황과 바람직한 상황만의 차이(필요격차)를 분석하는 방법이다.

① 가, 다　② 가, 나
③ 나, 라　④ 다, 라

> **해설**
> 나.는 감마 요구분석, 라.는 베타 요구분석이다.

24.④　25.①　정답

26

다음 중 현재상황과 바람직한 상황만의 차이를 분석하는 방법은?

① Beta 요구분석
② Gamma 요구분석
③ Epsilon 요구분석
④ Zeta 요구분석

해설
Beta 요구분석 : 현행 지도사업은 그 수행상 큰 문제가 없다는 전제조건 하에서 단순히 현재 상황과 바람직한 상황만의 차이(필요격차)를 분석하는 방법. α - 요구분석만큼 큰 변화를 가져오지 않지만, 지도사업의 방법과 결과를 모두 개선한다는 측면에서 기타 요구분석보다는 범위가 넓음

[17. 지도사 기출변형]

27

Kaufman과 English의 지역요구 분석방법 중 Alpha 요구분석에 대한 설명으로 가장 옳지 않은 것은?

① 지역실정 분석에 대한 아무런 제약조건 없이 전면적 개혁을 목적으로 한다.
② 가장 큰 변화를 초래할 수 있지만 위험부담이 높다.
③ 현행 지도사업은 수행상 큰 문제가 없다는 전제조건 하에 현재상황과 바람직한 상황의 차이를 분석한다.
④ 요구분석의 가장 기본적인 형태이다.

해설
Beta 요구분석은 현행 지도사업은 수행상 큰 문제가 없다는 전제조건 하에 현재상황과 바람직한 상황의 차이(필요격차)를 분석한다.

[20. 서울지도사 기출]

28

농촌지도사업 목표의 우선순위를 결정하기 위한 요구분석은 무엇인가?

① Alpha 요구분석
② Beta 요구분석
③ Gamma 요구분석
④ Epsilon 요구분석

해설
Gamma 요구분석 : α와 β분석을 한 결과 현재상황과 바람직한 상황에는 차이가 있다는 사실이 발견되었을 때, 지도사업의 목표의 우선순위를 결정하기 위하여 사용됨. 지도사업은 1가지 사업을 수행하는 것이 아니라 여러 사업을 수행하는데, 이런 여러 사업은 그 필요격차가 서로 다르며, 어떤 사업에 우선순위를 두어야 하는가를 분석하는 것

[19. 충남지도사 기출]

정답 26.① 27.③ 28.③

[19. 경북지도사 기출]

29
다음의 요구분석은 무엇을 설명한 것인가?

> 지도사업은 1가지 사업을 수행하는 것이 아니라 여러 사업을 수행하는데, 이런 여러 사업은 그 필요격차가 서로 다르며, 어떤 사업에 우선순위를 두어야 하는가를 분석하는 것이다.

① Alpha 요구분석 ② Beta 요구분석
③ Gamma 요구분석 ④ Epsilon 요구분석

[18. 경남지도사 기출]

30
다음 중 요구분석에 대한 설명으로 옳은 것은?

① Alpha 분석 – 현재상황과 바람직한 상황의 차이를 분석하는 방법이다.
② Beta 분석 – 아무런 제약조건 없이 전면적인 개혁을 목적으로 실시된다.
③ Epsilon 분석 – 우선순위를 결정하기 위하여 사용한다.
④ Zeta 분석 – 결과를 수행하기 위한 방법이나 과정들이 제대로 이행되었는가를 분석한다.

해설
① Beta 분석, ② Alpha 분석, ③ Gamma 요구분석
Kaufman과 English의 지역요구를 분석하는 방법
㉠ Alpha 요구분석
 • 지역실정의 분석에 대한 아무런 제약조건 없이 전면적인 개혁을 목적으로 실시됨
 • 요구분석의 가장 기본적인 형태이며 가장 큰 변화를 초래할 수 있지만, 위험부담이 높음
 • 농촌지도사업의 현행정책이나 방법 등이 지역에서 필요로 하는 것과 일치하느냐의 여부를 아무 제약 없이 분석하여, 그에 따른 결과대로 새로이 계획을 수립하는 방법
㉡ Beta 요구분석
 • 현행 지도사업은 그 수행상 큰 문제가 없다는 전제조건 하에서 단순히 현재상황과 바람직한 상황만의 차이(필요격차)를 분석하는 방법
 • α-요구분석만큼 큰 변화를 가져오지 않지만, 지도사업의 방법과 결과를 모두 개선한다는 측면에서 기타 요구분석보다는 범위가 넓음
㉢ Gamma 요구분석
 • α와 β분석을 한 결과 현재상황과 바람직한 상황에는 차이가 있다는 사실이 발견되었을 때, 지도사업의 목표의 우선순위를 결정하기 위하여 사용됨
 • 지도사업은 1가지 사업을 수행하는 것이 아니라 여러 사업을 수행하는데, 이런 여러 사업은 그 필요격차가 서로 다르며, 어떤 사업에 우선순위를 두어야 하는가를 분석하는 것

29.③ 30.④ **정답**

② Epsilon 요구분석
- γ 분석 결과, 사업별 목표에 대한 우선순위가 결정된 후 그 목표가 달성되었는지 여부를 분석하는 방법
- 총괄평가와 비슷함

⑰ Zeta 요구분석
- 결과보다는 결과를 수행하기 위한 방법이나 과정이 제대로 이행되었는가를 분석하는 방법 → 과정평가와 비슷함
- 사업 수행 도중 여러 차례 분석하여 사업의 궤도를 수정할 수 있음

31

[21. 경북지도사 기출변형]

Kaufman과 English의 지역요구를 분석하는 방법으로 옳은 것은?

① Epsilon 요구분석은 γ 분석 결과, 사업별 목표에 대한 우선순위가 결정된 후 그 목표가 달성되었는지 여부를 분석하는 방법이다.
② Gamma 요구분석은 현행정책이나 방법 등을 아무 제약 없이 분석하여, 그에 따른 결과대로 새로이 계획을 수립하는 방법이다.
③ Alpha 요구분석은 지도사업의 방법과 결과를 모두 개선한다는 측면에서 기타 요구분석보다는 범위가 넓다.
④ Beta 요구분석은 지도사업은 여러 사업을 수행하는데, 어떤 사업에 우선순위를 두어야 하는가를 분석하는 것이다.

해설
② Alpha 요구분석은 현행정책이나 방법 등을 아무 제약 없이 분석하여, 그에 따른 결과대로 새로이 계획을 수립하는 방법이다.
③ Beta 요구분석은 지도사업의 방법과 결과를 모두 개선한다는 측면에서 기타 요구분석보다는 범위가 넓다.
④ Gamma 요구분석은 지도사업은 여러 사업을 수행하는데, 어떤 사업에 우선순위를 두어야 하는가를 분석하는 것이다.

32

[19. 강원지도사 기출]

농촌지도계획에서 지역문제 우선순위 결정시 고려사항에 대한 설명으로 옳지 않은 것은?

① 문제해결에 대한 민주적 절차
② 문제에 관계되는 농촌주민의 수
③ 문제해결에 필요한 자원의 가용 여부
④ 문제에 의해 좌우되는 소득의 정도

정답 31.① 32.①

해설	
지역사회 문제결정	지역문제 우선순위 결정시 고려사항 • 문제에 관계되는 농촌주민의 수 • 문제에 의해 좌우되는 소득의 정도 • 문제해결에 대한 주민의 관심도 • 문제해결에 필요한 자원의 가용 여부

33

지역문제의 우선순위를 결정할 때 고려하여야 할 사항으로 적합하지 않은 것은?

① 문제에 관계되는 농촌주민의 수
② 문제에 의하여 좌우되는 소득의 정도
③ 문제해결에 대한 주민의 관심도
④ 문제해결에 관련된 지역유지의 관심도

해설
지역문제 우선순위 결정시 고려사항
㉠ 문제에 관계되는 농촌주민의 수
㉡ 문제에 의해 좌우되는 소득의 정도
㉢ 문제해결에 대한 주민의 관심도
㉣ 문제해결에 필요한 자원의 가용 여부

34

스미스가 제시한 농촌지도 목표설정시 참고사항으로 거리가 먼 것은?

① 포괄성과 연관성의 기준
② 일관성의 기준
③ 비모순의 기준
④ 사회적 적절성의 기준
⑤ 민주적 이상의 기준

해설
농촌지도 목표 설정시(교육목표를 설정할 때) 기준
㉠ **사회적 적절성의 기준** : 사회변화에 적응해야 함
㉡ **인간의 기본욕구의 기준** : 기본욕구가 충족되어야 함
㉢ **민주주의적 이상의 기준** : 민주주의 이념을 실현해야 함
㉣ **일관성과 비모순의 기준** : 상호중립 또는 상합적이어야 함
㉤ **행동적 해석의 기준** : 실제 행동으로 나타나야 함
㉥ **가치와 가능성의 기준** : 성취가 가능한 목표를 설정해야 함
㉦ **포괄성과 종합성의 기준** : 인지적·정의적·심체적 영역을 동시에 발달시킬 수 있는 목표를 설정해야 함

33.④ 34.① 정답

35

농촌지도목표 설정시에 참고할 수 있는 사항으로 스미스 등이 제시한 것에 속하지 않는 것은?

① 사회적 적절성의 기준
② 구체성과 개발가능성의 기준
③ 일관성과 비모순의 기준
④ 민주주의적 이상의 기준

36

지도사업에 관련되는 모든 사람에게 지도사업이 왜, 어떠한 방향으로 어떻게 전개될 것인가를 명확하게 알려주기 위해 필요한 것은?

① 장기지도계획서
② 단기지도계획서
③ 연간활동계획서
④ 실천계획서

37

농촌지도 장기계획서의 작성 이유가 아닌 것은?

① 단순한 지도계획의 보고용으로 사용한다.
② 예산확보 등 대외홍보에 도움이 된다.
③ 예산, 노력, 시간의 낭비와 시행착오를 줄일 수 있다.
④ 타 기관과 협동지침(協同指針)을 제공한다.
⑤ 인사이동에 대비할 수 있다.

해설
장기계획서 작성 이유
㉠ 지도유관 기관·인사에게 지도가 어떤 방향으로, 왜, 어떻게 전개될 것인가를 알려줌
㉡ 예산확보 등 대외홍보에 도움이 됨
㉢ 예산·노력·시간낭비·시행착오를 줄임
㉣ 농촌지역사회 내 다른 기관과 협동하기 위한 지침 제공
㉤ 인사이동에 대비할 수 있음

정답 35.② 36.① 37.①

38

농촌지도, 경제개발, 사회개발에서 장기계획서를 작성하는 이유가 아닌 것은?

① 지도계획의 평가를 용이하게 한다.
② 농촌지역사회 내의 다른 기관 및 조직체와 협동하기 위한 지침을 제공한다.
③ 예산, 노력, 시간의 낭비와 시행착오를 줄인다.
④ 지도에 관계되는 모든 기관과 인사에게 지도방향과 이유, 전개방법 등을 제시해 준다.

39

농촌지도사업의 중요한 목표와 그 추진방안을 중심으로 장기농촌지도계획을 마련하는 곳은?

① 군 단위 지도계획위원회
② 도 단위 지도계획위원회
③ 중앙 단위 지도계획위원회
④ 면 단위 지도계획위원회

40

계획위원회가 설정한 장기지도목표의 달성 정도를 검토하는 단계는?

① 지도평가단계
② 지도계획수립단계
③ 지도계획실천단계
④ 지도위원회의 자문단계

해설
목표의 달성도를 효과성이라고 하며, 효과성은 평가단계에서 실시한다.

결과평가	• 지도평가계획 : 평가를 어떻게, 누가, 언제, 어디서, 무엇을 기준으로 할 것인가를 계획하여 주는 것 • 지도평가 : 계획위원회가 설정한 장기지도목표가 얼마나 성공적으로 달성되었는가를 검토하는 것 • 수정계획 : 장기계획이 성안된 후 새로운 사회변화와 연구결과, 시행착오에 대처하기 위하여 수정 방침과 의도를 밝혀주는 것 • 평가는 하나의 평가위원회를 조직하여 평가하는 것이 타당성과 객관성이 높음

38.① 39.③ 40.①

41

다음 농촌지도계획에 대한 설명 중 틀린 것은?

① 농촌지도계획은 상위지역단위와 하위지역단위의 지도계획과 상호보완적인 관계를 유지하여야 한다.
② 한 기간의 지도사업을 평가하여 그 결과를 다음 기간 지도사업에 반영하여서는 안 된다.
③ 농촌의 모든 지도과정은 농촌지역실정의 조사에서 시작하여 그것을 기초로 상호 연관시켜 평가까지 이루어져야 한다.
④ 농촌지도사업의 과정은 그 지역의 장기 농촌지도목표를 수행한다.
⑤ 사업계획과 그 업적을 모든 관련인사와 기관에게 알린다.

해설
농촌지도의 평가는 농촌주민들이 농촌지도를 통하여 성취된 행동적 변화 정도를 측정함과 동시에 그에 관련된 농촌지도과정의 적절성을 조사하여, 그 결과를 앞으로의 지도사업에 활용하기 위하여 필요한 자료와 정보를 체계적으로 수집·분석하고 활용하는 과정이다.

42

어떤 목적을 달성하기 위하여 미래를 예측하여 어떤 대상에 변화를 발생시킬 행동을 설계하는 것은 무엇이라 하는가?

① 필요격차
② 정책
③ 요구분석
④ 기획

해설
㉠ **요구(needs)** : 현재의 산출과 기대 산출 간의 격차
㉡ **요구분석(needs assessment)** : 현재의 산출과 기대 산출 간의 격차를 측정하여 우선순위별로 배열하고 그 격차를 해소할 수 있는 방법을 모색하는 공식적인 과정
㉢ **필요격차(need gap)** : 농촌지도계획에서 현재 주민의 지식, 기술, 태도의 정도와 목표하는 바람직한 수준의 지식, 기술, 태도의 정도 차이

정답 41.② 42.④

43

기획과 계획, 전략적 기획의 설명으로 옳지 않은 것은?

① 기획은 절차와 과정을 의미하며, 계획은 대체로 문서화된 활동목표와 수단을 의미한다.
② 기획은 미래의 활동을 예측하는 행위로 계획을 수립, 작성, 집행하는 과정이다.
③ 정책은 기획에 선행하는 것이고, 계획은 정책을 구체화하기 위한 수단으로서 기획의 결과이다.
④ 전략은 특정 소규모 전쟁 승리를 위한 계책을 마련하는 것이다.

해설
전략은 대규모 전쟁에서 승리하기 위하여 인적·물적 자원 등의 여러 조건과 상황을 이용하려는 고차원적 접근을 뜻하기 때문에, 특정 소규모 전쟁 승리를 위한 계책 마련의 저차원적 접근인 전술(tactics)과는 구별된다.

기획 vs 계획의 차이

기획(planning)	계획(plan)
미래의 활동을 예측하는 행위로 계획을 수립·작성·집행하는 과정	기획을 통해 산출되는 결과물
계속적·동적·절차적 개념	최종적·산출적 개념
절차와 과정을 의미	문서화된 활동목표와 수단을 의미

44

다음 전략적 기획을 정의한 학자는 누구인가?

> 전략적 기획은 요령이 아니라 기교이며, 예측하는 것이 아니며, 미래의 의사결정을 다루는 것이 아니라 현재 결정의 장래성을 다루는 것이며, 위험을 제거하려는 시도가 아니다.

① 슈타이너　　② 브라이슨
③ 드러커　　　④ 올센과 이디

43.④　44.③　**정답**

해설
전략적 기획의 학자별 정의

연구자	정 의
Steiner	기본적 조직 목표, 목적, 정책 등을 수립하고, 조직의 목표를 달성하기 위해 사용될 전략을 개발하는 체계적인 노력
Olsen & Eadie	조직의 실제 목표가 무엇이며 조직이 특정업무 수행을 왜 해야 되는지에 대한 결정과 행동을 산출해내는 훈련된 노력
Bryson	한 조직이 무엇이고, 무엇을 해야 하며, 왜 그것을 해야 하는지에 대한 기본적 결정과 행동을 산출해내는 훈련된 노력
Blacker	전략적 기획을 계획된 미래의 성과, 성과를 달성하기 위한 방법, 성과 달성을 측정·평가하는 방법에 대하여 의사결정을 하는 계속적·체계적 과정
Arizona 주	기관의 임무, 목적과 성과 측정을 정의함에 있어 고객, 이해관계자와 정책결정자뿐만 아니라 기관장의 전폭적 지지를 필요로 하는 참여 과정
Poister & Streib	조직의 전략적 의제를 발굴하기 위한 모든 주요한 활동, 기능 그리고 지시 등을 통합할 수 있는 집중적인 관리 과정
김신복	조직이 생존과 발전을 위하여 반드시 생각하고 수행해야 할 일들이 무엇인가를 찾아내는 데 활용될 수 있는 개념, 절차 및 도구

45

전략적 기획의 특징으로 바르지 않은 것은?

① 안정된 환경 하에서 정해진 목표를 달성하는 기획이다.
② 위기와 약점은 최소화, 기회와 강점은 최대로 활용한다.
③ 대내외적 부문간 연계와 통합을 강조한다.
④ 불확실한 환경에서는 장기적으로 합리적 기획이 불가능하다.

해설
전략적 기획의 특징
㉠ 불확실한 환경 하에서 장기적 결정을 합리적으로 수행
㉡ 안정된 환경 하에서 정해진 목표를 달성하는 전통적 장기기획과는 다름
㉢ 위기(Threat)와 약점(Weakness)은 최소화, 기회(Opportunity)와 강점(Strength)은 최대로 활용 → SWOT 분석
㉣ 조직의 임무(Mission) → 비전(Vision) → 전략목표(Goal) → 성과목표(Objectives)의 공유
㉤ 대내외적 부문간 연계와 통합 강조
㉥ 전략적 관리, 전략적 예산 등으로 연결되어야 함

[20. 강원지도사 기출변형]

46
전략적 기획의 특징으로 옳지 않은 것은?

① 안정된 환경 하에서 정해진 목표를 달성하는 모델이다.
② 조직의 임무(Mission), 비전(Vision), 전략목표(Goal), 성과목표(Objectives)를 공유한다.
③ 위기와 약점은 최소화, 기회와 강점은 최대로 활용한다.
④ 대내외적 부문간 연계와 통합을 강조한다.

해설
안정된 환경 하에서 정해진 목표를 달성하는 전통적 장기기획과는 다른 불확실한 환경 하에서 장기적 결정을 합리적으로 수행하는 기획이다.

[19. 강원지도사 기출]

47
전략적 기획에 대한 설명으로 옳지 않은 것은?

① 정책집행 측면에서 법령·지침의 제약을 상대적으로 덜 받아 재량의 범위가 넓다.
② 불확실한 환경에서는 장기적으로 합리적 기획이 가능하다.
③ 분석보다 종합(synthesis)에 더 역점을 둔다.
④ 조직이 직면한 전략적 이슈를 확인하고 해결하는 데 역점을 둔다.

해설
전략적 기획의 한계
㉠ 많은 시간과 비용 소모
㉡ 불확실한 환경에서는 장기적으로 합리적 기획이 불가능
㉢ 제한된 합리성이나 점진적 결정의 현실적 불가피성을 고려하지 못함

48
전통적 기획과 전략적 기획의 차이점으로 옳지 않은 것은?

① 전통적 기획의 사용목적은 정책의 구체화 수단이다.
② 전략적 기획의 재량범위는 최소화 한다.
③ 전통적 기획의 방향은 토지 이용 등 주로 물리적 개발이다.
④ 전략적 기획의 방법은 불연속성 전제이다.

해설
전략적 기획의 재량범위는 복잡한 문제를 다루기 위해 최대화 시켜야 한다.

46.① 47.② 48.② **정답**

구분	전통적 기획	전략적 기획
기간	단기 또는 중기(1~5년)	장기간(5~20년)
사용목적	정책(목표)의 구체적 수단	관리도구
재량범위	최소화	최대화(복잡한 문제를 다루기 위해)
방향성	주로 물리적 개발, 토지 이용	기능을 위한 전략
포괄성	포괄적	선택적
형식성	획일	다양
목표	전제	전제되지 않음
방법	추세연장법에 의한 미래예측에 기초	불연속성 전제
과정	변경이 어려움	변경 수용

49

[20. 경남지도사 기출]

다음 중 전통적 기획과 전략적 기획에 대한 설명이 모두 옳은 것은?

> ㉠ 전략적 기획의 기간은 장기적이다.
> ㉡ 전략적 기획은 재량의 범위를 최소화한다.
> ㉢ 전통적 기획은 주어진 목표를 사업으로 구체화한다.
> ㉣ 전통적 기획은 추세연장법에 의한 미래예측에 기초한다.

① ㉠, ㉣
② ㉡, ㉢
③ ㉠, ㉡, ㉢
④ ㉠, ㉢, ㉣

해설
전통적 기획은 재량의 범위를 최소화하지만, 전략적 기획은 복잡한 문제를 다루기 위해 재량의 범위를 최대화한다.

50

[20. 서울지도사 기출]

전략적 기획에 대한 설명으로 가장 옳지 않은 것은?

① 전략적 기획은 조직의 비전과 사명, 또는 가치를 확인하고, 이를 수정 또는 보완하는 과정이 중요하다.
② 전략적 기획은 기본적으로 환경 변화에 대응하기 위한 기획이지만, 사후 상황 극복뿐만 아니라 선도적 변화를 추구한다.
③ 과거에서 현재까지의 추세에 기초해 가장 높은 미래를 가정하여 목표 달성을 추구하는 경향이 강하다.
④ 정책집행 측면에서 법령이나 지침의 제약을 상대적으로 덜 받는다.

해설
과거에서 현재까지의 추세에 기초해 가장 높은 미래를 가정하여 목표 달성을 추구하는 경향이 강한 것은 전통적 기획이다.

정답 49.④ 50.③

51

전통적 기획과 전략적 기획의 설명 중 옳지 않은 것은?

① 전통적 기획은 주어진 목표를 예산이나 사업으로 구체화하기 위해 활용되는 것으로서, 주로 기존의 조직 역할에 중점을 둔다.
② 전통적 기획은 장래의 환경 변화에 따른 대처능력이 부족하다.
③ 전략적 기획은 조직 내외의 환경에 대한 평가를 통해 비전을 추구하면서 조직의 미래 모습을 구체적으로 제시한다.
④ 전략적 기획은 법규 및 기획부서의 지위 등에 따라 많은 제약을 받게 된다.

해설
전통적 기획은 법규 및 기획부서의 지위 등에 따라 많은 제약을 받게 된다.

[17. 지도사 기출변형]

52

전략적 기획에 관한 설명 중 옳지 않은 것은?

① 정책 결정의 측면에서 조직의 모든 실제적·잠재적 역할을 고려하게 되어 정치적 상황에 탄력적으로 대응할 수 있다.
② 과거에서 현재까지의 추세에 기초하여 가장 높은 미래를 가정하여 목표 달성을 추구한다.
③ 정책 집행 측면에서는 법령이나 지침의 제약을 상대적으로 덜 받는다.
④ 조직 내외 환경에 대한 평가를 통해 비전을 추구하면서 조직의 미래 모습을 구체적으로 제시한다.

해설
전통적 기획 vs 전략적 기획
㉠ 전통적 기획
 ⓐ 주어진 목표를 예산이나 사업으로 구체화하기 위해 활용되는 것
 ⓑ 기존의 조직 역할에 초점
 ⓒ 과거에서 현재까지의 추세에 기초하여 가장 높은 미래를 가정하여 목표 달성을 추구하는 경향이 강하기 때문에 장래의 환경 변화에 따른 대처능력이 부족함
 ⓓ 법규 및 기획부서의 지위 등에 따라 많은 제약을 받음
㉡ 전략적 기획
 ⓐ 전략적 이슈의 확인 및 해결을 위해 활용되는 것으로, 조직 내외 환경에 대한 평가를 통해 비전을 추구하면서 조직의 미래 모습을 구체적으로 제시함
 ⓑ 정책결정 측면에서 조직의 모든 실제적·잠재적 역할을 고려하게 되어 정치적 상황에 보다 탄력적으로 대응할 수 있음
 ⓒ 정책집행 측면에서 법령·지침의 제약을 상대적으로 덜 받아 재량의 범위가 넓음. 계획 내용에서 주요 이해관계를 종합적으로 고려하기 때문에 실제적 유용성이 높음

51.④ 52.② 정답

53

전략적 기획의 특징이 아닌 것은?

① 사용목적 - 정책의 구체화 수단
② 방향성 - 기능을 위한 전략
③ 목표 - 전제되지 않음
④ 방법 - 불연속성 전제

해설

구분	전략적 기획
기간	장기간(5~20년)
사용목적	관리도구
재량범위	최대화(복잡한 문제를 다루기 위해)
방향성	기능을 위한 전략
포괄성	선택적
형식성	다양
목표	전제되지 않음
방법	불연속성 전제
과정	변경 수용

54

전략적 기획의 특징으로 옳지 않은 것은?

① 전략적 기획은 정책형성과 정책집행을 연결하는 역할이다.
② 전략적 기획은 종합보다는 분석에 더 역점을 둔다.
③ 조직이 직면한 이슈를 확인하고 해결하는데 역점을 둔다.
④ 조직의 비전, 사명 또는 가치를 확인하고 이를 보완·수정하는 과정을 중요시한다.

해설
전략적 기획의 특징
㉠ SP는 조직의 비전(vision)과 사명(mission), 또는 가치(value)를 확인하고, 이를 수정·보완하는 과정이 중요함
㉡ SP는 조직과 연관된 내·외적 환경 여건을 중요하게 여기기 때문에, 조직 내부 장점(S)·단점(W)을 분석하고 조직 외부 기회(O)·위협(T) 요인을 어떻게 효과적으로 대처하느냐에 초점을 둠
㉢ SP는 조직이 직면한 전략적 이슈를 확인하고 해결하는 데 역점을 둠
㉣ SP는 정책형성과 정책집행을 연결하는 안전장치의 역할을 함
㉤ SP는 분석보다 종합(synthesis)에 더 역점을 둠. 전략적 기획가는 조직의 재량범위, 조직의 비전·사명을 명확히 확인하며, 조직의 강점·약점·기회·위협요인 등을 탐색하고 모든 정보를 종합하는 역할을 해야 함

정답 53.① 54.②

55

전략적 기획의 장점이 아닌 것은?

① 조직지도자가 뛰어난 직관을 갖고 있는 경우 전략적 기획은 효율적이다.
② 성과지향적 관리에 있어 필수이다.
③ 기본적으로 환경 변화에 대응하기 위한 기획이다.
④ 고객의 지지 확보와 조직 내부의 커뮤니케이션을 강화시킨다.

해설
전략적 기획의 장점
㉠ SP는 기본적으로 환경 변화에 대응하기 위한 기획이지만, 사후 상황 극복뿐만 아니라 선도적(proactive) 변화를 추구함
㉡ SP는 성과 관리하는 데 있어 유용한 수단으로 진단, 목표설정, 전략형성 과정이기 때문에 성과지향적 관리에 있어 필수적
㉢ SP는 조직을 미래지향적으로 전환시킴
㉣ SP는 고객의 지지 확보와 조직 내부의 커뮤니케이션을 강화시킴

56

Mintzberg의 전략적 기획의 문제점이 아닌 것은?

① 관료제의 역기능으로 혁신적 변화에 저항적이다.
② 미래에 대한 불확실성을 고려할 때 사전에 특정 상황을 가정하고 계획을 수립한다는 것이 무의미할 수 있다.
③ 직관적이며 공식화하기 어려운 내용을 담고 있어 반복되기 어렵다.
④ 계획과 실천이 유기적으로 연계되기 어렵다.

해설
Mintzberg의 전략적 기획의 문제점
㉠ SP가 미래예측에 기반을 두고 있다는 점. 미래예측은 현재 분석에 기초하는데 미래에 대한 불확실성이나 예측의 부정확성을 고려할 때 사전에 특정의 상황을 가정하고 계획을 수립한다는 것이 무의미할 수 있음
㉡ SP가 수립되기 위해서는 조직관리자(기획가)가 일상 업무에서 떨어져서 상황을 분석해야 하는데, 계획과 실천이 유기적으로 연계되기 어려움
㉢ 전략적 기획이 많은 경우 직관적이며, 공식화하기 어려운 내용을 담고 있어 반복되기 어려움. 공식화가 안 된다면 조직에서 활용할 수 있는 도구로서 의미가 축소됨

57

전략적 관리와 전략적 기획에 관한 설명으로 옳지 않은 것은?

① 전략적 기획을 전략적 관리의 기초로, 전략적 기획의 확장을 전략적 관리로 본다.
② 전략적 관리는 전략적 기획보다는 포괄적인 수준을 요구한다.
③ 전략적 기획은 장기적 조직성과를 성취하기 위한 관리자의 의사결정과 행동이다.
④ 전략적 관리는 주어진 상황에 단순 반응하기보다는 오히려 변화 자체를 추구한다.

해설
전략적 관리는 장기적 조직성과를 성취하기 위한 관리자의 의사결정과 행동이다.

전략적 관리(SM)의 특징
㉠ 전략을 개발·수립하는 과정인 전략적 기획(SP)은 전략관리의 핵심 부분으로, 더욱 복잡해지는 행정환경 속에서 정부조직이 주어진 상황에 단순 반응하기보다는 오히려 변화 자체를 추구하면서 사전에 대처해야 함
㉡ SP가 적절한 전략 결정을 형성하는 것이라면, SM은 기업의 전략적 산출물(예 새로운 시장·상품·기술의 생산)을 생산하는 것이 초점
㉢ SM은 조직 부서별 SP를 단순 통합 수준이 아니라, 그 이상의 조직 전반에 대한 복합적 의미를 가짐
㉣ SM은 기업의 최종적 목표가 되며, 모든 사업별·기능별·계층별 조직운영 및 전략적 결정을 연계한 운영체계의 발전을 목적으로 함
㉤ 조직문화, 기업가치, 관리 스타일, 책임성, 신념, 윤리의식 등을 중요하게 여기고, 단기적 기업이익추구와 장기적 기업성장(발전) 간의 갈등요소를 관리 측면에서 조정함
㉥ 기업 비전이 조직구성원 모두에게 공감대를 형성하지 못할 경우 전략적 관리의 추진과정과 실효성에 문제가 발생하며, 조직의 생존문제와도 직결됨

정답 57.③

58

보기는 Bozeman & Straussman의 전략적 관리의 원칙을 나열한 것이다. 전략적 관리에서 상대적으로 더욱 강조하는 것은?

> ㉠ 장기적 관점
> ㉡ 조직 목적 및 목표 계층제 간의 융화
> ㉢ 전략적 관리와 기획은 상호 독자적인 실행이 아니라는 인식
> ㉣ 환경에 대한 적응이 아닌 환경변화에 대한 예측과 대응적 관점

① ㉠, ㉡ ② ㉠, ㉢
③ ㉡, ㉣ ④ ㉢, ㉣

59

공공부문에서의 전략에 대한 설명으로 옳지 않은 것은?

① 일종의 관리적 틀, 기법, 계획들을 내포하고 있다.
② 공공조직과 외부환경변수 간의 갈등을 완화한다.
③ 목표를 단순화하고 경제적 이윤 및 이익 지향적으로 목표를 설정한다.
④ 효과적 집행을 위한 방법들에 대한 합리적인 설계가 강조된다.

해설
민간부문은 목표를 단순화하고 경제적 이윤 및 이익 지향적으로 목표를 설정한다.
공공부문의 전략
㉠ 일종의 관리적 틀·기법·계획들을 내포함
㉡ 공공조직과 외부환경변수 간의 갈등 완화 및 조정 차원의 계획 수립
㉢ 조직 미션·목적·목표에 대한 구체화
㉣ 효과적 집행을 위한 방법에 대한 합리적인 설계가 강조되고, 민간보다 전략적 기획의 접근법·세부내용 등이 간결해짐

58.④ 59.③ 정답

60

Bryson의 10단계 전략적 기획 과정 중 내부환경에 해당하는 것이 아닌 것은?

① 인적 및 경제적 자원
② 기능별 혹은 부서별 전략
③ 구매자 또는 비용지불자
④ 집행의 결과와 현황

해설

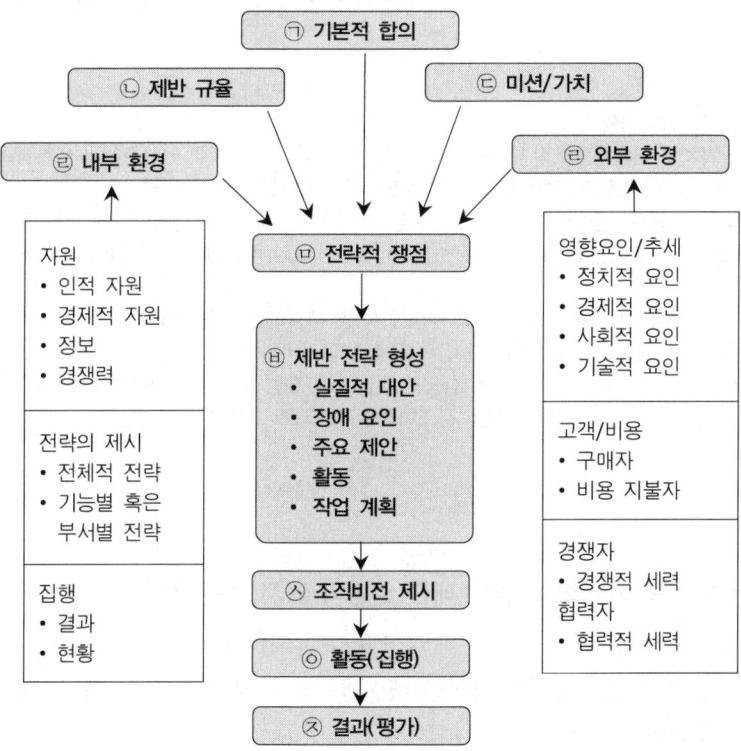

61

Bryson의 공공부문의 전략적 기획모형에 대한 설명으로 옳지 않은 것은?

① 조직의 미션·목적을 명확히 규명하면 조직 내 불필요한 갈등을 방지할 수 있다.
② 조직의 미션 및 가치의 분류는 이해관계자분석과 미션진술문을 통해 가능하다.
③ 전략적 이슈는 명료해야 하며, 쟁점을 정책문제로 전환시키기 위해 필요한 요인들이 열거되어야 한다.
④ 비전설정은 전략적 기획의 핵심과정으로 조직이 직면한 근본적 정책대안을 파악하는 것이다.

해설
Bryson의 전략적 기획
㉠ **미션과 가치의 명확화** : 조직 내 불필요한 갈등을 방지하고, 합리적 의사결정과 생산적 활동에 몰입할 수 있으며, 존립의 사회적 정당성·존재이유를 제시해 줌
㉡ **전략적 이슈 확인** : 전략적 기획의 핵심과정으로 조직이 직면한 근본적 정책대안을 파악하는 것으로, 대안선택은 조직의 실체(identity)·역할·역할의 근거 등을 정의하는 데 중요함
㉢ **제반 전략 형성** : 전략은 대개 전략적 쟁점(이슈)을 해결하기 위해 개발되는데, 경우에 따라 조직목표나 성공 비전을 제시하기 위하여 개발되기도 함
㉣ **조직의 비전설정** : 조직의 미래상을 '성공의 비전'으로 설명해야 하며, 비전은 조직의 존재를 정당화시켜 주는 사회적 목적을 강조하며, 간단하고 고무적이어야 함

[23. 충북지도사]

62

Bryson의 전략적 기획 과정에 대한 설명이 옳지 않은 것은?

① 미션과 가치의 명확화는 조직 내 불필요한 갈등을 방지할 수 있다.
② 제반 전략형성은 전략적 기획의 핵심과정으로 조직의 정책대안을 파악하는 것이다.
③ 비전설정은 조직의 미래상을 성공의 비전으로 설명해야 한다.
④ 전략적 기획과정의 채택 및 추진에 대한 조직 내외 의사결정자 간 기본 합의를 전제로 한다.

해설
전략적 이슈(쟁점) 확인은 전략적 기획의 핵심과정으로, 조직이 직면한 근본적 정책대안을 파악하는 것이다.

61.④ 62.②

63

돌런스·로울리·루쟌 모델과 브라이슨 모델에서 주요 차이점은 무엇인가?

① 비전 설정
② 전략 수립
③ 내·외부 환경 이해
④ SWOT 분석

해설
Bryson vs Rowley·Dolence·Lujan
㉠ 유사점: 환경을 이해하고 행동을 요구함
㉡ 차이점: 중요한 리더십 역량으로 고려되는 비전 설정(Bryson)

64

로울리의 전략적 기획 모델의 10단계 과정에 포함되지 않는 것은?

① SWOT 분석
② 계획발전
③ 브레인스토밍
④ 전략, 목적과 목표의 승인 및 실행

해설
Rowley, Dolence, Lujan의 전략적 기획 모델
㉠ KPI(key performance indicators, 핵심성과지표) 개발
㉡ 외부환경진단 수행
㉢ 내부환경진단 수행
㉣ SWOT 분석
㉤ 브레인스토밍
㉥ SWOT 분석 결과 항목들의 잠재적 영향력 평가
㉦ 미션, 목적과 목표, 전략 수립
㉧ KPI를 충족시키는 능력에 대한 의도했던 전략, 목적 및 목표의 효과를 알아보기 위한 교차영향분석 수행
㉨ 전략, 목적과 목표의 승인 및 실행
㉩ KPI에 관한 전략, 목적 및 목표의 실제 파급효과의 모니터링 및 평가

65

앨리슨과 카예의 전략적 기획 7단계의 순서가 바른 것은?

① 준비 → 미션 표명 → 우선순위 결정 → 환경조사 → 전략계획 작성 → 전략기획 실행 → 모니터링 및 평가
② 준비 → 미션 표명 → 우선순위 결정 → 환경조사 → 전략기획 실행 → 전략계획 작성 → 모니터링 및 평가
③ 준비 → 환경조사 → 우선순위 결정 → 미션 표명 → 전략계획 작성 → 전략기획 실행 → 모니터링 및 평가
④ 준비 → 미션 표명 → 환경조사 → 우선순위 결정 → 전략계획 작성 → 전략기획 실행 → 모니터링 및 평가

정답 63.① 64.② 65.④

해설
Allison & Kaye의 공공·비영리부문의 7단계 전략적 기획 과정

단계		내용
준비	1단계	• 기획의 필요성 인식 • 계획 준비 사항 점검 • 기획참여자 선정 • 필요한 정보 확인
미션·비전 표명	2단계	• 사명선언서 작성 • 비전선언서 작성
환경조사	3단계	• 필요한 정보 추가 • 과거와 현재 전략 표명 • 내·외부 이해관계자 정보 • 추가적 전략이슈 확인
우선순위 결정	4단계	• SWOT 분석 • 사업의 경쟁력 분석 • 미래 핵심전략 선정 • 상하위 목표 기술
전략계획 작성	5단계	• 전략계획 작성 • 계획안 제출 • 구체적 계획 선택
전략기획 실행	6단계	• 연차운영계획 개발 • 연차운영계획 작성
모니터링·평가	7단계	• 전략기획 과정 평가 • 전략계획안의 모니터링 • 계획 업데이트

66

애리조나 주 전략적 기획 추진절차 중 조직의 미래위치 결정단계에서 수행해야 하는 점이 아닌 것은?

① 사명 개발
② 원칙 개발
③ 성과관리시스템 개발
④ 하위목표 개발

66.③ 정답

해설

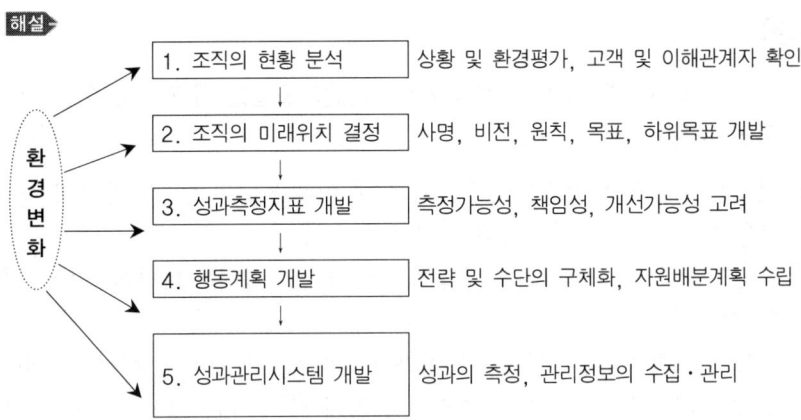

67

학자들이 제시하는 전략적 기획 과정의 공통점으로 옳지 않은 것은?

① SWOT 분석
② 환경적 검토
③ 집행전략의 개발 및 집행과정에 대한 모니터링
④ 브레인스토밍

해설
전략적 기획 과정상 공통 요소
㉠ **환경적 검토** : 정치·경제·문화적 주요 요인을 검토하고, 이 요인들이 조직 및 지역사회와 어떠한 관련성을 가지는지 확인하는 것
㉡ **조직의 사명과 목적에 대한 결정** : 환경적 검토에 기초하여 새로운 접근법이나 새로운 서비스를 제공하기 위한 기회와 이슈를 확인함
㉢ **SWOT 분석** : 내부 및 외부의 강점, 약점, 기회, 위협, 자원적 한계 등을 분석하고, 이어 사명과 목적의 달성을 위한 구체적인 행동계획을 개발하며, 정책 및 사업의 우선순위를 결정함
㉣ **집행(Do)전략의 개발 및 집행과정에 대한 모니터링(See)** : 집행을 위한 실제적인 전략을 개발하고 집행과정을 모니터링하며 평가함

정답 67.④

68

우리나라 지방자치단체가 전략적 기획 과정을 도입할 때 고려해야 할 내용이 아닌 것은?

① 전략적 기획의 과정에서 환경 분석이나 이해관계자 분석을 충분히 하지 않을 경우 계획의 방향자체가 잘못될 수 있다.
② 공공조직에 전략적 기획을 도입하는 궁극적인 목적은 타당한 전략 계획의 수립에 있다.
③ 조직의 커뮤니케이션 활성화가 전략적 기획의 성공에 있어 핵심요인이다.
④ 전략적 기획을 성공적으로 추진하기 위해서는 자치단체장의 적극적, 참여적 리더십이 필수적이다.

해설
우리나라 지방자치단체가 전략적 기획 도입시 고려할 점
㉠ 공공조직에 전략적 기획을 도입하는 궁극 목적은 전략계획 수립이 아니라, 조직의 '기획 역량(organizational capability to plan)을 강화'하여 변화하는 환경에 조직이 능동적으로 대응함으로써 바람직한 비전을 실현하는 것이다.
㉡ 전략적 기획 과정에서 환경분석·이해관계자 분석을 면밀히 하지 않으면, 미래 환경변화에 대처하지 못하고, 계획방향 자체가 잘못된 것이다.
㉢ 전략적 기획의 성공적 추진을 위해서 자치단체장의 적극적·참여적 리더십이 필수적이다.
㉣ 전략적 기획의 성공요인으로 조직의 커뮤니케이션 활성화가 핵심이다.

[21. 경북지도사 기출변형]

69

우리나라 농촌지도에서 전략적 기획 도입시 주의점으로 옳지 않은 것은?

① 전략적 기획이 1회성이 아닌 연속 순환되도록 그 과정이 공식화되어야 한다.
② 전략적 기획의 성공요인으로 조직의 커뮤니케이션 활성화가 핵심이 된다.
③ 전략적 기획의 궁극적 목적은 전략 수립에 있다.
④ 성과평가가 인센티브(보상)와 연계되어야 한다.

해설
공공조직에 전략적 기획을 도입하는 궁극 목적은 전략계획 수립이 아니라, 조직의 '기획 역량(organizational capability to plan)을 강화'하여 변화하는 환경에 조직이 능동적으로 대응함으로써 바람직한 비전을 실현하는 것이다.

68.② 69.③ 정답

70

우리나라 농촌지도의 전략적 기획과정이 옳은 것은?

① 미션·비전설정 → SWOT분석 → 3C분석 → 과제별 실행계획 수립 → 전략과제 도출 → 전략과제 선정
② 3C분석 → 미션·비전설정 → SWOT분석 → 과제별 실행계획 수립 → 전략과제 도출 → 전략과제 선정
③ 미션·비전설정 → 3C분석 → SWOT분석 → 전략과제 도출 → 전략과제 선정 → 과제별 실행계획 수립
④ 3C분석 → 미션·비전설정 → SWOT분석 → 전략과제 도출 → 전략과제 선정 → 과제별 실행계획 수립

[21. 경북지도사 기출변형]

71

우리나라 농촌지도의 전략적 기획 과정에서 첫 번째 단계는?

① 미션과 비전 설정
② 성과목표설정
③ SWOT 분석
④ 지도조직 내·외부 환경분석

72

제시된 우리나라 농촌지도의 전략적 기획 과정에서 두 번째 단계는 무엇인가?

가. 지도조직 내·외부 환경분석(3C분석)
나. SWOT 분석
다. 전략과제의 도출
라. 미션과 비전의 설정

① 가 ② 나
③ 다 ④ 라

정답 70.④ 71.④ 72.④

73

조직 내·외부 환경 분석에 널리 쓰이는 3C분석의 종류가 아닌 것은?

① 소비자(Consumer) ② 고객(Customer)
③ 자사(Corperate) ④ 경쟁자(Competitor)

해설
3C 분석
㉠ **고객(Customer) 분석**: 지도사업의 고객에 대해 분석하는 것
㉡ **자사(Corporate) 분석**: 자사의 강점과 약점을 분석하고 자사의 경쟁우위 창출 가능성을 식별하는 것
㉢ **경쟁사(Competitor) 분석**: 경쟁사의 생산능력, 경쟁사의 시설투자 규모의 진척 정도, 경쟁사의 주요고객 및 판매전략 등을 분석하는 것

[21. 경북지도사 기출변형]

74

3C분석에 대한 설명이 옳지 않은 것은?

① 조직 내·외부 환경분석에 가장 널리 쓰인다.
② 자사(Corporate), 소비자(Consumer), 경쟁자(Competitor)를 대상으로 정보를 분석하는 기법이다.
③ 우리조직의 강점과 약점을 분석하는 것은 자사분석에 해당한다.
④ 거시적 외부 환경분석은 조직 산업영역의 동향을 살펴보는 것이다.

해설
3C분석은 고객(Customer), 자사(Corporate), 경쟁자(Competitor)에 대한 정보를 분석하는 기법이다.

75

농촌지도의 전략적 기획 과정 중 비전을 달성하기 위한 전략과제들을 도출하기 전에 비전 달성의 의미를 구체화하는 단계는?

① 미션설정 ② SWOT 분석
③ 전략과제 ④ 성과목표

해설
성과목표란 비전은 약간 추상적·포괄적 내용이기 때문에, 비전을 달성하기 위한 전략과제를 도출하기 전에 비전 달성의 의미를 구체화할 수 있는 내용을 규정하는 것. 양적 개념을 적용하여 수치로 표현한 것이다.

73.① 74.② 75.④ **정답**

76

SWOT분석의 절차로 바르게 나열된 것은?

① 환경분석 → 환경변화에 대응하기 위한 전략도출 → 자사의 역량분석
② 자사의 역량분석 → 환경분석 → 환경변화에 대응하기 위한 전략도출
③ 환경분석 → 자사의 역량분석 → 환경변화에 대응하기 위한 전략도출
④ 환경변화에 대응하기 위한 전략도출 → 환경분석 → 자사의 역량분석

해설▶
SWOT 분석 절차 : 환경분석 → 자사역량 분석 → 환경 대응전략 도출
㉠ **환경분석** : 환경 변화의 요소나 속성, 그 내용(기회・위협)의 구분, 영향의 정도를 분석
㉡ **자사역량 분석** : 지도기관이 가진 현재 역량의 강점・약점을 평가하여 변화하는 환경에 어떻게 대응할 것인가에 대한 전략을 모색하기 위해 필요한 과정
㉢ **대응전략 도출** : 변화하는 환경에 대응하기 위해 우리가 무엇을 해야 할 것인가를 결정하는 일

77

[23. 서울지도사]

농촌지도사업의 SWOT 분석에 대한 설명으로 가장 옳지 않은 것은?

① 조직 역량에 대한 검토에 있어서는 강점과 약점에 대한 명확한 인식이 쉽지 않다.
② SWOT 분석을 이용한 전략과제를 개발하기 위한 전략의 유형 중 시장의 위협을 회피하기 위해 강점을 사용하는 전략은 WO 전략이다.
③ 조직과 환경 분석을 통해 강점과 약점, 기회와 위협요인을 규정하고 이를 토대로 전략을 수립하는 기법이다.
④ 환경 인식의 기법이나 예측, 분석 방법이 제대로 갖춰지지 않을 경우 환경에 대한 자의적인 선별과 해석으로 중요한 환경 요소들이 간과될 수 있다.

해설▶
시장의 위협을 회피하기 위해 강점을 사용하는 전략은 ST 전략이다.
SWOT 분석
㉠ SO 전략(강점-기회전략) : 시장의 기회를 활용하기 위해 강점을 사용하는 전략
㉡ ST 전략(강점-위협전략) : 시장의 위협을 회피하기 위해 강점을 사용하는 전략
㉢ WO 전략(약점-기회전략) : 시장의 기회를 활용하여 약점을 극복하는 전략
㉣ WT 전략(약점-위협전략) : 시장의 위협을 회피하고 약점을 최소화하는 전략

[24. 강원지도사]

78

SWOT 분석에 대한 설명이 옳지 않은 것은?

① 기회(opportunity)란 외부환경에서 유리한 조건이나 상황요인을 말한다.
② 핵심 역량으로 간주해야 할 두드러지지 않는 요소가 강점·약점 분류에서 빠져 버리는 경우가 있다.
③ SW는 외부 환경을 분석하는 것이다.
④ SWOT 분석의 전략 유형에는 SO, ST, WO, WT 유형이 있다.

해설
SW(강점·약점)는 자사역량을 분석하는 것이고
OT(기회·위협)는 외부 환경을 분석하는 것이다.

79

전략적 기획의 절차에 대한 설명으로 옳지 않은 것은?

① 가장 먼저 실시하는 3C 분석은 고객, 자사, 경쟁자에 대한 정보를 분석하는 기법이다.
② 전략과제의 우선순위 판단 기준에는 긴급성, 중요성, 실행가능성, 파급성 등이 있다.
③ 전략적 기획은 목표지향보다는 결과지향적으로 전략적 쟁점에 대한 자원배분에 핵심이 있다.
④ SWOT 분석은 먼저 자사가 가진 역량의 강점, 약점을 평가하고 환경 분석을 실시한다.

해설
SWOT 분석 절차 : 환경분석 → 자사역량 분석 → 환경 대응전략 도출

[17. 지도사 기출변형]

80

전략적 농촌지도사업에서 SWOT분석에 대한 설명으로 옳지 않은 것은?

① 핵심 역량으로 간주해야 할 두드러지지 않는 요소가 강점·약점 분류에서 빠져 버리는 경우가 있다.
② 현재의 조직역량 검토에서 강점·약점이 명확하지만, 미래의 조직역량 검토에서는 불명확하다.
③ 환경의 기회요인과 위협요인의 인식이 쉽지 않다.
④ 각 대안들의 상관관계를 파악하기 어렵다.

78.③ 79.④ 80.②

해설
SWOT 분석을 할 때 현장에서 방법상 문제
㉠ 환경인식의 기법이나 예측 분석방법이 제대로 갖춰지지 않을 경우, 환경에 대한 자의적 선발과 해석으로 중요한 환경요소들이 간과될 수 있음
㉡ 조직역량 검토에 있어서 강점·약점에 대한 명확한 인식이 쉽지 않고, 미래에 우리 조직의 강점·약점 분석은 자의성이 개입됨
㉢ 강점인가 약점인가에 대한 해석도 불명확함. 실제 상황에서 이것이 강점인지, 약점인지를 판단 가능함
㉣ 핵심 역량으로 간주해야 할 두드러지지 않는 요소가 강점·약점 분류에서 빠져 버리는 경우가 있음
㉤ 환경의 기회(O)·위협(T)요인의 인식이 쉽지 않음. 요인 정도가 약하면 기회와 위협으로 분류되지 않게 되고, SWOT 분석 작업에서 제외됨
㉥ SWOT 분석에서 각 대안들의 상관관계나 보완관계를 파악하기 어려움. 각 대안들이 어떤 부류의 조치를 의미하는 것인지 이해하기 어렵고, 그것을 종합하기도 어려움

81

SWOT 분석에 대한 설명으로 옳지 않은 것은?

① SWOT 기법은 조직의 환경분석을 통해 강점과 약점, 기회와 위협 요인을 규정하고 이를 토대로 전략을 수립하는 기법이다.
② 강점, 약점, 기회, 위협 등 4가지 요소를 분석한다.
③ 분석절차는 환경분석, 자사의 역량분석, 환경변화에 대응하기 위한 전략 도출의 순으로 이루어진다.
④ 현장에서 분석할 때 자의적 선발과 해석을 배제할 수 있는 장점이 있다.

해설
현장에서 분석할 때 실천방법상 문제점은 자의적 선발과 해석으로 중요한 환경요소들이 간과될 수 있다.

82

[18. 경북지도사 기출변형]

SWOT 분석에 대한 설명으로 옳지 않은 것은?

① 환경에 대한 자의적 선발과 해석을 할 수 있다.
② SWOT 분석 절차는 환경 분석, 자사역량 분석, 환경 대응전략 도출 순이다.
③ 환경분석은 강점과 약점을, 자사역량분석은 기회와 위협을 구분하는 것이다.
④ SWOT 분석에서 각 대안들의 상관관계나 보완관계를 파악하기 어렵다.

해설
환경분석은 기회와 위협을, 자사역량분석은 강점과 약점을 구분하는 것이다.

83

SWOT 분석에 관한 내용으로 옳은 것은?

① SO전략 – 시장의 위협을 회피하고 약점을 최소화하는 전략
② ST전략 – 시장의 위협을 피하기 위해 강점을 사용하는 전략
③ WO전략 – 시장의 기회를 활용하기 위해 강점을 사용하는 전략
④ WT전략 – 약점을 극복함으로써 시장의 기회를 활용하는 전략

해설
SWOT 분석을 이용한 전략과제를 개발하기 위한 전략 유형
㉠ SO 전략(강점-기회전략) : 시장의 기회를 활용하기 위해 강점을 사용하는 전략
㉡ ST 전략(강점-위협전략) : 시장의 위협을 회피하기 위해 강점을 사용하는 전략
㉢ WO 전략(약점-기회전략) : 약점을 극복하여 시장의 기회를 활용하는 전략
㉣ WT 전략(약점-위협전략) : 시장의 위협을 회피하고 약점을 최소화하는 전략

84

농촌지도의 전략적 기획과정 중 결과지향적 활동 내용으로 옳지 않은 것은?

① 새로운 정책 또는 사업계획을 채택한다.
② 미래에 채택될 정책과 사업안을 재검토한다.
③ 행동계획의 구성요소를 각 부서와 개인의 성과목표와 통합한다.
④ 현재의 다른 기획안들을 수정한다.

해설
포함해야 할 결과지향적 활동
㉠ 새로운 정책 또는 사업계획을 채택한다.
㉡ 현재의 정책과 사업안을 재검토한다.
㉢ 달성수준과 측정 가능한 목표를 파악한다.
㉣ 계획안을 적절하게 감독하고 평가할 수 있는 과정과 방법을 제도화한다.
㉤ 행동계획의 구성요소를 가능하면 각 부서와 개인의 성과목표와 통합한다.
㉥ 일반계획, 재정계획, 투자계획, 기술발전계획 등 현재의 다른 기획안들을 수정한다.
㉦ 계획과정 상에서 환류로 얻은 정보와 교훈은 최고경영진과 이해관계자에게 적절히 전달되어야 한다.

02 농촌지도 집행(Do)

01

국면접근법에 의해 사람의 발달단계를 4단계로 구분한 사람은 누구인가?

① 키츠너
② 콜버그
③ 피아제
④ 레빈슨

해설
국면접근법 : Levinson의 연구, 국면접근법은 성인의 생활주기를 4계절의 변화주기에 비유하며, 봄은 유년기, 여름은 청년기, 가을은 중년기, 겨울은 노년기에 해당하는데, 계절의 변화처럼 사람은 나이에 따라 발달 특성의 차이를 보인다.

02

다음 중 중기 성인기의 나이는?

① 45~60세
② 40~45세
③ 17~22세
④ 50~55세

해설

아동 및 청소년기 (3~17세)	사회생활의 기초에 대한 훈련의 시기로서, 성인들에 의해 주어진 생활양식을 따라야 할 의무가 있음
초기 성인기 (22~40세)	그 자신의 생활에 대한 선택과 유지·개선을 하여야 함
중기 성인기 (45~60세)	가정, 사회, 직업생활에 있어서 중심적인 위치와 역할을 수행하는 시기
후기 성인기 (65세 이상)	사회적 생활의 중심권에서 벗어나 중재자로서의 역할을 수행하는 시기

정답 01.④ 02.①

03

다음 보기는 사회교육실천의 원리 중 무엇을 설명하고 있는가?

> 학습자들 스스로 횡적으로 상호작용하여 학습할 때 효과가 높아진다.

① 현실성의 원리
② 다양성의 원리
③ 자기주도적 학습의 원리
④ 상호학습의 원리

04

다음 사회교육실천의 원리에 대한 설명이 옳지 않은 것은?
① 교육대상자가 동질적이고, 교육 시간·장소·방법 등이 동질적이어야 한다.
② 오락이나 유희를 삽입할 때 교육효과가 높아진다.
③ 학습자가 자발적 의지에 따라 교육에 참여해야 학습효과가 높다.
④ 교육이 실제 생활과 밀접해야 학습효과가 높다.

해설
② 오락성의 원리, ③ 자발학습의 원리, ④ 현실성의 원리
사회교육 실천의 원리
㉠ **자발학습의 원리** : 학습자가 자발적 의지에 따라 교육에 참여해야 학습에 대한 관심과 흥미를 유발시키고 지속적 동기를 유발시켜 학습효과를 높일 수 있다는 원리
㉡ **자기주도적 학습 원리** : 자기 스스로 학습의 주체가 되어야 학습효과를 높인다는 원리. 학습기간, 학습시기, 학습방법, 학습결과의 수용 여부, 스스로 학습에 대한 판단도 주도적으로 결정함
㉢ **상호학습의 원리** : 학습자 스스로 횡적으로 상호작용하여 학습할 때 효과가 높아짐
㉣ **현실성의 원리** : 교육이 실제 생활과 밀접해야 한다는 의미로, 가정·직장·사회생활과 연관된 내용일 때 학습효과가 높음
㉤ **다양성의 원리** : 교육대상자가 이질적이고 다양하므로 그들의 요구와 관심도 다양함. 교육 시간·장소·방법 등이 다양하며, 융통성이 있어야함
㉥ **능률성의 원리** : 최선의 교육자, 방법, 장소 등을 동원해야 함. 성인의 시간은 부족하며 학습기회를 얻기 어렵기 때문에 교육을 통해 얻는 것이 없고 효율적 진행이 안 되면 참석하려 하지 않음
㉦ **참여교육의 원리** : 교육의 계획, 실천, 평가에 교육대상자들이 적극적으로 참여할 때 교육의 효과가 높아짐
㉧ **오락성의 원리** : 교육방법으로서 오락, 게임, 연극 등을 활용한다는 의미로서, 오락이나 유희를 삽입할 때 교육효과가 높아짐

03.④ 04.①

05

다음 사회교육실천의 원리는 무엇을 설명한 것인가?

> 가정·직장·사회생활과 연관된 내용일 때 학습효과가 높게 나타난다.

① 다양성의 원리
② 현실성의 원리
③ 능률성의 원리
④ 자기학습의 원리

해설
현실성의 원리 : 교육이 실제 생활과 밀접해야 한다는 의미로, 가정·직장·사회생활과 연관된 내용일 때 학습효과가 높음

06

다음 중 농촌지도실천의 원리로 맞는 것끼리 연결된 것은?

> (A) 실용적 학습내용을 중심으로 가르친다.
> (B) 농촌환경 내의 가시적 결과로써 지도한다.
> (C) 지도법을 1개의 최신교재선택 후 일관성 있게 지도하여야 한다.

① A
② A, B
③ A, B, C
④ B, C

07

성인교육원리 등을 중심으로 농촌지도 실천에서 적용되어야 할 원리 중 옳지 않은 것은?

① 농촌지역사회 내에서의 가시적 결과를 가지고 지도하여야 한다.
② 지도 대상자들이 접할 수 없는 농업선진국의 최신사례를 들어 설명하는 것이 좋다.
③ 성인의 자아의식을 상하게 해서는 안 된다.
④ 지도 대상자로 하여금 그들의 경험과 의견을 표현하도록 유도하여야 한다.

[19. 경북지도사 기출]

해설
농촌지도실천에서 적용되어야 할 원리
㉠ 실용적 학습내용을 중심으로 하여야 한다.
㉡ 농촌지역사회 내에서의 가시적 결과를 가지고 지도하여야 한다.
㉢ 다양한 지도방법을 활용하여야 한다.
㉣ 지도 장소의 교육환경은 불편이 없도록 정비되어야 한다.
㉤ 교육대상자로 하여금 그들의 경험과 의견을 표현하도록 유도하여야 한다.
㉥ 지도대상자가 근거리에서 접할 수 있는 사례를 들어 설명하는 것이 좋다.
㉦ 성인의 자아의식을 상하게 해서는 안 된다.
㉧ 지도 후에 서로 교제할 수 있는 기회를 제공하는 것이 좋다.
㉨ 성인은 학습을 즐기므로 흥미있게 지도하여야 한다.

[19. 강원지도사 기출]

08

농촌지도실천의 원리에 대한 설명으로 옳지 않은 것은?

① 성인은 학습을 즐기므로 흥미있게 지도하여야 한다.
② 지도대상자가 근거리에서 접할 수 있는 사례를 들어 설명하는 것이 좋다.
③ 교육대상자로 하여금 그들의 경험과 의견을 표현하도록 유도하여야 한다.
④ 농촌지역사회 내에서의 장기적 결과를 가지고 지도하여야 한다.

해설
농촌지역사회 내에서의 가시적 결과를 가지고 지도하여야 한다.

[20. 서울지도사 기출]

09

농촌지도 실천에 적용해야 할 원리로 가장 옳지 않은 것은?

① 실용적 학습내용을 중심으로 해야 한다.
② 농촌 지역사회 내에서의 가시적 결과로써 지도해야 한다.
③ 획일적이고 주입식의 지도방법을 활용해야 한다.
④ 성인들의 자아의식을 상하게 해서는 안 된다.

해설
다양한 지도방법을 활용하여야 하며, 교육대상자로 하여금 그들의 경험과 의견을 표현하도록 유도하여야 한다.

08.④ 09.③ 정답

10

Verner와 Booth의 성인교육실천의 원리가 아닌 것은?

① 교육적 태도를 지양한다.
② 강의 중심적이어야 한다.
③ 사실 중심적이어야 한다.
④ 참가자 중심적이어야 한다.

해설
Verner와 Booth의 성인교육실천의 원리
㉠ 교육자적 태도를 일체 버려라.
㉡ 참가자를 중심으로 하라.
㉢ 사실을 전하라.
㉣ 공통의 분위기를 만들어라.
㉤ 상대방에게 질문을 하게 하라.
㉥ 강사도 함께 배우라.
㉦ 반증은 하더라도 논쟁은 하지 말라.
㉧ 사실을 간단명료하게 말하라.
㉨ 의문을 일으키도록 하라.
㉩ 배우는 방법을 가르치라.
㉪ 생활을 도와주라.
㉫ 가장 좋은 시간을 선택하라.

[17. 지도사 기출변형]

11

농촌성인의 교육훈련 참여도에 대한 설명이 잘못된 것은?

① 창업농이 승계농보다 높다.
② 식량작물 농업인이 식량작물 이외 작목 농업인보다 높다.
③ 교육수준이 높은 농업인이 교육수준이 낮은 농업인보다 높다.
④ 영농경력이 적은 농업인이 영농경력이 많은 농업인보다 높다.

해설
농촌성인의 교육훈련 참여도
㉠ 청·장년 농업인이 고령 농업인보다 높음
㉡ 교육수준이 높은 농업인이 교육수준이 낮은 농업인보다 높음
㉢ 식량작물 이외 작목 농업인이 식량작물 농업인보다 높음
㉣ 창업농이 승계농보다 높음
㉤ 영농경력이 적은 농업인이 영농경력이 많은 농업인보다 높음

정답 10.② 11.②

12

다음 농촌지도 실천에 대한 설명 중 옳지 않은 것은?

① 농촌지도의 실천은 농촌지도 대상의 특성, 농촌지도 실천의 원리, 농촌지도의 방법 등의 개념을 포함하고 있다.
② 식량작물 이외의 영농 작목농업인이 식량작물 작목농업인 보다 높은 교육훈련의 참여도를 보인다.
③ 농촌지도는 의사소통 형태에 따라 일방적 의사소통, 쌍방향 의사소통, 다방향 의사소통 지도방법으로 분류된다.
④ 집단접촉방식에는 방법 전시, 지도자교육, 현장답사 등이 있다.

해설
농촌지도방법의 분류
㉠ **접촉방식에 따른 분류** : 개별, 집단, 대중 접촉방식
㉡ **의사소통 형태에 따른 분류** : 문서, 구두, 시각자료에 의한 지도
㉢ **메시지 교환 형태에 따른 분류** : 일방적, 쌍방적, 다방향 의사소통
㉣ **피교육자의 참여정도에 의한 분류** : 설명학습지도, 문제해결학습지도, 발견학습지도

13

다음 중 농촌지도방법 중 개인접촉방법으로 볼 수 없는 것은?

① 농가 방문
② 지도기관 방문
③ 결과 전시
④ 현장답사

해설
접촉방식에 따른 분류

구분	개별접촉방식	집단접촉방식	대중접촉방식
지도방법	농가 방문, 지도기관방문, 결과 전시(집단접촉방식으로 분류하기도 함), 전화, 개인응답	회의, 단기회의, 화상회의, 강의, 지도자 교육, 포럼, 방법 전시, 현장답사(견학), 농업조직, 수련활동, 워크숍, 평가회	TV, 뉴스, 라디오, 신문, 출판물, 전화응답시스템, 컴퓨터활용 교수학습, 전시회, 품평회, 위성통신, 인터넷, 팸플릿, 리플릿

14

다음 중 집단접촉방법에 속하는 지도대상에 의한 분류는?

① 방법 전시
② 농가 방문
③ 농업기술센터 내방
④ 결과 전시의 시행

해설
②, ③, ④는 개별접촉방법에 속하는 지도대상이다.

12.③ 13.④ 14.①

15

농촌지도방법 중 집단접촉방법에 해당하지 않는 것은?

> 가. 지도기관 내방 나. 지도자 교육
> 다. 워크숍 라. 결과 전시
> 마. 품평회 바. 현장답사

① 가, 나, 마 ② 나, 라, 바
③ 가, 라, 마 ④ 다, 라, 바

해설
접촉방식에 따른 분류

구분	개별접촉방식	집단접촉방식	대중접촉방식
지도방법	농가 방문, 지도기관방문, 결과 전시(집단접촉방식으로 분류하기도 함), 전화, 개인응답	회의, 단기회의, 화상회의, 강의, 지도자 교육, 포럼, 방법 전시, 현장답사(견학), 농업조직, 수련활동, 워크숍, 평가회	TV, 뉴스, 라디오, 신문, 출판물, 전화응답시스템, 컴퓨터활용 교수학습, 전시회, 품평회, 위성통신, 인터넷, 팸플릿, 리플릿

16

다음 중 농촌지도 접근유형으로 옳지 않은 것은?
① 농가 방문 및 내방 - 개인접촉지도
② 팸플릿, 리플릿 - 대중접촉지도
③ 결과전시 - 집단접촉지도
④ 평가회, 간담회 - 대중접촉지도

해설
평가회, 간담회 - 집단접촉지도

17

접촉방식에 따른 농촌지도방법의 분류로 잘못된 것은?
① 개별접촉방식 - 개인응답, 결과 전시
② 집단접촉방식 - 지도자 교육, 현장답사
③ 대중접촉방식 - 워크숍, 포럼
④ 대중접촉방식 - 위성통신, 전시회

해설
집단접촉방식 - 워크숍, 포럼

정답 15.③ 16.④ 17.③

18

다음 중 농촌지도방법 분류의 성격이 다른 하나는?

① 문서에 의한 지도
② 구두에 의한 지도
③ 시각자료에 의한 지도
④ 일방적인 의사소통

해설▶
㉠ 의사소통 형태에 따른 분류 : 문서, 구두, 시각자료에 의한 지도
㉡ 메시지 교환 형태에 따른 분류 : 일방적, 쌍방적, 다방향 의사소통

[14. 지도사 기출변형]

19

농촌지도사업을 전개하기 위해서는 일차적으로 지도대상인 농민과 접촉해야 하는데, 다음 중 이를 위한 농민접근방법이 아닌 것은?

① 일반농가단위의 접근방법
② 여론지도자단위의 접근방법
③ 각종 구락부단위의 접근방법
④ 각종 조합단위의 접근방법
⑤ 지도대상자 분류단위의 접근방법

해설▶
농민과 접촉하는 방법으로는 농가단위, 여론지도자단위, 구락부단위, 조합단위 등으로 접근할 수 있다.

20

농촌지도방법 중 생활에서 일어나는 문제를 중심으로 농촌지도사와 대상자인 농촌주민이 협동하여 토의과정을 거치면서 해결방법을 찾는 방법은?

① 설명학습지도
② 발견학습지도
③ 방문학습지도
④ 문제해결학습지도

해설▶
문제해결학습지도 : 생활에서 일어나는 문제를 중심으로 농촌지도사와 대상자인 농촌주민이 협동하여 토의과정을 거치면서 해결방법을 찾는 방법

정답 18.④ 19.⑤ 20.④

21

다음 중 지도를 받는 사람의 능동적 참여와 사고력이 요구되는 지도방법은?

① 방문지도 ② 전시지도
③ 견학지도 ④ 문제해결학습지도

22

다음 중 보기에 해당하는 농촌지도방법은?

- 설명학습지도 : 농촌지도사가 중심이 되어 대상자들에게 설명으로 지도하는 방법
- 문제해결학습지도 : 농촌지도사와 대상자인 농촌주민이 협동하여 해결방법을 찾는 방법

① 지도대상에 의한 방법
② 사용수단에 의한 방법
③ 피교육자의 참여정도에 의한 방법
④ 집단의 구성원에 의한 방법

해설
피교육자의 참여정도에 의한 분류
㉠ **설명학습지도** : 농촌지도사가 중심이 되어 대상자들에게 설명으로 지도하는 방법
㉡ **문제해결학습지도** : 생활에서 일어나는 문제를 중심으로 농촌지도사와 대상자인 농촌주민이 협동하여 토의과정을 거치면서 해결방법을 찾는 방법
㉢ **발견학습지도** : 농촌주민 스스로가 문제를 발견하고 해결하도록 하며, 농촌지도사는 뒤에서 도움만 주는 지도방법

23

다음 중 USDA CSREES의 Task Force에서 구분한 농촌지도의 기능이 아닌 것은?

① 정보전달 ② 동기부여
③ 교육프로그램의 전달 ④ 문제해결

정답 21.④ 22.③ 23.②

해설

USDA CSREES의 농촌지도의 기능
㉠ 정보전달(information delivery) : 농촌지도사업이 고객에게 다양한 의사소통 채널을 통해 정보를 전달함 예 뉴스기사, 회합, 컨설팅 등이 포함
㉡ 교육프로그램 전달(educational program delivery) : 교육프로그램은 농촌지도전문가와 지도요원이 고객의 지식·기술·능력(capabilities)을 향상시키기 위해 준비되고 실행되고, 다양한 활동 또는 교육경험을 제공함. 학습경험은 특별한 청중·요구·문제점에 초점을 맞춘 프로그램에 해당함
㉢ 문제해결(problem solving) : 고객은 그들의 농장에서 나타나는 문제점을 해결하기 위해 전문성·지식·기술을 갖춘 지도기관을 찾음

24

Waldron & Moor의 농촌지도방법 분류 중 기술습득 기법으로 포함되지 않는 것은?

① 전시
② 워크숍
③ 집단토의
④ 시뮬레이션

해설

사용하는 기법에 따른 분류(Waldron & Moor)

정보제공 기법	강의(lectures), 패널 발표(panel presentations), 질의응답세션(question and answering sessions), 토론(debates)
기술습득 기법	시뮬레이션(simulation), 전시(demonstrations), 역할극(role-playing), 훈련(drill), 워크숍, 실험, 사례연구
지식적용 기법	워크숍과 실험, 사례연구(case study), 집단토의(group discussions), 여러 형태의 집단활동(various forms of group activities)

25

Waldron & Moor가 사용하는 기법에 의한 농촌지도방법의 분류로 옳지 않은 것은?

① 정보제공 기법 - 패널발표, 집단토의
② 기술습득 기법 - 워크숍, 실험
③ 기술습득 기법 - 사례연구, 역할극
④ 지식적용 기법 - 워크숍과 실험, 사례연구

해설
집단토의는 지식적용 기법으로 분류한다.

24.③ 25.① 정답

26

Van den Ban & Hawkins의 학습목표 특성에 따라 선호되는 방법으로 옳지 않은 것은?

① 인지적 － 출판물과 매스미디어, 강의
② 심동적 － 교육, 필름전시
③ 정의적 － 집단토의, 필름자료
④ 인지적 － 시뮬레이션, 간접대화

해설
학습목표에 따른 분류(Van den Ban & Hawkins)

학습목표의 특성	전략	선호되는 방법
인지적 : 지식 (cognitive)	외부에서의 정보 전이	출판물과 매스미디어, 강의, 리플릿, 직접적인 대화를 통한 조언
정의적 : 태도 (affective)	경험에 의한 학습 (외부에서의 정보)	집단토의, 간접대화, 시뮬레이션, 필름자료
심동적 : 기술 (psycho-motor)	기술의 연습(훈련)	교육, 전시 혹은 필름전시와 같은 활동 촉진 방법들

27

다양한 학습 목표를 달성하기 위한 전략과 방법 중 학습목표의 특성이 정의적 영역에 속하는 내용은?

① 강의, 리플릿, 직접적인 대화를 통한 조언
② 외부에서의 정보의 전이
③ 집단토의, 간접대화
④ 교육, 전시

해설
정의적 영역 : 집단토의, 간접대화, 시뮬레이션, 필름자료

28

농촌지도방법을 선정할 때 고려하여야 할 사항으로 보기 어려운 것은?

① 지도목적과 내용의 성격
② 관리층의 편의성 강조
③ 지도대상자의 특성
④ 활용가능한 시간

해설
지도방법 선정시 참고가 되는 사항들 : 지도목적과 내용의 성격, 활용가능한 시간, 지도대상자의 수, 이용가능한 시설 및 보조교재, 지도대상자의 특성, 지도사의 자질

정답 26.④ 27.③ 28.②

29

다음 중 지도방법 선정시 관련요인과 거리가 먼 것은?

① 현대 정보기술
② 지도사의 자질
③ 지도대상자의 수
④ 이용가능한 보조교재
⑤ 이용가능한 시설

해설
지도방법 선정시 참고가 되는 사항들 : 지도목적과 내용의 성격, 활용가능한 시간, 지도대상자의 수, 이용가능한 시설 및 보조교재, 지도대상자의 특성, 지도사의 자질

[19. 경남지도사 기출]

30

농촌지도사가 뽕나무를 이용하여 누에를 기르는 방법을 농민에게 지도하려고 할 때 가장 오래되고 보편적으로 사용되어온 방법은 무엇인가?

① 개인방문
② 집단접촉
③ 대중접촉
④ 일방적인 의사소통

해설
농가를 개별적으로 방문하거나 농촌지도기관의 내방은 가장 오래되었으며 가장 보편적으로 사용되는 농촌지도방법이다.

31

농촌지도방법에서 개인접촉기법의 단점으로 옳지 않은 것은?

① 지원에 대한 지속적인 요구를 처리할 수 있는 시간관리 능력이 필요하다.
② 지역 지도전문가와 접촉할 수 있는 경우의 제한이 있다.
③ 접촉 비용이 타 방법에 비해 비싸다.
④ 문제점 혹은 의문사항에 대해 즉각적인 피드백이 제공되지 않는다.

해설
문제점 혹은 의문사항에 대해 즉각적인 피드백이 제공되는 장점이 있다.
개인접촉방법(individual contact method)의 장단점
㉠ 장점
ⓐ 바람직한 공적 인간관계 형성
ⓑ 지역 문제 해결에 최우선의 지식 제공
ⓒ 학습을 위한 분위기 조성
ⓓ 신뢰할 만한 정보원으로서의 농촌지도요원과의 신뢰형성
ⓔ 지역사회 리더, 전시자와 협력자의 선택에 공헌
ⓕ 농촌지도 활동에서 일상적으로 접촉하기 어려운 개인들과의 관계 형성에 도움
ⓖ 개별방문은 일반적으로 정보를 확산하는 데 쉽고 빠르고, 효과적인 교수방법임

29.① 30.① 31.④ **정답**

ⓗ 문제점 혹은 의문사항에 대해 즉각적인 피드백 제공
ⓘ 조언에 대한 지역의 검증 제공
ⓛ 단점
　ⓐ 접촉 비용이 타 방법에 비해 비쌈
　ⓑ 지역의 지도전문가와 접촉할 수 있는 경우의 제한
　ⓒ 농가 방문에 주의를 기울이지 않았을 경우 도움이 필요한 고객 경시
　ⓓ 농가/가정 방문에 적절한 교수법 계획 필요
　ⓔ 개별 접촉이 기관 또는 전화를 통해 이루어졌을 때 실제 상황에서의 교육자 배제
　ⓕ 질문을 이해하지 못했거나 응답이 적절치 못했을 경우 의사소통문제 발생
　ⓖ 개별 응답 혹은 전화응답이 즉각 이루어지지 않았을 때 잘못된 이미지 형성
　ⓗ 결과 전시가 성공하기 위해서는 계획과 사후관리에 많은 시간이 소요
　ⓘ 지원에 대한 지속적인 요구를 처리할 수 있는 시간관리 능력 필요

32

[19. 경북지도사 기출]

개인접촉 방법에 대한 설명이 옳지 않은 것은?

① 신뢰할 만한 정보원으로서의 농촌지도요원과의 신뢰를 형성할 수 있다.
② 지역의 지도전문가와 접촉할 수 있는 기회가 많다.
③ 지역 문제 해결에 최우선의 지식을 제공한다.
④ 질문을 이해하지 못했거나 응답이 적절치 못했을 경우 의사소통문제가 발생한다.

해설▶
지역의 지도전문가와 접촉할 수 있는 경우가 제한받는다.

33

[20. 강원지도사 기출변형]

개인접촉방법에 대한 설명으로 옳지 않은 것은?

① 다수 사람들의 학습방식에 적합하다.
② 일반적으로 정보를 확산하는 데 쉽고 빠르고, 효과적이다.
③ 지역사회 리더, 전시자와 협력자의 선택에 공헌한다.
④ 신뢰할 만한 정보원으로서의 농촌지도요원과의 신뢰를 형성한다.

해설▶
다수 사람들의 학습방식에 적합한 방식은 집단접촉방식이나 대중접촉방식이다.

정답 32.② 33.①

[20. 경남지도사 기출]

34

개인접촉방법의 장점이 아닌 것은?

① 실제 모든 주제에 적용 가능   ② 지역 문제해결에 최우선 지식 제공
③ 학습을 위한 분위기 조성   ④ 바람직한 공적 인간관계 형성

해설
① 집단접촉방법의 장점

[24. 강원지도사]

35

개인방문지도의 특징에 대한 설명이 옳지 않은 것은?

① 접촉 비용이 다른 방법에 비해 적게 든다.
② 신뢰할 만한 정보원으로서의 농촌지도요원과의 신뢰를 형성할 수 있다.
③ 농가 방문에 주의를 기울이지 않았을 경우 도움이 필요한 고객이 경시될 수 있다.
④ 조언에 대한 지역의 검증을 제공할 수 있다.

해설
접촉 비용이 타 방법에 비해 비싸다.

36

다음 중 농촌지도방법의 장점과 단점으로 옳지 않은 것은?

① 개인접촉방법은 지역문제 해결에 최우선의 지식을 제공한다.
② 집단접촉기법은 상대적으로 높은 비용이 소요된다.
③ 개인접촉방법은 농가방문에 주의를 기울이지 않았을 경우 도움이 필요한 고객을 경시할 수 있다.
④ 대중매체활용방법은 여러 계층의 다수의 사람들과 동시에 접촉한다.

해설
집단접촉기법은 상대적으로 낮은 비용이 소요된다.
집단접촉방법(group method)의 장단점
㉠ 장점
　ⓐ 다수 사람들의 학습방식에 적합
　ⓑ 학습자로서 집단학습 과정에서 보고, 듣고, 토의하고, 참여하는 데 관련되는 행위의 축적
　ⓒ 교육이 기술적으로 수행되었을 경우 지도요원과의 신뢰형성
　ⓓ 지역사회 리더를 통해 반복 활용 또는 전시 가능
　ⓔ 다수의 사람과 접촉
　ⓕ 실제 모든 주제에 적용 가능
　ⓖ 사회적 접촉에 대한 개인의 기초요구 실현
　ⓗ 상대적으로 낮은 비용

34.① 35.① 36.② 정답

ⓒ 단점
  ⓐ 적정 조직과 미팅 장소까지 교재와 도구의 이송 필요
  ⓑ 성공하는 데 약간의 쇼맨십 필요
  ⓒ 집단접촉기법이 효과를 발휘하기 위해서는 말하기와 프레젠테이션 스킬에서 전문성 필요
  ⓓ 집단접촉기법이 효과를 발휘하기 위해서는 여러 가지 교수기법에 관한 지식 필요
  ⓔ 청중 수에 따라 미팅의 제한
  ⓕ 장비에 대한 투자 필요
  ⓖ 고객의 요구와 접근을 수용할 수 있는 유연한 스케줄 필요
  ⓗ 다양한 고객의 관심과 흥미를 고려한 다양한 교수 상황 제시

37

농촌지도방법 중에서 가정이나 농장을 개별적으로 방문하거나 농촌지도소에서 농민의 전화나 편지 등에 의한 방법은?

① 집단접촉방법 ② 개인접촉방법
③ 전시지도법 ④ 대중접촉방법

해설
접촉방식에 따른 분류

구분	개별접촉방식	집단접촉방식	대중접촉방식
지도방법	농가 방문, 지도기관 방문, 결과 전시, 전화, 개인 응답	회의, 단기회의, 화상회의, 강의, 지도자 교육, 포럼, 방법 전시, 현장답사, 농업조직, 수련활동, 워크숍	TV, 뉴스, 라디오, 신문, 출판물, 전화응답시스템, 컴퓨터활용 교수학습, 전시회, 품평회, 위성통신, 인터넷

38

개별 농가 방문지도의 단점에 속하는 내용은?

① 농가의 영농수준을 파악하여 지원지도자, 전시자 등 여러 가지 농촌지도사업의 민간협조자로서 역할의 가능성을 조사하기 어렵다.
② 시간, 노력, 경비 등이 많이 소요된다.
③ 지도사와 주민 간에 원만한 인간관계가 조성되기 곤란하다.
④ 농가의 실정과 필요문제를 파악할 수 없어 상황에 맞는 적절한 지도가 불가능하다.

해설
농가 방문
㉠ 지도요원의 농가·가정 방문 목적 : 정보의 전달이나 획득, 전시농가의 확보, 미팅의 주제, 지역의 클럽 활동에 대한 토의 등
㉡ 개별방문은 지역 지도기관의 요원, 공무원, 다른 핵심적인 사람들과 우호적인 공적 관계를 형성함
㉢ 개별방문지도는 전문적인 문제점에 대한 실제적인 해결책을 제시해 줌
㉣ 일반적으로 할 수 있는 조언을 특정 상황에 맞도록 변형할 수 있음
㉤ 바람직한 기술들을 개선하는 데 주민의 관심을 유발함
㉥ 프로그램의 결정이나 효과적인 지역의 리더를 선정하는 데 필수적
㉦ 방문 대상이 가장 선진 농가에 집중되면 도움이 절실한 농가는 등한시할 위험이 있음

[18. 충남지도사 기출변형]

39

개별방문지도에 대한 설명이 옳지 않은 것은?

① 지역 지도기관의 요원, 공무원, 다른 핵심적인 사람들과 우호적인 공적 관계를 형성할 수 있다.
② 프로그램의 결정이나 효과적인 지역의 리더를 선정하는 데 필수적이다.
③ 전문적인 문제점에 대한 실제적인 해결책을 제시해 줄 수 있다.
④ 동기화된 농업인을 대상으로 하기 때문에 지도효과가 크다.

해설
지도기관내방은 동기화된 농업인을 대상으로 하기 때문에 지도효과가 크다.

40

농민이 지도를 받고자 하는 의욕이 가장 강하게 나타나는 방법으로 볼 수 있는 것은?

① 서신
② 농민의 지도기관 내방
③ 지도사의 농가 방문
④ 방법 전시

해설
지도기관 내방
㉠ 지도기관의 정보나 지원을 바라는 농업인이 지도요원과 직접 접촉하는 방법
㉡ 방문객은 현재 해결해야 할 문제가 있고, 이를 해결하려는 강한 의지가 있기 때문에 다른 기법보다 학습에 매우 호의적
㉢ 지도요원의 시간을 절약하고, 동기화된 농업인을 대상으로 하기 때문에 지도효과가 크고, 농업인이 지도업무를 더 잘 이해할 수 있음

39.④ 40.② 정답

41
농촌지도방법들 중 지도대상자가 다른 기법보다 학습에 대해 매우 호의적인 경향을 나타내는 방법은 무엇인가?

① 농가방문　　　② 강의
③ 결과전시　　　④ 지도기관 내방

42
농촌지도의 집단접촉방법 중 강의에 대한 설명으로 옳지 않은 것은?

① 강사가 알고 있는 모든 정보를 전달하는 것이 좋다.
② 강사는 강의 도중 청중 반응을 고려하고, 접근방식을 수정할 수 있다.
③ 강사는 강의내용을 어떻게 배열할 것인지 정해야 한다.
④ 지식을 전달할 때 집단토의보다 관심을 끌거나 태도를 변화시키는 데 덜 효과적이다.

[해설]
효과적 강의를 위해 고려할 사항
㉠ 강사가 알고 있는 모든 정보를 전달하기보다 주요 요점을 강조하는 것이 좋으며, 많은 것을 말하면 청중은 쉽게 잊어버림
㉡ 강사는 항상 청중의 흥미, 경험 요구에 맞게 강의내용을 구성해야 함
㉢ 산만한 접근보다 논리적 사고가 더 쉽게 기억되기 때문에 강사는 강의내용을 어떻게 배열할 것인지 정해야 함

43
보편적 농촌지도방법 중 집단접촉방법에 대한 설명으로 가장 옳은 것은?

① 지역문제 해결에 최우선의 지식을 제공한다.
② 효과를 발휘하기 위해서는 여러 가지 교수기법에 관한 지식이 필요하다.
③ 농촌지도 활동에서 접촉하기 어려운 개인들과의 관계 형성이 가능하다.
④ 지원에 대한 지속적인 요구를 처리하기 위한 시간관리 능력이 필요하다.

[23. 서울지도사]

[해설]
①③④는 개인접촉방법이다.

정답 41.④ 42.① 43.②

44

다음 중 강의지도의 단점 중의 하나는?

① 추상적인 개념을 이해시키는데 비효과적이다.
② 피교육자가 싫증을 느끼기 쉽다.
③ 짧은 시간 내에 많은 지식과 정보를 전달하기 어렵다.
④ 준비하기가 비교적 곤란하다.

해설
강의법의 단점
㉠ 글로 쓰여진 단어보다 입으로 말한 단어가 쉽게 잊혀짐
㉡ 출판물은 다시 읽어보면 되지만, 강의 듣는 사람은 강의 도중에 중요한 내용을 잊어버림
㉢ 어떻게 정보를 적용해야 할지를 가르치는 방법으로 강의는 적절하지 않고, 다양한 토의와 실제 전시하는 것이 효과적
㉣ 지식을 전달할 때 집단토의보다 강의가 효과적이지만 관심을 끌거나 태도를 변화시키는 데 덜 효과적

45

농민교육에서 강의법의 장점이 아닌 것은?

① 시간과 노력, 경비를 절감할 수 있는 가장 경제적인 방법이다.
② 기술교육이나 의사결정지도에 매우 적합하다.
③ 준비하기가 쉽고, 짧은 시간 내에 많은 정보를 전달할 수 있다.
④ 다른 지도방법과 조합으로 얼마든지 활용이 가능하다.

해설
강의법의 장점
㉠ 강사는 청중의 교육수준, 특별한 요구·흥미를 충족시키기 위해서 강의 내용을 수정할 수 있음
㉡ 강사는 강의 도중 청중 반응을 고려하고, 접근방식을 수정할 수 있음
㉢ 청중은 강사를 보다 알고 싶어 하고, 몸짓·얼굴표정을 통해 주제에 대해 분명한 인상을 받고 싶고자 함. TV에서도 어느 정도는 가능함
㉣ 강의는 청중에게 질문을 하고 이슈에 대해 깊이 있는 토의 기회를 제공함

46

다음 중 지도사 위주의 지도로 끝나기 쉬운 지도방법은?

① 연시　　　　　　　　② 집단접촉지도
③ 강의지도　　　　　　④ 계획에 따른 지도

47
다음 중 농촌지도의 중심적인 지도방법으로 내프 박사가 주장한 지도방법은?
① 방법 전시 ② 결과 전시
③ 분임연구 ④ 결과토의

해설
결과 전시는 미국 농촌지도사업의 시조라 할 수 있는 Knapp 박사가 최초로 개발한 지도방법이다.

48
다음 중 농촌지도사업의 중심적인 지도방법으로서, 기술의 가치를 입증하는데 가장 효과적인 지도방법은?
① 품평회 ② 연시
③ 결과 전시 ④ 평가회

해설
결과 전시
㉠ 혁신의 효과를 지도대상자에게 실제로 관찰하게 하는 장기적인 방법
㉡ 지도대상자들이 생활하고 일하는 현장에서 그들 중에 대표격이 되는 사람이 직접 새로운 품종을 재배하거나 새로운 기술을 영농에 적용하여, 그 효과를 지도대상자의 눈으로 직접 보게 하여 지도대상자 스스로 혁신사항을 수용하게 하는 지도방법이다.
㉢ 영농혁신의 효과를 새로이 인식시키기 위하여 주로 사용하는 방법으로, 신품종의 효과, 비료사용의 효과, 잡초 및 병충해 방제의 효과 등을 실증하여 보일 때 효과적이다.

49
다음과 같은 지도법은?

- 새로운 기술의 결과를 보여줌으로서 수용하게 한다.
- 혁신의 효과를 새로이 인식시키기 위하여 주로 사용하는 방법이다.

① 방문 지도 ② 워크숍
③ 현장답사 ④ 전시 지도

50
다음 중 결과 전시에 대한 설명으로 틀린 것은?
① 미국의 냅프 박사가 창안하였다.
② 시간과 비용이 많이 든다.
③ 의심이 적고 혁신적인 농민에게 효과적인 지도법이다.
④ 농촌지도사업에서 가장 중요하고 중심적인 지도방법이다.

정답 47.② 48.③ 49.④ 50.③

> **[해설]**
> **결과 전시**
> ㉠ 미국 농촌지도사업의 시조라 할 수 있는 Knapp 박사가 최초로 개발한 지도방법
> ㉡ 혁신의 효과를 지도대상자에게 실제로 관찰하게 하는 장기적인 방법
> ㉢ 지도대상자들이 생활하고 일하는 현장에서 그들 중에 대표격이 되는 사람이 직접 새로운 품종을 재배하거나 새로운 기술을 영농에 적용하여, 그 효과를 지도대상자의 눈으로 직접 보게 하여 지도대상자 스스로 혁신사항을 수용하게 하는 지도방법이다.
> ㉣ 영농혁신의 효과를 새로이 인식시키기 위하여 주로 사용하는 방법으로, 신품종의 효과, 비료사용의 효과, 잡초 및 병충해 방제의 효과 등을 실증하여 보일 때 효과적이다.

51

다음 중 결과 전시와 관계가 없는 것은?

① 새로운 사실을 발견하고 연구하기 위해서 한다.
② 전시포에 관한 기록을 정확하게 분석하도록 한다.
③ 농민이 믿을 수 있을 정도의 충분한 전시포를 설치한다.
④ 대조구를 설치하여야 한다.
⑤ 문제가 있는 지역에서 실시하는 것이 좋다.

> **[해설]**
> 결과 전시는 연구소의 연구 결과물을 잘 받아들이려는 자세를 갖지 않기 때문에 영농혁신의 효과를 새로이 인식시키기 위하여 주로 사용하는 방법이다.

[20. 경남지도사 기출]

52

다음 중 전시에 대한 설명이 옳은 것은?

> ㉠ 결과전시 장소는 농장, 가정과 같은 지리적 영역이다.
> ㉡ 행동전시는 농촌지도요원들이 거의 사용하지 않는 방법이다.
> ㉢ 방법전시 수행자는 농촌지도요원, 4-H 또는 사업프로젝트의 리더나 회원이다.
> ㉣ 결과전시의 목적은 기술 또는 기법을 가르치거나 수행방법을 단계별로 보여주기 위함이다.

① ㉠, ㉡
② ㉡, ㉢
③ ㉠, ㉡, ㉢
④ ㉠, ㉢, ㉣

> **[해설]**
> ㉣ 결과전시의 목적은 새로운 방법이 다른 방법들에 비해 가지고 있는 장점을 시각적으로 증명하기 위함이며, 혁신사항의 가치를 입증하는데 효과적이다.
> 반면, 방법전시의 목적은 기술 또는 기법을 가르치거나 수행방법을 단계별로 보여주기 위함이며, 혁신사항을 어떻게 다루는가에 대한 과정을 지도하는데 효과적이다.

51.① 52.③ 정답

53
다음 중 전시에 대한 설명으로 옳지 않은 것은?

① 농촌지도요원은 행동전시를 많이 사용한다.
② 결과 전시는 냅프 박사가 최초로 개발한 지도방법이다.
③ 전시의 종류에는 방법전시, 행동전시, 결과전시 등이 있다.
④ 방법전시는 새로운 기술을 실제로 어떻게 사용하는가를 시범하여 보임으로써 혁신을 사용하게 하는 단기적인 전시법이다.

해설
행동전시는 정부정책이나 사회에서 대부분 사람이 바라는 변화를 보여 주려고 노력하는 것이며, 농촌지도요원이 거의 사용하지 않음

[21. 경북지도사 기출변형]

54
다음 (   )에 적당한 말은?

> 전시지도는 혁신의 효과를 지도대상자에게 실제로 관찰하게 하는 장기적인 (   )와, 새로운 기술을 실제로 어떻게 사용하는가를 시범하여 보임으로써 혁신을 사용하게 하는 단기적인 (   )로 나눈다.

① 연시 - 전시
② 결과 전시 - 방법 전시
③ 결과 전시 - 전시
④ 방법 전시 - 전시

55
전시농가와 포장의 선정 시 고려해야 할 사항을 잘못 설명한 것은?

① 사람이 적게 왕래하는 곳이나 조용한 장소에 전답을 소유한 농가를 선정한다.
② 전시농가에 전시의 취지를 설명한 후 동의를 얻고, 그와 함께 전시운영을 계획하고 그에 필요한 교육을 병행한다.
③ 전시포에는 대조구를 설치하는데 그 크기는 전시내용에 따라 다르나 같은 크기로 하는 것이 좋다.
④ 전시포에는 전시를 설명하는 표지를 세운 뒤 전시의 목적, 내용, 기간, 성과, 전시자와 전시농가의 성명 등을 기록하여 둔다.

정답 53.① 54.② 55.①

> **해설**
> 이웃 농가에 영향력을 발휘할 수 있고, 사람이 많이 왕래하는 도로변이나 눈에 띄기 쉬운 장소의 전답을 선정하는 것이 좋다.
> **전시포장 선정시 고려사항**
> - 이웃농가에 영향력을 발휘할 수 있고 사람이 많이 왕래하는 도로변이나 눈에 잘 띄는 장소를 선정함
> - 전시농가에 전시 취지를 설명하고 전시포 운영을 계획하고 교육도 병행함
> - 전시포에 대비구를 설치하는데 같은 크기로 하는 것이 좋음
> - 전시포에 전시를 설명하는 표찰을 세운 다음 전시 목적, 내용, 기간, 성과, 전시자와 전시농가의 성명 등을 기록함
> - 전시농가에는 전시로 인한 손해에 대한 보상을 약속하고 필요한 예산은 미리 확보해 줘야 함

[20. 경북지도사 기출]

56

다음 중 전시에 관한 설명으로 옳지 않은 것은?

① 농촌지도요원은 전시농가를 임의로 선정한다.
② 전시로 인해 발생하는 손해에 대해 보상해줄 것을 약속한다.
③ 전시포에 대비구를 설치하는데 같은 크기로 하는 것이 좋다.
④ 전시 포장에 표찰을 세운 다음 전시 목적, 내용, 기간, 성과, 전시자와 전시농가의 성명 등을 기록한다.

> **해설**
> 결과전시는 지도대상자들이 생활하고 일하는 현장에서 그들 중에 대표격이 되는 사람이 직접 새로운 품종을 재배하거나 새로운 기술을 영농에 적용하여, 그 효과를 지도대상자의 눈으로 직접 보게 하여 지도대상자 스스로 혁신사항을 수용하게 하는 지도방법이다.

57

'신품종효과, 비료의 사용효과' – '농기계운전방식, 제초제사용법'의 지도에 가장 적합한 지도방법으로 볼 수 있는 것은?

① 전시 – 연시
② 연시 – 전시
③ 토의 – 견학
④ 분임 – 토의

58

다음 중 전시지도방법 중 방법 전시의 특징이 아닌 것은?

① 비교적 짧은 시간에 끝낼 수 있고 비용이 많이 들지 않는다.
② 훌륭한 연시자를 구하기가 쉽지 않은 단점이 있다.
③ 농사기술이나 농기계운전 등을 지도할 때 가장 많이 사용하는 효과적인 지도방법이다.
④ 혁신사항을 다루기에 비효율적이다.

해설
방법 전시
㉠ 새로운 기술을 실제로 어떻게 사용하는가를 시범하여 보임으로써 혁신을 사용하게 하는 단기적인 전시법으로, 연시라고 하기도 한다.
㉡ 지도사나 기타 연시자가 직접 행동과 언어, 필요시에는 차트나 유인물을 이용하여 실질적 상황에서 어떻게 하는지를 시범적으로 보여 주는 지도방법이다.
㉢ 농사기술이나 농기계운전 등을 지도할 때 가장 많이 사용하는 효과적인 지도방법이다.
㉣ 비교적 짧은 시간 내에 끝낼 수 있고 비용이 많이 들지 않으며 실제적 상황에서 행동으로 지도하기 때문에 쉽게 이해하기 쉬운 이점이 있으나, 훌륭한 연시자를 구하기가 쉽지 않은 단점이 있다.

59

전시에 대한 설명으로 옳지 않은 것은?

① 방법 전시는 어떤 기술에 대해서 사람들이 이미 사용하길 원한다고 확신하고 있는 사람에게 보여주는 것이다.
② 행동 전시는 정부정책이나 사회에서 대부분의 사람들이 바라는 변화를 보여주려고 노력하는 것이다.
③ 행동 전시는 대부분 농촌지도요원이 사용하는 방법이다.
④ 결과 전시는 전시포장이나 전시농장에서 새로운 실행과 전통적 실행의 결과를 비교하는데 쓰인다.

해설
전시(demonstration, 실연)
㉠ **방법 전시(methods demonstration)** : 연시, 어떤 기술에 대해 농민이 이미 사용하길 원한다고 확신하고 있는 대상에게 보여 주는 것 예 과일을 재배하는 농민에게 어떻게 가지치기를 할 것인지 보여 주기
㉡ **행동 전시(action demonstration)** : 정부정책이나 사회에서 대부분 사람이 바라는 변화를 보여 주려고 노력하는 것. 행동 전시는 농촌지도요원이 거의 사용하지 않음
㉢ **결과 전시(result demonstration)** : 전시 포장·농장에서 이루어지며, 전시 포장은 새로운 실행(Do)과 전통적 실행(Do)의 결과를 비교하는 데 활용됨 예 결과 전시는 농민이 적절량의 비료를 사용하거나 우수품종을 사용하여 생산량을 증가시킬 수 있음을 보여 주기, 전시 농장은 농민에게 농장체계의 변화에 대한 결과를 보여 주기

[23. 서울지도사]

60

농촌지도방법 중에서 전시(demonstration)에 대한 설명으로 가장 옳지 않은 것은?

① 결과 전시(result demonstration)는 기술 또는 기법을 가르치거나 수행방법을 단계별로 보여주기 위한 지도 방법이다.
② 방법 전시(methods demonstration)는 어떤 기술에 대하여 이미 사용하길 원한다고 확신하고 있는 농업인들에게 적용하는 지도방법이다.
③ 결과 전시(result demonstration)는 전시 포장이나 전시 농장에서 이루어지는 지도 방법이다.
④ 농업인들 스스로 혁신을 시도해 보도록 자극하거나 농업인들에게 혁신의 시험을 대신하는 지도 방법이다.

해설
방법 전시는 기술 또는 기법을 가르치거나 수행방법을 단계별로 보여주기 위한 지도 방법이다.

[18. 경남지도사 기출변형]

61

전시방법에 대한 설명으로 옳은 것은?

① 결과 전시는 사람들이 바라는 결과를 보여주려고 하는 것이다.
② 방법 전시는 몇 주 혹은 몇 달에 걸쳐 시행한다.
③ 결과 전시는 농장, 가정과 같은 지리적 영역에서 실시한다.
④ 행동 전시는 새로운 실행과 전통적 실행의 결과를 비교하는데 활용한다.

해설

구분	결과 전시	방법 전시
수행자	농업인, 주부, 회원	농촌지도요원, 4-H 또는 사업프로젝트의 리더나 회원
설계	전시를 수행하는 인력	방법 전시를 수행하는 인력
장소	농장, 가정과 같은 지리적 영역	교육훈련 장소 또는 TV를 통해
기간	몇 주 또는 몇 개월(장기적)	미팅 기간에 따라 좌우됨(단기적)
목적	• 새로운 방법이 다른 방법들에 비해 가지고 있는 장점을 시각적으로 증명하기 위함 • 혁신사항의 가치를 입증하는데 효과적	• 기술 또는 기법을 가르치거나 수행방법을 단계별로 보여 주기 위함 • 혁신사항을 어떻게 다루는가에 대한 과정을 지도하는데 효과적

정답 60.① 61.③

62

전시에 대한 설명이 옳지 않은 것은?

① 농민에게 기술 또는 기법을 가르치거나 수행방법을 단계별로 보여주는 것은 결과전시이다.
② 방법전시의 수행자는 농촌지도요원, 4-H 또는 사업프로젝트의 리더나 회원이 된다.
③ 결과전시는 전시포에 표찰을 세운 다음 전시 목적, 내용, 기간, 성과, 전시자와 전시농가의 성명 등을 기록한다.
④ 결과전시는 미국 농촌지도사업의 시조라 할 수 있는 Knapp 박사가 최초로 개발한 지도방법이다.

해설
농민에게 기술 또는 기법을 가르치거나 수행방법을 단계별로 보여주는 것은 방법전시이다.

63

다음 중 방법 전시와 결과 전시의 차이점에 대한 설명으로 옳지 않은 것은?

① 결과 전시의 기간은 몇 주 또는 몇 개월이 소요된다.
② 방법 전시의 수행자는 농촌지도요원, 4-H 또는 사업 프로젝트의 리더이다.
③ 전시 포장이나 전시 농장에서 이루어지는 것은 결과 전시이다.
④ 새로운 방법이 다른 방법들에 비해 가지고 있는 장점을 시각적으로 증명하기 위해 실시하는 것은 방법 전시이다.

해설
새로운 방법이 다른 방법들에 비해 가지고 있는 장점을 시각적으로 증명하기 위해 실시하는 것은 결과 전시이다.

64

방법 전시에 대한 설명이 옳지 않은 것은?

① 결과 전시보다 시간과 비용이 많이 소요된다.
② 농사기술이나 농기계운전 등을 지도할 때 가장 많이 사용하는 방법이다.
③ 새로운 기술을 실제로 어떻게 사용하는가를 시범하여 보인다.
④ 훌륭한 연시자를 구하기가 쉽지 않다.

해설
방법 전시(연시)
- 새로운 기술을 실제로 어떻게 사용하는가를 시범하여 보임으로써 혁신을 사용하게 하는 단기적인 전시법
- 지도사나 기타 연시자가 직접 행동과 언어, 필요시에는 차트나 유인물을 이용하여 실질적 상황에서 어떻게 하는지를 시범적으로 보여 주는 지도방법
- 농사기술이나 농기계운전 등을 지도할 때 가장 많이 사용하는 효과적인 지도방법
- 이점 : 비교적 짧은 시간 내에 끝낼 수 있고 비용이 많이 들지 않으며 실제적 상황에서 행동으로 지도하기 때문에 쉽게 이해하기 쉬움
- 단점 : 훌륭한 연시자를 구하기가 쉽지 않음

65

소집단이나 마을회의에서 흔히 사용되는 토의방법은?

① 집단토의
② 패널토의
③ 심포지엄
④ brain storming
⑤ seminar

66

다음 중 토의 지도시 유의해야 할 사항을 잘못 설명한 것은?

① 토의목적과 안건을 참가자들에게 명확히 알린다.
② 토의과열, 감정대립이 일어나도 사회자는 절대로 정회, 설득 등의 조치를 취하면 안 된다.
③ 토의가 토의목적과 조건 범위 내에서 이탈하지 않도록 회의를 이끌어 나간다.
④ 주어진 시간 내에 토의를 마치도록 안건당 토의시간을 배분한다.

해설
토의 지도시 유의사항
㉠ 토의목적과 안건을 참가자들에게 명확히 알린다.
㉡ 토의과열, 감정대립 등 비상사태에는 정회, 설득 등 적절한 조치를 취하여야 한다.
㉢ 토의가 토의목적과 조건 범위 내에서 이탈하지 않도록 회의를 이끌어 나간다.
㉣ 주어진 시간 내에 토의를 마치도록 안건당 토의시간을 배분한다.
㉤ 발언내용이 명확하지 않을 때는 사회자가 쉽게 요약·설명하는 것이 필요하다.
㉥ 의견진술 기회를 고르게 주기 위해 많이 발언하는 사람을 억제시키고 침묵을 지키는 사람의 발언을 조장해야 한다.

정답 65.① 66.②

67

집단토의에 대한 설명으로 옳지 않은 것은?

① 농촌지도요원은 집단 내 강사 역할뿐만 아니라 전문분야 정보원, 집단의 일원으로 참여하기도 한다.
② 일반적으로 농촌지도가 간접적으로 개입하는 것보다 직접적으로 개입하는 것을 더 선호한다.
③ 집단토의는 농촌지도 프로그램에서 구성원의 문제를 파악하고 해결책을 찾을 때 사용된다.
④ 집단토의는 집단 내 동질성을 요구한다.

해설
일반적으로 농촌지도가 직접적으로 개입하는 것보다 간접적으로 개입하는 것을 더 선호한다.

68

집단토의의 장·단점으로 옳지 않은 것은?

① 집단토의법은 강의법에서 표현되지 않는 일상적인 실천과 강한 연관이 있다.
② 참여자들은 문제점의 밝혀지지 않은 측면을 규명할 기회를 갖게 되는데, 이 문제점에 대한 해결책을 수용할 가능성을 키운다.
③ 집단토의 과정에서 집단의 규범이 고려될 수 있지만, 필요시 바뀔 수는 없다.
④ 토의과정에서 사용되는 언어는 참여자들에게 좀 더 친숙하다.

해설
집단토의 과정에서 집단의 규범이 고려될 수 있지만, 필요시 바뀔 수도 있다.
㉠ 강의법과 비교한 집단토의 장점
  ⓐ 지도요원이 보는 것보다 참여자가 더 많은 측면을 논의할 수 있음
  ⓑ 지도요원이 제시한 솔루션이 실제적인지 아닌지 참여자가 더 잘 판단할 수 있음
  ⓒ 집단토의법은 강의법에서 표현되지 않은 일상적 실천과 연관이 높음
  ⓓ 토의과정에서 사용되는 언어는 참여자에게 보다 친숙함
  ⓔ 참여자들은 질문이나 반대의견을 제시할 수 있고, 이는 의견의 동조를 향상시킴
  ⓕ 집단토의는 강의법보다 참여자의 활동을 더욱 촉진함
  ⓖ 참여자는 문제점의 여러 가지 측면을 구명할 수 있고 집단토의에서 논의된 해결책을 수용할 가능성이 커짐
  ⓗ 참여자는 논의되는 문제점의 선택에 영향을 미칠 수 있기 때문에 보다 관심을 가짐
  ⓘ 집단토의는 의사결정뿐만 아니라 정보의 전이도 영향을 미침
  ⓙ 집단토의 과정에서 집단의 규범이 고려될 수 있고, 수정할 수도 있음

ⓚ 리더는 구성원의 문제점과 지식수준에 대해 잘 알 수 있음
ⓛ **강의법과 비교한 집단토의 단점**
ⓐ 정보의 전이는 많은 시간이 필요함
ⓑ 논의했던 문제점은 강의법보다 덜 체계적임
ⓒ 참여자가 관심을 갖는 안건만 다루거나 소수가 토의를 장악하게 됨
ⓓ 바람직한 토의는 참여자가 필요한 지식을 숙지하고 있음을 가정함. 그렇지 않으면 토의가 초점을 잃어버림
ⓔ 회의집단에게 부정확한 정보가 제공될 경우 회의가 잘못 진행됨
ⓕ 집단토의는 예상치 못한 문제를 다룰 수 있는 지도요원이 필요함
ⓖ 집단토의 효과에는 사회·정서적 분위기가 영향을 미치는데, 긍정적 방향으로 이끄는 것이 쉽지 않음
ⓗ 집단토의는 집단 내 동질성을 요구함
ⓘ 토의 참가자수가 너무 많으면 효과가 떨어짐

69

[20. 강원지도사 기출변형]

집단토의의 특징으로 옳지 않은 것은?

① 정보의 전이는 많은 시간이 필요하다.
② 논의했던 문제점은 강의법보다 더 체계적이다.
③ 토의과정에서 사용되는 언어는 참여자에게 보다 친숙하다.
④ 지도요원이 제시한 솔루션이 실제적인지 아닌지 참여자가 더 잘 판단할 수 있다.

해설
집단토의에서 논의했던 문제점은 강의법보다 덜 체계적이다.

70

농촌지도방법 중 강의법과 비교하여 집단토의의 장단점으로 바르지 않은 것은?

① 농촌지도요원이 제시한 솔루션이 실제적인지 아닌지 참여자들은 판단하기가 어렵다.
② 집단토의 리더는 구성원의 문제점과 지식수준에 대해 잘 알 수 있다.
③ 집단토의는 의사결정뿐만 아니라 정보의 전이에도 중요한 영향을 미칠 수 있다.
④ 참여자들은 질문이나 반대의견을 제시할 수 있고, 이는 의견의 동조를 향상시킨다.

해설
농촌지도요원이 제시한 솔루션이 실제적인지 아닌지 참여자들은 더 잘 판단할 수 있다.

정답 69.② 70.①

71
강의법과 비교한 집단 토의의 장점에 해당하지 않는 것은?
① 집단토의에서 논의했던 문제점은 강의법보다 더 체계적이다.
② 회의집단에서 부정확한 정보가 제공될 경우 회의가 잘못될 수 있다.
③ 집단토의는 강의법보다 참여자들의 활동을 훨씬 더 촉진한다.
④ 집단토의는 예상치 못한 문제를 다룰 수 있는 지도요원이 필요하다.

해설▶
집단토의에서 논의했던 문제점은 강의법보다 덜 체계적이다.

72
토의법은 집단의 크기에 따라 유형이 달라질 수 있는데 모든 집단에 적용할 수 있는 방법은?
① 버즈집단토의   ② 집단토의
③ 단상토의   ④ 배심토의

해설▶

원탁토의	소집단
집단토의	소집단
단상토의	중집단~대집단
배심토의	중집단~대집단
버즈집단토의	모든 집단(200명 이내)

73
다음 토론법에 대한 설명이 옳지 않은 것은?
① 원탁토의는 모든 참여자의 공통 경험에 관련된 특정 문제를 집중적으로 분석한다.
② 단상토의는 소수의 권위있는 사람들이 의견을 제시하고, 사회자가 토론을 진행한다.
③ 버즈집단토의는 토론에서 최종 결론을 얻지 못했을 때, 토론자들의 생각이 배심 과정에 따라 전개된다.
④ 허들집단토의는 어떤 집단이 토의 목적을 위해 회원을 4명 또는 6명의 소집단으로 구분하여 주어진 주제를 토의하는 방법이다.

[23. 충북지도사]

정답 71.① 72.① 73.③

해설

③은 버즈집단토의가 아니라 배심토의에 대한 설명이다.

구분	집단 크기	적용 상황
원탁토의	소집단	모든 참여자의 공통 경험에 관련된 특정 문제를 집중적으로 분석하고, 바람직한 결론을 얻고자 할 때
집단토의	소집단	관련된 문제나 학습과제를 처리하는 데 집단 구성원이 최대한으로 참여하고, 유기적 관계를 가질 수 있을 때
단상토의	중집단 ~대집단	그 집단에서 관심이 있는 주제에 관해 서로 다른 권위 있는 의견을 진술할 경우
배심토의	중집단 ~대집단	주어진 주제에 관해서 여러 견해와 태도 및 평가가 제시되고, 아무런 최종 결론을 얻지 못했을 때, 토론자들의 생각이 배심 과정에 따라 전개되는 경우
버즈집단토의	모든 집단 (200명 이내)	강사가 자신의 주제에 대해 청중의 흥미를 제고하고자 할 때, 버즈집단을 형성해 질문을 유발하거나, 상이한 내용을 각자 자신들의 생각이나 경험에 연결시킬 수 있는 기회를 제공하고자 할 때

74

여러 가지 토의법 설명 중 옳지 않은 것은?

① 원탁토의는 비교적 소수의 집단이 직접 대면하여 생각과 의견을 서로 교환하는 방법이다.
② 배심토의는 사회자의 인도 아래 선정된 3명에서 6명의 강사들이 청중 앞에서 토의하는 것이다.
③ 허들집단토의는 토의를 하기 위하여 큰 집단을 작은 단위로 나누는 토의방법이다.
④ 단상토의는 대규모의 사람들이 여러 가지 주제를 여러 견해에서 논의하는 일련의 담화, 강연 또는 강의를 의미한다.

해설
토의법 유형
㉠ 원탁토의(round table discussion)
  ⓐ 원탁토의 중심의 소집단 토의방법은 비교적 소수 집단(보통 5~20명)이 직접 대면하여 생각과 의견을 서로 교환하는 방법
  ⓑ 원탁회의는 공식적·민주적 과정임. 작은 집단이 모여 비조직적 대화(dialogue)하는 것과 구분됨
㉡ 단상토의(symposium)
  ⓐ 소규모 사람이 한 가지 주제를 여러 견해에서 논의하는 일련의 담화, 강연 또는 강의
  ⓑ 사회자가 시간과 주제를 통제함
  ⓒ 강연은 20분을 초과하지 않게 제한되며, 전체 시간은 1시간을 초과하지 않음
㉢ 배심토의(panel discussion)
  ⓐ 사회자의 인도 아래 선정된 3명에서 6명의 강사가 청중 앞에서 토의하는 것
  ⓑ 토의 형식은 대화식으로 진행

74.④ 정답

- ② 허들집단토의(huddle group discussion)
  - ⓐ 토의를 활발히 하기 위하여 큰 집단을 작은 단위로 나누는 방법
  - ⓑ 어떤 집단이 토의 목적을 위해 회원을 4명 또는 6명의 소집단으로 구분하여 주어진 주제를 토의하는 방법
  - ⓒ 미시간주립대학 Donald Phillips 교수에 의해서 보편화되어, 일명 66토의, 필립스 66이라고도 불림(6명이 6분 동안 문제를 토의함)
- ⓜ 버즈집단토의(buzz group discussion)
  - ⓐ 토의를 활발하게 하기 위하여 큰 집단을 작은 집단들로 나누는 방법
  - ⓑ 이 방법의 특징·기본요소는 허들방법과 유사하여 허들집단토의 방법과 혼용하여 사용됨
- ⓑ 자유의사토의법(Brain Storming)
  - ⓐ 모든 참가자가 의사결정에 참여토록 하는 특징이 있는 토의방법. 어떤 결정사항이나 문제해결에 참가자 모두가 차례로 의견을 진술하게 하여 마지막에 종합하여 결론을 내리는 토의법
  - ⓑ 참가자가 어떠한 의견을 제시하더라도 타인이 그것을 비판할 수 없다.

75

[18. 경북지도사 기출변형]

보기에서 설명하는 토의법은 무엇인가?

> 3명이나 그 이상의 사람들이 그룹 앞에서 특정 주제에 대해 토의를 한 후 사회자의 진행으로 그룹 토의를 하는 방식으로 진행

① 강의식 포럼 ② 그룹토의
③ 심포지엄   ④ 배석토의

해설
- ㉠ **그룹토의**(group discussion) : 2명이나 그 이상의 사람이 의견, 경험, 정보를 나누고 함께 아이디어를 제시한 후 평가를 하는 방식으로 진행됨. 그룹토의에서 참가자는 합의나 더 나은 의견을 도출하기 위해 서로 협동함
- ㉡ **강의식 포럼**(lecture forum) : 한 사람이 강의도 하고, 특정 부분에 대해 질문도 받는 형식으로 진행됨
- ㉢ **심포지엄**(symposium) : 3명이나 그 이상의 사람들이 서로 다른 시각으로 짤막한 발표를 하고 난 뒤 사회자의 진행으로 질문과 답변을 하는 방식으로 진행되는 토의법
- ㉣ **패널**(panel, 배석토의) : 3명이나 그 이상의 사람들이 그룹 앞에서 특정 주제에 대해 토의를 한 후 사회자의 진행으로 그룹 토의를 하는 방식으로 진행됨. 패널 토의는 심포지엄과 유사한 형식으로 진행되는데, 심포지엄이 발표자와 사회자 사이에서만 상호작용이 일어남
- ㉤ **토론**(debate) : 2명의 발표자가 사회자의 진행으로 하나의 주제를 놓고 서로 다른 관점에서 발표하는 방식

정답 75.④

[21. 경북지도사 기출변형]

76
다음 보기의 토의법은 무엇인가?

> ㉠ 사회자의 인도 아래 선정된 3명에서 6명의 강사가 청중 앞에서 토의하는 것
> ㉡ 토의 형식은 대화식으로 진행

① 허들집단토의(huddle group discussion)
② 패널토의(panel discussion)
③ 자유의사토의법(Brain Storming)
④ 단상토의(symposium)

77
여러 가지 토의법에 대한 설명으로 옳지 않은 것은?

① 원탁회의는 공식적이고 민주적이다.
② 자유의사토의법은 모든 참가자가 의사결정에 참여하면서 타인의 의견을 비판하는 토의법이다.
③ 도널드 필립스 교수에 의해 보편화된 토의법은 허들집단토의이다.
④ 버즈집단토의 방법은 토의를 활발하게 하기 위하여 큰 집단을 작은 집단들로 나누는 방법이다.

해설
자유의사토의법은 참가자가 어떠한 의견을 제시하더라도 타인이 그것을 비판할 수 없다.

78
단상토의를 옳게 설명한 것은?

① 소규모 사람이 한 가지 주제를 여러 견해에서 논의하는 일련의 담화, 강연 또는 강의
② 사회자의 인도 아래 선정된 3명에서 6명의 강사가 청중 앞에서 토의하는 것
③ 토의를 활발히 하기 위하여 큰 집단을 작은 단위로 나누는 방법
④ 모든 참가자가 의사결정에 참여토록 하는 특징이 있는 토의방법

해설
② 배심토의, ③ 허들집단토의, ④ 자유의사토의법

76.② 77.② 78.① 정답

79

토의를 활발하게 하기 위하여 큰 집단을 작은 집단들로 나누는 토의법은 무엇인가?

① 버즈집단토의(buzz group discussion)
② 배심토의(panel discussion)
③ 자유의사토의법(Brain Storming)
④ 단상토의(symposium)

해설
② **배심토의(panel discussion)** : 사회자의 인도 아래 선정된 3명에서 6명의 강사가 청중 앞에서 토의하는 것
③ **자유의사토의법(Brain Storming)** : 모든 참가자가 의사결정에 참여토록 하는 특징이 있는 토의방법
④ **단상토의(symposium)** : 소규모 사람이 한 가지 주제를 여러 견해에서 논의하는 일련의 담화, 강연 또는 강의

[19. 강원지도사 기출]

80

모든 참가자가 의사결정에 참여하며, 어떤 결정사항이나 문제 해결에 참가자 모두가 차례로 의견을 진술한 후 마지막으로 그것을 종합하여 결론을 내리는 토의법은?

① 분임토의
② 사례연구
③ 배석토의
④ 세미나
⑤ 브레인스토밍

해설
자유의사토의법(Brain Storming)
참가자가 어떠한 의견을 제시하더라도 타인이 그것을 비판할 수 없다. 모든 성원의 창의성을 활용할 수 있고 모든 구성원의 참여에 의한 결정이므로 참여의식을 조장할 수 있다. 의견을 제시하면 사회자가 칠판이나 노트에 모두 기록하였다가 다 같이 종합해야 한다.

[14. 지도사 기출변형]

81

다음 중 brain-storming에 대한 설명이 아닌 것은?

① 모든 참가자가 의사결정에 참여한다.
② 모든 성원들의 참여의식을 조장할 수 있다.
③ 참가자 전원이 자유롭게 남의 의견을 비판할 수 있다.
④ 서기나 사회자가 필요하다.

정답 79.① 80.⑤ 81.③

해설
브레인스토밍 특징
㉠ **비판의 최소화** : 긍정적인 보강이나 창조적인 대안은 장려하되 아이디어 수집단계인 현장에서의 비판은 최소화
㉡ **무임승차** : 제약 없는 아이디어 산출, 다른 아이디어에 편승(무임승차)한 창안을 적극 유도
㉢ **질보다 양 우선** : 양이 질을 낳는다(Quantity breeds quality)는 전제하에 많은 아이디어를 얻는 것이 목적
㉣ **대면적 토론** : 면대면 토론을 원칙으로 하나 최근에는 전자메일 등을 통한 브레인스토밍도 활용
㉤ **테마의 한정성** : 주제가 구체화되어 있어야 함

82

다음 중 자유의사토의법이란?

① 이 토의법은 모든 참가자가 의사결정에 모두 참여하도록 하는 방법
② 어떤 주제에 대하여 소수의 사람들이 그 주제의 여러 가지 측면을 따로따로 체계적으로 연구하여 발표하게 하고 청중이나 청중의 대표자가 발표내용을 중심으로 질문, 응답하게 하는 토의방법
③ 3~4명의 토의자들이 청중 앞의 탁자 주위에 둘러앉아 주어진 주제에 관해 토의하는 방법
④ 5~25명이 동일한 문제를 해결하기 위해 사회자의 인도에 따라 의견을 진술하고 상호비교·검토하는 방법

해설
②는 심포지엄, ③은 배석토의(패널토의), ④는 집단토의

83

다음 중 집단과제법으로서 문제해결능력, 사고력을 기르는데 효과적인 방법은?

① 감수성 훈련 ② 역할연기법
③ 분임연구법 ④ 견학지도법

해설
분임연구법
집단과제법으로서 대집단을 10명 내외의 분반으로 나눈다. 각 반마다 일정한 연구과제가 주어지며 분임원은 사회자와 서기를 선출하여 연구를 진행한다. 분임원은 문제해결을 위해 필요한 자료와 서적을 읽고, 문제 현장을 시찰하기도 하고, 외부 전문가를 초청하여 강의를 듣기도 한다. 각 반이 얻은 결론은 보고서로 제출하게 되며, 각 반 사회자는 피훈련자 전원 앞에서 발표하게 된다. 이 방법은 문제해결능력, 사고력을 기르는데 효과적이다.

84

피훈련자로 하여금 집단소속관계에서 절연시켜 문화적 고립을 만들어 집단형성 메커니즘과 집단기능의 본질을 체득시키는 방법에 해당하는 것은?

① 역할연기법 ② 브레인스토밍
③ 감수성 훈련 ④ 참여연구법

해설
감수성 훈련
㉠ 의미 : 피훈련자들로 하여금 일상적 생활과 장소에서 격리시키고 문화적으로 고립시켜서 의도적으로 집단참여에 대한 욕구를 갖게 한다. 이것을 동인으로 하여 대인적 공감을 갖게 하고 집단형성의 메커니즘과 집단기능의 본질을 체득시키는 것
㉡ 특징 : 피훈련자는 작은 집단으로 분반하여 1~2주일 동안 집중적·지속적으로 접촉하면서 허심탄회하게 내심을 털어놓게 한다. 훈련과정의 딱딱한 체계는 없고, 훈련자는 참여자들이 자기 참모습을 드러내고 솔직하고 역동적으로 상호작용 하도록 분위기를 만든다.

85

농촌지도의 집단접촉방법에서, 어떤 특수한 경우의 활동을 분석하고 토론하는 과정에서 거기에 내재된 원리를 스스로 터득하게 하는 방법은?

① 강의법
② 토의지도법
③ 전시지도법
④ 사례연구법

해설
사례연구는 사례를 놓고 토론하는 과정에서 거기에 내재된 원리를 스스로 터득하게 하는 방법이며, 사례는 구체적이고 현실적인 상황을 집약적으로 묘사한 것으로 그 속에 문제점이 포함되어 있어야 한다.

[17. 지도사 기출변형]

86

다음 중 대중접촉방식의 장점은?

① 바람직한 공적 관계 형성
② 여러 계층의 다수의 사람들과 동시 접촉 가능
③ 문제점 혹은 의문사항에 대해 즉각적인 피드백 제공
④ 상대적으로 낮은 비용

> 해설
① , ③은 개인접촉방법의 장점, ④는 집단접촉방법의 장점
㉠ 농촌지도에서 대중매체의 장점
ⓐ 여러 계층의 다수의 사람과 동시 접촉
ⓑ 농촌지도로부터 정보를 추구하지 않았던 이들과도 접촉
ⓒ 빈번하고 규칙적으로 정보가 제공될 수 있기 때문에 정보의 즉각적인 제공
ⓓ 지역의 프로그램과 지도기관에 대한 신뢰 형성
ⓔ 문제점, 이슈 또는 주요 관점의 인식 형성
ⓕ 사람들과 빠르게 접촉
ⓖ 다양한 고객과 정보의 주제 취급
ⓗ 효과적인 다른 교수 활동의 강화 제공
ⓘ 학습자의 편의 고려
ⓙ 지속적인 독자, 청취자 또는 시청자로서의 청중
ⓚ 비디오를 활용하여 짧은 시간 내 전파를 탈수 있도록 확장된 시간이 필요한 절차 또는 과정
㉡ 농촌지도에서 대중매체의 단점
ⓐ 다른 방법들에 비해 비용이 많이 듦
ⓑ 현 상태를 유지하기 위한 지속적인 개정 필요
ⓒ 문제 능력이 떨어지는 학습자에게는 제한적 사용
ⓓ 기술 전문가의 지원 필요
ⓔ 의도했던 메시지를 편집자가 바꿀 경우 비효과적임
ⓕ 교육자가 프레젠테이션 능력이 떨어질 경우 효과성이 떨어짐
ⓖ 보통 방송국 혹은 매체의 편의를 고려해서 제작
ⓗ 방송국의 손해
ⓘ 장비와 네트워크 접근에 투자 필요
ⓙ 대부분의 매체 제작에 시간이 소요됨
ⓚ 화상회의에는 시간과 일정 조정 필요

87

대중매체의 효과로 바르지 않은 것은?

① 사람들에게 혁신을 인식하게 해준다.
② 사람들의 흥미를 자극한다.
③ 최종적으로 결정을 내려야 할 시점에서 직접적인 영향을 준다.
④ 빈번하고 규칙적으로 정보가 제공될 수 있고, 정보의 즉각적인 제공이 가능하다.

> 해설
대중매체가 대중에게 혁신 인지와 흥미 자극에 기여도가 크지만, 농업인의 경우는 결정적 단계에서 대중매체보다 믿고 잘 아는 사람의 판단을 중시한다.

88

변화해가는 사회에서 대중매체의 특별한 기능이 아닌 것은?

① 중요한 토의주제에 대한 의제 형성
② 지식의 전이
③ 선택적 지각
④ 여론의 형성과 변화

해설
변화하는 사회에서 대중매체의 특별한 기능
㉠ 중요한 토의주제에 대한 의제 형성
㉡ 지식의 전이
㉢ 여론의 형성과 변화
㉣ 행동의 변화

89

대중매체를 활용한 지도방법 중 단독으로 지도사업에 활용되기보다는 다른 방법을 보완하는 자료로 주로 활용되는 것은?

① 신문
② 라디오
③ 인쇄매체
④ 뉴스레터

해설
인쇄매체 : 신문, 뉴스레터, 팸플릿, 리플릿, 포스터 등
인쇄매체는 단독으로 지도사업에 활용되기보다는 주로 다른 방법을 보완하는 자료로 활용하는 것이 좋다.

90

농촌지도사업에서 자주 활용되는 인쇄매체에 대한 것으로 틀린 것은?

① 신속성이 떨어진다.
② 재독 가능성이 높다.
③ 누구나 이용 가능하다.
④ 기록을 오래 보존할 수 있다.

해설
인쇄매체의 장단점

장점	단점
• 재독(再讀)의 가능성이 있다. • 매체선택의 자유성이 있다. • 메시지 선택의 무제한성이 있다. • 기록의 영속성이 있다.	• 신속성이 떨어진다. • 비인격적, 비친근적이다. • 배포과정이 복잡하다. • 문맹자나 낮은 교육수준의 사람들에게 의사전달이 어렵다.

정답 88.③ 89.③ 90.③

91

다음 중 시청각 매체의 장점으로 볼 수 없는 것은?

① 메시지 선택의 무제한성이 보장된다.
② 인쇄매체보다 접근이 용이하다.
③ 문맹자나 교육정도가 낮은 사람에게도 전달이 가능하다.
④ 대량의 메시지를 비교적 짧은 시간에 전달하는 것이 가능하다.

해설
㉠ **시청각 매체의 종류** : TV, 라디오 등
㉡ **시청각 매체의 장점**
　ⓐ 대량의 메시지를 비교적 짧은 시간에 전달하는 것이 가능하다.
　ⓑ 문맹자나 교육 정도가 낮은 사람들에게도 전달이 가능하다.
　ⓒ 오락적 매체의 성향이 강하므로 인쇄매체보다 접근이 용이하다.
㉢ **시청각 매체의 단점**
　ⓐ 제작 및 전달에 경비가 많이 든다.
　ⓑ 재독의 가능성이나 기록의 연속성이 없다.
　ⓒ 매체의 선택이나 메시지의 선택을 어렵게 한다.

92

지도대상자들의 학습에 대한 관심과 흥미를 유발시키고 지루함을 극복하게 하기 위한 시청각교재 활용 시 유의해야 할 사항이 아닌 것은?

① 시청각 교재를 어느 단계에 제시할 것인가 등을 미리 계획하여야 한다.
② 교재는 가급적 쉽게 제작되어야 함과 동시에 충분히 이해가 되도록 설명하여야 한다.
③ 도표나 그림 같은 것은 적당한 글씨나 그림으로 만들어 모든 참석자들이 볼 수 있어야 한다.
④ 시청각 교재의 효과가 크므로 가능한 많이 사용하는 것이 바람직하다.

해설
시청각 교재는 적당하게 사용해야 하며, 지나칠 경우 오히려 번거롭고 효과를 감소시킨다.

93

대중매체를 활용한 지도방법에 대한 설명으로 옳은 것은?

① 신문은 지역이나 대상에 따라 규모의 차이가 적어 가치 있다.
② 라디오는 산업화가 진행된 나라의 농촌에서 가장 중요한 대중매체이다.
③ 인쇄매체는 일반적으로 인식(konwing) 단계에서 효율적으로 사용된다.
④ 현대 정보기술을 활용한 농촌지도의 특징은 상호작용성, 탈대중성, 비동시성을 들 수 있다.

91.① 92.④ 93.④ 정답

해설
① 신문은 지역이나 대상에 따라 규모의 차이가 크지만 농촌지도사업에 가치 있게 사용할 수 있다.
② 라디오는 산업화가 더딘 나라의 농촌에서 가장 중요한 대중매체이다.
③ 라디오는 일반적으로 인식(konwing) 단계에서 효율적으로 사용된다.

94

대중매체를 활용한 지도방법에 대한 설명으로 옳지 않은 것은?
① 라디오는 장소를 불문하고 널리, 많은 사람들에게 접근할 수 있다.
② 뉴스레터는 비교적 낮은 비용으로 발행된다.
③ 텔레비전보다 라디오가 동기유발이 쉽다.
④ 인쇄매체는 한번 만들어진 자료는 계속 남아 있다는 영속성을 가진다.

해설
텔레비전의 경우에는 청각뿐만 아니라 시각까지 이용하기 때문에, 라디오보다 동기유발이 쉽다.

95

[18. 경북지도사 기출변형]

집단토의의 특성으로 적합하지 않은 것은?
① 혁신의 인식   ② 행동의 변화
③ 다른 농가의 지식 활용   ④ 학습과정 촉진

해설
집단토의는 혁신의 인식 정도는 낮으나, 문제점 인식, 행동의 변화, 다른 농가의 지식활용, 학습과정을 촉진하는 정도는 높다.

	대중매체	담화	전시	민속매체	집단토의	대화
혁신의 인식	○○○	○	○○	○○	×	×
문제점 인식	×	○	○○	○○○	○○○	○○○
지식의 전이	○○○	○○	○○	○○	○	○○
행동의 변화	×	×	○○	○	○○○	○○
다른 농가의 지식 활용	×	×	○	○○	○○○	○
학습과정 촉진	×	×	○	○○	○○○	○○
농가의 문제점 조정	×	×	○	○	○○	○○○
축약 수준	○○○	○○	×	×	○	○
(1인당) 비용	×	○	○	○○	○○	○○○

○ : 적합, × : 부적합

96

여러 가지 농촌지도방법의 특성비교에 관한 내용으로 옳지 않은 것은?
① 대중매체는 혁신의 인식에 적합하다.
② 대화는 농가의 문제점을 조정하는데 적합하다.
③ 민속매체는 문제점 인식에 적합하다.
④ 집단토의는 혁신의 인식에 적합하다.

> [해설]
> 집단토의는 혁신의 인식에는 부적합하지만, 문제점 인식, 행동의 변화, 다른 농가의 지식활용, 학습과정 촉진 등에는 적합하다.

[17. 지도사 기출변형]

97

현대 정보기술을 이용한 방법으로 환류시스템에 해당하는 것은?
① 의사결정시스템
② 전문가시스템
③ 지식시스템
④ 경영정보시스템

98

농촌지도에서 현대 정보기술의 활용에 대한 설명으로 옳지 않은 것은?
① 환류 시스템에는 경영정보시스템이 있다.
② 접근 및 검색 시스템에는 의사결정시스템, 전문가시스템, 지식시스템 등이 있다.
③ 조언 시스템을 활용해 시·공간 제약을 받지 않고 컨설팅을 받을 수 있다.
④ 네트워크 시스템은 원격지 농민 간 접촉이 가능하게 해준다.

> [해설]
>
> | 구분 | 접근 및 검색 시스템 | 환류 시스템 | 조언 시스템 | 네트워크 시스템 |
> |---|---|---|---|---|
> | 실제 사용되는 명칭 | database teletext videotex hypertext | 경영정보시스템 (MIS) | 의사결정지원시스템 전문가시스템 지식시스템 | e-메일 화상회의시스템 videotex |
> | 목표 | 정보에 대한 효율적 접근 제공 | 적절한 피드백 제공 | 전문적 지원과 조언 제공 | 네트워킹 활동 촉진 |
> | 수단 | 검색/선택 절차 | 자료의 입력, 조작과 표현 | 계산, 최적화, 시뮬레이션과 설명 | 의미 변화, 파일 전달 (그림, 소리, 문자 등) |

96.④ 97.④ 98.② 정답

정보의 원천	정보 제공자	최종 사용자	최종 사용자와 전문가	최종 사용자와 정보제공자
학습, 의사결정과 문제해결 측면	주로 이미지 형성과 실행	주로 평가, 이미지 형성과 문제 인식	주로 대안의 검색/선택과 이미지 형성	메시지 내용과 특성에 따른 변수들
의사소통 중재자의 역할	정보 제공자	정보의 처리와 해석을 위한 토의 파트너	토의 파트너 사용자 수정자	사용자
현실적 문제점	최종 사용자의 로직과 지식의 모순 검색 절차	피드백은 최종 사용자의 관심을 충족시키지 못함	주요 모델의 타당성에 의문, 다양한 원인의 해석에 대한 문제	사용자가 정보의 홍수에 직면함

99

[19. 경북지도사 기출]

농업정보기술 특성에서 환류 시스템의 정보의 원천은 어디에 있는가?

① 정보 제공자
② 최종 사용자
③ 최종 사용자와 전문가
④ 최종 사용자와 정보 제공자

해설
농업정보기술의 특성

구분	접근 및 검색 시스템	환류 시스템	조언 시스템	네트워크 시스템
정보의 원천	정보 제공자	최종 사용자	최종 사용자와 전문가	최종 사용자와 정보 제공자

100

농업정보기술 중에서 보기의 사례는 어디에 해당하는가?

> 독일 컨설팅 업체는 매주 고객으로부터 장미생산에 관한 100가지 매개변수 자료를 받아 시뮬레이션을 통해 분석하고, 적절한 시비량을 조언해 주며, 식물보호 측정과 환경제어 등의 일을 수행한다.

① 접근 및 검색 시스템
② 환류 시스템
③ 조언 시스템
④ 네트워크 시스템

정답 99.② 100.③

[16. 경북지도사 기출]

101

새로운 농촌지도 방법으로서 SNS를 이용하는 방법으로 옳지 않은 것은?

① 상향식 수요조사 시스템으로 추진하는 것은 바람직하지 않다.
② 스마트 쇼핑몰을 구축한 농축산물 QR 코드를 시험·운영한다.
③ SNS는 개인이 중심이 되어 자신의 관심사와 개성을 공유한다.
④ 농업CEO, 농업법인, 관계공무원 등을 대상으로 먼저 교육을 실시한 후, 지역사회 전파자로 활용해야 한다.

해설
SNS 활용시 고려할 점
㉠ SNS의 특성상 농업CEO, 농업법인, 마을지도자, 관계공무원 등을 대상으로 먼저 교육을 실시하여 육성한 후, 이들을 지역사회 전파자로 활용하는 단계별 접근을 고려해야 함
㉡ SNS를 활용한 아이디어는 전문 분야에서 모든 틀을 짜서 공급하는 하향식 일괄형 보급보다는 농업·농촌·농민이 필요로 하는 것과 전문영역의 노하우를 결합한 상향식 수요조사 및 협력·보완 시스템으로 추진하는 것이 바람직함

102

농촌지도방법을 선정할 때 고려할 요소가 아닌 것은?

① 이용가능한 시설 및 보조교재
② 지도 목적·내용의 성격
③ 활용 가능한 시간
④ 지도대상자의 자질

해설
농촌지도방법을 선정할 때 고려할 요소 : 지도 목적·내용의 성격, 활용 가능한 시간, 이용 가능한 시설 및 보조교재, 지도사의 자질, 지도대상자의 수, 지도대상자의 특성, 선진농가 및 소규모농가 등

101.① 102.④ 정답

103

농촌지도방법의 선정시 옳지 않은 것은?

① 지도목적이 단순한 사실과 정보의 전달인 경우에는 시연 및 실습을, 기술 습득인 경우에는 강의법을 활용할 수 있다.
② 지도사가 표현력이 풍부하고, 유머 감각이 있는 경우에는 강의법도 효과적일 수 있다.
③ 보수적인 대상자가 많은 경우에는 전시법, 관찰법, 견학 등이 효과적이다.
④ 실제 농촌지도에서 대상자들과 접촉할 때는 시간의 제약을 많이 받는다.

해설
지도목적이 단순 사실·정보 전달인 경우 강의법을, 기술 습득인 경우 시연 및 실습을, 사고력과 판단력 배양인 경우 토의법을 활용할 수 있다.

104

농촌지도방법 선정에 관한 내용으로 옳지 않은 것은?

① 지도목적이 사고력과 판단력 배양인 경우에는 토의법을 활용할 수 있다.
② 농촌지도에서 대상자들과 접촉할 때는 시간과 농촌지도자의 수에 제약을 받아 대중매체를 활용할 수 있다.
③ 지도대상자가 학력이 높은 경우 전시법, 관찰법, 견학 등이 효과적이다.
④ 민주적 회의진행방법에 익숙한 대상자가 아닐 경우 토의법을 활용하기 어렵다.

해설
지도대상자가 학력이 높은 경우에는 인쇄 자료를 제시하는 것도 효과적이며, 보수적 대상자가 많은 경우는 전시법, 관찰법, 견학 등이 효과적이다.

105

세계화·지방화에 따른 적합한 지도내용과 방법을 선택하기 위하여 고려해야 할 기본적인 범주가 아닌 것은?

① 기술적 실현가능성
② 경제적 실현가능성
③ 정치적 수용성
④ 생태적 지속가능성

106

농업인에게 적합한 지도내용과 방법을 선택하기 위하여 세계화·지방화에 따라 고려해야 할 범주로 바르게 연결된 것은?

① 사회적 수용성 : 농경영체 내 실행 가능한 적합한 기술이어야 한다.
② 생태적 지속가능성 : 실행방법이 개인과 그룹 간 갈등을 일으키지 않아야 한다.
③ 기술적 실현 가능성 : 지속적으로 요구되는 생산성 증대로 인한 자원의 고갈과 오염 등이 미치는 환경적 피해로부터 안전하며 지속가능성을 갖고 있어야 한다.
④ 경제적 실현가능성 : 경제적으로 인력 및 재력 등의 자원 측면에서 실현 가능해야 한다.

해설
세계화·지방화에 따른 적합한 지도방법 선택시 고려할 점
㉠ **기술적 실현가능성**(technical feasibility) : 농경영체 내 실행 가능한 적합한 기술이어야 함
㉡ **경제적 실현가능성**(economic feasibility) : 경제적으로 인력 및 재력 등의 자원 측면에서 실현 가능해야 함
㉢ **사회적 수용성**(social acceptance) : 그 실행방법이 사회적으로 수용·포용적이어서, 개인과 그룹간 힘의 균형에 소외나 갈등을 일으키지 않도록 해야 함
㉣ **생태적 지속가능성**(environmental sustainability) : 지속적으로 요구되는 생산성 증대로 인한 자원고갈과 오염 등이 미치는 환경적 피해로부터 안전하며 지속가능성을 갖고 있어야 함

106.④ 정답

03 농촌지도 평가(See)

01

농촌지도 평가에 대한 설명이 옳지 않은 것은?

① 평가란 평가받는 대상의 가치(worth)를 판단하는 것이다.
② 프로그램 평가는 농촌지도 계획 → 실행 → 평가 중에서 평가 단계에서 이루어져야 하는 활동이다.
③ 프로그램의 강점과 약점을 규명하는 활동이다.
④ 평가에서 분석된 정보는 의사결정권자에게 농촌지도기관에 대한 예산 지원의 범위를 결정하도록 정보를 제공한다.

해설
농촌지도사업 평가의 목적
㉠ 농촌지도사업(extension program)에 대한 가치 판단(평가)은 지도사업이 이루어지는 계획(Plan, 설계) - 실행(Do) - 평가(See)의 모든 단계에서 반드시 이루어져야 하는 활동
㉡ 프로그램(사업)의 강점과 약점을 규명하여 프로그램의 질을 향상시키기 위한 것
㉢ 농촌지도사업(프로그램)은 평가과정을 통하여 프로그램이 농촌주민에게 어떤 영향을 주었는지(영향평가), 지도사업 목적이 잘 달성되었는지(효과성평가) 확인할 수 있음
㉣ 프로그램에 대하여 농촌주민은 어떻게 반응했고, 무엇을 배웠으며, 프로그램이 시간・재원・자원 측면에서 충분한 가치가 있었는가를 검토하는 것
㉤ 프로그램 평가는 향후 프로그램이 계속되어야 할 것인지, 중단되어야 할 것인지에 대한 정보도 제공함

정답 01.②

02

다음 중 평가에 대한 설명이 잘못된 것은?

① 평가란 어떤 행위, 과정, 절차, 활동, 행사, 결과 등에 대한 가치부여의 과정이다.
② 프라울에 의하면 평가는 의사결정을 해야 하는 상황에서 판단에 필요한 합리적인 기준을 제공하기 위하여 준거, 측정, 통계와 같은 형식적 수단을 통하여 합당한 정보를 수집하고 분석활용하는 과정이다.
③ 평가에서는 앞으로의 발전과 개선에 필요한 자료와 정보를 수집정리하여 활용하는 과정이 반드시 수반되어야 한다.
④ 평가를 할 때 가장 중요한 사항은 어떤 행사나 활동이 의도한 목표에 얼마만큼 달성되었는가를 검토하는 일이다.

해설
Stufflebeam에 의하면 평가는 의사결정을 해야 하는 상황에서 판단에 필요한 합리적인 기준을 제공하기 위하여 준거, 측정, 통계와 같은 형식적 수단을 통하여 합당한 정보를 수집하고 분석활용하는 과정이라고 정의하였다.

03

다음 중 농촌지도사업의 평가시 가장 중요한 사항은?

① 농촌지도사의 참여율
② 관계기관의 예산
③ 농촌주민과 지도원의 접촉횟수
④ 농촌지도목표의 달성 여부

해설
평가시 가장 중요한 사항은 어떤 행사나 활동의 의도한 목표에 얼마만큼 달성되었는가를 검토하는 일이다. 즉 평가란 목표의 성취도를 측정하는 과정이다.

04

다음 중 농촌지도사업의 평가시기로 옳은 것은?

① 한 사업이 종료된 후
② 관계기관의 평가 요청시
③ 진행 도중 수시로
④ 조사표의 작성 후

해설
농촌지도사업에 대한 가치 판단, 즉 평가는 농촌지도사업이 이루어지는 모든 단계에서 반드시 이루어져야 하는 활동이다.

정답 02.② 03.④ 04.③

05

보기에서 제시하는 평가의 유형은?

> 가. 사업이 집행되는 도중에 이루어지는 평가
> 나. 사업이 집행된 후 의도한 목적을 달성했는지 여부를 판단하는 평가

	가	나
①	상대평가	결과평가
②	형성평가	결과평가
③	상대평가	총괄평가
④	형성평가	총괄평가

해설
평가의 종류
㉠ 평가시기에 따른 유형
  ⓐ **형성평가** : 사업이 집행되는 도중에 이루어지는 평가
  ⓑ **총괄평가** : 사업이 집행된 후 의도한 목적을 달성했는지 여부를 판단하는 평가
㉡ 평가방법에 따른 유형
  ⓐ **상대평가** : 규준지향적 평가, 학습자의 성취도를 그가 속한 집단의 결과에 비추어 상대적으로 나타내는 평가
  ⓑ **절대평가** : 목적지향적 평가, 학습자의 성취도를 주어진 목표의 달성정도에 따라 절대적으로 나타내는 평가
㉢ 평가내용에 따른 유형
  ⓐ **방법평가** : 사업활동의 자체에 대한 평가
  ⓑ **결과평가** : 사업활동의 결과에 대한 평가

[17. 지도사 기출변형]

06

농촌지도사업의 평가 유형 중에서 사업이 진행되는 과정에서 점검하는 평가는?

① 총괄평가   ② 사업평가
③ 형성평가   ④ 결과평가

해설
형성평가 : 사업이 집행되는 도중에 이루어지는 평가

[17. 지도사 기출변형]

정답 05.④ 06.③

07

다음 ( ) 안에 들어갈 알맞은 말은?

> 농촌지도의 평가에는 목표에 대한 달성도를 검토하는 (A)와 A에 대한 배경을 검토하는 (B)가 있다.

① 지도평가 – 결과평가
② 방법평가 – 지도평가
③ 결과평가 – 방법평가
④ 일반평가 – 특수평가

[18. 경북지도사 기출변형]

08

평가에 대한 설명으로 옳은 것은?

> 가. 결과평가는 사업활동 자체에 대한 평가이다.
> 나. 절대평가는 규준지향적 평가이다.
> 다. 상대평가는 학습자의 성취도를 그가 속한 집단의 결과에 비추어 나타내는 평가이다.
> 라. 형성평가는 사업이 집행되는 도중에 이루어지는 평가이다.

① 가, 나
② 다, 라
③ 가, 다
④ 나, 라

해설
㉠ **상대평가** : 규준지향적 평가, 학습자의 성취도를 그가 속한 집단의 결과에 비추어 상대적으로 나타내는 평가
㉡ **절대평가** : 목적지향적 평가, 학습자의 성취도를 주어진 목표의 달성정도에 따라 절대적으로 나타내는 평가
㉢ **방법평가** : 사업활동 자체에 대한 평가
㉣ **결과평가** : 사업활동 결과에 대한 평가

07.③ 08.②

09

평가의 기준에 따라 평가의 종류는 다양하다. 다음 중 그 기준이 상이한 것은?

① 총괄평가 – 형성평가
② 방법평가 – 결과평가
③ 절대평가 – 상대평가
④ 과정평가 – 프로그램평가

해설
① **평가시기에 따라** : 총괄평가 – 형성평가
② **평가방법에 따라** : 방법평가 – 결과평가
③ **평가내용에 따라** : 절대평가 – 상대평가
④ **평가영역에 따라** : 기관평가 – 프로그램평가

[18. 충남지도사 기출변형]

10

다음 평가의 유형에 대한 설명이 옳지 않은 것은?

① 형성평가는 사업이 진행되는 도중에 평가하는 것이다.
② 총괄평가는 사업이 집행된 후 판단하는 평가이다.
③ 상대평가는 학습자의 성취도를 그가 속한 집단의 결과에 비추어 평가하는 것이다.
④ 결과평가는 사업활동의 자체에 대한 평가이다.

해설
방법평가는 사업활동 자체에 대한 평가이다.

11

다음 중 평가에 대한 설명으로 바르지 않은 것은?

① 방법평가란 목표달성의 검토이다.
② 평가는 미래지향적인 성격이 강하다.
③ 평가란 어떤 행위, 활동, 결과 등에 대한 가치부여의 과정이다.
④ 농촌지도 평가에서 기준은 농촌지도의 목표이다.

해설
방법평가는 사업의 활동 자체에 대한 평가이다.

정답 09.④ 10.④ 11.①

[14. 지도사 기출변형]

12

농촌지도평가의 원리로서 가장 적절하지 않은 것은?

① 목표에 대한 성취도가 평가의 기준이 되어야 한다.
② 목표에 미달했을 때는 그 배경과 원인이 밝혀져야 한다.
③ 다양한 방법과 수단을 통해 필요한 자료를 수집하여야 한다.
④ 평가는 계속적인 과정이어야 한다.
⑤ 평가자료는 항상 모집단을 상대로 수집하여야 한다.

해설
농촌지도평가의 원리
㉠ 농촌지도의 계획과 목표의 달성정도가 평가의 기준이 되어야 한다.
㉡ 농촌지도목표의 달성 여부에 대한 배경과 원인이 밝혀져야 한다.
㉢ 평가는 연속적인 과정이어야 하며 특정기간의 판단은 아니다.
㉣ 평가는 위원회 같은 조직체를 만들어 이행하여야 한다.
㉤ 지도대상자의 인격이 존중되도록 자료를 수집하여야 한다.
㉥ 농촌지도는 투자와 산출의 관계에서 검토되어야 한다.
㉦ 농촌지도평가는 표본을 대상으로 평가하여야 한다.

[14. 지도사 기출변형]

13

농촌지도평가를 설명한 내용 중 잘못된 것은?

① 평가는 계속적인 과정이어야 한다.
② 평가는 위원회와 같은 조직체를 만들어 이행해야 한다.
③ 평가는 모든 대상자를 모두 포함시켜야 한다.
④ 농촌지도목표의 달성 여부에 대한 배경과 원인이 밝혀져야 한다.
⑤ 농촌지도의 계획과 목표의 달성 정도가 평가의 기준이 되어야 한다.

해설
농촌지도평가는 표본을 대상으로 평가하여야 한다.

[20. 경남지도사 기출]

14

농촌지도평가원리로 옳지 않은 것은?

① 농촌지도평가는 계속적 과정으로 특정기간 내의 판단이 아니다.
② 농촌지도평가는 위원회와 같은 조직체를 만들어 이행한다.
③ 농촌지도평가는 투자와 산출의 관계에서 검토되어야 한다.
④ 농촌지도평가는 대상집단의 수에 관계없이 모집단을 대상으로 평가한다.

해설
농촌지도평가는 표본을 대상으로 평가하여야 한다.

정답 12.⑤ 13.③ 14.④

15

<보기>에서 농촌지도평가의 원리에 대한 설명으로 옳지 않은 것을 모두 고른 것은?

> 가. 농촌지도는 투자와 산출의 관계에서 검토되어야 한다.
> 나. 농촌지도평가는 항상 모집단을 대상으로 평가하여야 한다.
> 다. 농촌지도의 평가는 어떤 사업이 마감된 직후에 하여야 한다.
> 라. 농촌지도의 계획과 목표의 달성정도가 평가의 기준이 되어야 한다.

① 가, 나
② 가, 라
③ 나, 다
④ 다, 라

해설
나. 농촌지도평가는 표본을 대상으로 평가하여야 한다.
다. 농촌지도평가의 원리에 해당하지 않는다.

[23. 서울지도사]

16

다음 중 기관 평가의 특징에 해당하는 것은?

① 거시적, 양적
② 거시적, 질적
③ 미시적, 양적
④ 미시적, 질적

해설

구분	기관 평가	프로그램 평가
평가대상	기관	프로그램
접근법	체제/조직적 접근	상황/과정적 접근
분석수준	거시적	미시적
평가준거	양적 준거 > 질적 준거	양적 준거 < 질적 준거

[16. 경북지도사 기출]

17

농촌지도사업의 평가영역이 잘못 설명된 것은?

① 기관 평가는 거시적 관점에서 종합 평가한다면, 프로그램 평가는 미시적 관점이다.
② 기관 평가는 체제적·조직적으로 접근하여 분석하고, 프로그램 평가는 프로그램 자체를 평가하는 것으로 상황적·과정적이다.
③ 기관 평가는 프로그램의 구성·운영·실제 활동을 평가하고, 프로그램 평가는 기관의 구조·관리·지원 활동에 관해 평가한다.
④ 기관 평가는 양적 준거를 주로 사용하여 평가하고, 프로그램 평가는 질적 준거를 사용하여 효과를 평가한다.

정답 15.③ 16.① 17.③

> **해설**
> 기관 평가 vs 프로그램 평가

구분	기관 평가	프로그램 평가
평가대상	기관	프로그램
접근법	체제/조직적 접근	상황/과정적 접근
분석수준	거시적	미시적
평가내용	기관의 구조 및 관리지원활동	프로그램 구성, 운영 실제 활동
평가준거	양적 준거 > 질적 준거	양적 준거 < 질적 준거
평가영역	조직 풍토, 관리자의 리더십, 재정, 시설 설비, 지역사회봉사	내용, 방법, 성취도, 정의적 특성, 효과
평가결과 활용	기관 지원, 기관운영에 대한 효율화 정보 제공	프로그램의 존폐 결정, 프로그램의 수정 보완, 정보 제공

[23. 충북지도사]

18

기관평가와 프로그램평가에 대한 설명이 옳은 것은?

① 기관평가는 거시적, 프로그램은 미시적으로 평가한다.
② 기관평가는 질적 준거를 사용한다.
③ 프로그램평가는 양적 준거를 주로 사용한다.
④ 프로그램평가는 기관운영에 대한 효율화 정보를 제공하고, 기관평가는 프로그램의 존폐여부에 이용한다.

> **해설**
> ② 기관평가는 양적 준거를 사용한다.
> ③ 프로그램평가는 질적 준거를 주로 사용한다.
> ④ 기관평가는 기관운영에 대한 효율화 정보를 제공하고, 프로그램평가는 프로그램의 존폐여부에 이용한다.

19

농촌지도사업의 평가영역을 비교한 것이 잘못된 것은?

구분	기관 평가	프로그램 평가
① 평가내용	기관의 구조 및 관리지원활동	프로그램 구성, 운영 실제 활동
② 평가영역	조직 풍토, 관리자의 리더십, 재정, 시설 설비, 지역사회봉사	내용, 방법, 성취도, 정의적 특성, 효과
③ 평가결과 활용	기관 지원, 기관운영에 대한 효율화 정보 제공	프로그램의 존폐 결정, 프로그램의 수정 보완, 정보 제공
④ 평가준거	양적 준거 < 질적 준거	양적 준거 > 질적 준거

정답 18.① 19.④

20

기관평가와 프로그램평가에 대한 설명으로 옳지 않은 것은?

① 기관 평가는 정책을 추진하는 체계를, 프로그램 평가는 사업 자체를 평가한다.
② 기관 평가는 거시적 관점에서, 프로그램 평가는 그 범위가 미시적 관점에서 지도사업을 종합 평가한다.
③ 기관 평가는 기관의 구조·관리·지원 활동을, 프로그램 평가는 프로그램의 구성·운영·실제 활동을 평가한다.
④ 기관 평가는 질적 준거를 주로 사용하고, 프로그램 평가는 양적 준거를 사용한다.

해설

구분	기관 평가	프로그램 평가
평가대상	기관	프로그램
접근법	체제/조직적 접근	상황/과정적 접근
분석수준	거시적	미시적
평가내용	기관의 구조 및 관리지원활동	프로그램 구성, 운영 실제 활동
평가준거	양적 준거 > 질적 준거	양적 준거 < 질적 준거
평가영역	조직 풍토, 관리자의 리더십, 재정, 시설 설비, 지역사회봉사	내용, 방법, 성취도, 정의적 특성, 효과
평가결과 활용	기관 지원, 기관운영에 대한 효율화 정보 제공	프로그램의 존폐 결정, 프로그램의 수정 보완, 정보 제공

[18. 경북지도사 기출변형]

21

농촌지도의 프로그램 평가에 대한 설명이 옳지 않은 것은?

① 체계적이고 조직적으로 접근하여 거시적으로 분석한다.
② 프로그램의 존폐여부를 결정한다.
③ 질적 준거를 사용하여 프로그램의 내용, 방법, 효과를 평가한다.
④ 사업(프로그램) 자체를 평가하는 것이다.

해설
기관 평가는 기관을 대상으로 체제적·조직적으로 접근하여 거시적으로 분석하고, 프로그램 평가는 프로그램 자체를 평가하는 것으로 상황적·과정적으로 접근하여 미시적으로 분석한다.

[20. 경북지도사 기출]

정답 20.④ 21.①

[20. 경남지도사 기출]

22

'농촌치유 지원사업'의 프로그램 평가로 옳지 않은 것은?

① 거시적인 관점에서 농촌지도사업을 종합적으로 평가
② 상황적, 과정적으로 접근하여 평가
③ 프로그램의 구성, 운영 및 실제 활동을 평가
④ 질적 준거를 사용하여 내용, 방법, 성취도, 정의적 특성효과를 평가

해설
기관 평가는 거시적인 관점에서 농촌지도사업을 종합적으로 평가하는 것이라면, 프로그램 평가는 그 범위가 미시적 관점이다.

23

농촌지도의 평가에 대한 다양한 관점을 설명한 것이다. 설명이 옳지 않은 것은?

① 미국은 농촌지도를 체제적 관점으로 본다.
② 유럽은 농촌지도를 사업·프로젝트 개념으로 본다.
③ 서울대학교의 농촌지도 평가는 지도사 개인에 대한 평가보다 지도기관으로서의 평가가 더 중요하다.
④ 농촌진흥청의 농촌지도 평가의 기준이 지도 계획이 되며 그중 지도 목표가 중심이 된다.

해설
농촌지도평가의 다양한 관점
㉠ **미국 관점** : 농촌지도를 프로그램적 관점으로 봄. 농촌지도를 하나의 프로그램으로 보고 프로그램 평가로 생각함
㉡ **유럽 관점** : 농촌지도를 사업·프로젝트 개념으로 보고, 사업·프로젝트 평가로 생각함
㉢ **서울대학교 관점** : 농촌지도 평가는 지도사 개인에 대한 평가보다 지도기관으로서의 평가가 더 중요함
㉣ **농촌진흥청 관점** : 농촌지도 평가의 기준이 지도 계획이 되며 그중 지도 목표가 중심이 됨
㉤ **목표대비 관점** : 농촌지도 목표는 농촌주민의 행동 변화라 단정할 수 있고, 농촌지도 평가는 농촌주민의 행동적 변화량 측정이 됨
㉥ **수혜자 관점** : 농촌지도프로그램이나 지도기관에 대한 평가가 아니라, 실제로 지도사업의 혜택을 받은 농촌주민의 행동적 변화를 살피는 것

24

농촌지도평가에서 평가항목의 기준에 해당하지 않는 것은?

① 측정가능성 ② 관리가능성
③ 발전가능성 ④ 비교가능성

해설
평가항목의 기준 : 효율성, 대표성, 비교가능성, 개선가능성, 관리가능성, 측정가능성 등

25

농촌지도사업 평가의 구성요소에 대한 설명으로 옳지 않은 것은?

① 평가항목은 평가대상의 활동을 대표할 수 있어야 한다.
② 평가항목은 정량적 방법·정성적 방법으로도 측정이 가능해야 한다.
③ 평가활동은 자연 상태에 있는 대상을 평가하는 것이다.
④ 평가준거는 일반적·추상적 수준부터 구체적·행동적 수준까지 위계화가 가능하다.

해설
평가항목의 기준 : 효율성, 대표성, 비교가능성, 개선가능성, 관리가능성, 측정가능성
평가활동은 자연 상태에 있는 대상을 평가하는 것이 아니라, 평가대상의 자의적 활동을 대상으로 함

[18. 경북지도사 기출변형]

26

평가항목의 기준에 대한 설명으로 옳지 않은 것은?

① 평가대상의 활동을 대표할 수 있어야 한다.
② 이상적 준거가 있다.
③ 차별화 할 수 있어야 한다.
④ 평가항목은 정량적 방법이 아닌 정성적 방법으로 측정이 가능해야 한다.

해설
㉠ 평가항목은 우열을 가릴 수 있도록 측정되어야 하고, 정량적 방법·정성적 방법으로도 측정이 가능해야 한다.
㉡ **평가항목의 기준** : 효율성, 대표성, 비교가능성, 개선가능성, 관리가능성, 측정가능성 등

[20. 강원지도사 기출변형]

정답 24.③ 25.③ 26.④

27

평가항목으로 사용되기 위해서는 일정한 기준을 갖추고 있어야 하는 데 그 기준으로 옳지 않은 것은?

① 평가항목은 평가대상의 활동을 대표할 수 있어야 한다.
② 평가항목은 정량적 방법뿐만 아니라 정성적 방법으로도 측정이 가능하다.
③ 평가활동은 이상적 준거를 가지고 있으며, 이를 평가항목으로 전환시켜 측정할 수 있도록 해야 한다.
④ 평가활동은 자연적 상태에 있는 평가대상을 평가한 것이다.

해설
평가항목의 기준
㉠ **효율성** : 평가활동이 시간 소비적이라면 평가의 본질을 훼손하는 것이기 때문에 쉽게 이해되고 평가대상의 활동에 도움이 되어야 함
㉡ **대표성** : 평가항목은 평가대상의 활동을 대표할 수 있어야 함
㉢ **비교가능성** : 평가대상을 비교할 수 있어야 함
㉣ **개선가능성** : 평가활동은 이상적 준거가 있으며, 이를 평가항목으로 전환시켜 측정할 수 있도록 해야 하며, 현재 상태를 더 나은 방향으로 변화시키고자 하는 것임
㉤ **관리가능성** : 평가항목이 평가대상의 통제범위에 있어야 함. 평가활동은 자연 상태에 있는 대상을 평가하는 것이 아니라, 평가대상의 자의적 활동을 대상으로 함
㉥ **측정가능성** : 평가항목은 우열을 가릴 수 있도록 측정되어야 하고, 평가항목은 정량적 방법·정성적 방법으로도 측정이 가능해야 함

28

[23. 서울지도사]

농촌지도평가에서 평가항목의 기준과 그에 대한 설명을 옳게 짝지은 것이 아닌 것은?

① 효율성 – 평가활동은 평가대상의 입장에서 고려되어야 한다.
② 대표성 – 평가대상의 모든 활동은 동일한 수준에서 고려되어야 한다.
③ 관리가능성 – 평가항목은 평가대상을 변화시킬 수 있는 것이어야 한다.
④ 측정가능성 – 평가항목은 정량적 방법과 정성적 방법으로 측정이 가능해야 한다.

해설
대표성
ⓐ 평가항목은 평가대상의 활동을 대표할 수 있어야 함
ⓑ 평가대상은 다양한 활동을 수행하지만 모든 활동을 동일한 수준에서 고려하지 않음. 평가대상의 특성·기대 역할 측면에서 평가대상을 대표하는 활동으로 평가항목이 개발되어야 하며, 평가대상의 활동 중 중요하지 않은 활동은 평가항목에서 제외함

29

다음 중 평가준거에 관한 내용으로 틀린 것은?

① 평가준거는 가치 있다고 여겨지는 양적·질적 성질, 상태, 행위 등의 속성이다.
② 평가준거는 측정이 가능해야 한다.
③ 평가준거는 연역적 방법과 귀납적 방법으로 도출한다.
④ 평가준거는 한 가지 방식으로 고정되어 있어서 단일 준거를 사용한다.

해설
평가준거는 표현 형식을 결정하는 1가지 방식만 있는 것이 아니기 때문에 다양한 형태의 준거가 존재한다. 하나의 평가대상도 보통 복합적 성질로 구성되기 때문에 충분히 평가하기 위해서는 복수의 준거를 사용한다.

평가준거 특성
㉠ 평가준거는 가치있는 대상의 속성을 지칭하는 개념으로 가치 있다고 여겨지는 양적·질적 성질, 상태, 행위 등의 속성임. 대상에서 단순히 발견되는 성질이라기보다 사람에 의해 가치를 부여받은 성질임
㉡ 하나의 준거는 구체화의 수준에 따라 상위준거, 하위준거, 측정준거로 구분되어 계층을 이루기 때문에 평가에서 어떤 수준의 준거를 선정하든 계층 간의 개념적 관계를 파악해야 함
㉢ 평가준거는 가치의 유무나 수준을 확인하는 데 사용되는 변수이므로 준거는 측정이 가능해야 함
㉣ 하나의 평가대상도 보통 복합적 성질로 구성되기 때문에 충분히 평가하기 위해서는 복수의 준거를 사용함
㉤ 평가준거는 평가대상 관련 요인이 달라지면 준거의 설정 및 평가결과도 달라지므로 평가대상·평가자·평가상황과 함수관계가 있음
㉥ 평가준거는 표현 형식을 결정하는 1가지 방식만 있는 것이 아니기 때문에 다양한 형태의 준거가 존재함
㉦ 평가준거는 연역적 방법과 귀납적 방법으로 도출됨

30

다음 중 평가준거에 관한 설명으로 옳지 않은 것은?

① 평가준거는 측정이 가능해야 한다.
② 하나의 평가대상도 복수의 평가준거를 사용한다.
③ 평가대상 관련 요인이 달라진다 할지라도 평가준거는 달라지지 않고 일관되어야 한다.
④ 하나의 준거는 구체화의 수준에 따라 상위준거, 하위준거, 측정준거로 구분되어 계층을 이룬다.

> **해설**
> 평가준거는 평가대상 관련 요인이 달라지면 준거의 설정 및 평가결과도 달라지므로 평가대상·평가자·평가상황과 함수관계가 있다.

31

평가에서 '어느 정도 목적을 성취했는가'를 밝히는 내용은?

① 중요성　　② 효과성
③ 효율성　　④ 적합성

> **해설**
> ㉠ **효율성**: 투입에 대한 산출의 비율(투입 대비 산출), 양적·단기적·조직 내적
> ㉡ **효과성**: 목표의 달성도(산출이 목표를 달성한 정도 - 목표 대비 산출), 투입(비용)의 개념이 내포되어 있지 않음, 질적·장기적·조직 외적
> ㉢ **생산성**: 능률성 + 효과성, 목표를 달성하는데 있어 적은 비용으로 달성하는 것
> ㉣ **적합성**: 목표의 가치가 사회적으로 바람직한 것인가, 주어진 상황에서 목표설정이 제대로 되었는가를 의미

[17. 지도사 기출변형]

32

농촌지도사업의 효율성 평가지표에 해당하지 않는 것은?

① 시간과 장소는 적절한가?　　② 비용 대비 이윤은 적절한가?
③ 고객의 기대에 부응했는가?　　④ 사업계획은 만족스러운가?

> **해설**
> **농촌지도사업의 평가지표와 평가질문**
>
> | 평가지표 | 평가질문(예) |
> | --- | --- |
> | 효율성 | • 사업을 적절하게 운영했는가?
• 사업계획은 만족스러운가?
• 시간과 장소는 적절한가?
• 시간과 노력이 가치로운가?
• 사업 운영자 및 참여자에게 어느 정도의 시간과 비용이 소요되는가?
• 비용 대비 이윤은 적절한가?
• 사람들은 이 사업에 일정 비용을 감수하고도 다시 참여할 의사가 있는가? |
> | 효과성 | • 사업에 필요한 활동을 했는가?
• 이 사업은 필요한 것이었는가?
• 어느 정도의 변화를 창출했는가? |
> | 고객의 기대 | • 고객의 기대에 부응했는가?
• 사람들이 만족스러워 했는가?
• 사업의 질이 좋았는가?(고객의 관심사항, 최신의 정보 제공)
• 이 사업은 당면과제에 관련된 것이며 적절한 것인가?
• 계획된 것이 제대로 운영되었는가? |

31.② 32.③ 정답

33

평가지표 중 효율성에 대한 평가질문은?

① 사업에 필요한 활동을 했는가?
② 시간과 장소는 적절한가?
③ 어느 정도의 변화를 창출했는가?
④ 사람들이 만족스러워 했는가?

해설
①, ③은 효과성, ④는 고객의 기대

[17. 지도사 기출변형]

34

농촌지도평가지표 중 효율성 평가로 옳은 것은?

가. 사업을 적절하게 운영했는가?
나. 시간과 노력이 가치로운가?
다. 계획된 것이 제대로 운영되었는가?
라. 고객의 기대에 부응했는가?

① 가, 나   ② 다, 라
③ 가, 다   ④ 나, 라

해설
다, 라는 '고객의 기대'를 평가하는 지표이다.

[19. 경북지도사 기출]

35

농촌지도사업의 평가지표와 평가질문이 잘못 연결된 것은?

① 효율성 - 시간과 노력이 가치로운가?
② 효과성 - 비용 대비 이윤은 적절한가?
③ 고객의 기대 - 사업의 질이 좋았는가?
④ 효율성 - 사업계획은 만족스러운가?

해설
효율성 - 비용 대비 이윤은 적절한가?

정답 33.② 34.① 35.②

36

다음 보기에서 설명하는 평가시 고려할 요건은 무엇인가?

> 무엇을 측정할 것인가에 관한 요건으로, 조사문항으로써 측정하고자 하는 사항을 측정하는 정도

① 타당도 ② 신뢰도
③ 객관도 ④ 유용도

해설
타당도
㉠ 사업의 효과가 다른 경쟁적 원인(외생변수)이라기보다는 조작화된 처리(원인변수)에 기인한 정도 → 실험의 정확도
㉡ 무엇을 측정할 것인가에 관한 요건으로, 조사문항으로써 측정하고자 하는 사항을 측정하는 정도
㉢ 농촌지도목표의 달성여부와 그 배경을 알려 주는 문항이어야 그 타당도가 높아짐

37

평가조사문항이 갖추어야 할 요건 중에서 얼마나 정확하고 정밀하게 측정할 수 있느냐의 정도를 나타내는 것은?

① 타당도 ② 신뢰도
③ 객관도 ④ 유용도

해설
신뢰도
㉠ 측정도구의 일관성, 즉 동일한 측정도구로 동일한 현상을 되풀이했을 때 동일한 결론이 나오는지의 확률 예 과녁에 활 쏘기
㉡ 어떻게 측정할 것인가의 요건으로, 얼마나 정확하게 착오 없이 측정하느냐의 정도
㉢ 많은 사람으로 하여금 평가시키는 것은 신뢰도를 높이기 위한 방법

38

다음 중 조사도구의 구비요건에서 조사자가 질문을 할 때에나 대상자의 응답을 분석 정리할 때 편견됨이 없는 것을 무엇이라 하는가?

① 신뢰도 ② 객관도
③ 타당도 ④ 주관도

36.① 37.② 38.② 정답

해설
객관도
㉠ 얼마나 평가자의 주관이 배제되었는가의 정도
㉡ 식량증산지도 평가시 단위면적당 수량조사를 해야 하는데, 농가소득 조사 등의 비객관적 조사는 객관도를 낮추는 요인이 됨

39

[19. 전북지도사 기출]

타당도와 신뢰도에 대한 설명이 옳지 않은 것은?

① 많은 사람으로 하여금 평가시키는 것은 신뢰도를 높이기 위한 방법이다.
② 타당도는 사업의 효과가 다른 경쟁적 원인이라기보다는 조작화된 처리에 기인한 정도를 말한다.
③ 농촌지도목표의 달성여부와 그 배경을 알려 주는 문항이어야 그 타당도가 높아진다.
④ 신뢰도는 실험의 정확도를 의미한다.

해설

타당도	㉠ 사업의 효과가 다른 경쟁적 원인(외생변수)라기보다는 조작화된 처리(원인변수)에 기인한 정도 → 실험의 정확도 ㉡ 무엇을 측정할 것인가에 관한 요건으로, 조사문항으로써 측정하고자 하는 사항을 측정하는 정도 ㉢ 농촌지도목표의 달성여부와 그 배경을 알려 주는 문항이어야 그 타당도가 높아짐
신뢰도	㉠ 측정도구의 일관성, 즉 동일한 측정도구로 동일한 현상을 되풀이했을 때 동일한 결론이 나오는지의 확률 예 과녁에 활쏘기 ㉡ 어떻게 측정할 것인가의 요건으로, 얼마나 정확하게 착오 없이 측정하느냐의 정도 ㉢ 많은 사람으로 하여금 평가시키는 것은 신뢰도를 높이기 위한 방법

40

[17. 지도사 기출변형]

농촌지도사업의 평가시 고려할 요건이 아닌 것은?

① 경쟁적 원인
② 목표의 달성여부
③ 측정도구
④ 평가자의 태도

해설
②는 타당도, ③은 신뢰도, ④는 객관도를 나타낸다.
타당도는 사업의 효과가 다른 경쟁적 원인보다는 조작화된 처리에 기인한 정도를 말한다.

정답 39.④ 40.①

41

농촌지도사업의 평가시 고려할 요건에 대한 설명이 옳지 않은 것은?

① 타당도는 사업효과가 다른 경쟁적 원인보다는 조작화된 처리에 기인한 정도를 말한다.
② 신뢰도는 실험의 정확도를 측정하는 것이다.
③ 객관도는 얼마나 평가자의 주관이 배제되었는가를 의미한다.
④ 유용도는 시간, 경비, 노력 등이 지나치게 요구되면 낮아진다.

해설▶
타당도는 실험의 정확도를 측정하는 것이다.
유용도 : 타당도, 신뢰도, 객관도가 아무리 높다 하더라도 그 도구가 시간이 너무 많이 소요되고 경비와 노력이 지나치게 요구되면 유용성이 낮음

42

농촌지도사업 평가시 신뢰도에 대한 설명이 아닌 것은?

① 농촌지도목표의 달성여부와 그 배경을 알려주는 문항이어야 한다.
② 동일한 측정도구로 동일한 현상을 되풀이했을 때 동일한 결론이 나오는지의 확률을 의미한다.
③ 얼마나 정확하게 착오없이 측정하느냐의 정도를 말한다.
④ 많은 사람으로 하여금 평가시키는 것이 바람직하다.

해설▶
타당도가 높으려면 농촌지도목표의 달성여부와 그 배경을 알려주는 문항이어야 한다.

[18. 경북지도사 기출변형]

43

논리모형(Logic model)에 대한 설명으로 옳지 않은 것은?

① 목표달성 모형에 가깝다.
② 프로그램 평가를 효과적으로 지원한다.
③ 역동적 과정을 중시하는 단선적 모형이다.
④ 정형화된 틀 안에서 프로그램 평가의 도구로 이용된다.

해설▶
논리모형은 역동적 과정을 중시하는 체계모형이다.

41.② 42.① 43.③ 정답

44

논리모형에서 중기 성과는 무엇인가?

① 회의 수행
② 지식, 태도
③ 투자비용과 기술
④ 행위의 사회적 영향

해설

상황	⇨	투입 (input)	⇨	산출 (output)		⇨	성과 → 영향 (outcome) (impact)		
				활동	참여		단기	중기	궁극적 효과
-요구·자산 -증상·문제점 -관계자 관심		무엇을 투자하는가? -비용 -기술 -직원 -연구자재 -자원봉사자 -파트너		무슨 활동을 하는가? -회의수행 -워크숍 -상담 -정보전달 -교재개발 -교육훈련	대상은 누구인가? -직원 -고객 -참여자 -결정자		단기결과로 인식, 지식, 기술, 태도, 사기, 동기부여 학습	중기결과로 행위, 실천, 정책, 의사결정, 사회운동 활동	궁극적 효과로 경제적, 사회적, 환경적, 시민사회 조건들

[19. 경북지도사 기출]

45

농촌지도 평가모형 중 논리모형에 대한 설명으로 옳지 않은 것은?

① 논리모형은 목표달성 모형에 가장 가깝다.
② 논리모형은 단선적 모형을 중시하는 체계모형에 해당한다.
③ 논리모형은 학습평가에 초점을 두고 있다.
④ 정형화된 틀 안에서 프로그램 계획·평가의 도구로 이용된다.

해설
논리모형은 단선적 모형(linear model)처럼 보일 수 있으나, 역동적 과정을 중시하는 체계모형에 해당한다.

46

농촌지도평가 모형에 대한 설명이 옳은 것은?

① 로저스 모형 : 농촌지도를 하나의 프로그램으로 보고 프로그램 평가를 중시한다.
② 논리 모형 : 단선적 모형(linear model)처럼 보일 수 있으나, 역동적 과정을 중시하는 체계모형에 해당한다.
③ 반덴반 모형 : 농촌지도사업은 여러 위계 수준의 목표를 갖기 때문에 여러 수준에서 사업을 평가한다.

[19. 충남지도사 기출]

정답 44.④ 45.② 46.②

④ 베넷 모형 : 위계모형 기반에 '사회에 미친 결과의 평가'인 8수준을 추가한 지도사업 평가방법을 제시한다.

해설
① 로저스 모형은 평가모형이 아니라 혁신전파모형이다.
③ 베넷 모형 : 농촌지도사업은 여러 위계 수준의 목표를 갖기 때문에 여러 수준에서 사업을 평가한다.
④ 반덴반 모형 : 위계모형 기반에 '사회에 미친 결과의 평가'인 8수준을 추가한 지도사업 평가방법을 제시한다.

[17. 지도사 기출변형]

47

베넷의 위계모형의 수준이 바르지 않은 것은?

① 제1수준 : 인력의 수, 시간, 재원에 대해 평가
② 제3수준 : 참여자의 특성 및 수, 참여 횟수 및 기간에 대해 평가
③ 제4수준 : 참여자의 만족도에 대해 평가
④ 제6수준 : 참여자의 삶의 질 및 지역 사회의 변화 정도에 대해 평가

해설
농촌지도사업 평가의 베넷의 위계 수준
㉠ 제1수준 : 인력의 수, 시간, 재원에 대해 평가
㉡ 제2수준 : 모임의 종류 및 지도 방법에 대해 평가
㉢ 제3수준 : 참여자의 특성 및 수, 참여 횟수 및 기간에 대해 평가
㉣ 제4수준 : 참여자의 만족도에 대해 평가
㉤ 제5수준 : 참여자의 지식, 기술, 태도의 변화 정도에 대해 평가
㉥ 제6수준 : 참여자가 실제 현장에 적용한 변화 정도에 대해 평가
㉦ 제7수준 : 참여자의 삶의 질 및 지역 사회의 변화 정도에 대해 평가

[18. 경남지도사 기출변형]

48

베넷의 위계모형 중 제4수준에 해당하는 것은?

① 참여자의 만족도
② 참여자의 특성 및 수
③ 참여자의 지식, 기술, 태도의 변화 정도
④ 참여자가 실제 현장에 적용한 변화 정도

해설
- 제3수준 : 참여자의 특성 및 수, 참여 횟수 및 기간에 대해 평가
- 제4수준 : 참여자의 만족도에 대해 평가
- 제5수준 : 참여자의 지식, 기술, 태도의 변화 정도에 대해 평가
- 제6수준 : 참여자가 실제 현장에 적용한 변화 정도에 대해 평가

47.④ 48.① 정답

49

베넷의 위계모형에 대한 설명으로 옳은 것은?

> ㉠ 1수준 : 모임의 종류 및 지도방법에 대한 평가
> ㉡ 3수준 : 참여자의 만족도에 대한 평가
> ㉢ 5수준 : 지식, 기술, 태도의 변화 정도에 대한 평가
> ㉣ 7수준 : 지역사회의 변화 정도에 대한 평가

① ㉠, ㉡
② ㉠, ㉢
③ ㉢, ㉣
④ ㉡, ㉣

해설
베넷의 위계 수준
㉠ 제1수준 : 인력의 수, 시간, 재원에 대해 평가
㉡ 제3수준 : 참여자의 특성 및 수, 참여 횟수 및 기간에 대해 평가

[19. 경남지도사 기출]

50

베넷의 위계모형에서 평가의 위계수준이 바르게 짝지어진 것은?

① 제4수준 : 모임의 종류 및 지도 방법에 대해 평가
② 제2수준 : 참여자가 실제 현장에 적용한 변화 정도에 대해 평가
③ 제5수준 : 참여자의 지식, 기술, 태도의 변화 정도에 대해 평가
④ 제6수준 : 참여자의 만족도에 대해 평가

해설
- 제2수준 : 모임의 종류 및 지도 방법에 대해 평가
- 제4수준 : 참여자의 만족도에 대해 평가
- 제5수준 : 참여자의 지식, 기술, 태도의 변화 정도에 대해 평가
- 제6수준 : 참여자가 실제 현장에 적용한 변화 정도에 대해 평가

[21. 경북지도사 기출변형]

정답 49.③ 50.③

51

Van den Ban & Hawkins의 평가모델에 대한 설명으로 옳지 않은 것은?

① Bennet의 7수준 위계모형 기반에 '사회에 미친 결과의 평가'인 8수준을 추가하였다.
② 제3수준은 농민이 농촌지도 활동에 얼마나 참여하고 있는가를 평가한다.
③ 제7수준은 대상 농민집단이 지도사업 내용을 영농현장에 얼마나 적용하여 변화가 일어났는지에 관한 것이다.
④ 제8수준은 농촌지도사업의 궁극적 목적 달성에 관한 것이다.

해설
Van den Ban & Hawkins의 평가모델
㉠ 제1수준 : 농촌지도사업이 의도한 목표를 어느 정도 달성할 수 있을 것인지 판단하는 평가
㉡ 제2수준 : 평가보다 모니터링에 더 적합한 활동이며, 모니터링은 효과적 사업수행을 위한 인력·자원에 대한 검토가 주로 이루어짐
㉢ 제3수준 : 농민이 농촌지도 활동에 얼마나 참여하고 있는가가 평가준거가 됨
㉣ 제4수준 : 농촌지도 활동에 대한 농민 의견을 수집하여 지도사업 과정 중 조정을 하기 위한 정보를 제공해 줌
㉤ 제5수준 : 평가자는 최소 2번에 걸쳐 농민의 지식·기술·태도 수준을 평가함
㉥ 제6수준 : 주로 연구 활동을 통해 이루어짐. 지도사가 지도한 영농방법을 어떤 농민이 사용했는지에 대한 평가를 통해 성과를 확인함
㉦ 제7수준 : 농촌지도사업의 궁극적 목적 달성에 관한 것이며, 대상 농민집단이 지도사업 내용을 영농현장에 얼마나 적용하여 변화가 일어났는지에 관한 것
㉧ 제8수준 : 7수준에서 특정 대상 집단의 변화는 그 외의 집단 또는 전체 사회에 영향을 미칠 수 있음

[20. 경남지도사 기출]

52

반덴반과 호킨스가 주장한 농촌지도사업 평가수준에서 가장 높은 수준은?

① 농촌지도사의 사업 실행 정도
② 농촌 주민의 행동 변화
③ 농촌 주민의 참여 정도
④ 농촌 주민들의 지식, 태도, 기술의 변화

해설
Van den Ban & Hawkins 평가수준 모형

수준1	⇨	농촌지도 활동에 대한 사업계획
수준2	⇨	농촌지도사의 사업 실행 정도
수준3	⇨	농촌지도 활동에 대한 농민 참여 정도
수준4	⇨	농촌지도 활동에 대한 농민의 의견
수준5	⇨	지식, 태도, 기술, 동기, 대상 집단 수준의 변화
수준6	⇨	대상집단의 행동적 변화
수준7	⇨	대상집단에 미친 결과
수준8	⇨	사회에 미친 결과

51.④ 52.② 정답

53

농촌지도의 평가모형에 대한 설명으로 옳지 않은 것은?

① 논리모형은 목표달성 모형에 가장 가까운 모형이다.
② Bennet의 위계모형에서 제1~2수준은 농촌지도사업의 투입요소에 대한 평가이고 제3~7수준까지는 지도사업의 효과에 대한 평가이다.
③ 논리모형에서 단기적인 성과는 직접적으로 무엇을 학습했는지에 대한 성과를 측정한 것이고 중기적인 성과는 행위의 사회적 영향에 관한 것을 측정한 것이다.
④ Van den Ban & Hawkins의 모형에서 평가수준이 높아질수록 농촌지도사업의 직접적인 결과 입증이 가능해진다.

해설
Van den Ban & Hawkins의 모형에서 평가수준이 높아질수록 이를 평가할 수 있는 판단 준거의 설정이 어려워지며, 농촌지도사업의 직접적인 결과 입증도 어려워진다.

54

Knox의 평가절차에서 두 번째 과정은 무엇인가?

① 조사결과 정리와 분석
② 조사결과의 활용
③ 자료수집
④ 조사항목 결정

해설
평가목표 설정과 지도목표 분석 → 조사항목 결정 → 자료수집 → 조사결과 정리와 분석 → 조사결과의 활용

[18. 경북지도사 기출변형]

55

녹스(Knox)의 평가항목 순서로 옳은 것은?

① 평가목표 설정, 분석 → 조사항목결정 → 조사결과 정리분석 → 조사결과 활용
② 조사항목결정 → 평가목표 설정, 분석 → 조사결과 정리분석 → 조사결과 활용
③ 조사항목결정 → 평가목표 설정, 분석 → 조사결과 활용 → 조사결과 정리분석
④ 평가목표 설정, 분석 → 조사항목결정 → 조사결과 활용 → 조사결과 정리분석

해설
녹스의 평가절차 : 평가목표 설정과 지도목표 분석 → 조사항목 결정 → 자료수집 → 조사결과 정리와 분석 → 조사결과의 활용

[23. 충북지도사]

정답 53.④ 54.④ 55.①

[24. 충북지도사]

56

녹스(Knox)의 평가절차를 순서대로 나열한 것은?

① 조사항목의 결정 → 평가목표의 설정과 지도목표의 분석 → 자료수집 → 조사결과의 정리와 분석 → 조사결과의 활용
② 평가목표의 설정과 지도목표의 분석 → 조사항목의 결정 → 자료수집 → 조사결과의 정리와 분석 → 조사결과의 활용
③ 평가목표의 설정과 지도목표의 분석 → 조사항목의 결정 → 자료수집 → 조사결과의 활용 → 조사결과의 정리와 분석
④ 평가목표의 설정과 지도목표의 분석 → 조사항목의 결정 → 조사결과의 정리와 분석 → 자료수집 → 조사결과의 활용

57

녹스가 제시한 농촌지도사업이나 활동의 평가에서 둘째 단계에 해당되는 것은?

① 평가목표의 설정
② 조사항목의 결정
③ 자료의 수집
④ 조사결과의 분석

해설
녹스의 평가 단계 : 평가목표설정·분석 → 조사항목결정 → 자료수집 → 조사결과정리·분석 → 조사결과활용

[19. 경남지도사 기출]

58

중간평가에 대한 설명으로 옳지 않은 것은?

① 농촌지도 결과가 목표를 달성하였다면 다음 목표에 대한 지도활동을 계속한다.
② 중간평가 결과가 좋지 않다면 원인을 찾아 수정한다.
③ 지도사 능력이 미숙하였다면 전문성 개발을 위한 교육을 실시한다.
④ 지도활동 주체의 제고, 기관의 인원 및 체제개선 등에 활용한다.

해설
Knox의 평가절차에서 조사결과의 활용
㉠ **중간평가(형성평가)의 경우** : 농촌지도 결과가 목표를 달성하였다면 지도활동을 계속하고, 그렇지 않다면 원인을 찾아 수정해야 함. 만약 지도사 능력이 미숙했다면 전문성 개발을 위한 교육 실시 또는 전문가 자문을 얻는 데 활용함
㉡ **결과평가(총괄평가)** : 평가 결과를 지도 대상의 수정 또는 변경, 지도활동 주체의 제고, 지도계획과 기관의 인원 및 체제 개선, 농민 관심 유도, 홍보 및 관련 기관과의 협력, 지역사회 개선 등에 활용함

56.② 57.② 58.④ 정답

59
다음 중 농촌지도사업의 평가단계에서 볼 수 없는 것은?

① 전수조사 ② 설정된 목적의 분석
③ 수집할 정보종류의 결정 ④ 정보수집

해설
평가를 위한 자료수집은 전수조사가 아니라 샘플조사를 실시한다.

60
다음 중 농촌지도평가에서 인지적 영역에 속하는 내용은?

① 분석력 ② 숙련도
③ 태도 ④ 흥미

해설
㉠ **인지적 영역(知)** : 지식, 이해력, 적용, 분석력, 평가력, 종합력 등
㉡ **정의적 영역(德)** : 태도, 흥미, 습관, 가치관 등
㉢ **심체적 영역(技)** : 숙련기능, 전문기능, 예술기능 등

61
농촌지도사업이 농민의 가치관과 부합되는가는 다음 어느 측면의 평가인가?

① 인지적 측면 ② 정의적 측면
③ 심체적 측면 ④ 건강적 측면
⑤ 정서적 측면

해설
정의적 영역(德) : 태도, 흥미, 습관, 가치관 등

62
녹스의 농촌지도 평가절차 중 조작적 상태의 평가 장면의 방법이 아닌 것은?

① 필답고사 ② 질문지
③ 면접법 ④ 참여관찰

해설
㉠ **자연적 상태의 장면** : 참여관찰
㉡ **조작적 상태의 장면** : 필답고사, 질문지, 면접법, 투사법, 평정법, 작품분석법 등

정답 59.① 60.① 61.② 62.④

63
녹스의 평가 절차 중 자료수집에 대한 설명 중 옳지 않은 것은?

① 조작적 상태란 일상생활 그대로 자료를 수집하는 것을 말한다.
② 자연적 상태의 장면으로는 참여관찰이 가장 대표적이다.
③ 조작적 상태의 장면에는 필답고사, 질문지, 면접법, 투사법 등 매우 다양하다.
④ 평가의 목표가 농촌지도사업에 있다면 질문지법이나 관찰법 등을 선택할 수 있다.

해설

자연 상태의 장면(natural situation)	조작 상태의 장면(artificial situation)
• 일상생활 그대로 자료를 수집하는 것, 가장 이상적 장면이지만 실제로 수행하기 어려움 • 참여관찰법 : 가장 대표적, 평가자가 실제 현장에 들어가 실제 현장의 한 부분으로 활동하면서 관찰한 결과를 자료로서 수집하는 방법	• 자연적 상태를 잘 반영할 수 있는 상황을 만들어서 자료를 수집함 • 비교적 쉬운 방법 : 필답고사, 질문지 등 • 고도의 이해와 훈련을 요구하는 방법 : 면접법, 투사법, 작품분석법, 평정법 등

64
녹스의 평가절차에 대한 설명으로 옳지 않은 것은?

① 자료 수집 시 농촌지도사업이 평가의 목표였다면 질문지법, 관찰법 등을 선택할 수 있다.
② 자료의 분석에서 가장 많이 사용하는 통계방법은 기술통계이다.
③ 조사결과의 활용으로 중간평가(형성평가)와 결과평가(총괄평가)가 있다.
④ 자연적 상태의 장면은 자연적 상태를 잘 반영할 수 있는 상황을 만들어서 자료를 수집한다.

해설
조작적 상태의 장면은 자연적 상태를 잘 반영할 수 있는 상황을 만들어서 자료를 수집한다.

65
다음은 질문지 작성의 절차를 나열한 것이다. 제일 먼저 고려할 사항은?

① 질문지의 초안을 작성한다.
② 동료나 선배 또는 전문가에게 초안을 보이면서 수정을 받는다.
③ 무엇을 조사할 것인가를 명확히 하고 그 내용과 질문형태를 생각하여 본다.
④ 완전한 질문지를 만들어 본조사를 작성한다.
⑤ 시험적으로 소수의 조사대상자를 상대로 사전조사한다.

63.① 64.④ 65.③ 정답

해설
질문지 작성의 절차
㉠ 조사목표를 뚜렷이 하고 그에 관련된 조사내용과 문항형태를 생각해 본다.
㉡ 자기 나름대로 질문지 초안을 작성해 본다.
㉢ 선배나 전문가에게 초안을 보이면서 수정을 받는다.
㉣ 본조사에 들어가기 전 시험적으로 소수 대상자를 상대로 사전조사를 실시하여 그 결과에 따라 다시 질문지를 수정·보완한다.
㉤ 질문지 작성을 완료하여 본조사를 계획·실시한다.

66
다음 중 질문지를 통한 조사시 유의할 사항과 거리가 먼 것은?

① 사전조사가 필수적이다.
② 조사목표를 선명하게 한다.
③ 전문가의 조언이 필요하다.
④ 객관적 결과를 위한 사전조사 형식은 피한다.
⑤ 객관적 조사가 되도록 한다.

해설
질문지 작성시 절차
㉠ 조사목표를 뚜렷이 하고 그에 관련된 조사내용과 문항형태를 생각해 본다.
㉡ 자기 나름대로 질문지 초안을 작성해 본다.
㉢ 선배나 전문가에게 초안을 보이면서 수정을 받는다.
㉣ 본조사에 들어가기 전 시험적으로 소수 대상자를 상대로 사전조사를 실시하여 그 결과에 따라 다시 질문지를 수정·보완한다.
㉤ 질문지 작성을 완료하여 본조사를 계획·실시한다.

67
질문지 작성에 대한 설명으로 잘못된 것은?

① 질문지를 작성할 때는 문항성격에 적절한 질문형식을 택하는 것이 중요하다.
② 조사자와 피조사자 간에 상호신뢰의 관계 성립이 전제되어야 한다.
③ 질문지 역시 타당성과 신뢰성이 높아야 하므로 그것을 작성할 때에 많은 유의가 필요하다.
④ 질문지 응답시간은 많아도 30분 이내에 끝내도록 만든다.

해설
면접법에서 조사자와 피조사자 간에 상호신뢰의 관계가 성립되어야 한다.

정답 66.④ 67.②

68
다음 중 폐쇄식 질문에 속하지 않는 것은?

① 주관식
② 찬반식
③ 선다식
④ 서열식
⑤ 평정식

해설
폐쇄식 질문 : 찬반식, 선다식, 서열식, 평정식

69
다음 중 개방적 질문의 단점에 속하는 것은?

① 작성하기가 대단히 어렵다.
② 시간이 많이 소요된다.
③ 수집된 자료를 분석, 정리, 활용하는데 어려움이 많다.
④ 응답자에게 자유를 주지 않는다.

해설
㉠ **개방식 질문** : 질문에 대한 응답 이외의 정보를 얻을 수 있으나, 자료를 정리 · 분석 · 활용하는 데 어렵다.
㉡ **폐쇄식 질문** : 질문을 작성하기가 대단히 어렵고 시간이 많이 소요되나, 자료를 정리 · 분석 · 활용하는 데 용이하다.

70
농촌지도가 수행되는 현장을 보거나 지도결과로 나타난 효과를 직접 보고 평가에 필요한 자료를 수집하는 방법은?

① 면접법
② 관찰법
③ 질문지법
④ 우편조사법

71
다음 중 관찰법의 단점에 대한 설명은?

① 관찰을 통한 자료의 실재성
② 주관개입에 의한 자료신뢰도의 하락
③ 특별한 현상에 대한 객관적 기록, 정리 용이
④ 언어표현이 불가능한 대상으로부터의 자료수집

68.① 69.③ 70.② 71.②

해설
관찰법
- ㉠ 의미 : 관찰을 보다 체계적·과학적으로 접근하여 타당성과 신뢰성을 확인하고 자료를 수집하는 방법
- ㉡ 특징 : 관찰자의 객관성은 절대적으로 중요하며, 객관성을 높이기 위해 다수 관찰자로 하여금 자료를 수집케 해야 한다. 피상적인 현상뿐만 아니라 내면 현상까지도 관찰할 수 있어야 한다.
- ㉢ 장점 : 관찰을 통한 자료의 실재성이 높다. 언어소통이 되지 않는 특별한 사항이나 현상에 대해 객관적으로 기록·정리하기 용이하다.
- ㉣ 단점 : 주관의 개입으로 자료의 신뢰성이 낮다. 사생활 같은 표면으로 나타나지 않는 현상은 자료수집하기 어렵다.

72
조사자와 피조사자가 직접 상면하여 질의응답을 통하여 자료를 수집하는 지도방법은?

① 면접법
② 질문지법
③ 관찰법
④ 우편조사법

73
다음 중 면접법의 특성이라 할 수 없는 것은?

① 자료수집에 있어서 융통성이 있다.
② 면접법은 회수율이 높다.
③ 면접에 소요되는 경비와 시간이 많이 소모된다.
④ 표본의 분포를 수시로 조절할 수 없는 단점이 있다.
⑤ 면접법에 있어서 중요한 것은 신뢰도와 객관도를 높이는 것이다.

해설
면접법은 회수율이 높고, 표본의 분포를 수시로 조절할 수 있는 장점이 있다.

74
표준화 면접에 대한 설명으로 틀린 것은?

① 질문지를 가지고 그에 따라 신축성의 여지없이 진행되는 면접이다.
② 조사자의 행동에 일관성을 유지할 수 있다.
③ 면접결과의 상호비교가 용이하다.
④ 일정한 순서와 내용이 없이 융통성있게 질의응답하여 필요한 자료를 수집하는 면접이다.

정답 72.① 73.④ 74.④

해설
표준화 면접
㉠ 질문지를 갖고 신축성 여지 없이 진행되는 면접
㉡ 조사자의 행동에 일관성을 유지할 수 있고, 비교적 신뢰도와 활용도가 높으며, 면접결과의 상호비교가 용이하다.
㉢ 질문지를 갖고 면접하기 때문에 새로운 사실을 발견하기 어렵고, 면접상황에 대한 적응도가 낮으며, 신축성이 없다.

75
비교적 유능한 조사자가 할 수 있는 면접방식으로 면접상황에 적응도가 높은 응답을 얻을 수 있는 면접은?

① 표준화 면접
② 준표준화 면접
③ 중간 면접
④ 비표준화 면접

해설
비표준화 면접
㉠ 조사 목표에 어긋나지 않는 범위내에서 일정한 순서·내용이 없이 융통성 있게 질의응답하여 자료를 수집하는 면접
㉡ 비교적 유능한 조사자가 할 수 있는 면접으로 면접상황에 적응도가 높고 깊이 있는 응답을 얻을 수 있으며, 계획에 없던 새로운 사실을 발견할 수 있다.
㉢ 상호비교하기가 상대적으로 곤란하고, 신뢰도가 낮으며, 면접결과 처리가 용이하지 않다.

76
다음에서 비표준화 면접의 단점은?

① 면접상황에 적응도가 높다.
② 깊이 있는 응답을 얻을 수가 있다.
③ 면접결과의 상호비교가 어렵다.
④ 계획에 없던 새로운 사실을 발견할 수가 있다.

해설
비표준화 면접의 단점은 상호비교하기가 상대적으로 곤란하고, 신뢰도가 낮으며, 면접결과 처리가 용이하지 않다.

77
평가 목표-방법의 적합관계에서 정의적 영역의 평가방법이 아닌 것은?

① 관찰법
② 평정법
③ 객관적 테스트
④ 일화기록법

75.④ 76.③ 77.③ **정답**

해설
평가 목표-방법의 적합관계

평가영역	평가목표	평가방법
정의	태도·관심·의욕	관찰법, 평정법, 일화기록법, 일기분석법, 질문지법

78

평가목표와 평가방법이 바르게 연결된 것은?

① 기능-논술형 테스트
② 태도-면접법
③ 이해-질문지법
④ 지식-객관적 테스트

해설

평가목표	평가방법
지식	객관적 테스트 인지
이해	관찰법, 객관적 테스트, 논술형 테스트, 면접법
태도·관심·의욕	관찰법, 평정법, 일화기록법, 일기분석법, 질문지법
기능	관찰법, 평정법, 일화기록법, 객관적 테스트

79

평가목표와 평가방법이 바르게 연결되지 못한 것은?

① 기능-평정법
② 지식-질문지법
③ 태도-관찰법
④ 이해-객관적 테스트

해설
지식-객관적 테스트

[19. 강원지도사 기출]

80

평가 목표와 방법의 적합관계가 옳지 않은 것은?

① 태도, 관심 : 일기분석법, 평정법
② 집단의 특성 : 사회적 측정법, 평정법
③ 이해 : 관찰법, 객관적 테스트
④ 지식 : 객관적 테스트, 면접법

해설
지식 : 객관적 테스트

[19. 경남지도사 기출]

81

다음 중 지식향상을 측정하기 위한 것으로 옳은 것은?

① 논문 작성법
② 객관적 질문법
③ 관찰법
③ 면접법

해설

평가영역	평가목표	평가방법
인지	지식	객관적 테스트 인지
	이해	관찰법, 객관적 테스트, 논술형 테스트, 면접법
	문제의식 사고	관찰법, 평정법, 문제 장면 테스트, 면접법
정의	태도·관심·의욕	관찰법, 평정법, 일화기록법, 일기분석법, 질문지법
심동 (심체)	기능	관찰법, 평정법, 일화기록법, 객관적 테스트
	작품	평정법, 여러 가지 계측
	실천·습관	관찰법, 평정법, 일화기록법, 질문지법
	집단의 특성	관찰법, 평정법, 사회적 측정법

[20. 경남지도사 기출]

82

E-비즈니스마케팅 전문가 집단의 특성을 평가할 때 타당하지 않은 것은?

① 사회측정법
② 관찰법
③ 평정법
④ 논문

해설
집단의 특성 평가방법 : 관찰법, 평정법, 사회적 측정법

80.④ 81.② 82.④ 정답

83

노아랜드가 농촌지도 평가절차에서 제시한 주의사항으로 적절하지 않은 것은?

① 많은 사람들이 특정 문항에 답하지 않은 경우에는 그 문항을 따로 다루어야 한다.
② 한 사람이 다섯 개 중 두 개 이상에 응답하지 않은 경우에는 그 질문지를 사용하지 말아야 한다.
③ 자료가 무엇을 의미하는지 미리 짐작하여 선택 응답에 대해 해석해야 한다.
④ 조사문항 중 몇 개의 문항에만 답을 한 경우에는 분석에 활용하지 않아야 한다.

해설
Norland 자료해석시 주의사항
㉠ 많은 사람들이 특정 문항에 답하지 않는 경우, 그 문항은 따로 다룸
㉡ 조사문항 중 몇 개 문항에만 답한 경우 분석에 활용하지 않음
㉢ 자료가 무엇을 의미하는지 미리 짐작하지 말아야 함
㉣ 선택 응답에 대해 해석하지 말아야 함
㉤ 다섯 개 중 두 개 이상에 응답하지 않은 경우 분석에 그 질문지를 사용하지 않아야 함

84

Seevers의 평가절차가 옳은 것은?

① 기획 → 정보수집 → 정보요약 → 기준과 비교 → 가치 판단
② 기획 → 정보수집 → 정보요약 → 가치 판단 → 기준과 비교
③ 정보수집 → 기획 → 정보요약 → 가치 판단 → 기준과 비교
④ 정보수집 → 정보요약 → 기획 → 기준과 비교 → 가치 판단

85

[20. 경북지도사 기출]

다음 중 Seevers의 평가절차 12단계 중 가장 마지막 단계는?

① 평가대상 선정
② 평가목표 확인
③ 평가목표 설정
④ 효과수준 선택

해설
Seevers의 평가절차

1. 평가대상 선정
2. 평가목표 확인
3. 평가목표 설정
4. 효과수준 선택
5. 평가시기, 방법, 대상집단 선정
6. 평가양식 개발
7. 예비조사 및 본조사 실시
8. 자료 분석
9. 주요결과 정리
10. 보고서 작성
11. 보고서 제출 및 배포
12. 평가활동에 대한 평가

86

다음에서 설명하는 미시간대학교의 프로그램 평가 유형은 무엇인가?

> 프로그램의 성공여부, 효과성, 책무성 등을 결정하는데 초점을 맞추며 이를 통해 프로그램의 지속, 확대, 축소 혹은 종료 등을 결정하는 평가이다.

① 요구분석 ② 형성평가
③ 총괄평가 ④ 추적연구

해설
미시간대학교의 프로그램 평가 유형
ⓐ **요구분석**(needs assessment) : 대상 집단의 요구를 구명하고, 이론적으로 설명할 수 있도록 하며, 프로그램의 내용을 결정하고, 목적을 설정하는 데 초점을 맞춤. 요구분석에서 프로그램의 현재와 무엇이 요구되는가에 대한 질문을 던짐
ⓑ **형성평가**(formative evaluation, 과정평가, 발전평가) : 프로그램의 개선, 수정, 관리의 정보를 제공함
ⓒ **총괄평가**(summative evaluation, 효과평가, 감정평가) : 프로그램의 성공여부, 효과성, 책무성 등을 결정함. 이를 통해 프로그램의 지속, 확대, 축소, 혹은 종료 등을 결정함
ⓓ **추적연구**(follow-up studies) : 프로그램의 장기적 효과를 측정하는 평가

86.③ 정답

87

다음 중 Bender가 제시한 농촌지도평가의 절차를 바르게 나타낸 것은?

① 평가의 승인 – 평가위원회의 구성 – 평가일정의 계획 – 형식평가의 시행 – 비형식평가의 시행 – 평가결과의 종합과 활용
② 평가위원회의 구성 – 평가의 승인 – 평가일정의 계획 – 형식평가의 시행 – 평가결과의 종합과 활용
③ 평가의 승인 – 평가위원회의 구성 – 형식평가의 시행 – 평가일정의 계획 – 평가결과의 종합과 활용
④ 평가의 승인 – 평가위원회의 구성 – 비형식평가의 시행 – 형식평가의 시행 – 평가결과의 종합과 활용

해설
Bender의 성인교육활동의 평가 절차(농촌지도평가 절차) : 평가의 승인 및 지지확보 → 평가위원회의 구성 → 평가일정의 계획 → 형식평가의 시행 → 비형식평가의 시행 → 평가결과의 종합과 활용 → 추수평가회의 개최

88

Bender의 성인교육활동의 평가절차 중 가장 마지막 절차는?

① 평가위원회의 구성
② 추수평가회의 개최
③ 비형식평가의 시행
④ 평가결과의 종합과 활용

해설
Bender의 성인교육활동의 평가 절차 : 평가의 승인 및 지지확보 → 평가위원회의 구성 → 평가일정의 계획 → 형식평가의 시행 → 비형식평가의 시행 → 평가결과의 종합과 활용 → 추수평가회의 개최

[21. 경북지도사 기출변형]

89

다음 ( )에 알맞은 말은?

> 평가의 자료에는 숫자로 나타낸 ( )와 관찰기록에 의해 문장으로 나타낸 ( )의 두 가지가 있다.

① 질적 자료 - 양적 자료
② 양적 자료 - 질적 자료
③ 평가 - 자료
④ 분석도구 - 양적 자료
⑤ 통계적 자료 - 양적 자료

90

미시간대학교의 자료 수집 유형에 대한 설명이 옳지 않은 것은?

① 질적 방법은 주로 수치화된 자료에 치중한다.
② 양적 방법은 사전에 예상한 결과를 과학적 과정을 거쳐 수치로 측정하는 것이다.
③ 질적 방법은 사람, 장소, 대화와 행위 등의 다양한 기술을 포함하는 여러 가지 형식을 취한다.
④ 양적 방법은 원인 도출, 결과의 일반화 또는 명확화에 적합한 방법이다.

해설
자료 수집 유형
㉠ 양적 방법
　ⓐ 주로 수치화된 자료에 치중함
　ⓑ 사전에 예상한 결과를 과학적 과정을 거쳐 수치로 측정하는 것
　ⓒ 효과 판단, 원인 도출, 비교 혹은 우선순위 설정, 결과의 일반화 또는 명확화에 적합한 방법
㉡ 질적 방법
　ⓐ 글쓴이의 주관이 표현됨
　ⓑ 사람, 장소, 대화와 행위 등의 다양한 기술을 포함하는 여러 가지 형식을 취함
　ⓒ 개방적 특성을 가지며, 인터뷰 대상자가 자신의 시각에서 질문에 답하도록 함

89.② 90.① 정답

PART 03

조직론

01 한국의 농촌지도 조직
02 외국의 농촌지도 조직

01 한국의 농촌지도 조직

01

다음 중 조직의 특성을 설명한 것으로 바르지 못한 것은?

① 규모가 크고 구성이 복잡하며 어느 정도 합리성의 지배를 받는다.
② 인간으로 구성하며 개별적인 구성원의 존재와는 별도로 하나의 조직원이라는 실체를 형성한다.
③ 시간적으로 항상 정지해 있는 정태적 현상을 유지한다.
④ 조직 내에는 비공식적 또는 자주적 관계가 형성된다.

해설
조직의 특성
㉠ 공동의 목표 : 조직은 목표 달성을 위해 존재하며, 목표 없는 조직은 존재할 수 없음
㉡ 체계화된 구조와 구성원들의 상호작용 : 조직 내에서 비공식적 또는 자주적 관계가 형성됨
㉢ 경계의 존재 : 조직과 환경을 구분해주고 조직에 동질성이나 정체성을 제공하는 경계가 존재함
㉣ 외부환경에의 적응 : 조직은 외부환경과 상호작용하는 개방체제적 성격이 강함
㉤ 인간의 사회적 집단 : 조직은 목표를 달성하기 위한 개인들의 집합체로서, 인간이 없는 조직은 조직이 아님
㉥ 규모가 크고, 구성이 복잡하며, 어느 정도 합리성의 지배를 받음
㉦ 시간적으로 항상 움직여 나가는 동태적 현상을 유지함
㉧ 조직에는 분화와 결합에 관한 공식적 구조와 과정이 있음

02

[17. 지도사 기출변형]

현재 우리나라의 농촌지도를 총괄하여 담당하고 있는 기구는?

① 농림축산식품부 ② 농촌진흥청
③ 농협중앙회   ④ 서울대학교 농업생명과학대학

정답 01.③ 02.②

03

농촌진흥청을 지휘·감독하는 상부기관은?

① 기획재정부
② 농촌연구종합센터
③ 식품의약품안전처
④ 행정안전부
⑤ 농림축산식품부

04

농촌진흥청의 기구에 속하지 않는 것은?

① 국립식량과학원
② 국립농업과학원
③ 국립산림과학원
④ 국립축산과학원
⑤ 국립원예특작과학원

해설
국립산림과학원은 산림청 소속 기구이다.

05

다음 중 우리나라의 농촌지도조직 체계는?

① 농림축산식품부 – 농촌진흥청 – 농업기술센터
② 농림축산식품부 – 도농촌진흥청 – 농업기술센터
③ 농촌진흥청 – 도농촌진흥청 – 일선 농촌지도소
④ 농촌진흥청 – 도농업기술원 – 농업기술센터

해설
우리나라 농촌지도 기구는 농촌진흥청(중앙 단위), 농업기술원(도 단위), 농업기술센터(시군 단위)로 구성되어 있다.

[24. 강원지도사]

06

현재 우리나라 농촌지도기관을 바르게 연결한 것은?

	중앙	도	시군
①	중앙농업기술원	농촌진흥원	농촌지도소
②	농촌진흥청	농촌진흥원	농업기술센터
③	중앙농업기술원	농업기술원	농촌지도소
④	농촌진흥청	농업기술원	농업기술센터

정답 03.⑤ 04.③ 05.④ 06.④

07

다음 중 농촌지도와 관련된 기관이 아닌 것은?

① 월드뱅크
② 유니세프
③ FAO
④ 국제농업개발원

해설
유니세프는 UN 산하 아동기구로서, 아동의 보건·영양·교육에 대한 각국의 노력을 지원하는 기구이다.

08

우리나라 농촌지도조직에 대한 설명으로 틀린 것은?

① 농촌진흥청은 연구·지도사업을 한다.
② 농업기술원은 연구·지도사업을 한다.
③ 시·군 농업기술센터는 주로 지도사업을 전담한다.
④ 농촌진흥청은 1962년에 설립되었다.
⑤ 서울대학교 농업생명과학대학은 독립적인 주도 연구기관이다.

해설
우리나라의 독립적인 농업연구기관은 농촌진흥청이다.

09

우리나라의 농촌지도조직 체계에 대한 설명으로 옳지 않은 것은?

① 농촌진흥청은 농촌진흥청직제 각령에 의거하여 1962년 출범하였다.
② 도농업기술원은 농촌진흥청과는 독립적으로 운영되고 있다.
③ 농업기술센터는 생산목표를 달성하려는 전제적 지도방식을 따른다.
④ 1998년 농촌지도소를 농업기술센터로 개칭했다.

해설
농업기술센터 지도사업은 강제로 생산목표를 달성하려는 전제적 지도방식이 아니라 교육을 통한 민주적 지도방식을 채택하고 있다.

10

우리나라의 농촌지도 조직체계로 옳지 않은 것은?

① 각 도에는 도농업기술원이 1개소씩 위치해 있다.
② 도농업기술원은 과거에 농촌진흥청의 산하기관이었다.
③ 1957년 농사교도법에 따라 전국에 농촌지도소를 설치하였다.
④ 기구의 발전과정은 농사개량원-농업기술원-농사원-농촌진흥청이다.

해설
㉠ 1957년 농사교도법에 따라 전국에 농사교도소가 설치
㉡ 1962년 농촌진흥법에 따라 농촌지도소를 설치
㉢ 1973년 별정직에서 일반직으로 전환
㉣ 1998년 농촌지도소를 농업기술센터로 개칭, 농촌지도사는 국가직에서 지방직 공무원으로 전환, 각 시군 지방자치단체 산하기관으로 소속변경

11

우리나라의 농촌지도사업을 설명한 것 중 타당치 않은 것은?

① 현재 우리나라 농업기술센터가 설치된 시군은 약 150개소이다.
② 현재 농촌지도 인력은 약 4,500여 명 수준이다.
③ 최근 농촌지도사업은 식량증산기술보급을 더욱 강화하고 있다.
④ 최근 농촌지도사업에 참여하는 인력은 전문화, 고학력화되고 있는 추세이다.

해설
식량증산기술보급은 주로 1960~70년대에 이루어졌다.

12

현재의 농업기술센터에 대한 설명으로 옳지 않은 것은?

① '농촌진흥법'에 따라 설치하였다.
② 소장·과장은 지도관이고 농촌지도사는 일선농촌지도업무를 담당하고 있다.
③ 교육을 통한 민주적 지도방식을 채택하고 있다.
④ 일선 농촌지도소가 농업기술센터로 개칭되면서 농촌지도사는 국가직에서 지방직 공무원으로 전환되었다.

해설
광역 및 기초자치단체 행정기구 설치조례에 따라 도 농업기술원과 시군 농업기술센터를 설치한 후 있다.
지방자치법 제126조 (직속기관) : 지방자치단체는 그 소관 사무의 범위 안에서 필요하면 대통령령이나 대통령령으로 정하는 바에 따라 지방자치단체의 조례로 자치경찰기관(제주특별자치도에 한한다), 소방기관, 교육훈련기관, 보건진료기관, 시험연구기관 및 중소기업지도기관 등을 직속기관으로 설치할 수 있다.

10.③ 11.③ 12.①

13

다음 중 산학협동 발생요인 중 권위, 자원이 속하는 요인은?

① 조직관계적 요인
② 물질적 요인
③ 환경적 요인
④ 조직성격적 요인

해설
산학협동의 발생요인
㉠ **환경적 요인** : 농업관계기관들을 둘러싸고 있는 제환경의 변화를 말한다.
㉡ **조직관계적 요인** : 어느 한 기관의 상대기관에 대한 인식의 정도에 관계되는 요인으로써, 영역·자원·권위의 세 가지가 산·학협동에 영향을 미친다.
㉢ **조직성격적 요인** : 어느 조직체 내부의 개별적 성격으로 산·학협동에 관계하는 요인을 말한다.

14

다음 중 산학협동시 나타나는 장애요인이 아닌 것은?

① 현대사회의 고도전문화
② 타 학문에 비해 농업기술개발의 낙후성
③ 경쟁의 심화
④ 기관 간의 이해부족

해설
농업 산·학협동의 장애요인
㉠ 내재적 필요성의 결함
㉡ 국민의 의식구조와의 불일치
㉢ 기관 간의 불신과 이해부족
㉣ 최고관리층의 견해차이의 심화
㉤ 현대사회의 고도전문화와 경쟁의 심화

[24. 충북지도사]

15

산학협력시 장애요인으로 모두 옳은 것은?

가. 내재적 필요성의 결함
나. 국민의 의식적 구조와 불일치
다. 기관간의 불신과 이해부족
라. 최고관리층의 견해차이의 심화
마. 현대사회의 고도전문화와 경쟁력 약화

① 가, 다
② 나, 다, 라
③ 나, 다, 라, 마
④ 가, 나, 다, 마

해설
가. 내재적 필요성의 결함
마. 현대사회의 고도전문화와 경쟁의 심화

정답 13.① 14.② 15.②

[20. 경북지도사 기출]

16

다음 중 농업산학협동에 관한 설명으로 옳지 않은 것은?
① 우리나라는 미국식의 학계주도형과는 달리 국가주도로 산학협력이 이루어졌다.
② 민주주의적인 평등한 유대관계가 형성되지 못하여 대등한 위치에서의 산학협동의 실현이 어려운 장애요인이 있다.
③ 기관 간의 불신과 이해부족으로 산학협동을 어렵게 만든다.
④ 농업 유관기관 간 경쟁을 통하여 실적을 향상시킨다.

해설
농업산학협동은 모든 유관기관과 단체가 그들이 갖고 있는 자원을 상호교환하여 활용하고 그들의 공동목적을 달성하기 위하여 자발적으로 융통성을 가지고 서로 협동하는 활동이다. 그러나 현대의 조직은 고도의 전문화·기술화의 경향을 나타내고 있으며, 기관 간 경쟁을 심화시켜 산학협동을 어렵게 만든다.

17

우리나라 최초의 농서로 정초, 변효문이 왕명에 의해 편찬한 농서는?
① 농사언해 ② 농사직설
③ 농가집성 ④ 양화소록

해설
조선시대 농업서적을 통한 농촌지도
㉠ 세종 11년 : 최초의 농서로 정초, 변효문의 『농사직설』(1429)
㉡ 세조 : 강희안의 『양화소록』(최초의 원예서적)
㉢ 중종 : 김안국의 『농사언해』, 『잠서언해』(1518)
㉣ 효종 6년 : 신속의 『농가집성』(1655) (농업서 중에 가장 중요한 농서)
㉤ 영·정조 : 박제가의 『북학의』

[23. 서울지도사]

18

조선 후기 실학자 박지원이 우리나라의 농학과 중국의 농학을 비교·연구하여 편찬한 농업서는?
① 『농사직설』 ② 『농상집요』
③ 『과농소초』 ④ 『양화소록』

해설
① 정초『농사직설』(1429) : 세종때 우리나라 최초 농서
② 중국농서번역본 『농상집요』 : 고려말
③ 박지원 『과농소초』 : 우리나라의 농학과 중국의 농학을 비교·연구
④ 강희안 『양화소록』 : 세조때 최초 원예서적

정답 16.④ 17.② 18.③

19

우리나라 농촌지도의 발달에 대한 설명이 옳지 않은 것은?

① 태조 4년에 각 주·군·현의 향에 한량의 품관 중 청렴하고 재주있는 사람을 권농관으로 임명하였다.
② 향약은 고려시대 윤리사상을 보급하는 향촌주민의 자치규약이다.
③ 신속의 『농가집성』은 농업서 중에 가장 중요한 농서이다.
④ 최초의 농서는 정초의 『농사직설』이며 지방 노농의 경험을 근간으로 우리나라 풍토를 중심으로 엮었다.

해설
향약을 통한 농촌지도
㉠ 향약은 조선시대 윤리사상을 보급하는 향촌주민의 자치규약
㉡ 국가가 권장한 최초의 사회교육활동이며, 지역사회의 민간단체를 대상으로 하는 최초의 관민협조사업
㉢ 자발적인 협동정신에 기초하여 서민생활개선과 복지증진을 위한 민중교화사업
㉣ **향약의 기본이념** : 덕업상권, 예속상교, 과실상규, 환난상휼

[19. 경북지도사 기출]

20

우리나라의 근대 농촌지도사업에 대한 설명으로 가장 옳은 것은?

① 미국을 시찰하고 돌아온 보빙사의 제안으로 1884년경에 내무부 농사부 소속의 농무목축시험장이 만들어졌다.
② 1900년에 서울 필동에 설립된 잠사시험장은 정부에 의한 최초의 근대적 기술보급기관이다.
③ 1906년에 일본의 작물품종 및 기술의 적응을 시험하고, 이를 보급하기 위하여 농사시험장인 권업모범장을 뚝섬에 설치하였다.
④ 1907년에 조선농회에서 양잠강습소를 개설하여 양잠에 대한 전반적인 기술을 강의하고 실습하였다.

해설
① 미국을 시찰하고 돌아온 보빙사의 제안으로 1884년경에 궁중과 직접 관련된 독립기관으로 농무목축시험장이 만들어졌다.
③ 1906년에 일본의 작물품종 및 기술의 적응을 시험하고, 이를 보급하기 위하여 농사시험장인 권업모범장을 수원에 설치하였다.
④ 1907년에 대한부인회에서 양잠강습소를 개설하여 양잠에 대한 전반적인 기술을 강의하고 실습하였다.

[20. 서울지도사 기출]

정답 19.② 20.②

[21. 경북지도사 기출변형]

21

우리나라 농촌지도 발달에 대한 설명이 옳지 않은 것은?

① 개량양잠기술훈련을 위해 서울 필동에 잠사시험장을 설치하였다.
② 농사시험장인 권업모범장(농촌진흥청 전신)을 뚝섬에 설치하였다.
③ 보빙사가 미국 시찰 후 농무목축시험장을 설치하였다.
④ 정부는 종묘장관제를 공포하고 진주와 함흥 두 곳에 종묘장을 설치하였다.

해설
① 1900년, ③ 1884년, ④ 1908년
1906년 농사시험장인 권업모범장(농촌진흥청 전신)을 수원에 설치하였다.

22

우리나라의 농촌지도사업에 관한 내용으로 맞는 내용은?

① 농업서적을 통한 지도사업은 조선 이전에도 활발하였다.
② 조선시대에는 농사지도를 위한 자발적인 움직임이 노농(老農)들을 중심으로 이루어졌다.
③ 우리나라에 미국 4-H 운동이 소개된 것은 구한말 앤더슨 대령을 통해서였다.
④ 일제 치하에서 권업모범장이 설립되었다.

해설
① 우리나라 최초의 농서는 세종 때의 농사직설이므로 조선 이전 농서를 통한 지도사업이 이루어졌다고 볼 수 없다.
③ 미국 4-H 운동이 소개된 것은 1927년 미국 YMCA를 통해서였다.
④ 권업모범장은 1906년 대한제국 시기에 일본인 주도하에 설립되었다.

23

다음 중 정부에 의한 최초의 근대적 기술 보급기관으로서 시험사업보다는 주로 양잠기술을 전습한 기관은 무엇인가?

① 잠사시험장
② 양잠강습소
③ 농림학교
④ 권업모범장

21.② 22.② 23.① 정답

해설

양잠기관 변천
㉠ 1900년 : 개량양잠기술훈련을 위해 서울 필동에 잠사시험장 설치, 최초의 근대적 기술보급기관
㉡ 1904년 : 관제개혁으로 잠사시험장은 잠상시험장으로 개칭
㉢ 1905년 : 양지, 소사, 대구 등 4곳에 양잠전습소 설치, 6~12개월간 단기강습을 실시함, 상전·상묘포 품평회 보조금을 주어 잠업을 장려함
㉣ 1907년 : 대한부인회에서 양잠강습소(여자잠업강습소, 1910년 권업모범장 산하로 이관)를 개설, 양잠에 대한 전반적인 기술을 강의·실습

24
1900년 농상공부 소속하에 세워진 우리나라 최초의 근대적 기술보급기관은?

① 작물시험장　　　　② 잠사시험장
③ 농업시험연구소　　④ 권업모범장

25
농사시험장으로서 현재 농촌진흥청의 전신은?

① 잠업전습소　　　　② 원예모범장
③ 권업모범장　　　　④ 농업연구진흥원

26
다음 시대별 농촌지도의 발달과정으로 옳지 않은 것은?

① 1900년 - 농사시험장
② 1927년 - YMCA를 통해 4-H운동 소개
③ 1952년 - 농업교도요원제도
④ 1962년 - 농촌진흥청

해설

	1884	농무목축시험장 개장
	1886	농무목축시험장을 농무국으로 개명
	1900	잠사시험장(잠업과 시험장) 설치
근대	1904	잠사시험장을 잠상시험장으로 개명 관립농상공학교 설립(1904) 및 농업시험장 건설(1905)
	1906	농업시험장을 원예모범장으로 개명, 보성야학 설립 농림학교(수원) 설립 및 권업모범장 설치
	1907	양잠강습소(여자잠업강습소) 개설(대한부인회)
	1908	종묘장(진주, 함흥) 설치

	1926	조선농회 설립
일제 강점기	1927	4-H 운동 소개
	1929	권업모범장을 농사시험장으로 개명
	1930	농민학원 개설(조선농민사)
	1932	농촌진흥운동 시작
해방 이후	1947	국립농사개량원 설립
	1949	농사개량원 폐지, 농업기술원 발족
	1952	4-H 클럽연구회 발족, 농업교도요원제도 설치
	1955	농림부에 농업교도과 설치
	1956	농업기술원에 교도과 부활, 한미 농사교도사업, 발전에 관한 협정 체결
	1957	농사교도법 제정, 농사원 설치, 농사연구·교도 공무원 자격기준 마련
	1958	지역사회개발사업위원회 설치
	1959	농사개량구락부, 생활개선구락부 조직
	1961	농사교도법을 농사연구교도법으로 개명
	1962	농촌진흥법 제정
	1995	농촌진흥법 개정
	1997	농촌지도공무원의 지방직화

[19. 충남지도사 기출]

27

우리나라 농촌발달 과정이 시대순으로 나열된 것은?

① 잠사시험장 → 농사원 → 권업모범장 → 농사개량원
② 잠사시험장 → 권업모범장 → 농사개량원 → 농사원
③ 권업모범장 → 잠사시험장 → 농사원 → 농사개량원
④ 권업모범장 → 농사개량원 → 잠사시험장 → 농사원

해설
잠사시험장(1900) → 권업모범장(1906) → 농사개량원(1947) → 농사원(1957)

[23. 서울지도사]

28

〈보기〉에 제시된 우리나라 역대 농촌지도조직(기구)의 발전과정을 시간 순으로 바르게 나열한 것은?

가. 농사원　　　　　　　나. 농업기술원
다. 중앙농업기술원　　　라. 농사개량원
마. 농촌진흥청

① 가 - 나 - 다 - 라 - 마
② 가 - 다 - 라 - 나 - 마
③ 라 - 나 - 가 - 다 - 마
④ 라 - 나 - 다 - 가 - 마

27.② 28.④ 정답

해설
농사개량원(1947), 농업기술원(1949), 중앙농업기술원(1952), 농사원(1957), 농촌진흥청(1962)

29

우리나라의 농촌지도기구 발전 과정으로 옳은 것은?

> ㉠ 농사개량원 발족(1947)
> ㉡ 농업기술원 발족으로 중앙에 중앙기술원을 지방에 도기술원을 분리(1949)
> ㉢ 농사원 발족하여 농촌지도업무 통합(1957)
> ㉣ 농촌진흥청 발족(1980)

① ㉠, ㉡
② ㉢, ㉣
③ ㉠, ㉡, ㉢
④ ㉡, ㉢, ㉣

해설
㉣ 농촌진흥청 발족(1962)

30

조선시대에 시행된 농촌지도활동으로 옳지 않은 것은?

① 농민 자발적 조직인 조선농회
② 향약을 통한 농촌지도
③ 노농들의 농사기술지도
④ 서적전과 동적전을 통한 전시적 기능

해설
조선농회는 1926년 일제강점기에 등장한 어용단체이다.

31

해방 전까지의 우리나라 농촌지도 발달과정으로 옳지 않은 것은?

① 서울에 국립농사개량원이 설립되었다.
② 보빙사가 미국을 시찰하고 돌아와 미국의 발달된 농업을 우리나라에 적용하였다.
③ 농촌개발운동의 일환인 농촌진흥운동이 시작되었다.
④ 농민의 지식 계발과 교양운동을 위해 농민학원을 개설하였다.

해설
서울에 국립농사개량원이 설립된 것은 해방 후 1947년이다.
②는 1884년, ③은 1932년, ④는 1930년

32
우리나라 농촌지도 발달과정 중 옳지 않은 것은?

① 1900년 - 개량양잠기술훈련을 위해 서울 필동에 잠사시험장을 설치하였다.
② 1906년 - 서울에 4년제 관립 농상공학교를 세우고 수원에 실험농장을 설치하였다.
③ 1907년 - 대한부인회 양잠강습소를 개설하여 양잠에 대한 전반적인 기술을 강의하였다.
④ 1926년 - 조선농회령과 산업조합령이 공포되면서 각종 관부단체와 조합을 조선농회로 통합시켰다.

해설
㉠ **1904년**: 근대적 실업교육기관으로 서울에 4년제 관립 농상공학교 설립, 뚝섬에 실험농장 설치
㉡ **1906년**: 농상공학교에서 농과를 분리하여 수원에 농림학교(서울대 농생대의 모태)를 세워 농과와 염과를 둠. 농사시험장인 권업모범장(농촌진흥청 전신)을 수원에 설치. 출장소를 목포, 군산, 평양, 대구에 설치

33
다음 중 농촌지도발달 중 발생한 시기가 가장 빠른 것은?

① 4-H운동 소개   ② 농민학원 개설
③ 조선농회 설립   ④ 농촌진흥운동시작

해설
① 1927년, ② 1930년, ③ 1926년, ④ 1932년

34
YMCA의 설명으로 옳지 않은 것은?

① 우리나라에 처음으로 4-H운동을 소개하였다.
② 농민고등학교를 설치해 농민교육을 실시하였다
③ 금주, 생활개선, 공동작업 등의 생활중심의 청소년 교육활동을 전개하였다.
④ 농민의 교양운동을 위해 농민학원을 개설하였다.

해설
1930년 조선농민사는 농민의 지식 계발과 교양운동을 위해 여러 농촌에 농민학원 개설, 농한기를 이용하여 농촌강좌 개최, 월간 『농민』을 발간하였다.
1927년 YMCA 활동
㉠ **미국 YMCA를 통해 4-H 운동 소개** : 뉴욕에 있는 국제 YMCA의 재정지원과 우리나라 각 지역에 지도사를 파견하면서 4-H 클럽이 조직됨
㉡ **YMCA 활동** : 농촌청소년회, 사각청소년회라는 이름으로 조기회, 한글강습, 금주, 생활개선, 농사개선, 공동작업 등의 생활중심의 청소년 교육활동을 전개
㉢ YMCA는 1929년 서울 신촌에 농민고등학교를 설치하여 농민교육 실시
㉣ YMCA는 1923년부터 농촌사업 시작

35

[19. 전북지도사 기출]

4-H에 대한 설명이 옳지 않은 것은?
① 1937년 우리나라에 4-H 클럽이 처음으로 소개되었다.
② 2007년에 한국 4-H활동 지원법이 제정되었다.
③ 4-H의 실천이념으로 지육, 덕육, 노육, 체육 등이 있다.
④ 4-H활동의 대부분은 과제활동으로 이루어져 있다.

해설
1927년에 미국 YMCA를 통해 4-H 운동이 소개되었다. 뉴욕에 있는 국제 YMCA의 재정지원과 우리나라 각 지역에 지도사를 파견하면서 4-H 클럽이 조직되었다.

36

농촌진흥운동의 설명으로 옳지 않은 것은?
① 1932년 농촌개발의 일환으로 시작되었다.
② 고리대문제, 관혼상제를 위한 과도한 비용지출의 농촌문제 해결을 위해 시작되었다.
③ 농민의 자발적인 노력으로 운영되었다.
④ 각 도, 군, 읍면 단위에 농촌위원회를 설치하였다.

해설
1932년 농촌진흥운동
㉠ **농촌진흥운동 시작** : 농촌개발운동(1925년 천도교가 조직한 농민교육단체)의 일환
㉡ 농촌문제(고리채 문제, 관혼상제를 위한 과도한 비용 지출, 불합리한 생활 관습 등)를 해결하기 위해 일본인 중심으로 1927년경 보통학교를 졸업하고 우수한 사람을 선발하여 약간의 자금 지원과 농사 개량 및 발전을 위한 지도사업을 실시한 것이 후에 농촌진흥운동으로 발전함
㉢ 농촌진흥운동을 위해 총독부에 농촌진흥위원회를 설치, 각 도·군·읍면 단위에도 농촌진흥위원회를 설치, 부락에는 부락진흥회를 조직함
㉣ **지도 방법** : 민중을 각성시켜 스스로 듣고, 스스로 보고, 스스로 생각하게 지도하고 자치, 자율, 자력하도록 지도함

정답 35.① 36.③

ⓜ 당시 농촌진흥운동은 농민 자발적 노력보다 관공서가 중심이 되어 군과 읍면에 전담직원을 두고 월 1회 이상 농가를 방문하여 추진상황을 확인·독려토록 하는 체제로 운영

37
해방 이후 우리나라 농촌지도기구의 발달순서가 옳게 배열된 것은?

① 농사개량원 → 농업기술원 → 농사원 → 농촌진흥청
② 농사개량원 → 농사원 → 농촌진흥청 → 농업기술원
③ 농사개량원 → 농사원 → 농촌기술원 → 농촌진흥청
④ 농업기술원 → 농사개량원 → 농사원 → 농촌진흥청

해설
농사개량원(1947) → 농업기술원(1949) → 농사원(1957) → 농촌진흥청(1962) 순으로 발달하였다.

[18. 경북지도사 기출변형]

38
우리나라 농촌지도의 발달에서 가장 최근에 설립한 기구는 무엇인가?

① 권업모범장
② 국립농사개량원
③ 관립농상공학교
④ 농사시험장

해설
①은 1906년, ②는 1947년, ③은 1904년, ④는 1929년 설립

39
다음 중 농사교도법이 제정된 년도는?

① 1956년
② 1957년
③ 1958년
④ 1959년

40
해방 후 우리나라 최초의 농업시험 및 농촌지도 사업기구와 가장 관계 깊은 것은?

① 권업모범장
② 농사개량원
③ 농사기술원
④ 농사원

37.① 38.② 39.② 40.②

41

농사개량원의 성격에 관한 설명 중 틀린 것은?

① 농사개량원의 연구활동은 매우 활발하였다.
② 교육, 연구, 지도의 기능을 가졌었다.
③ 행정과 완전히 독립되어 있었다.
④ 처음으로 미국식 농촌지도를 이식한 조직이었다.
⑤ 군 단위까지 조직되어 있었다.

해설
농사개량원의 연구활동은 시험장에서 이루어졌으나 매우 활발하였다고 보기는 어렵다.

42

미국식 제도를 도입하여 농과대학, 농업시험장, 교도국을 통합한 기구는?

① 농업기술원　　　　② 농사원
③ 국립농사개량원　　④ 농촌진흥청

43

농사개량원에 대한 설명으로 옳지 않은 것은?

① 미국식 제도를 도입하여 농과대학, 농사시험장, 교도국을 통합한 기구이다.
② 농업교도요원제도를 마련하였다.
③ 심의기구로서 중앙에 농사개량위원회를 두었다.
④ 자문기관으로 군에 농업기술자문위원회가 있었다.

해설
1947년 : 서울에 국립농사개량원 설립
㉠ 미국식 제도를 도입하여 농과대학, 농사시험장, 교도국을 통합한 기구로서 농무부 산하에 설치된 교육, 연구, 지도 기능을 담당
㉡ 각 도에 농사시험장과 지방교도국을 따로 두고, 군에 농사교도소 설치
㉢ 중앙교도국은 기술지도과 · 수련과 · 서무과를 두고, 각 도 지방교도국에는 기술지도과 · 서무과를 둠
㉣ 심의기구로 중앙 농사개량위원회, 자문기관으로 군 농업기술자문위원회

정답　41.①　42.③　43.②

44

다음 중 국립농사개량원에 속하였던 기구가 아닌 것은?

① 시험장　　　　　　② 농과대학
③ 교도국　　　　　　④ 농업기술원
⑤ 군농업교도소

해설▶
국립농사개량원 : 1947년 서울에 설립
㉠ 미국식 제도를 도입하여 농과대학, 농사시험장, 교도국을 통합한 기구로서 농무부 산하에 설치된 교육, 연구, 지도 기능을 담당
㉡ 각 도에 농사시험장과 지방교도국을 따로 두고, 군에 농사교도소 설치

45

1948년 정부수립 후 농사개량원을 폐지하고 시험부와 교도부로 성립된 것에 대한 내용은?

① 농업기술원　　　　② 농촌진흥원
③ 농촌진흥청　　　　④ 농사시험장

[18. 경남지도사 기출변형]

46

우리나라 농촌지도 발달에 관한 설명으로 옳지 않은 것은?

① 1956년 농사교도사업협정은 농업행정과의 이원적 지도체계를 농사원의 교도사업으로 일원화시켰다.
② 1962년 지역사회개발사업을 농사교도사업에 통합하였다.
③ 농업기술교육령에 의거하여 1947년 농사개량원을 서울에 설립하였다.
④ 1961년 정부 기구개편에 따라 농사교도법을 농사연구교도법으로 개정하였다.

해설▶
1957년 농사교도법에 따라 현대 농촌지도사업 기반이 마련되었고, 농업행정과의 이원적 지도체계를 농사원의 교도사업으로 일원화시켰다.
1956년 : 메이시 보고서
한국·미국 원조 당국 간에 농사교도사업 발전에 관한 협정 체결
ⓐ 일반 행정기구와 분리된 농사교도사업 기구를 법률에 의해 설치함
ⓑ 이 사업을 수행하기 위한 명백한 행정체계를 수립함
ⓒ 소요 예산은 국회의 예산 조치에 의해 충당함
ⓓ 농사교도기구는 농민을 위해 비정치적이고 공평한 입장에서 헌신적으로 일할 수 있도록 충분한 지식, 기술과 훈련을 받은 인재를 배치함

44.④　45.①　46.①　정답

47

6·25 전쟁이 휴전되자 농업교도요원제도를 두어 교도사업과 원조기금의 관리를 담당한 잠정적 농촌지도기구는?

① 농사개량원
② 농사시험장
③ 농사보급회
④ 농사원

48

1956년 미네소타대학교의 헤럴드 메이시 학장을 단장으로 하는 일행의 한국농사시험과 농촌지도사업에 관한 보고서를 기초로 작성한 농사교도법에 관한 협정의 내용이 아닌 것은?

① 농사교도사업의 기구를 법률에 의하여 설치한다.
② 이 사업을 위하여 명백한 행정계통을 수립한다.
③ 소요예산은 국회의 예산조직에 의해 충당되어야 한다.
④ 농사교도기관은 정치적, 행정적인 입장에서 헌신적으로 일해야 한다.

[해설]
농사교도기구는 농민을 위해 비정치적이고 공평한 입장에서 헌신적으로 일할 수 있도록 충분한 지식, 기술과 훈련을 받은 인재를 배치한다.

49

메이시 보고서를 기초로 하여 제정된 법률은 무엇인가?

① 농사교도법
② 농사연구교도법
③ 농촌진흥법
④ 농업기술교육법

50

다음 중 최초로 법률적 보장을 받은 농촌연구·지도사업 기구는?

① 농업기술원
② 농촌진흥청
③ 농사원
④ 권업모범장

[해설]
농사원은 1957년 농사교도법을 제정하여 최초 법적 지위를 보장받은 농촌지도기구이다.

[19. 충남지도사 기출]

정답 47.③ 48.④ 49.① 50.③

[17. 지도사 기출변형]

51

우리나라 농사원에 대한 설명으로 옳지 않은 것은?

① 우리나라 농촌지도를 일반행정과 완전히 독립시켰다.
② 상향식 농촌지도를 지양하고 하향식 성격의 지도사업체계를 구축하였다.
③ 우리나라 농촌지도가 비로소 법률에 의해 제도적으로 보장받게 되었다.
④ 현대적 농촌지도사업의 기반이 마련되었다.

해설
1957년 농사원 설립
농사교도법 제정, 현대 농촌지도사업 기반마련
㉠ 농사교도법은 농사의 개량 발달을 위한 시험 연구와 농사 및 생활지도에 관한 지식과 기술을 제공하는 지도사업을 통합하여 운영하도록 규정하고 있음
㉡ 기구 : 중앙에 농사원, 각 도에 도농사원, 각 시군에 농사교도소와 지소를 두도록 규정
㉢ 교도 공무원은 교도사업 이외의 사무에 관여·겸무 금지시킴. 이를 통해 연구사업과 교도사업을 단일행정체계에 총괄하게 되었고, 농업행정과의 이원적 지도체계를 농사원의 교도사업으로 일원화
㉣ 농사연구 교도공무원의 자격규정과 자격검정 시험규정이 공포됨에 따라 농과계 학교 졸업자에 한해 응시자격을 부여하여 다른 공무원과 구별되는 농촌지도 공무원 제도를 확립

52

다음 중 농사원 발족의 의미로 볼 수 없는 것은?

① 민주주의적·교육적 성격의 지도사업체계를 구축하였다.
② 이때부터 농촌지도는 현대적 지도사업으로 출발하였다.
③ 우리나라 농촌지도를 행정과 완전히 일치시켰다.
④ 이때부터 법률에 의해 제도적으로 농촌지도사업을 보장받게 되었다.

해설
농사원
㉠ 교도 공무원은 교도사업 이외의 사무에 관여·겸무 금지시킴. 이를 통해 연구사업과 교도사업을 단일행정체계에 총괄하게 되었고, 농업행정과의 이원적 지도체계를 농사원의 교도사업으로 일원화
㉡ 농사연구 교도공무원의 자격규정과 자격검정 시험규정이 공포됨에 따라 농과계 학교 졸업자에 한해 응시자격을 부여하여 다른 공무원과 구별되는 농촌지도 공무원 제도를 확립

51.② 52.③ 정답

53

다음 중 농업계 학교 졸업자에 한하여 제도적으로 농촌지도 공무원이 될 수 있게 한 것은?

① 1947년 미 군정청에서
② 1957년 농사교도법의 국회통과로
③ 1962년 농촌진흥법의 제정 이후
④ 1930년 자력갱생운동의 전개로

54

다음 설명에 해당하는 법은?

- 우리나라 현대적인 농촌지도사업의 기반을 만들었다.
- 농사의 개량 발달을 위한 시험 연구와 농사 및 생활지도에 관한 지식과 기술을 제공하는 지도사업을 통합하여 운영하도록 규정하고 있다.

① 농사교도법　　② 산업조합법
③ 농촌진흥법　　④ 연구교도법

55

다음 보기의 설명에 알맞은 것은?

- 연구사업과 교도사업을 단일행정체계에 총괄하게 되었다.
- 농촌지도 공무원 제도를 확립하였다.
- 농업행정과의 이원적 지도체계를 일원화 하였다.

① 농사원(1957)　　② 농업기술원(1949)
③ 농사개량원(1947)　　④ 조선농회(1926)

56

농사원의 설명으로 옳지 않은 것은?

① 농사교도법이 제정된 후 설립되었다.
② 농촌지도가 연구사업과 단일체계로 이루어져 농촌지도사업의 효과가 크게 나타났다.
③ 생활개선사업뿐 아니라 청소년지도, 청소년 과제훈련도 실시하였다.
④ 농업협동조합 운동을 위한 지도도 병행하였다.

해설▶
연구사업과 교도사업을 단일행정체계에 총괄하게 되었으나, 농사원 발족 이후에도 산발적 농촌지도사업이 전개되어 효과는 미미했다.

57

다음 농사원에 대한 설명으로 잘못된 것은?

① 농업행정과의 일원적 지도체계를 농사원의 교도사업으로 이원화하였다.
② 농과계 학교 졸업자에 한해 응시자격을 부여하여 농촌지도 공무원 제도를 확립하였다.
③ 각 시군에 농사교도소와 지소를 두도록 규정하였다.
④ 교도공무원은 교도사업 이외의 사무에 관여·겸무 금지시켰다.

해설▶
농업행정과의 이원적 지도체계를 농사원의 교도사업으로 일원화하였다.

58

다음 중 농촌진흥법의 특징으로 잘못된 것은?

① 다른 기관에서도 농촌지도사업을 할 수 있도록 농촌진흥을 다양화했다.
② 우리나라 여러 기관에서 해오던 농촌개발을 위한 모든 교육사업을 통칭하였다.
③ 농촌지도사업의 범위를 포괄적으로 규정하였다.
④ 지방 농촌진흥기관은 도지사와 시장, 군수에게 귀속되었지만 외청으로 두게 되었고, 그 인사권은 농촌진흥청장이 소유하였다.
⑤ 타기관이 농촌지도사업을 할 경우 사전에 승인을 얻어야 한다.

56.② 57.① 58.① 정답

해설
농촌진흥법의 특징
㉠ 농촌지도사업의 범위를 포괄적으로 규정하여 우리나라 모든 기관에서 행해오던 농촌개발을 위한 모든 교육사업을 통칭하게 되었다.
㉡ 다른 기관에서는 농촌지도사업을 할 수 없고 필요시에는 사전에 승인을 얻게 되어 있으며 진흥청과 긴밀히 협조하도록 하였다.
㉢ 지방 농촌진흥기관은 도지사, 시장·군수에게 귀속되었지만 외청으로 두게 되었으며 그 인사권은 농촌진흥청장이 소유하도록 하였다.

59
농촌지도사업을 농촌지도를 담당한 농촌지도소에서만 담당하도록 규정한 것은?

① 농촌진흥법
② 농촌사업교육진흥법
③ 농사교도법
④ 농업교도사업실시에 관한 통첩
⑤ 농업지도사업령

60
다음 ( )에 알맞은 말은?

> 농촌진흥청은 농사원의 (　　)와 농림부의 (　　)이 통합되어 지도국으로 되었다.

① 지역사회국, 교도국
② 교도국, 기술보급과
③ 교도국, 기술보급연구과
④ 교도국, 지역사회국
⑤ 지역사회국, 시험국

61
연구사업과 지도사업의 상호보완으로 농촌지도사업을 하게 된 시기는 언제인가?

① 1907년 권업모범장 설치 발표시
② 1947년 과도정부령 제160호로서 농업기술령이 공포되어 서울대학교 내에 농과대학과 농업시험장을 통합한 때
③ 1957년 농사교도법 공포시
④ 1962년 농촌진흥법을 제정하고 농촌진흥청을 설립할 때

정답 59.① 60.④ 61.④

62

우리나라의 농촌지도 발달에 대한 설명으로 바르지 않은 것은?

① 1949년 기존의 농사개량원을 폐지하고 농업기술원이 새로 발족하였다.
② 1961년 정부 기구개편에 따라 농사교도법을 농사연구교도법으로 개정하였다.
③ 1956년 메이시보고서가 작성되었고 한미 농사교도사업발전에 관한 협정이 체결되었다.
④ 1962년에 지역사회개발사업을 농사교도사업으로 통합하여 일원적 농촌지도사업을 다원화하였다.

해설
1962년에 지역사회개발사업을 농사교도사업으로 통합하여 다원적 농촌지도사업을 일원화하였다.
1962년 : 농촌진흥청, 농촌진흥법
㉠ 농촌진흥법 제정, 지역사회개발사업을 농사교도사업에 통합, 기존의 다원적인 농촌지도사업을 일원화하기 위한 목적이었으며, 농촌진흥법을 통해 농촌진흥청이 발족함
㉡ 식량자급달성을 위한 농촌지도체제를 확립하기 위해 상향식 농촌지도사업 계획 수립을 지양하고 하향식으로 그 방식을 변경하였으며, 모든 읍면 단위에 지도소 지소를 신설, 지역별로 농촌지도를 책임지는 지역담당지도제를 채택함
㉢ **농촌진흥법의 특징**
  ⓐ 농촌지도사업의 범위를 포괄적으로 규정하여 우리나라 모든 기관에서 행해오던 농촌개발을 위한 모든 교육사업을 통칭하게 되었다.
  ⓑ 다른 기관에서는 농촌지도사업을 할 수 없고 필요시에는 사전에 승인을 얻게 되어 있으며 진흥청과 긴밀히 협조하도록 하였다.
  ⓒ 지방 농촌진흥기관은 도지사, 시장·군수에게 귀속되었지만 외청으로 두게 되었으며 그 인사권은 농촌진흥청장이 소유하도록 하였다.

63

다음 중 농촌지도관련 기구의 변천이 잘못 짝지어진 것은?

① 농림학교 → 서울대 농생대
② 권업모범장 → 농사시험장
③ 조선농회 → 농민학원
④ 잠사시험장 → 점상시험장

해설
조선농회(1926)와 농민학원(1930)은 별개의 기구이다.

64

우리나라 농촌지도 발달에 대한 설명으로 옳지 않은 것은?

① 잠사시험장은 정부에 의한 최초의 근대적 기술보급기관이다.
② 일제강점기의 핵심 농촌지도기관은 권업모범장이었다.
③ 1932년 농촌진흥운동은 조선인 중 우수한 사람을 선발하여 지도사업을 시작한 것에서 비롯되었다.
④ 농업기술원은 교도부와 시험부로 구성하였고, 각 군에 농사교도소를 유지하였다.

해설
1932년 농촌진흥운동은 일본인 중 우수한 사람을 선발하여 지도사업을 시작한 것에서 비롯되었다.

65

[17. 지도사 기출변형]

해방 후 우리나라 농촌지도사업의 발달과정으로 옳지 않은 것은?

① 1961년 농사교도법을 농사연구교도법으로 개정하였다.
② 현대적인 농촌지도사업의 기반을 마련한 농사교도법이 제정되었다.
③ 1957년 농사원 발족 이후에도 산발적 농촌지도를 전개하여 지도사업의 효과는 크지 못했다.
④ 1960년대 농촌진흥법을 제정하여 상향식 농촌지도사업 계획수립을 지향하였다.

해설
1960년대 농촌진흥법을 제정하여 상향식 농촌지도사업 계획수립을 지양하고, 하향식으로 변경하였다.

정답 64.③ 65.④

66

농촌지도 발달에 관한 사항 중 사실과 어긋나는 것은?

① 현대적 의미와 농촌지도사업의 원시적 형태는 순회농업교사를 초빙하여 농업에 관한 지식과 기술을 강의하는 형태였다.
② 오늘날 제3세계 농촌지도사업은 대부분이 직간접적으로 미국 등 선진국의 영향을 받았다.
③ 우리나라는 농촌지도사업이 전무한 상태에서 해방 후 일본 농촌지도사업의 영향을 크게 받았다.
④ 우리나라 농촌지도조직의 특징 중의 하나는 농촌지도조직과 연구기능이 같은 조직 내에 병합되어 있는 것이다.

해설
1945년 독립 이후 우리나라 농촌지도사업은 미국의 영향을 크게 받았다.

67

1997년 농촌지도공무원의 신분변화에 대한 설명으로 옳지 않은 것은?

① 농업기술센터와 지방행정기구와 인사교류로 인한 인적자원의 효율적 운영이 가능해졌다.
② 행정업무 과다로 인한 지도사업 본연의 업무가 퇴보되었다는 인식이 높다.
③ 지방농촌지도기관의 인사, 재정, 감시권이 지방자치단체장에게 귀속되었다.
④ 농촌진흥청 – 도농업기술원 – 농업기술센터의 연결고리가 단절되었다.

해설
1997년 농촌지도공무원 신분 : 국가직 → 지방직 전환
㉠ 지방 농촌지도기관의 인사·재정·감시권이 지방자치단체장에게 귀속되었고, 지방자치단체장 의지에 따라 농촌지도조직과 농업행정조직이 통합되는 사례가 발생
㉡ 지방화 이전의 농촌지도사업 추진체계는 중앙 농촌진흥청, 지방 각 도 농업기술원, 시군 농업기술센터가 수직적 구조였지만, 지방화 이후 도농업기술원과 시군농업기술센터는 지자체의 통제 하에 놓인 반면, 농촌진흥청 – 도농업기술원 – 시군농업기술센터로 이어지는 연결고리는 거의 단절됨
㉢ 상하 기관 간 정보·전문지식의 교류 및 의사소통이 없는 상태에서 160여개 농업기술센터의 폐쇄적인 지도사업은 인력과 자원의 비효율 야기와 농업인에 대한 지도서비스 수준을 저하시킴
㉣ 지역실정에 맞는 지도사업이 추진되고, 지방비 확보도 상대적으로 용이하게 되었으며, 시군 간 인사이동 없이 안정적으로 근무할 수 있음
㉤ 시장·군수의 의지에 따라 지도사업이 좌우되고 있고, 행정업무 과다로 지도사업 본래의 역할수행이 어렵게 되어 지도사업 본연의 업무가 퇴보하였다고 인식이 높음
㉥ 전국 농업기술센터 중 농업행정조직과 기능적으로 통합한 곳이 증가함

68
농촌지도공무원의 신분이 지방화 된 후 긍정적인 효과가 아닌 것은?

① 지도사업의 인력과 자원의 효율적 활용
② 지방비 확보의 상대적으로 용이함
③ 지역실정에 맞는 지도사업 추진 가능
④ 인사이동 없이 안정적 직무수행

해설
농업기술센터의 폐쇄적인 지도사업은 인력과 자원의 비효율 야기와 농업인에 대한 지도서비스 수준을 저하시켰다.

69
지방화 이후 농촌지도의 환경변화에 대한 설명으로 옳지 않은 것은?

① 농업행정과의 통합 등으로 인한 지방농촌지도기관의 축소와 기능의 약화로 이어지고 있다.
② 새 기술 시범사업보다 자치단체별 지역특화작목 중심의 지도사업에 전념하게 되었다.
③ 전문가의 광역적 활용이 어렵고 자치단체 간 기술정보 교류가 단절되는 현상이 발생하였다.
④ 농업부문의 R&D 예산은 매년 감소 추세이며, 지도사업은 전체 예산에서 차지하는 비중이 감소 추세이다.

해설
지방화 이후 농업부문의 R&D 예산은 매년 증가 추세, 지도사업은 전체 예산에서 차지하는 비중이 감소 추세이다.

[19. 강원지도사 기출]

70
농촌지도사업의 추진체계의 변화로 옳지 않은 것은?

① 1957년 농사교도법의 제정으로 우리나라 농촌지도사업이 최초로 법적지위를 보장받았다.
② 지금까지 농촌지도가 객체지향적이었다면, 앞으로는 주체지향적으로 가야 한다.
③ 1997년 농촌지도사업이 지방화되어 농촌지도공무원이 중앙직에서 지방직으로 전환되었다.
④ 지방화 이전 농촌지도사업 추진체계는 중앙-도-시군 지도기관이 수직적 구조를 갖고 있었다.

정답 68.① 69.④ 70.②

> **해설**
> 지금까지 농촌지도가 주체지향적, 상의하달적, 작목증산적이었다면, 앞으로는 객체지향적, 하의상달적, 대상자의 소득증대와 삶의 질 향상 중심으로 가야 한다.

71
다음은 농촌지도조직의 특수성을 설명한 것이다. 잘못된 것은?
① 농촌지도조직은 일선지역중심적인 조직체계를 가져야 한다.
② 농촌지도조직은 상의하달적인 조직구조를 갖추어야 한다.
③ 농촌지도조직은 지방분권적인 조직구조를 갖추어야 한다.
④ 농촌지도조직은 일반 행정기관과는 독립적인 조직기구를 가져야 한다.
⑤ 농촌지도조직은 연구, 행정, 교육 등과 같은 조직과 횡적 협동체제를 갖추어야 한다.

> **해설**
> **농촌지도조직의 특수성**
> ㉠ 농촌주민과 농촌지도사가 농촌현장에서 역동적으로 상호접촉함으로써 농촌지도의 목표를 성취할 수 있다. 일선지역 중심적이고, 하의상달적이며, 지방분권적 조직구조를 갖추어야 한다.
> ㉡ 농촌지도조직은 일반행정기관과 독립적인 조직기구를 소유한다.
> ㉢ 농업발전이나 농촌개발에 필수적인 연구, 협동조합, 행정, 교육 등과 같은 조직과 통합되어 있거나 횡적 협동체제를 갖추어야 한다.

72
우리나라 농촌지도의 특징이 아닌 것은?
① 우리나라 농촌지도조직은 농사시험연구와 농촌지도사업이 병합되어 있다.
② 농촌지도요원은 농민과 행정기관 사이에 교량적 역할을 담당하고 있다.
③ 농촌지도기관은 농업계 학교와 횡적으로 협동하게끔 제도화되어 있다.
④ 농촌지도사업은 지방행정기관과는 기능적으로 통합되어 협력이 필요없다.

> **해설**
> **우리나라 농촌지도의 특색**
> ㉠ 농촌지도조직은 농사시험연구사업과 농촌지도사업이 동일조직에 병합되어 연구결과의 신속하고 효과적인 보급이 가능하고, 지도활동과 영농에서의 문제점을 연구사업에 쉽게 반영할 수 있으며, 농촌지도사에 대한 연구결과의 교육과 훈련이 용이하다.
> ㉡ 도, 시군의 지방단위에서 농촌지도기구와 일반행정기구가 기능적으로 분화된 가운데 통합되어 도지사와 시장·군수 산하에 있기 때문에 농업행정과 농촌지도의 일원적 투입을 가능하게 한다.
> ㉢ 농촌지도요원은 직제상으로 일반행정요원과 분리시켜 지도사업의 전문적, 교육적 기능을 제고함과 동시에 농민과 행정기관 간 교량적 역할을 담당하고 있다.
> ㉣ 농촌지도기관은 농업계 학교와 횡적으로 협동하게끔 제도화되어 있다.

71.② 72.④ 정답

73

다음 중 미래의 농촌지도상의 과제를 잘 설명한 것은?

① 사회교육에서 강조하는 내실추구의 방향에서의 발전
② 환경농업에 적합한 농업기술센터 규모의 확대와 저변화
③ 농촌지도기관의 행정기관으로의 소속변경으로 연구와 지도를 구별하여 실시
④ 급변하는 사회에의 적응을 위하여 행정적인 지도기능 강화

해설
환경농업 실현은 미래농업으로 타당하지만 기구의 규모 확대와는 관련이 멀고, 시군 농업기술센터를 기초자치단체에서 광역자치단체로 변경하자는 논의가 진행되고 있으며, 농촌지도 본연의 업무를 위해서는 행정으로부터 독립이 이루어져야 한다.

74

지방화 이후 농촌지도사업의 문제점이 아닌 것은?

① 지역농업의 균형발전이 더 저해되었다.
② 시군 단위의 농촌지도기관의 수가 크게 감소하였다.
③ IMF 이후 농촌지도인력이 감소하였다.
④ 농촌지도 유관기관간 연계가 약화되었다.

해설
1997년 이후 지도기관 수는 큰 차이는 없으나 지도기관과 농업행정이 통합되는 경우가 다수 발생하였다.
지방화 이후 농촌지도사업의 문제점 : 국가 및 지역농업 발전의 저해, 지도인력 감소, 예산 감소, 유관기관간 연계의 약화

75

[21. 경북지도사 기출변형]

지방화 이후 농촌지도 환경의 변화로 옳은 것은?

① 농촌진흥청 – 도농업기술원 – 시군농업기술센터의 상호협력이 강화되었다.
② 지방자치제의 실행으로 인한 도농통합으로 지도인력이 증가하였다.
③ 우수 전문지도사의 타 시군 출강으로 인하여 전문가의 광역적 활용이 용이해졌다.
④ 지도기관과 농업행정이 통합되는 경우가 다수 발생하였다.

정답 73.① 74.② 75.④

> [해설]
> ① 농촌진흥청 – 도농업기술원 – 시군농업기술센터의 상호협력이 퇴색되었다.
> ② 지방자치제의 실행으로 인한 도농통합으로 지도인력이 축소되었다.
> ③ 우수 전문지도사의 타 시군 출강이 제한되어 전문가의 광역적 활용이 어려워졌다.

76

1997년 지방화 이후 농촌지도사업의 변화에 대한 설명으로 옳지 않은 것은?

① 전체 예산에서 차지하는 지도사업예산의 비중은 감소 추세이다.
② 새 기술 보급이 지연되고 지도서비스의 수준이 약화되었다.
③ 지도조직 인력이 증가하였다.
④ 농업행정과의 통폐합에 따른 위상 저하가 발생하였다.

> [해설]
> 농촌지도인력은 1980년대 후반 7,980여명까지 되었으나, 1992년 농촌지도사의 연구직 전환으로 7,000여명 수준, 지방자치와 1997년 IMF 사태 이후 2000년대 초반 4,700여 명, 최근 4,500여 명 수준으로 감소하였다.

77

농촌지도사업의 지방화 이후 발생한 사항으로 바르지 않은 것은?

① 지역농업의 균형발전이 더 저해되고 농업인에 대한 현장 지도서비스가 더 약화되었다.
② 지역특화작목 중심의 지도사업보다는 새기술 시범사업에 전념하게 되었다.
③ 시군 농업기술센터의 기술개발과 현장 실용화의 연결고리 역할이 약화되었다.
④ 농촌지도사업이 자치단체장의 의지에 따라 좌우되는 경우가 발생하였다.

> [해설]
> 시군 농업기술센터가 새기술 시범사업보다 자치단체별 지역특화작목 중심의 지도사업에 전념하여서 새기술 보급이 지연되고, 국가 차원의 조정 없이 시군별 지역특화작목 재배에 치중한 결과 농산물 공급과잉과 가격하락의 문제를 초래하였다.

76.③ 77.②

78

농업경영에서의 의사결정의 유형 중에서 구조적인 문제의 유형이 아닌 것은?

① 재고정리 ② 사료배합
③ 업종의 선택 ④ 생산목표 결정

해설>
농업경영에서의 의사결정의 유형

문제의 유형에 따른 분류	의사결정의 범위에 따른 분류			의사결정에 필요한 지원
	전략적 결정	전술적 결정	운영방법적 결정	
비정형적 (비구조적)	기업구조의 재편성	책임소재 결정	일손고용 시간짜기	인간의 판단능력
반정형적 (반구조적)	기업의 확장	생산목표 결정	농가 채무 구조 재편성	의사결정시스템
정형적 (구조적)	업종의 선택	최소비용 자원구성	재고정리 사료배합 장부·기록작성	사무적
의사결정체계	고위간부층	중간경영층	하위관리층	

79

농업경영자의 의사결정을 돕는 농업경영지도 분석의 범주에 속하지 않는 것은?

① 상황분석 ② 진단분석
③ 예측분석 ④ 평가분석
⑤ 처방분석

해설>
농업경영지도의 분석 : 상황분석, 진단분석, 예측분석, 처방분석

80

농장의 현재 상태(facts)에 관한 자료를 제시하는 분석은?

① 상황분석 ② 진단분석
③ 예측분석 ④ 처방분석

해설>
상황분석 : 일정 시점에 농장의 현황(facts)에 관한 자료를 제시하는 것(농가의 경영조건 파악)으로, 농장의 과제와 환경 및 성격을 파악한다.

정답 78.④ 79.④ 80.①

[19. 경북지도사 기출]

81
다음은 농업경영지도 분석 중 무엇을 설명한 것인가?

> 농장의 현황과 농장의 장단기 목표를 비교·분석하여 농장의 장단기 과제를 파악하는 것을 말한다.

① 상황분석　　② 진단분석
③ 예측분석　　④ 처방분석

[23. 충북지도사]

82
〈보기〉에서 설명하는 농업경영지도 분석은 무엇인가?

> 농장의 현황과 장단기 목표를 비교하여 그 차이를 분석함으로써 농장의 장단기 과제를 파악하게 한다.

① 예측분석　　② 상황분석
③ 진단분석　　④ 처방분석

해설
농업경영지도 분석과정 : 상황분석 → 진단분석 → 예측분석 → 처방분석

[19. 경남지도사 기출]

83
경영지도 예측분석에 대한 설명으로 옳은 것은?
① 농장의 현황과 농장의 장단기 목표를 비교·분석하여 농장의 장단기 과제를 파악한다.
② 예산법은 대안이 실행되었을 때 파생되는 기대비용과 기대수익의 차이를 평가하는 것이다.
③ 경영지도활동은 농가의 경영조건을 파악하는 것에서 시작된다.
④ 예측되는 결과들을 경영목표(goal, 모든 경영행위의 최종점), 목적(objectives, 목표를 이루기 위해 계획된 작업)에 비추어 경영의사결정 과정에 포함되어야 한다.

정답 81.② 82.③ 83.②

해설
① 진단분석, ③ 상황분석, ④ 처방분석
농업경영지도의 분석
㉠ **상황분석** : 일정 시점에 농장의 현황(facts)에 관한 자료를 제시하는 것(농가의 경영조건 파악)으로, 농장의 과제와 환경 및 성격을 파악한다.
㉡ **진단분석** : 농장 현황과 장단기 목표를 비교하여 그 차이를 분석함으로써 농장의 장단기 과제를 파악하게 한다.
㉢ **예측분석** : 과제해결을 위해 가능한 방안(대안)들을 모색하고, 대안들이 어떤 결과를 초래할지 파악하여 미래에 발생할 문제를 점검한다.
㉣ **처방분석** : 예측분석 후 얻은 정보를 의사결정에 사용하기에는 부족하기 때문에 예측결과들을 경영목표(Goal)와 목적(Objectives)에 비추어 의사결정 기준을 설정해야 한다.

84

[18. 강원지도사 기출변형]

다음 중 전략적 의사결정을 바르게 설명한 것은?
① 주어진 자원 내에서 효율적인 배분을 찾는 것이다.
② 경영자의 직접 통제하에 있지 않은 조직 외부의 정보를 필요로 한다.
③ 설정된 계획을 수행하는데 필요한 작업결정을 말하는 것이다.
④ 의사결정의 책임과 집행 소재가 하위 관리감독층에 있다.

해설
경영범위에 따른 의사결정 유형

전략적 의사결정	• 장기성의 전반에 관한 계획과 정책결정 • 경영조직에 필요한 자원을 어떻게 조달할 것인가 하는 것 • 통상 경영자의 직접 통제하에 있지 않은 조직 외부의 정보를 필요로 한다. • 전략적 의사결정의 책임과 집행 소재가 고위 간부층에 있다.
전술적 의사결정	• 중기성의 사업목표를 효과적으로 달성 • 주어진 자원 내에서 효율적인 배분을 찾는 것 • 조직 내부의 정보를 필요로 한다. • 전술적 의사결정의 책임과 집행 소재가 중간 경영층에 있다.
운영적 의사결정	• 단기적이고 빈번한 직접적인 행위의 개선 위주 • 설정된 계획을 수행하는데 필요한 작업결정을 말하는 것 • 결과는 단시일에 나타나며, 이를 위한 정보는 성문화 되어 있고 찾기 쉬우며 만들어진 전략적 결정으로부터 도출되는 경우가 많다. • 운영적 의사결정의 책임과 집행 소재가 하위 관리감독층에 있다.

85

[20. 서울지도사 기출]

경영범위에 따른 의사결정 유형 중 전술적 의사결정에 대한 설명으로 가장 옳은 것은?
① 주어진 자원 내에서 효율적인 배분을 찾는다.
② 통상 경영자의 직접 통제하에 있지 않은 조직 외부의 정보를 필요로 한다.
③ 설정된 계획을 수행하는 데 필요한 작업결정을 말한다.
④ 단기적이고 직접적인 행위의 개선을 위주로 한다.

정답 84.② 85.①

> **해설**
> ② 전략적 의사결정, ③,④ 운영적 의사결정

[21. 경북지도사 기출변형]

86

전술적 의사결정 유형으로 옳은 것은?

① 주어진 자원 내에서 효율적인 배분을 찾는 것
② 장기성의 전반에 관한 계획과 정책결정
③ 설정된 계획을 수행하는데 필요한 작업결정을 말하는 것
④ 경영조직에 필요한 자원을 어떻게 조달할 것인가 하는 것

> **해설**
> | 전술적 의사결정 | • 중기성의 사업목표를 효과적으로 달성
• 주어진 자원 내에서 효율적인 배분을 찾는 것
• 조직 내부의 정보를 필요로 한다.
• 전술적 의사결정의 책임과 집행 소재가 중간 경영층에 있다. |

[23. 충북지도사]

87

〈보기〉에서 밑줄 친 이 사업은 무엇인가?

> 이 사업은 농업구조 개선, 농지의 효율적 이용 및 농지시장 안정, 농업경영체 육성 및 일자리 창출, 농업인 소득안정 및 농촌경제 발전 등의 기능을 수행한다.

① 농지은행 사업 ② 경영회생지원 사업
③ 농지연금 사업 ④ 농지임대수탁 사업

> **해설**
> **농지은행 사업**
> ㉠ 의미 : 영농이 어려운 고령은퇴농·상속자·이농자 등의 농지를 매입, 임차 등의 방법으로 제공받아 농지를 필요로 하는 청년농·전업농·기업농 등 수요자에게 매도, 임대 등의 방법으로 지원함으로써 여유농지의 생산적 이전 및 효율적 이용으로 농업발전과 농촌경제에 기여하는 사업이다.
> ㉡ 기능 : 농업구조 개선, 농지의 효율적 이용 및 농지시장 안정, 농업경영체 육성 및 일자리 창출, 농업인 소득안정 및 농촌경제 발전 등에 기여한다.
> ㉢ 농가의 생애주기별 다양한 사업을 지원
>   • 관심단계 : 정보제공사업
>   • 창업·성장단계 : 맞춤형농지지원사업, 임대수탁사업
>   • 성장·위기단계 : 경영회생지원사업, 농지매입사업
>   • 은퇴단계 : 농지연금사업

86.① 87.① **정답**

02 외국의 농촌지도 조직

01
농학계열 대학을 중심으로 하여 농촌지도를 수행하는 나라는?

① 한국 ② 대만
③ 일본 ④ 미국

02
다음 중 농촌지도의 특색이 제대로 연결된 것은?

① 우리나라 - 농민단체 주관 ② 대만 - 중앙정부 주관
③ 일본 - 기초자치단체 주관 ④ 미국 - 농학계대학 주관

해설
① 우리나라 - 농업행정기구 주관
② 대만 - 농민조합 주관
③ 일본 - 광역자치단체 주관

03
미국 농촌지도사업 관련법의 발달순서는?

① 모릴법 → 해치법 → 스미스-레버법
② 해치법 → 스미스-레버법 → 모릴법
③ 모릴법 → 스미스-레버법 → 해치법
④ 해치법 → 모릴법 → 스미스-레버법

해설

1862	미국 모릴법 제정, 미국 농무부 창설, 주립대학 설립
1887	해치법 제정, 주립대 내 농업시험장 설립
1914	스미스-레버법 제정, 농촌지도사업의 법적 근거 마련

정답 01.④ 02.④ 03.①

04

미국 농촌지도에 관한 설명 중 관계없는 것끼리 짝지어진 것은?

① 모릴법 : 각 주에 주립대학 설립
② 해치법 : 청소년 지도사업 시작
③ 스미스 레버법 : 협동적 농촌지도사업 전개
④ Farm법 : 국립식품농업연구원(NIFA) 설립

해설
1900년대 공립학교에서 베일리(Baley), 그라함(Graham), 오트웰(Otwell), 냅(Knapp) 등에 의해 청소년에게 농업에 관한 지도사업이 시작. 벤슨(Benson)에 의해 4-H 명칭과 이념이 마련되었다.

05

다음 중 미국의 농촌지도의 주요 발달 과정으로 옳은 것은?

① 청소년지도사업 실시 → 농민학원 → 차우타우콰 운동 → 농지전시사업 실시 → 순회농업교사
② 청소년지도사업 → 농민학원 → 순회농업교사 → 차우타우콰 운동 → 농지전시사업 실시실시
③ 순회농업교사 → 농지전시사업 실시 → 농민학원 → 차우타우콰 운동 → 청소년지도사업 실시
④ 순회농업교사 → 농민학원 → 차우타우콰 운동 → 농지전시사업 실시 → 청소년지도사업 실시

해설

1843	순회농업교사 활용(미국 뉴욕주 농업협회)
1847	아일랜드의 농업서비스 사업(농촌지도사업의 최초 형태)
1862	미국 모릴법 제정, 미국 농무부 창설
1863	농민학원 개설
1873	확장교육 실시(영국 케임브리지 대학)
1874	차우타우콰 운동 시작(영국 확장교육에 영향받음)
1886	농지전시사업 실시(Knapp)
1887	해치법 제정
1890	대학확장교육협의회 창립
1899	이동식 학교 운동(movable school)
1900	생활개선사업 실시, 청소년지도사업 실시
1914	스미스-레버법 제정

04.② 05.④ 정답

06

미국 농촌지도사업의 최초 형태는 무엇인가?

① 농업협회 순회교사 ② 농민학원
③ 이동식 학교 ④ 농사전시사업

해설
순회농업교사 활용 : 미국 농촌지도사업의 최초 형태로서, 1843년 뉴욕주 의회 농업위원회에서 주 농업협회(Agricultural Society)가 순회교사를 초빙하여 주 전체를 순회하면서 농업 지식·기술을 강의 실시 → 미국 최초로 농업교사들을 채용하여 순회지도를 실시함

07

미국산업을 위한 인력공급의 터전인 주립대학의 설립 근거가 되는 법률은?

① Morrill 법 ② Hatch 법
③ 뱅크레드-존스법 ④ 스미스-레버법

08

4-H의 이념을 정리하고 4-H Club의 운영을 체계화하였고 농촌지도사는 농민들과 함께 생활하면서 지도하여야 한다는 생각에서 일선 농촌지도사 제도를 주장한 사람은 누구인가?

① Oska Benson(오스카 벤슨)
② Seaman Knapp(시맨 냅)
③ Smith Lever(스미스 레버)
④ Morrill(모릴)

09

미국의 농촌지도 발달사와 관련이 없는 것은?

① 실질적인 농촌지도사업의 기원국이라 볼 수 있다.
② Morrill법에 의해 농과대학이 창설되었다.
③ 스미스-레버법에 의해 농과대학이 농촌지도기능을 수행하게 되었다.
④ Morrill법에 의해 농촌지도사업이 법률적으로 보장되었다.

해설
농촌지도사업이 법률적으로 보장은 스미스-레버법이다.

10

미국 농촌지도의 발달과정에 대한 설명으로 옳지 않은 것은?

① 1862년 모릴법을 제정하여 미국 산업인력을 양성하는 주립대학이 설립되었다.
② 농민학원은 대학의 교육적 기능을 농민, 농가주부, 청소년 대상으로 확대하였다.
③ 영국의 확장교육에 영향을 받아 차우타우콰 운동을 실시하였다.
④ 스미스-레버법은 농업교육을 위한 연구와 실험의 필요성이 강조되면서 제정되었다.

해설
해치(Hatch) 법 제정
㉠ 1887년 농업교육을 위한 연구와 실험의 필요성이 강조되면서 제정
㉡ 각 주 주립대학에 소속된 농업시험장(Agricultural experiment Station)이 설립되었고, 대학생 외에 농민학원의 농민에게도 보급됨

[23. 충북지도사]

11

미국의 농촌지도 발달에 대한 설명이 옳지 않은 것은?

① 순회농업교사의 활용은 미국 농촌지도사업의 최초 형태이다.
② Knapp에 의해 실시된 농사전시사업은 새 농사법의 결과를 주민에게 보여줌으로써 보급시켰다.
③ Morill법이 제정되어 각 주 주립대학에 소속된 농업시험장이 설립되었다.
④ Smith-Lever법에 의하여 각 주립대학은 농촌지도사업을 전개하게 되었다.

해설
Morill법이 제정되어 미국 산업인력을 양성하는 주립대학이 설립되었다.
Hatch법이 제정되어 각 주 주립대학에 소속된 농업시험장이 설립되었다.

[19. 경남지도사 기출]

12

미국의 농업발달에 관한 설명으로 옳은 것은?

① 1843년 미국 뉴욕주 농업협회에서 순회농업교사를 초빙하였다.
② 1864년 스미스-레버법에 의해 연방정부·주정부에서 재정보조를 받게 되었고, 군단위에서 농촌지도사를 채용하였다.
③ 1862년 미 농무부는 영국의 확장개념을 도입하여 차우타우콰 운동을 실시하였다.
④ 미국은 국립농업연구체계 주도로 연구·교육·지도사업을 영위하고 있다.

10.④ 11.③ 12.① 정답

해설
② 스미스-레버법은 1906년 미국 농과대학과 농촌지도위원회는 농업인을 위한 정보 제공과 교육에 대한 재정 지원과 기구의 설립을 위해 연방정부에 제도적 지원을 제안하여 1914년 제정되었다.
③ 1862년에는 모릴법이 제정되어 농업과 공업을 가르치는 대학을 각 주에 하나 이상 설립하고 정부가 대학에 국유지를 제공하였다. 차우타우콰 운동은 뉴욕주 차우타우콰 호숫가에서 1874년부터 발생하였다.
④ 미국의 농업연구와 농촌지도체계의 특징은 농업연구(ARS)와 농촌지도(NIFA)를 기능의 축으로 하여 지역농업행정과 주립대학 및 농촌지도센터에서 협력적 농촌지도사업이 이루어지고 있다.

13

[17. 지도사 기출변형]

미국 농촌지도의 발달에 대한 설명으로 옳지 않은 것은?

① 스미스-레버법이 제정되어 농촌지도사업의 법적 근거가 마련되었다.
② Benson에 의해 농사전시사업이 실시되었다.
③ 순회농업교사는 미국 농촌지도사업의 최초 형태이다.
④ 해치법이 제정되어 각 주립대학에 소속된 농업시험장이 설립되었다.

해설
미국 농촌지도의 발달
㉠ **모릴(Morrill) 법 제정** : 1862년에는 농업·공업 분야의 숙련기술자 육성을 목표로 하고, 농업과 공업을 가르치는 대학을 각 주에 하나 이상 설립하고 정부가 대학에 국유지를 제공함 → 미국 산업인력을 양성하는 주립대학이 설립됨
㉡ **농사전시사업** : Knapp에 의해 실시된 농사전시사업은 1886년 루이지애나(Louisiana)에 거주하는 원주민·이주민이 농사법에 관심이 없자 지도급 농부 몇 명을 선정하여 집중 지도하고, 그 결과를 이웃 주민에게 보여줌으로써 새 농사법을 보급시킴
㉢ **해치(Hatch) 법 제정** : 각 주 주립대학에 소속된 농업시험장(Agricultural experiment Station)이 설립되었고, 대학생 외에 농민학원의 농민에게도 보급됨
㉣ **청소년 지도사업** : 1900년대 공립학교에서 베일리(Baley), 그라함(Graham), 오트웰(Otwell), 냅(Knapp) 등에 의해 청소년에게 농업에 관한 지도사업이 시작. 벤슨(Benson)에 의해 4-H 명칭과 이념이 마련
㉤ **스미스-레버법 제정** : 현대적 미국 농촌지도사업의 가장 핵심적인 근거법

14

[19. 충남지도사 기출]

미국 주립대학에서 시민들에게 고등교육 기회를 제공하는 토지공여제도(Land Grant System)를 도입한 법률은 무엇인가?

① Morril 법
② Hatch 법
③ Smith-Lever 법
④ Farm Bill

정답 13.② 14.①

15

다음이 설명하고 있는 법은 무엇인가?

- 미국 농과대학과 농촌지도위원회는 농업인을 위한 정보 제공과 교육에 대한 재정 지원과 기구의 설립을 위해 연방정부에 제도적 지원을 제안하여 1914년 제정되었다.
- 각 주립 대학은 주요 기능의 하나로서 협동적 농촌지도사업을 전개하였으며, 연방정부와 주정부에서 재정적 보조를 받게 되었다.

① 모릴 법
② 해치 법
③ 토지공여제도
④ 스미스-레버법

16

미국 농촌지도사업의 법적 근거가 마련된 법은?

① Smith-Lever 법
② Morrill 법
③ Hatch 법
④ Special Research Grants 법

해설
1914년 Smith-Lever법 제정
㉠ 농업과 생활 개선에 관련된 실용적인 정보를 제공하는 세계 최초의 농촌지도사업의 법적 근거 마련
㉡ 주립대학에서 학생교육, 연구, 지도 3가지 기능을 통합 수행함

17

미국 농촌지도의 발달과 관련된 사람에 대해 연결한 것으로 바르지 않은 것은?

① 워싱턴(Washington Carver) - 이동식 학교 설립
② 오트웰(Otwell) - 농촌 청소년들에게 농업교육을 실시
③ 냅(Knapp) - 농사전시사업 실시
④ 그라함(Graham) - 4-H의 명칭과 이념 마련

정답 15.④ 16.① 17.④

해설

청소년 지도사업
㉠ Bailey는 농촌학교에서의 자연학습을 확대하기 위해 노력
㉡ Graham은 교실 밖 학습에 대한 아이디어를 제시하고, 도시학교의 청소년을 위한 직업교육 모형을 개발하였으며, 농촌 청소년을 위한 농업 및 가정관리와 같은 교육에 관심을 가짐
㉢ Otwell은 농촌 청소년을 대상으로 한 옥수수 기르기 경연 등을 통해 농촌 청소년들에게 농업교육을 실시
㉣ Benson에 의해 4-H 명칭과 이념이 마련되고, 4-H 사업은 1915년에 전국 47개 주에 4-H 단체가 조직됨

18

미국 농촌지도사업에서 최초 농촌지도사가 된 사람은 누구인가?

① Thomas Campbell
② Rutgers
③ Baley
④ Knapp

해설
㉠ 1906년 Thomas Campbell이 최초 농촌지도사가 됨
㉡ 1906년 W.C. Stallings이 텍사스 주의 Smith County에서 최초의 County 농촌지도사가 됨

19

미국의 농촌지도에 관한 사항으로 잘못된 것은?

① 농촌지도사업을 제도적으로 가장 먼저 보장한 나라이다.
② 해방 이후 우리나라 농촌지도사업에 가장 큰 영향을 끼친 나라이다.
③ 냅프 박사는 농촌지도의 시조라고 할 수 있다.
④ 농촌지도에 필요한 예산의 약 1/2은 연방농무성에서 충당한다.

해설
농촌지도 예산은 연방정부(21.2%), 주 정부(48.4%), 군 단위(22.9%), 기타(7.5%)로 충당됨(2010년 기준)

20

미국의 농촌지도에 관한 설명이 옳지 않은 것은?

① 농촌지도사업의 제도적 기원국이라고 할 수 있다.
② 냅프 박사는 농촌지도의 시초라고 할 수 있다.
③ 미국 농촌지도사업의 특성은 계획수립에 민간이 참여하고 있다는 것이다.
④ 미국의 농촌지도사업은 민간단체에서 주도하고 있다.

해설
미국의 농촌지도사업의 특색은 주립대학에서 농촌지도를 전개하고 있다는 것이다.

[24. 충북지도사]

21

미국 농촌지도체계에 대한 설명이 옳지 않은 것은?

① 주립 농과대학, NIFA 연방정부사업과 주 협동지도사업, 농민단체의 상호 협동을 통해 전개된다.
② 농과대학 내에 농촌지도국을 설치하여 농촌지도를 전담하고 있다.
③ 시군 소속의 농촌지도소와 군 단위 자문위원회를 만들어 농촌지도 계획, 전개, 평가에 참여하고 있다.
④ 시군 단위 농촌지도사업은 주립대학이 NIFA와 협력하여 수행한다.

해설
농촌지도소는 주립대학 소속이다.

22

다음 중 미국 농촌지도사업의 특색은?

① 대학교에서 농촌지도를 전개하고 있다.
② 농민단체가 독자적으로 전개한다.
③ 관계기관 간의 원활한 횡적 협동이 이루어진다.
④ 농촌지도의 교육적 특성을 살리고 있다.

20.④ 21.③ 22.① 정답

23

미국 농촌지도사업의 특징으로 옳지 않은 것은?

① 농촌지도의 계획·실행·평가에 농촌지도사, 농민대표, 관계기관 대표 등이 참여하고 있다.
② 농업연구청(ARS)을 중심으로 농촌지도가 전개되고 있다.
③ 농촌지도에 행정적 권위가 개입되지 않고 대학의 연구결과가 바로 활용된다.
④ 도시지역의 소외집단과 소수 종족집단의 생활 향상 지도도 한다.

해설
미국 농촌지도사업의 특징
㉠ 대학 중심으로 전개되고 있다는 점과 농촌지도의 계획(Plan) – 실행(Do) – 평가(See)에 농촌지도사 외에 농민대표, 관계기관 대표 등이 참여하고 있음
㉡ 농촌지도사업에 행정적 권위가 개입되지 않고, 대학의 연구결과가 곧바로 농촌지도에 활용됨
㉢ 농촌지도 대상자가 참여하여 지도사업 계획수립에 참여함으로써 그들의 필요와 문제를 반영할 수 있음
㉣ 농촌지도사의 대상 지역을 농촌지역에 한정하지 않고 도시지역의 성인과 청소년까지도 포함하고 있으며, 특히 도시지역의 소외집단과 소수 종족집단의 생활 향상 지도에 있어서도 중요한 역할을 담당함

24

미국의 농촌지도의 구분으로 옳지 않은 것은?

① 농업인의 사회경제적 발전을 위한 제도
② 국제농촌지도
③ 농촌주민 생활의 질 개선지도
④ 행정기구에 의한 농촌지도

해설
미국 농촌지도의 구분
㉠ **농업 및 연관기업에 대한 지도** : 농업생산지도, 임업생산 및 시장지도, 토양 및 수자원의 보호와 농산물시장·가공·유통지도로 구분
㉡ **농업인의 사회경제적 발전을 위한 지도** : 지역사회자원 개발지도, 공공사업교육, 자연자원 개발지도, 저소득 농가지도로 구분
㉢ **농촌주민 생활의 질 개선지도** : 가정생활 개선, 농촌 청소년 지도, 합리적 의사결정 지도, 인간관계 조성 지도, 지역사회 봉사의 활용과 참여지도, 사회경제적 지위 향상 지도 등으로 구분
㉣ **국제농촌지도**

정답 23.② 24.④

25

미국의 농촌지도사업 영역 가운데 인력투입률이 가장 큰 것은?

① 농업 및 그 연관기업에 대한 지도
② 농업인의 사회·경제적 발전을 위한 지도
③ 농촌주민생활의 질적 개선지도
④ 국제농촌지도

해설
미국의 농촌지도사업 영역 가운데 인력투입률은 농업 및 그 연관기업에 대한 지도(46%) > 농촌주민생활의 질적 개선지도(29%) > 농업인의 사회·경제적 발전을 위한 지도(24%) > 국제농촌지도(1%) 순이다.

26

미국의 농촌지도사업 중 농촌청소년지도사업은 어디에 속하는가?

① 농촌주민생활의 삶의 질 개선지도
② 국제농촌지도
③ 사회경제적 발전을 위한 지도
④ 빈민구제지도
⑤ 농업 및 그 관련기업에 대한 지도

해설
미국의 농촌주민 생활의 질 개선지도는 가정생활 개선, 농촌 청소년 지도, 합리적 의사결정 지도, 인간관계 조성 지도, 지역사회 봉사의 활용과 참여지도, 사회경제적 지위 향상 지도 등으로 구분한다.

27

미국의 농업 및 그 연관기업에 대한 지도내용으로 옳지 않은 것은?

① 농업생산 지도
② 시장 지도
③ 지역사회자원개발 지도
④ 가공유통 지도
⑤ 토양보호와 농산물시장 지도

해설
미국의 농업 및 연관기업에 대한 지도는 농업생산 지도, 임업생산 및 시장 지도, 토양 및 수자원의 보호와 농산물시장·가공·유통 지도로 구분한다.

25.① 26.① 27.③ **정답**

28

미국의 농촌지도사업에서 농업 및 그 관련기업에 대한 지도 중 최근 특히 강조되고 있는 지도내용은?

① 농업생산 지도
② 임업생산 지도
③ 농업 경영·시장·유통에 대한 지도
④ 토양 및 수자원 보호 지도

29

미국의 농촌지도사업 내용에서 농업인의 사회경제적 발전을 위한 지도 중 1970년대 이후 강화되고 있는 것은?

① 자연자원개발 지도
② 공공사업교육
③ 지역사회자원개발 지도
④ 저소득농가 지도

해설
저소득 농가지도는 1966년까지는 시행하지 않았으나, 1977년 점차 영역이 확대강화되어 사회경제적 발전을 위한 지도의 40%를 차지한다.

30

미국에서 20년 정도의 정규교육을 받은 사람으로 박사학위를 갖고 있는 지도사를 무엇이라 하는가?

① 행정 및 장학지도사
② 전문지도사
③ 농촌지도사
④ 보조지도사

해설
㉠ **행정 및 장학지도사** : 20년 정도의 정규교육을 받은 사람으로 박사학위 소지자
㉡ **전문지도사** : 17~20년의 정규교육과 석사 및 박사학위 소지자
㉢ **농촌지도사** : 16~18년의 정규교육과 학사 및 석사학위 소지자

31

미국 농촌지도예산의 충당비율로 옳은 것은?

	연방정부	주정부	군청	민간보조
①	21%	48%	23%	7%
②	43%	35%	3%	19%
③	19%	43%	43%	3%
④	35%	3%	19%	43%

정답 28.③ 29.④ 30.① 31.①

[17. 지도사 기출변형]

32

최근 미국의 농촌지도사업은 지도대상과 지도방식에서 변화하고 있다. 맞는 것은?

① 농촌지도의 대상은 기존 농업인에서 농촌지역사회에 거주하는 주민으로 확대한다.
② 품목별 조합을 육성한다.
③ 농업순회교사를 채용하여 지역을 순회하며 교육사업을 수행한다.
④ 농촌지도센터는 독립채산제를 원칙으로 지방분권화되었다.

해설
최근 미국의 농촌지도사업의 변화
㉠ **지도 대상** : 기존 농업인에서 농촌지역사회에 거주하는 주민으로 확대하여 기존 사업영역 외에도 건강, 영양, 수질, 비만, 실내 환경, 공공정책, 직업능력개발 등 다양한 프로그램을 진행함
㉡ **지도 방식** : 농촌지도의 정보화 사업이 본격 추진되고, 2008년부터 인터넷 기반의 농촌지도 정보시스템을 구축·운영하여 연구에 기초한 정보와 학습기회를 제공함

33

미국의 농업연구-지도체계의 특징으로 옳지 않은 것은?

① ARS와 CSREES를 통합한 REES를 설치하여 연구-지도사업의 협력을 강화하며 농촌지도가 강화되었다.
② 협동연구교육지도청은 주립농과대학의 농촌지도사업, 시험연구사업, 학교교육을 지원하였다.
③ 스미스-레버법이 제정되어 학생교육, 연구, 지도 3가지 기능을 통합 수행하였다.
④ 모릴법을 제정하여 주립대학에서 시민들에게 고등교육을 제공하는 토지공여제도를 도입하였다.

해설
REES
㉠ 2007년 ARS와 CSREES를 통합한 농업연구교육지도청(REES) 설치
㉡ ARS와 CSREES의 기능 중복을 방지하고, 연구사업과 지도사업의 협력을 강화하며, 통합 운영을 통한 예산 절감 효과의 장점이 있음
㉢ 상대적으로 농촌지도 기능이 축소됨

32.① 33.① 정답

34

미국의 농촌지도사업체계에 대한 설명이 옳지 않은 것은?

① 주립대학은 전문지도사, 시군 농촌지도센터는 일반농촌지도사가 각각 근무하고 있다.
② 시군 단위 지도사는 학사나 석사 출신자가 대부분이다.
③ 주립 농과대학 내에 농촌지도국을 설치하여 농촌지도를 전담하고 있다.
④ 주립대학 전문지도사는 대부분 박사급 교수들로 구성되어 있다.

해설
미국 농촌지도 인력
㉠ 최고관리자(director/assistant director), 관리자(supervisor), 지도행정가(administrative support), 전문지도사(specialist), 시군 단위 지도사(county agent/advisors/educators)로 구성
㉡ 시군 단위 지도사는 학사·석사 출신자가 대부분, 일부 박사도 포함
㉢ 주립 농과대학 전문지도사(specialist)는 대부분 박사급의 교수들(faculty)로 교육(teaching)과 연구(research), 지도(extension) 업무 간의 일정 비율을 정하여 겸직하고, 매년 심사에 의하여 비율을 조정함
㉣ 미국 전체 주립대학에 약 5,390명의 전문지도사(specialist)가 근무(2010년)
㉤ 시군 단위에 농촌지도센터(주립대학 소속)가 1개소(전체 2,883개)씩 설치되어 있고, 전국적으로 전문지도사(주별 7~8명)와 8,163명의 농촌지도사(지소별 1~25명)가 농촌지도센터에 근무함

35

미국의 ARS에 대한 설명으로 옳지 않은 것은?

① 개별 연구과제에 대한 평가는 매년 공개평가로 진행한다.
② ARS는 국가전략 프로그램을 설정하여 체계적 국가주도의 농업연구를 추진한다.
③ 국가전략 프로그램에 대한 평가는 마지막 연차(5년차)에 실시하며 약 6개월 소요된다.
④ 연구원 승진 평가는 논문게재 실적보다는 농업·국민 기여도를 기준으로 한다.

해설
개별 연구과제에 대한 평가는 매년 공개평가가 아닌 web을 통한 서면평가로 진행한다.
ARS 연구결과의 평가
㉠ **국가전략 프로그램에 대한 평가**
  ⓐ 마지막 연차(5년차)에 실시, 약 6개월 소요
  ⓑ 학계·산업체·소비자로 외부 패널을 구성하여 계획서(Action Plan) 대비 목표 달성 정도를 평가

정답 34.① 35.①

ⓒ 평가 결과는 차기 국가전략 프로그램 구성 및 추진방향을 수립하는 데 반영
ⓒ 연구과제(Project)에 대한 평가
  ⓐ 매년 공개평가가 아닌 web을 통한 서면평가
  ⓑ 평가결과는 연구원 평가(호봉 및 승급평가) 및 차기 과제 참여 여부에 반영
ⓒ 매년 수행하는 연구원 평가 : 논문게재 실적을 기준으로 하나, 승진심사는 농업 및 국민 기여도를 기준으로 하고, 논문게재 실적은 참고사항 정도에 여겨질 뿐 연구결과의 검증 차원에 그치고 있음

36

미국의 ARS에 대한 설명이 옳지 않은 것은?

① ARS는 개발기술의 산업화가 아니라 수익창출이 목적이다.
② 지적재산권(특허 등) 이전 시 중소기업에 우선권을 부여한다.
③ 기술이전은 모든 연구자의 의무사항이다.
④ 외부수주 연구비는 총 연구비의 약 20% 정도로 제한한다.

해설
ARS는 수익창출이 아니라 개발기술의 산업화가 목적이다.

37

미국 농업연구청(ARS)의 농업연구과제 수행의 주요 특징으로 바르지 않은 것은?

① 농업문제해결을 위한 국가적 우선순위가 높은 공통의 목표를 추구한다.
② 연구비 재원이 불안정적이므로, 단기적이고 위험도가 적은 연구과제를 주로 수행한다.
③ 워크숍 등을 통해 의견을 수렴하여 연구과제를 선정하는 고객중심적 특성이 있다.
④ 연구과제는 필수적으로 USDA의 정책 목표와 항상 일치한다.

해설
ARS 농업연구과제 수행의 주요 특징
㉠ 농업문제 해결을 위한 국가적 우선순위가 높은 공통 목표를 추구함
㉡ 연구비 재원이 안정적이므로, 장기적이고 위험도가 높으며 고비용의 기반기술 개발을 위한 연구과제 수행이 가능하고, 기초연구(basic research)와 응용연구(applied research)의 균형을 유지함
㉢ **고객 중심적 특성** : 워크숍 등을 통하여 의회, 농무부, 고객, 협력자, 이해당사자, 과학자 그룹 및 ARS 내 연구원의 의견을 수렴하여 연구과제를 선정
㉣ **연구과제는 USDA의 정책목표와 항상 일치** : 국가적 중대 현안이 발생하여 의회·농무부의 요구가 있을 경우 세부 연구과제 내용을 즉시 수정·보완 가능

38

NIFA에 대한 설명으로 옳지 않은 것은?

① Farm Bill에 의거하여 2009년 농무부 내에 설립되었다.
② 주 단위 또는 소지역 단위로 REE를 자금 지원한다.
③ 농업기초 및 응용 연구를 직접 수행한다.
④ 기초·응용 연구, 식물과 동물, 식품과 영양, 자연자원 등에 관한 광범위한 농림수산식품의 현안을 다룬다.

해설
NIFA(국립식품농업연구원)
㉠ 미국 농업을 더 생산적이고, 환경적으로 지속가능한 연구·기술혁신에 자금지원하고 촉진하기 위하여 Food, Conservation, and Energy Act(미 농업법, Farm Bill)에 의거하여 2009년 농무부 내에 NIFA 설립
㉡ NIFA는 실제로 REE를 수행하지 않으며, 주 단위 또는 소지역 단위로 REE를 자금 지원하며, 리더십 프로그램을 제공
㉢ 기초·응용 연구, 식물과 동물, 식품과 영양, 자연자원 등에 관한 광범위한 농림수산식품의 현안을 다룸
㉣ 직접 연구수행보다 주 단위의 지역 농림수산식품연구원에 연구자금을 배분·관리
㉤ 공모과제를 모집하여 연구자금 지원

39

미국의 국립식품농업연구원(NIFA)에 대한 설명으로 바르지 않은 것은?

가. 2009년 10월에 Farm Bill에 의해 농무부 내에 설립되었다.
나. 주립대학시스템이나 REE 프로그램을 지원함으로써 농업, 환경, 인간 건강, 웰빙, 지역사회를 위한 지식을 증진시킨다.
다. NIFA는 실제로 REE 프로그램을 수행한다.
라. NIFA는 연구를 직접 수행한다.
마. 공모과제를 모집하여 연구자금을 지원하는 역할을 수행한다.

① 가, 나 ② 나, 다
③ 다, 라 ④ 라, 마

해설
다. NIFA는 실제로 REE 프로그램을 수행하지 않는다.
라. NIFA는 연구를 직접 수행하기보다 주 단위의 지역 농림수산식품연구원에 연구자금을 배분·관리한다.
NIFA 특징
㉠ Food, Conservation, and Energy Act(미 농업법, Farm Bill)에 의거하여 2009년 농무부 내에 NIFA 설립

[17. 지도사 기출변형]

ⓒ 기존의 CSREES를 대체하는 기관 : NIFA 설립으로 CSREES는 해체
ⓒ 주립대학시스템(Land-grant University System)이나 다른 파트너 기구에 있는 REE 프로그램을 지원함으로써 농업, 환경, 인간 건강, 웰빙, 지역사회를 위한 지식을 증진
ⓔ NIFA는 실제로 REE를 수행하지 않으며, 주 단위 또는 소지역 단위로 REE를 자금 지원하며, 리더십 프로그램을 제공
ⓜ 직접 연구수행보다 주 단위의 지역 농림수산식품연구원에 연구자금을 배분·관리
ⓗ 공모과제를 모집하여 연구자금 지원

40

NIFA의 NPL에 대하여 올바르지 않은 것은?

① 정부가 요구한 미션과 관계된 문제나 기회, 이슈, 등을 조력자들과 협력한다.
② 주요 임무로 농업문제 해결을 위한 프로그램을 집행하는 역할을 수행한다.
③ NIFA의 미션을 수행하기 위해 권한을 부여받은 전문가 그룹이다.
④ 과학을 기반으로 한 연구개발을 통해 발굴된 문제, 기회, 이슈 등을 프로그램화 한다.

해설
주요 임무로 프로그램을 평가하는 역할을 수행한다.
NPL
㉠ 각 부문별로 NIFA의 미션을 수행하기 위해 권한을 부여받은 전문가 그룹
㉡ NIFA는 NPL(National Program Leaders)을 조직하여 자금을 운용함
㉢ NPL 역할
 ⓐ 정부가 요구한 미션과 관계된 문제나 기회, 이슈 등을 조력자들과 협력
 ⓑ 과학을 기반으로 한 연구개발을 통해 발굴된 문제, 기회, 이슈 등을 프로그램화·정형화시킴
 ⓒ 과학과 지식을 응용·발전시키기 위한 프로그램을 관리
 ⓓ 프로그램을 평가하는 역할 수행

41

NIFA의 주요 기능이 아닌 것은?

① NIFA가 제공하는 프로그램에 적합한 지원자를 탐색하고 선정
② 기술정보 제공 및 연구자금 집행 현황을 관리
③ 식량, 에너지 등 글로벌 이슈 관련 국제연구를 조직화하고 참여
④ 국가전략 프로그램을 설정하여 지속적·체계적 국가주도의 농업연구를 추진

해설
④는 ARS(농업연구청)의 기능이다.
NIFA 주요 기능
㉠ 농업·자연자원 부문과 식품·지역사회자원 부문별 연구개발 프로그램을 기획 및 총괄
㉡ NIFA가 제공하는 프로그램에 적합한 지원자를 탐색하고 선정
㉢ 기술정보 제공 및 연구자금 집행 현황을 관리
㉣ 식량, 에너지 등 글로벌 이슈 관련 국제연구를 조직화하고 참여

42

보기에서 설명하는 NIFA 자금의 지원형태는?

> 주나 지역의 주요 문제들을 해결하기 위해 의회의 주도하에 특정 연구기관 또는 연구그룹을 지정하여 연구자금을 지원한다.

① Competitive Grants
② Non Competitive Grants
③ Formula Grants
④ Non Formula Grants

해설
NIFA 자금의 지원형태
㉠ **Formula Grants** : 토지증여대학, 임업대학, 수의과대학 등에 대해 지역인구, 농림업 인구 등의 기준에 따라 일정액의 연구 지원금을 제공함
㉡ **Competitive Grants** : 국가적 관심사가 되는 농업 이슈를 해결할 수 있는 능력을 지닌 여러 지원자들 중 최고의 연구수행 능력을 보유한 개인 혹은 기관을 경쟁을 통해 선발하여 연구자금을 지원함
㉢ **Non Competitive Grants** : 주나 지역의 주요 문제들을 해결하기 위해 의회의 주도하에 특정 연구기관 또는 연구그룹을 지정하여 연구자금을 지원함(특수목적 연구자금 또는 연방정부의 직접 지원 자금을 활용함)

43

미국의 주립 농과대학에서의 농촌지도사업의 목표가 아닌 것은?

① 가정관리, 아동 청소년의 건강과 안전 및 지역사회개발
② 자연과 지역환경의 지속성을 유지하려는 책임
③ 농업환경변화에 대응하여 농업의 생산성과 소득증대
④ 식량, 에너지 등 국제연구를 조직화하고 참여

정답 42.② 43.④

해설
주립 농과대학의 지도사업 목표
㉠ 가정관리 강화, 아동·청소년의 건강과 안전 및 지역사회의 개발
㉡ 농업환경변화에 대응하여 농업의 생산성과 소득증대 농업의 경쟁력 향상과 식품의 지속성 촉진
㉢ 자연자원과 지역환경의 지속성을 유지하는 책임
㉣ 농업인과의 대화를 통해 복잡한 현안의 문제해결과 세계화 시대에 농업인에게 도움을 줄 수 있는 선진기술 보급 및 경쟁력 제고

44

일본의 농사기술지도기관(농회)이 최초의 농촌지도사업을 시작한 때는?

① 1894년   ② 1906년
③ 1915년   ④ 1939년

해설
1915년은 농민단체인 농회에서 기술지도요원을 두어 각 부락을 순회하면서 농사시험장에서 개발한 품종과 농사법을 농민에게 보급하기 시작하였으며, 최초의 농촌지도사업으로 볼 수 있다.

45

1948~1955년 사이에 주력했던 일본의 농촌지도사업은?

① 경제작목의 발전
② 주요농산물의 증산
③ 농업구조개선
④ 생산조정, 경지이용률 증대

해설
㉠ 1948년~1955년 : 주요 농산물의 증산에 주력
㉡ 1959년~1961년 : 채소, 과수, 축산 등 경제작목의 발전에 기여
㉢ 1962년~1970년 : 농업구조 개선에 주력
㉣ 1971년~1990년 : 시장유통, 가공 등의 지도를 통하여 생산조정과 농지이용률 증대

46

1960~1970년에 주력한 일본의 농촌지도는?

① 주요농산물 증산   ② 경제작목 발전
③ 농업구조개선   ④ 생산조정, 경지이용률 증대

정답 44.③ 45.② 46.③

47

1971년 이후 일본의 농촌지도사업의 중심적 사항이 아닌 것은?

① 시장유통 ② 농산물가공법
③ 생산의 조정 ④ 경지이용률 증대
⑤ 경제작목의 발전 강조

48

일본의 농촌지도사업목표에서 1971~1990년까지의 중점 목표는?

① 주요 농산물의 증산 ② 경제작목의 발전
③ 농업구조의 개선 ④ 청소년 지도
⑤ 생산조정과 경지이용률의 증대

49

일본의 농촌지도사업 발달과정으로 옳지 않은 것은?

① 1948~1955년 : 주요 농산물의 증산에 주력
② 1959~1961년 : 채소, 과수, 축산 등 경제작목의 발전에 기여
③ 1962~1970년 : 농업구조 개선에 주력
④ 1971~1990년 : 보급사업에 관한 지방분권화

해설
일본 농촌지도의 발달
㉠ 1948년~1955년 : 주요 농산물의 증산에 주력
㉡ 1959년~1961년 : 채소, 과수, 축산 등 경제작목의 발전에 기여
㉢ 1962년~1970년 : 농업구조 개선에 주력
㉣ 1971년~1990년 : 시장유통, 가공 등의 지도를 통하여 생산조정과 농지이용률 증대
㉤ 1998년 : 지방분권추진계획 조치사항을 통해 보급사업에 관한 지방(도도부현) 분권화

50

일본에서 농촌지도사업의 명칭은?

① 확장사업 ② 농민교육사업
③ 추광사업 ④ 협동농업보급사업

51

일본에서 중앙단위의 지도사업을 관장하는 기관은?

① 농림수산성 ② 농업개량과
③ 농업시험장 ④ 농업개량보급소
⑤ 농촌지도소

52

일본의 농촌지도 특색으로 옳지 않은 것은?

① 국가적 발전보다 농가나 농촌지역사회의 발전을 위해 많은 활동을 전개한다.
② 2차대전 이후에 미국의 농촌지도를 도입하여 토착화하였다.
③ 행정과의 독립성이 제도적으로 이루어져 있지 않다.
④ 농업기술 지도 활동이 교육적인 단계를 밟아서 농민의 행동적 변화를 유발한다.

해설▶
농촌지도조직은 농업행정기구 내에 설치되어 있지만 독립성을 유지하며 교육적 농촌지도사업으로 발전하였다.

53

다음 중 일본의 농촌지도의 특징을 설명한 것은?

① 일본 농회는 농민을 상대로 직접 농촌지도를 수행하고 있다.
② 대학교에서 농촌지도의 기능을 수행한다.
③ 국가기관에서 농촌지도사업을 시행한다.
④ 순수한 농민단체에서 농촌지도를 수행한다.

해설▶
일본의 농촌지도는 최초로 농민단체인 농회가 실시하였으나, 현재는 정부가 주도하고 있다.

51.① 52.③ 53.③ 정답

54

일본의 지도사업에 대한 설명으로 옳지 않은 것은?

① 2차 대전 이후 오늘날까지 농촌지도조직은 농업행정기구 내에 설치되어 있지만 독립성을 유지하고 있다.
② 국가의 정책목표보다는 농민의 복지와 생활 수준 향상에 가장 큰 목표를 두고 있다고 볼 수 있다.
③ 개량보급원은 보급업무와 농정업무를 병행하고 있다.
④ 효율적인 공익법인체 운영을 통한 지도사업을 추진하고 있다.

해설
개량보급원은 현지기술지도 등 보급업무에만 전념하도록 하고 있다.

55

일본의 농촌지도에 대한 설명으로 옳지 않은 것은?

① 농촌지도의 교육적 특성을 최대한 살려나가고 있는 것이 특징이다.
② 과거 국가주도의 농촌지도시스템에서 민간화로 전환한 대표적인 사례이다.
③ 도도부현 연구기관인 '지역농업시험장'을 두고 있다.
④ 일본의 농촌지도사업은 협동농업보급사업이라고 한다.

해설
국가주도의 농촌지도시스템에서 민간화로 전환한 국가는 네덜란드이다.

56

일본의 협동농업보급사업에 관한 설명으로 옳지 않은 것은?

① 도도부현 주축으로 광역적 보급사업을 추진하고 있다.
② 보급인력의 전문성을 위해 개량보급원/전문기술원으로 구분하여 운영하였다.
③ 시정촌에는 '농업종합센터'를 설치하여 개량보급원이 현지기술지도를 담당한다.
④ 농정과 보급사업 간의 확고한 연계체계를 통해 농정을 뒷받침하고 있다.

해설
농정과 보급사업 간 확고한 연계체계
㉠ 중앙단위의 보급기능은 농림수산성에 소속되어 농정업무와 유기적 협력체계를 유지함
㉡ 도도부현 단위에서도 현청 농정부서에서 보급사업 계획을 담당함
㉢ 일부 도도부현에 '농업종합센터'를 설치하고 연구·지도 사업을 종합·관리함

정답 54.③ 55.② 56.③

57

일본의 협동농업보급사업의 특징 중 옳지 않은 것은?

① 도도부현에 연구기관인 지역농업시험장을 설치 운영한다.
② 도도부현 소속의 지역농업개량보급센터를 설치하여 시정촌에 대한 보급활동을 직접 관리한다.
③ 도도현청의 개량보급원은 농민·지역 수요를 바탕으로 시험연구기관에 기술개발을 요청한다.
④ 협동농업보급사업에 대한 특징이 명확히 규정되어 있다.

해설
일본 협동농업보급사업의 특징
㉠ 도도부현 주축으로 광역적 보급사업을 추진하고 있다.
㉡ 농정과 보급사업 간 확고한 연계체계를 통해 농정을 뒷받침하고 있다.
㉢ 보급인력의 전문능력 향상을 적극 추진하고 있다.
㉣ 개량보급원은 현지기술지도 등 보급업무에만 전념하도록 하고 있다.
㉤ 효율적인 '공익법인체' 운영을 통한 지도사업을 추진하고 있다.
㉥ 협동농업보급사업에 대한 특징이 명확히 규정되어 있다.

58

일본의 농촌지도기구의 특징으로 옳지 않은 것은?

① 일본의 농촌지도는 농림수산성에서 전담한다.
② 중앙정부와 지방정부가 협동하여 농촌지도를 전개하고 있다.
③ 모든 도도부현에 농업대학교가 있어 영농후계자 교육을 실시한다.
④ 생활개선연수관은 생활지도사의 연수를 담당한다.
⑤ 일본의 농촌지도원은 전문기술원과 개량보급원으로 구성되어 있다.

해설
일본의 보급사업은 정부 차원에서는 식량의 안정공급, 지방자치단체에서는 지역의 특성을 살린 농업·농촌 진흥에 초점을 두고 상호 협력하여 지도사업을 추진하면서, 도도부현 주축으로 광역적 보급사업을 추진하고 있다.

59

다음 중 일본 전문기술원의 활동내용이 아닌 것은?

① 현지지도의 실시
② 지도용 기자재의 정비
③ 전시포 설치
④ 농업인 지도

57.③ 58.① 59.③ 정답

해설
- ㉠ **전문기술원의 활동** : 개량보급원에 대한 지도(현지지도), 전문분야와 관련한 조사 연구, 시험연구기관 등 관계기관과의 제휴, 필요에 따라 프로젝트 팀을 구성하여 과제해결, 농업인 지도, 지도용 기자재의 정비 등
- ㉡ **개량보급원의 활동** : 농민과 직접 접촉하며 기술·경영에 관한 상담, 정보의 제공, 전시포 설치, 연수강습회 개최, 농업대학교학생 지도 등

60

일본의 전문기술원의 활동 내용으로 옳지 않은 것은?

① 보급지도 현장 등을 순회하면서 개량보급원을 지도한다.
② 농업자 등과 함께 농업생산현장의 실증조사를 실시한다.
③ 조사연구와 개량보급원에 대한 지도를 실시하기 위해 지도용 기자재를 정비한다.
④ 농민들과 직접 접촉하며 기술·경영에 대한 상담 활동을 한다.

해설
개량보급원의 활동 : 농민과 직접 접촉하며 기술·경영에 관한 상담, 정보의 제공, 전시포 설치, 연수강습회 개최, 농업대학교학생 지도 등

61

일본의 전문기술원에 대한 설명으로 옳지 않은 것은?

① 지방(도도부현)이나 농업시험장에 근무한다.
② 농업, 청소년지도, 생활개선 등의 기술을 개량보급원에게 지도한다.
③ 지도사업을 계획, 평가하고 관계기관과 횡적으로 협동조정한다.
④ 농민과 직접 상면하여 농업기술 지도를 실시한다.
⑤ 일정기간의 경험이 있는 지도원만이 될 수 있다.

해설
농민과 직접 상면하여 농업기술 지도를 실시하는 것은 개량보급원의 역할이다.
전문기술원의 역할 : 개량보급원에 대한 지도, 전문분야와 관련한 조사 연구, 시험연구기관 등 관계기관과의 제휴, 필요에 따라 프로젝트 팀을 구성하여 과제해결

62

일본의 보급지도원에 대한 설명으로 옳지 않은 것은?

① 2004년 전문기술원과 개량보급원을 보급지도원으로 일원화 하였다.
② 최근 지역분담방식이 감소하고 전문분담방식과 양자 병용방식으로 전환되고 있다.
③ 보급지도원은 전문가 기능과 코디네이터 기능을 수행한다.
④ 미국의 전문지도사(SMS)와 같은 성격을 갖는다.

해설▶
전문기술원은 미국의 전문지도사(SMS)와 같은 성격을 갖는다.

63

일본의 농촌지도요원에 관한 설명으로 옳지 않은 것은?

① 일본의 농촌지도요원은 전문기술원과 개량보급원으로 나누어진다.
② 전문기술원은 농업이나 청소년지도·생활개선 등에 대한 전문기술을 개량보급원에게 지도한다.
③ 개량보급원은 대학 또는 초급대학 졸업자나 경력 10년 이상인 자에 한한다.
④ 개량보급원은 개량보급소에 근무하면서 농민들과 직접 만나 농업, 생활개선, 청소년지도를 담당한다.

해설▶
개량보급원은 지방정부(도도부현)가 대학졸업자 대상 개량보급원 자격시험 합격자 중에서 임용한다.

64

일본의 보급지도원이 되기 위해서 농업기술에 대한 보급지도에 종사하고 있던 기간으로 옳지 않은 것은?

① 대학원 수료자 2년 이상
② 대학 졸업자 4년 이상
③ 단기 대학 졸업자 8년 이상
④ 고등학교 졸업자 10년 이상

해설▶
일본 보급지도원의 임용: 국가, 도도부현, 농협 등에서 선발
㉠ 농업 또는 가정에 관한 시험연구 업무에 종사한 자
㉡ 농업 또는 가정에 관한 교육에 종사한 자
㉢ 농업 또는 가정에 관한 기술에 대한 보급 지도에 종사하고 있던 기간이 대학원 수료자 2년 이상, 대학 졸업자 4년 이상, 단기 대학 졸업자 6년 이상, 고등학교 졸업자 10년 이상의 실무경험을 득한 자

62.④ 63.③ 64.③ 정답

65

다음에서 제시하는 일본의 보급지도원의 기능은 무엇인가?

> 선도 농업인과 지역내외 관계기관과 연계체제를 구축하고, 장래 전망에 대해 제안하고, 대처방책의 책정 및 실시를 지원하는 기능

① 연구조사 기능
② 전문가 기능
③ 코디네이터 기능
④ 예산지원 기능

해설
보급지도원의 기능
보급지도원은 고도의 기술 및 지식의 보급지도를 위한 전문가(specialist) 기능과, 농업인·내외관계기관과 연계하여 지역의 과제해결을 지원하는 코디네이터(coordinator) 기능을 수행
㉠ **전문가(specialist) 기능** : 전문가로서 농업인에게 지역 특성에 따라 농업 고도기술 및 해당 기술에 대한 지식(경영에 관한 것도 포함)을 보급지도 하고, 현지 과제에 대처하는 기술을 지역 생산 조건에 맞게 보급하고, 경영진단 및 분석, 경영개선 계획의 책정 등을 지원
㉡ **코디네이터(coordinator) 기능** : 코디네이터로서 선도 농업인과 지역내외 관계기관과 연계체제를 구축하고, 장래 전망에 대해 제안하고, 대처방책의 책정 및 실시를 지원. 기술을 주축으로 농업인과 소비자와의 연결고리를 구축하고, 지역농업의 생산·유통 측면에서 혁신을 종합적으로 지원

66

제시문은 일본의 보급지도 활동방식 중 무엇에 해당하는가?

> 보급지도원이 관할구역 전체를 대상으로 하여 각 분야마다 팀을 편성하여 보급 활동을 실시한다.

① 지역분담방식
② 전문분담방식
③ 체계분담방식
④ 병용방식

해설
일본 보급지도 활동방식
㉠ **지역분담방식** : 관할구역을 몇 개의 활동지구로 구분하고 각각의 활동지역마다 보급지도원 팀을 편성하여 보급 활동을 실시
㉡ **전문분담방식** : 보급지도원이 관할구역 전체를 대상으로 하여 전문분야마다 팀을 편성하여 보급 활동을 실시
㉢ **병용방식** : 지역분담방식과 전문분담방식을 병행하여 편성

정답 65.③ 66.②

67

네덜란드의 농촌지도 발달에 관한 설명으로 바르지 않은 것은?

① 1993년까지 농촌지도비용을 국가에서 100% 지원하였고 2002년 50%로 감소하였다.
② 1990년 이후 연구 및 지도사업의 연결은 DLV, 농민에 대한 서비스는 IKC가 제공하였다.
③ 1993년은 본격적 민영화를 추진하였고, 필요재원의 일부는 수요자의 이용수수료로 충당하였다.
④ 2005년 이후 제2차 조직개편을 통해 정부소유 주식을 직원에게 양도하여 완전한 민간회사로 전환하였다.

해설
1990년 이후 연구 및 지도사업의 연결은 IKC, 농민에 대한 서비스는 DLV가 제공하였다.

68

네덜란드 농촌지도사업의 준민영화 과정에서 나타나는 현상으로 바르지 않은 것은?

① 지도영역과 고객범위의 확대
② 지도시장 확대와 상업화에 따른 수요자중심의 지도강화
③ 농업유관기관 간 상호유기적 협조 강화
④ 농촌지도사들의 농촌지도 동기의 결여

해설
네덜란드 준민영화
㉠ **문제점** : 농촌지도사들의 농촌지도 동기 결여, 지도조직의 불안정성 등으로 유능한 직원의 손실과 전문성 약화. 특히 복잡한 기술보급에 있어 전문가 부족은 지도조직 전체 위상을 저하시킴. 네덜란드에서 지도기관-연구기관 간 협력관계 약화
㉡ **긍정적 영향** : 지도영역과 고객범위의 확대, 지도시장 확대와 상업화에 따른 수요자 중심의 지도강화로 농민을 포함한 모든 고객에 대한 서비스 질 제고

67.② 68.③ 정답

69

민영화된 네덜란드의 농촌지도기관은 무엇인가?

① IKC
② DLV
③ SEV
④ WUR

해설
① IKC : 농업정보지식센터
② DLV : 전신 농촌지도국, 민간 농업기술 컨설팅 회사
③ SEV : 사회경제지도사업
④ WUR : 농업연구기관

70

네덜란드 농촌지도 유관조직 중 민간 컨설팅 회사로서 농업컨설팅을 전문으로 수행하고 있는 기구는?

① DLV
② WUR
③ SEV
④ IKC

71

네덜란드의 DLV에 대한 설명으로 옳지 않은 것은?

① DLV의 모든 사무소는 독립채산제를 원칙으로 운영한다.
② 전적으로 농민 요구에 기초하여 지도사업이 이루어진다.
③ 소속 지도원의 활동시간의 50%는 개별상담, 나머지 50%는 집단상담에 활용한다.
④ DLV의 각급 단위에는 위원회가 구성되어 있다.

해설
네덜란드 공적 지도사업(DLV)의 업무 내용

구분	내용
활동 영역	• 농장경제, 작물생산, 병해충방제, 토양비료, 농장건축, 농업기계화, 영양 등 다양한 영역에 활동영역에 걸쳐 활동하고 있음 • 장기적 농업 상담과 단기적 문제해결을 동시에 실시하고 있음

지도 수단	• 개별상담, 농가 방문, 전화상담 등을 통한 컨설팅 관리와 그 외 그룹 상담, 강의 및 단기 연수코스 등도 실시
	• 컨설팅
	  - 지도원 활동시간의 60%는 개별상담, 20%는 집단상담, 10%는 지도준비, 10%는 지도원 자신의 시간
	  - 지도원 1인당 보통 100개 농장 담당
	• 정기적으로 잡지에 기사를 게재하기도 하며, 팸플릿을 발행하기도 함

[20. 강원지도사 기출변형]

72

네덜란드의 DLV에 대한 설명으로 옳지 않은 것은?

① DLV는 농업교육기관·연구기관·대학으로부터 연구정보를 유기적으로 농민에게 전달한다.
② 본부단위(농업위원회) - 부문별부서(자문위원단) - 팀별(지역농업지도위원회)의 후원을 각각 받고 있다.
③ 영농을 새롭게 시작할 때나 효율적 농업경영을 제고하기 위한 지도서비스를 수행한다.
④ DLV의 모든 조직에는 위원회가 있다.

해설
사회경제지도사업(SEV) : 영농을 새롭게 시작할 때나 효율적 농업경영을 제고하기 위하여 5개 농민 조직(가톨릭농민연합, 프로테스탄트농민연합, 왕립 네덜란드 농업위원회 등)이 216명의 지도원을 고용하고, 25개 사무소를 배치하여 지도서비스를 수행함

73

네덜란드 사회경제지도사업의 농업인 지도서비스의 설명으로 옳지 않은 것은?

① 다른 지도사업과의 제휴를 중시한다.
② 일반적인 문제를 취급할 때는 지도원이 농가를 방문한다.
③ 일반적으로 농민 쪽에서 지도원에게 접촉을 요구해오는 방식이다.
④ 서비스 영역으로 농장의 후계, 농업경영관리, 가족문제 등이 있다.

해설
SEV의 농업인 지도서비스

특징	다른 지도사업과의 제휴를 중시하며 필요하면 다른 분야의 전문가의 도움을 받기도 하며, 지역 및 지방은행, 농업관계 학교와의 밀접한 협력관계 유지
지도원의 역할	회계, 재무, 보험, 토지의 차입, 경영계획, 법률, 규칙, 농업경제, 부기, 세법, 사회보장, 가족문제, 지도방법, 컴퓨터 등 채용 후에 상당히 광범위한 분야의 연수 담당
활동방식	• 일반적으로 농민 쪽에서 지도원에게 접촉을 요구해오는 방식 • 문제에 따라 전화 및 편지를 이용하기도 하며, 특수하고 개별적인 문제에 대해서는 지도원이 농가를 방문함 • 일반적인 문제를 취급할 때는 그룹을 대상으로 지도활동 수행

서비스 영역	농장의 후계	• 농장을 인수받을 때 가장 효과적인 방법에 대한 컨설팅 제공
	농업경영 관리	• 농업경영을 어떠한 형태(사회, 공동경영 등)로 하는 것이 효과적인가에 대한 지도 • 판매, 구매의 가장 현명한 계약방법과 재무 문제의 대응방법 등에 대한 조언
	농업경영의 적응	• 농지의 매매, 경작의 수·위탁, 제3자와의 공동경영 등
	농업의 폐업	• 농업을 그만 둘 때 법률·규칙문제, 전직문제, 경제적인 전망 등의 문제 취급
	가족문제	• 농업소득과 가족의 수입, 결혼, 상속과의 관계 등의 문제

74

네덜란드에서 농업연구를 전담하고 있는 기구는 무엇인가?

① 농촌지도국(DLV)
② 농업정보지식센터(IKC)
③ 사회경제지도사업조직(SEV)
④ 와게닝겐 유알(Wageningen UR)

해설
네덜란드에서 농업연구는 Wageningen UR(와게닝겐 유알)에서 전담한다.

75

네덜란드 농촌지도 관련기구가 바르게 짝지어지지 않은 것은?

① IKC : 정부조직으로 농업정보·지식센터
② DLV : 민영화된 공적지도조직
③ Agriconsult BV : DLV의 자회사
④ WUR : 전국농민연합회

해설
㉠ WUR : 농업연구
㉡ LTO : 전국농민연합회

76

네덜란드의 농촌지도에 관한 설명으로 옳지 않은 것은?

① IKC는 정부조직으로 시험연구 기관과 공·사적 농촌지도사업을 연결하는 기능을 한다.
② 네덜란드 정부는 국내시장 보호와 농가 소득지원 정책 대신 농업지식정보체계를 구축하는 데 적극적인 투자를 하였다.
③ 네덜란드의 농촌지도는 시장 및 고객중심에서 공급자 중심으로 조직문화를 변화시켰다.
④ 농업연구는 와게닝겐 유알, 농촌지도는 DLV에서 담당한다.

해설
네덜란드 농촌지도조직의 2차 조직개편(2005년 이후)
㉠ 정부 소유 주식을 직원에게 양도하여 완전한 민간회사로 전환
㉡ DLV를 DLV Animal, DLV Plant, DLV Belgium로 분리·재편
㉢ 공급자 중심에서 시장·고객중심으로 조직문화를 변화시킴
㉣ 자문비용 지불의 정당성에 대해 농업인의 설득과 이해를 도출하였으며, 철저한 자원 분석을 실행함
㉤ **인력의 전문성 강화** : 민영화에 따른 훈련을 강화하고 신규인력 채용 시 커뮤니케이션 능력, 가치창조, 창의성, 주도 능력에 대한 평가를 강화함

77

네덜란드 Wageningen UR의 농업연구 특징 중 옳지 않은 것은?

① 시장과 고객에 대한 철저한 분석을 바탕으로 연구 활동을 실천한다.
② 지적재산권이나 자문을 통해 연구결과물을 산업화로 연결하는데 목표를 두고 있다.
③ 기초연구보다는 현장에서 바로 적용할 수 있는 응용연구를 중점으로 한다.
④ 합리적·효율적·일관성 있는 경영관리를 위해서 노력한다.

해설
Wageningen UR은 영역과 역할에 따른 복합적 매트릭스 조직구조를 갖추고 있어서, 현안에 대하여 조직의 중요도와 우선순위에 따라 유연한 대처가 가능하고, 기초연구부터 응용연구까지 동일한 관리 하에 효율적으로 업무를 추진한다.
Wageningen UR의 농업연구 특징
㉠ 시장과 고객에 대한 철저한 분석을 바탕으로 연구 활동을 실천한다.
㉡ WUR 연구는 지적재산권이나 연구결과물을 산업화로 연결한다.
㉢ WUR은 합리적·효율적·일관성 있는 경영 관리를 위해서 노력한다.

78
네덜란드의 농촌지도 특징이 아닌 것은?

① 민간화로 자문서비스의 질 향상
② 농가간 불균형의 심화
③ 공익법인체 운영
④ 정부의 재정부담과 비용 효율성 제고

해설
공익법인체를 운영하는 방식은 일본의 농촌지도방식이다.

79
외국의 농촌지도에 대한 설명이 옳지 않은 것은?

① 미국은 1891년 뉴욕 주립대학이 처음으로 대학확장교육을 대학의 공식 사업으로 인정하였다.
② 일본은 농업행정기구 내에 설치되어 있지만 독립성을 유지하며 교육적 농촌지도사업으로 발전하였다.
③ 네덜란드의 농촌지도조직은 2005년에 정부소유 주식의 1/2를 직원에게 양도하여 절반의 민영화가 진행되었다.
④ 1914년 스미스-레버법이 제정되어 현대적 농촌지도사업의 가장 핵심적인 근거법이 되었다.

해설
네덜란드는 2005년에 농촌지도조직 정부소유 주식을 직원에게 양도하여 완전한 민간회사로 전환하였다.

[24. 충북지도사]

80
외국의 농촌지도 사례를 바탕으로 우리나라에 제공할 수 있는 시사점으로 옳지 않은 것은?

① 농업행정조직과의 전략적 연계 기능을 강화할 필요가 있다.
② 농업기술센터는 지도사업의 효과성을 제고하기 위해 획일적인 조직체계를 구성할 필요가 있다.
③ 지도사업 유관기간 간 유기적 네트워크를 구축할 필요가 있다.
④ 농촌지도기관의 확고한 비전체계와 전략경영이 필요하다.

정답 78.③ 79.③ 80.②

해설
외국 농촌지도 사례가 우리나라에 제공하는 시사점
㉠ 농업연구-농촌지도-농업인교육을 체계적으로 연계할 수 있는 메커니즘이 필요하다.
㉡ 농업연구의 실효성을 증대할 수 있는 방안이 필요하다.
㉢ 농업행정조직과 전략적 연계를 강화할 필요가 있다.
㉣ 지도사업 유관기간 간 유기적 네트워크를 구축할 필요가 있다.
㉤ 프로그램 중심의 유연한 조직구조와 시스템을 갖추어야 한다.
㉥ 농촌지도사업의 영역 및 내용에 대한 통·폐합과 확대가 필요하다.
㉦ 농촌지도사업의 통합 성과관리시스템이 구축되어야 한다.
㉧ 농촌지도기관의 확고한 비전체계와 전략경영이 필요하다.
㉨ 고객 중심의 농촌지도시스템을 구축할 필요가 있다.

81

외국의 농촌지도 사례를 통해 본 시사점으로 옳지 않은 것은?

① 농업연구, 농촌지도, 농업인교육을 체계적인 관점에서 연계할 수 있어야 한다.
② 농촌지도사업의 영역 및 내용에 대한 통·폐합과 확대가 필요하다.
③ 우리나라 농촌지도사업의 통합 성과관리시스템이 확고히 구축되어야 한다.
④ 지도기관 간 수직적 네트워크보다 수평적 네트워크를 통해 유기적 연계를 강화해야 한다.

해설
지도사업 유관기간 간 유기적 네트워크를 구축
㉠ 미국 지역별 농촌지도프로그램 위원회를 구성하여 지역 내 수평적 네트워크를 강화하고, 국가전략 프로그램을 통하여 수직적 네트워크를 강화하고 있음
㉡ 일본 보급사업의 효율적 운영을 위하여 공익법인체 전국농업개량보급협회 등의 11개 조직을 설립함
㉢ 네덜란드 DLV와 함께 LTO(전국농민연합회), 농업자재공급사, 민간컨설턴트, 협동조합 등도 자체 지도서비스를 전개함으로써 자문 서비스의 질적 경쟁을 추구함
㉣ 우리나라는 중앙-도-시군의 수직적 네트워크와, 농촌지도조직-농업인-농협 등 수평적 네트워크 간 유기적 연계 및 협력으로 사업의 효율화를 도모해야 함

81.④ 정답

82

외국의 농업연구 및 지도사업의 추진체계에 대한 설명으로 옳지 않은 것은?

① 미국의 경우, 농업연구와 농촌지도의 중복을 해결하기 위해 ARS와 NIFA를 통합 관리할 수 있는 상급부서(REE)를 설치하였다.
② 각국은 농업연구의 목적을 단순히 기술개발에 한정하지 않고 개발된 기술의 이전을 매우 중요시한다.
③ 네덜란드는 지도사업을 수행하는 DLV에 농업연구와의 연계를 전담하는 연구인력을 배치하고 있다.
④ 미국에서는 농업연구 또는 지도사업에서 사업단위별로 프로젝트 기반 조직으로 구성되어 있다.

해설
네덜란드에서는 농업연구 또는 지도사업에서 사업단위별로 프로젝트 기반 조직으로 구성되어 있다.

83

미국, 일본, 네덜란드의 농업연구-지도 시스템의 비교로 옳지 않은 것은?

① 미국은 지방, 주, 국가에 의한 재원을 확보한다.
② 일본은 국가와 도도부현에 의한 협동사업이며 도도부현 중심 광역적 보급사업을 하고 있다
③ 네덜란드는 12개의 사업부별 전문가 집단을 구성하여 품목별 생산기술을 제공하고 있다
④ 네덜란드의 지도요원은 관리자, 행정가, 전문지도사, 일반지도사로 구성되어 있다.

해설

미국 지도요원	일본 지도요원	네덜란드 지도요원
• 관리자 및 행정가 • 전문지도사 • 시군단위 일반지도사	• 보급지도원(2004년까지 도도부현에 전문기술원, 시정촌에 개량보급원)	• 팀리더, 선임전문가 • 전문지도기술원 • 작물전문지도기술원 • 만능전문가 • 사무원

84

미국, 일본, 네덜란드의 농업연구-지도 시스템의 비교로 옳지 않은 것은?

① 일본의 농업연구는 연구결과의 산업화를 추구한다.
② 네덜란드는 동물, 식물, 환경, 사회과학 연구를 강조한다.
③ 미국의 농업연구는 하향식 연구사업이 선정된다.
④ 일본의 농업연구를 위해 농업시험연구 독립법인을 설치하고 있다.

해설
네덜란드의 농업연구는 연구결과의 산업화를 추구한다.
(미국), (일본), (네덜란드) 농업연구-지도시스템 비교

구분		미국	일본	네덜란드
농업연구	조직	• 농업연구청(ARS)	• 국립시험연구기관 및 농업시험연구 독립법인 • 도도부현립 시험연구기관	• 와게닝겐 대학 내 매트릭스 조직
	내용	• 23개 국가전략 프로그램	• 중앙기관은 기초연구 중심 • 지방기관은 지역실정에 맞는 연구주제 선정	• 기초기술 및 식품연구 • 동물, 식물, 환경, 사회과학 연구 • 독립전문교육대학 운영
	특징	• 국가적 우선순위가 높은 공통 목표 추구 • 안정적인 연구재원 확보 • 하향식 연구사업 선정 • 농무부의 정책집행 지원	• 도도부현 지도사업의 요구에 의한 연구개발	• 철저한 시장 및 고객 분석을 바탕으로 한 연구활동 • 연구결과의 산업화 추구 • 합리적·효율적이고 일관성 있는 경영관리

[19. 전북지도사 기출]

85

네덜란드의 농촌지도사업의 특징으로 옳지 않은 것은?

① 농가 간 균형발전 도모
② 생산기술에서 유통, 경영, 가공까지 내용 확대
③ 정부의 재정부담과 비용 효율성 제고
④ 민간화로 자문서비스의 질 향상

해설
네덜란드 농촌지도시스템의 특징

농촌지도	조직	• 25개 국내외 DLV
	내용	• 12개 사업부별 전문가 집단을 구성하여 품목별 생산기술 제공
	요원	• 팀리더, 선임전문가　　• 전문지도기술원 • 작물전문지도기술원　　• 만능전문가 • 사무원
	특징	• 민간화로 자문서비스의 질 향상 • 정부의 재정부담과 비용 효율성 제고 • 생산기술에서 유통, 경영, 가공까지 내용 확대 • 농가 간 불균형 심화

84.① 85.①

86

미국, 일본, 네덜란드의 농업연구-지도 시스템의 비교로 옳지 않은 것은?

① 미국의 농촌지도는 농가간 불균형이 심화되었다.
② 일본의 농촌지도는 도도부현 중심의 광역적 보급사업이 이루어지고 있다.
③ 미국의 농촌지도는 기존 사업영역 외 다양한 프로그램을 수행한다.
④ 네덜란드의 농촌지도는 생산기술에서 유통, 경영, 가공까지 내용을 확대한다.

해설
네덜란드의 농촌지도는 농가간 불균형이 심화되었다.

구 분		미 국	일 본	네덜란드
농촌지도	조직	• 식량농업청(NIFA)-주립대학-지도센터	• 도도부현의 농업종합기술센터 및 시정촌의 보급지도 기술센터	• 25개 국내외 DLV
	내용	• 농업인에서 지역사회에 거주하는 주민으로 확대 • 기존 사업영역 외 다양한 프로그램 수행	• 농업인의 의향을 전제한 보급 활동 • 신규 취농 촉진활동	• 12개 사업부별 전문가 집단을 구성하여 품목별 생산기술 제공
	특징	• 지방, 주, 국가에 의한 재원 확보	• 국가와 도도부현에 의한 협동사업 • 도도부현 중심 광역적 보급사업 • 농업대학에서 농업후계 인력육성 • 공익법인체 운영	• 민간화로 자문서비스의 질 향상 • 정부의 재정부담과 비용 효율성 제고 • 생산기술에서 유통, 경영, 가공까지 내용 확대 • 농가 간 불균형 심화
연구-지도 연계		USDA 산하에 REE를 설립하여 ARS와 NIFA 등을 통합 관리	지도기관의 요청에 의해 농업연구기관의 연구개발 및 지원기능 수행	DLV의 연구인력이 신기술개발 및 WUR 연구기능과 연계를 담당

87

각국 농촌지도의 특색을 바르게 설명하지 못한 것은?

① 미국은 대학교에서 농촌지도를 전개한다.
② 대만은 4-H 클럽을 학교와 지역단위에 두고 있다.
③ 미국은 농촌지도 대상지역을 농촌지역으로 한정시키고 있다.
④ 일본은 영농후계자육성을 위해 중앙과 지방에 90여개의 농업자육성교육기관을 두고 있다.

해설
미국은 농촌지도 대상지역을 농촌지역으로 한정시키지 않고 도시지역의 성인과 청소년들도 포함시키고 있다.

정답 86.① 87.③

[23. 충북지도사]

88
덴마크 농업에 대한 설명으로 옳지 않은 것은?

① 농민조직에서 지역의 필요에 따라 농촌지도사를 채용한다.
② 대학교 중심으로 농촌지도를 전개하고 있다.
③ 농촌지도사업의 영역별 전문화가 잘 이루어져 있다.
④ 프로그램의 수립은 농촌지도사와 농민대표의 상호협동에 의해 이루어진다.

해설
덴마크의 농촌지도사업은 농민조직인 농민연합과 소농협회에서 주로 실시되고 있다.

88.②

PART 04

인적자원론

- **01** 농촌지도요원의 전문성
- **02** 리더십
- **03** 농촌 인적자원개발(HRD)
- **04** 농촌지도사업 성과와 과제

01 농촌지도요원의 전문성

[17. 지도사 기출변형]

01
농촌지도직 공무원 양성을 위한 서울대학교 전공 변천을 바르게 나열한 것은?

① 지역정보전공 → 농촌사회교육전공 → 지역사회개발학전공 → 농촌지도전공
② 농촌지도전공 → 지역사회개발학전공 → 지역정보전공 → 농촌사회교육전공
③ 지역정보전공 → 지역사회개발학전공 → 농촌사회교육전공 → 농촌지도전공
④ 농촌지도전공 → 농촌사회교육전공 → 지역사회개발학전공 → 지역정보전공

해설
㉠ **1970년대**: 서울대학교 농과대학 농업교육과에 농촌지도전공 개설(지도사업 발전에 획기적)
㉡ **1990년**: 서울대학교 농과대학 '농촌지도전공'이 '농촌사회교육전공'으로 개명되고 학문 영역이 확장됨
㉢ **1997년**: '농촌사회교육전공'에서 농경제사회학부 '지역사회개발학전공'으로 변경
㉣ **2007년**: 다시 '지역정보전공'으로 변경되면서 지도직공무원 양성 대학의 학과나 전공은 사라짐

정답 01.④

[20. 강원지도사 기출변형]

02

농촌지도공무원의 교육체계에 대한 설명으로 옳지 않은 것은?

① 농촌진흥청에서 지도직공무원의 신규교육을 처음으로 실시하였다.
② 실습교육은 농촌진흥청 시험연구기관 해당 연구관들이 교관이 되어 실시하였다.
③ 지방직 전환 이후 신규채용자 교육을 지방자치단체 교육기관에서 담당하였다.
④ 2007년부터는 본격 연구직 신규채용자 교육을 실시하였다.

해설
1957년 농사원 발족 후부터 지도공무원의 교육이 실시되었고, 지역사회개발요원에 대한 교육도 농촌지도자훈련원에서 담당하였다.

03

다음 중 직전훈련(pre-service training)의 설명은?

① 농촌지도요원으로 채용된 새 요원이 그에게 특정한 업무가 할당되기 전에 주어지는 훈련
② 농촌지도요원으로 채용되기 이전에 받는 전문적인 훈련을 의미
③ 정규농촌지도요원에게 주어지는 모든 종류의 훈련
④ 농촌지도요원이 자기 근무지에서 일정기간 동안 농촌지도 계통의 기관이 아닌 수련기관이나 대학에 위탁해서 훈련시키는 과정

해설
①은 신규채용자 교육(신규훈련), ③은 재직자 직무교육(재훈련), ④는 위탁훈련과정을 설명하고 있다.

04

다음 중 직전훈련에 대한 설명에 해당되지 않는 것은?

① 농촌지도요원으로 채용되기 이전에 받는 전문적인 훈련을 의미한다.
② 일선농촌지도요원이 되기 위해서는 모든 영역의 농촌기술보다 한 가지 작목에 대하여 깊이 알고 있는 것이 중요하다.
③ 국가에 따라서 직전훈련의 수준이 다르다.
④ 직전훈련의 내용은 기초적이고 실용적인 지식과 기술 및 정보에 대한 소양이 필요하다.
⑤ 농촌지도요원은 자연과학 및 사회과학에 대한 자질을 가지고 있어야 한다.

02.① 03.② 04.② **정답**

> **해설**
> 일선농촌지도요원은 모든 영역의 농촌기술보다 한 가지 작목에 대하여 깊이 알고 있는 것이 중요하지만 전공 이외의 다른 작목에 대해 깊이 알고 있어야 한다.

05

농촌지도요원의 전문성 개발 중 수습훈련이라고도 불리는 훈련의 유형은?

① 재훈련　　　　　　　　② 직전훈련
③ 직장훈련　　　　　　　④ 보수훈련

06

농촌지도공무원의 교육훈련 중 신규로 채용된 농촌지도사들이 대농민지도에 대한 최소한의 학문적 배경을 갖추는 훈련에 가장 적합한 것은?

① 보수훈련　　　　　　　② 기초훈련
③ 단기연찬회　　　　　　④ 실무훈련

> **해설**
> 보수훈련은 농촌지도요원으로 채용된 새 요원이 그에게 특정 업무가 할당되기 전에 주어지는 훈련으로 수습훈련이라고도 한다.

07

다음 중 재훈련에 해당하지 않는 것은?

① 각종 정기직원회의　　　② 농업행정절차수습
③ 세미나　　　　　　　　④ 보충훈련

> **해설**
> **재훈련의 종류** : 정기직원회의, 현직훈련, 단기과정훈련, 멘토링과 코칭, 위탁훈련과정, 외국파견훈련, 연찬회, 세미나, 전문지도연구회, 보충훈련 등

08

자기가 전공하고 담당하는 업무에서 새로이 연구·개발된 지식, 정보 기술을 교육받기 위한 교육에 대한 설명은?

① 신규적응훈련　　　　　② 기술보급교육
③ 재훈련　　　　　　　　④ 업무파악훈련

정답 05.④ 06.① 07.② 08.③

해설
재훈련
㉠ 정규 농촌지도요원에게 주어지는 모든 종류의 교육훈련
㉡ 직무교육 목적
  ⓐ 자기가 전공하고 담당하는 업무에서 새로 연구개발된 지식, 정보, 기술을 교육받기 위함
  ⓑ 과거 알고 있었던 지식을 잊지 않도록 환기시키기 위함

09

정규 농촌지도요원에게 전공하고 있는 업무나 과거의 지식을 환기시키기 위해 교육하는 방법을 무엇이라 하는가?

① 직전훈련 ② 재훈련
③ 신규훈련 ④ 사전훈련

10

농촌지도방법 중에서 그 주제가 넓고 또는 여러 가지 주제에 대하여 4~6주간 실시하는 훈련은?

① 연찬회 ② 보충훈련
③ 진학훈련과정 ④ 단기과정훈련

해설
보충훈련
㉠ 훈련기간은 4~6주간 정도로써, 일반적으로 농촌지도방법·양계법·과수재배법 등과 같이 그 주제가 넓으며, 여러 가지 주제에 대해서 같은 기간 동안에 실시한다.
㉡ 과수에 대한 것이면 전반적으로 과수재배에 대한 모든 지식, 기술 및 그 경영에 관하여 훈련을 받는다.

11

다음 중 현직훈련에 대한 올바른 설명은?

① 행정과 시책 등에 관한 회의와 더불어 훈련을 실시한다.
② 근무하는 현지에서 상위직의 지도요원이 계획적으로 훈련시킨다.
③ 근무지에서 일정기간동안 농촌지도계통의 기관이 아닌 수련기관이나 대학에 위탁해서 훈련시키는 과정이다.
④ 승진이나 업무수행상 학력을 높이기 위한 훈련과정이다.

해설
①은 정기직원회의, ③은 위탁훈련과정, ④는 진학과정훈련을 설명한 것이다.

정답 09.② 10.② 11.②

12

보기에 설명하는 교육훈련은 무엇인가?

> 참석자와 강사가 1~3주 가량 한 장소에서 같이 생활하면서 특정 주제에 대하여 의문점과 문제점을 함께 토의하며 배우는 훈련과정

① 세미나
② 현직훈련
③ 연찬회
④ 전문지도연구회

[18. 경북지도사 기출변형]

13

보기에서 설명하는 훈련과정은 무엇인가?

> 농촌지도직 공무원 전문능력 개발 지원으로 함께 공부하고 연구하는 회의로 참석자와 강사들이 1~3주간 가량 한 장소에서 같이 생활하면서 특정 주제 분야에 대하여 문제점을 강사와 함께 배우는 훈련과정이다.

① 멘토링과 코칭
② 위탁훈련과정
③ 연찬회
④ 세미나

해설
지도직공무원 전문능력 개발 지원

현직훈련	근무하고 있는 현지의 직장에서 필요한 지식이나 기술을 상위직 지도요원이 계획적 또는 그때그때 훈련시키는 것
단기과정훈련	1주일~2주일 또는 1개월 이상 근무지·학교·훈련기관에서 1가지 특수 주제에 대해 깊이 있게 훈련받는 것
멘토링과 코칭	숙련된 요원이 멘토로 지정되며 안내자 역할을 하며, 새로운 요원인 멘티는 멘토의 경험과 지혜를 학습함. 멘티의 역량과 자신감이 늘어남에 따라 멘토의 영향은 점점 감소함
위탁훈련과정	근무지에서 일정기간 농촌지도 계통의 기관이 아닌 수련기관이나 대학에 위탁해서 훈련시키는 과정
외국파견훈련	선진외국의 농촌지도기관·대학에 파견시켜 장·단기훈련을 받거나, 정규학위 과정을 이수하는 외국에서의 훈련
연찬회 (workshops)	참석자와 강사가 1~3주 가량 한 장소에서 같이 생활하면서 특정 주제에 대하여 의문점과 문제점을 함께 토의하며 배우는 훈련과정
세미나(연구발표회)	지도요원이 특정 주제에 대한 연구발표 내용을 듣고 각자 의견과 연구결과를 상호 토의과정을 거치는 동안 많은 학습을 하게 되는 모임

정답 12.③ 13.③

14

'특정 주제에 대한 연구발표 내용을 듣고 각자 의견과 연구결과 등을 진술하면서 상호토의 과정을 거치는 동안에 많은 학습을 하게 되는 모임'을 무엇이라고 하는가?

① 세미나
② 전문지도연구회
③ 연찬회
④ 현직훈련

[19. 충남지도사 기출]

15

다음 보기가 설명하는 것은 무엇인가?

- 농촌지도공무원의 자율적인 연구모임체이다.
- 신규농촌지도공무원들에게 가입을 권장하고 작목을 체험해볼 수 있도록 다양한 교육기회를 제공함으로써 신규지도사들의 전문능력을 개발할 수 있다.

① 연찬회
② 세미나(연구발표회)
③ 전문지도연구회
④ 현직훈련

[14. 지도사 기출변형]

16

Havelock이 말하는 농촌지도자의 역할과 거리가 먼 것은?

① 촉매자로서의 역할
② 농촌리더로서의 역할
③ 해결방안 제시자로서의 역할
④ 진행협조자로서의 역할
⑤ 자원동원자로서의 역할

해설
헤브록이 제시한 농촌지도요원의 역할
㉠ 촉매자(catalyst)로서의 역할 : 자극을 통하여 문제상황의 인식과 개발욕구를 불러일으키는 역할
㉡ 해결방안 제시자(solution giver)로서의 역할 : 문제상황에 적절한 해결방안의 제시와 그것을 수용하게 하는 역할
㉢ 진행협조자(process helper)로서의 역할 : 모든 개발단계에 따른 문제해결활동을 측면 지원하고 그 활동의 성과제고를 유도하는 역할
㉣ 자원동원자(resource mobilizer)로서의 역할 : 활동에 필요한 자원을 발견하고 동원하는 역할

14.① 15.③ 16.② **정답**

17

Havelock의 변화촉진자로서 개발요원의 역할이 아닌 것은?

① 진행협조자　　　　　② 자원봉사자
③ 해결방안 제시자　　　④ 촉매자

해설
Havelock의 변화촉진자로서 개발요원의 역할 : 촉매자로서의 역할, 해결방안 제시자로서의 역할, 진행협조자로서의 역할, 자원동원자로서의 역할

[19. 전북지도사 기출]

18

다음 중 농촌지도요원의 역할이 아닌 것은?

① 촉매자　　　　　　　② 해결방안 제시자
③ 진행협조자　　　　　④ 정책집행자

해설
농촌지도요원의 역할(헤브록) : 촉매자, 해결방안 제시자, 진행협조자, 자원동원자

[17. 지도사 기출변형]

19

헤브록이 제시한 농촌지도요원의 역할이 아닌 것은?

① 촉진자
② 정책결정자
③ 해결방안 제시자
④ 자원동원자

해설
헤브록의 농촌지도요원의 역할 : 촉진자, 진행협조자, 해결방안 제시자, 자원동원자

[20. 강원지도사 기출변형]

정답　17.②　18.④　19.②

20

자극을 통하여 문제상황의 인식과 개발욕구를 불러일으키게 하는 지도자의 역할은?

① 촉매자로서의 역할
② 해결방안 제시자로서의 역할
③ 진행협조자로서의 역할
④ 자원동원자로서의 역할

해설
촉매자(catalyst)로서의 역할 : 자극을 통하여 문제상황의 인식과 개발욕구를 불러일으키는 역할

[24. 강원지도사]

21

다음은 Havelock의 변화촉진자의 역할 중 무엇을 설명한 것인가?

> 자극을 통하여 문제상황의 인식과 개발욕구를 불러일으키는 역할

① 진행협조자로서의 역할
② 자원동원자로서의 역할
③ 문제해결방안제시자로서의 역할
④ 촉매자로서의 역할

22

문제상황에 적절한 해결방안의 제시와 그것을 수용하게 하는 지도요원의 역할은?

① 촉매자로서의 역할
② 해결방안 제시자로서의 역할
③ 진행협조자로서의 역할
④ 자원동원자로서의 역할

해설
해결방안 제시자(solution giver)로서의 역할 : 문제상황에 적절한 해결방안의 제시와 그것을 수용하게 하는 역할

정답 20.① 21.④ 22.②

23

농촌지도요원의 변화촉진자적 역할 중 가장 먼저 이루어져야 하는 것은?

① 행동변화의 필요인지
② 변화의지의 행동화
③ 고객의 동기유발 촉진
④ 변화의 고정과 중단방지

> **해설**
> 농촌지도요원의 변화촉진자적 역할의 순서(Lippitt)
> ㉠ 행동변화의 필요인지
> ㉡ 상호신뢰적 관계의 조성
> ㉢ 문제의 진단
> ㉣ 고객의 동기유발 촉진
> ㉤ 변화의지의 행동화
> ㉥ 변화의 고정과 중단방지
> ㉦ 종결적 상호관계의 수립

24

다음 보기에서 Lippitt이 주장한 농촌지도요원의 역할은 무엇인가?

- 농민 스스로 행동변화의 필요를 인지하도록 도와주어야 한다.
- 농민의 필요와 문제와의 관련에서 신뢰성, 확실성, 감정이입 등의 깊은 상호관계적인 분위기를 조성해야 한다.
- 농민의 문제상황을 분석하여 왜 현실적인 대안이 그들의 필요를 충족시켜주지 못하는지 이해시켜야 한다.

① 해결방안 제시자
② 진행협조자
③ 자원동원자
④ 변화촉진자

25

농촌지도공무원의 역할 중 주민들로 하여금 개발욕구를 자극·동기화하고 이를 실천에 옮기도록 격려하는 역할은?

① 촉매자
② 제시자
③ 전문가
④ 자문가

> **해설**
> 농촌지도사의 역할(김진모)
> ㉠ **촉매자** : 주민들로 하여금 개발욕구를 자극하고 실천에 옮기도록 격려하는 역할
> ㉡ **제시자** : 농촌주민의 생활을 개선하는 데 필요한 정보·지식·기술 등을 제공하는 역할
> ㉢ **자문가** : 농민이 의사결정을 할 때나 자원을 동원할 때 도와주는 역할

[14. 지도사 기출변형]

26

농촌의 발전을 위해 활동하는 농촌지도자의 역할로 가장 적절하지 않은 것은?

① 주민들간의 모임을 활성화시켜 변화를 촉진하는 변화촉진자로서의 역할
② 효과적인 의사소통을 통해 주민들을 서로 이해시키고, 단합시키는 의사소통자로서의 역할
③ 주민들의 경제적 능력과 학벌, 사회적 지위 등을 종합적으로 판단하여 역할을 분담시키는 판단자로서의 역할
④ 바람직한 변화를 이끌어내기 위해 주민들과의 창조적인 일을 계획하는 혁신자로서의 역할
⑤ 지역 발전의 목표와 비전을 제시하고 주민들을 조직화하는 조직가로서의 역할

해설
농촌지도자는 촉매자, 제시자, 자문가, 정책전달자, 지역사회개발자, 지역인적자원개발자 등 다양한 역할을 하지만, 판단자로서의 역할은 하지 않는다.

27

조직 수준에 따라 농촌지도공무원의 역할이 달라진다. 중앙 및 도 단위 지도사에게 가장 중요한 역할은 무엇인가?

① 전략가　　　② 평가자
③ 전문가　　　④ 네트워커

해설
조직 수준에 따른 역할의 중요도

순위	1위	2위	3위
중앙 단위	전략가	전문가	평가자
도 단위	전략가	전문가	네트워커/메신저
시군 단위	자문가/상담자/코치	전문가	네트워커/메신저

26.③　27.①

28

다음 중 도 단위에서 가장 중요한 농촌지도사의 역할로 옳은 것은?

① 전략가
② 자문가/상담가
③ 네트워커
④ 메신저

해설
㉠ 중앙·도 단위 지도인력 : 전략가가 가장 중요
㉡ 시군 단위 지도인력 : 자문가/상담자/코치의 역할이 가장 중요
㉢ 담당분야의 전문가가 모든 조직수준에서 2순위로 중요
㉣ 네트워커/메신저의 역할은 시군·도 단위에서 중요

[20. 경북지도사 기출]

29

농촌지도요원의 역량모델에 관한 설명으로 옳지 않은 것은?

① 전략적 지도사업계획, 현장지도 등은 리더십 역량군에 해당한다.
② 기초역량은 대부분 지도전문 분야와 상관없이 일반적으로 적용할 수 있다.
③ 기존에는 농촌지도공무원의 전반적 역량보다는 지도사의 직업적 전문성을 개발하는데 치중하였다.
④ 농촌지도공무원의 역량은 종합적 전문성으로 인식할 수 있다.

해설
농촌지도공무원 역량모델 : 3개 역량군, 28개 역량
㉠ **리더십 역량군** : 자기개발·책무성 등 10개 역량과 10개의 주요행동으로 구성
㉡ **기초직무 역량군** : 외국어 능력·아이디어 창출 등의 6개 역량과 16개의 주요행동으로 구성
㉢ **전문직무 역량군** : 전략적 지도사업계획·현장지도 등의 12개 역량과 34개의 주요행동으로 구성

정답 28.① 29.①

30

우리나라 농촌지도사 유형 중 일반 농촌지도사의 전문능력이 아닌 것은?

① 지도사업에서 실천한 내용 결정 능력
② 예산 및 행정처리 능력
③ 지도사업의 실행 능력
④ 관리와 통제능력

해설▶

유형	요구되는 전문능력
농촌지도 조직관리자 (administrator/ supervisor)	• 농업에 대한 지식 • 기본훈련 및 선진기술훈련 능력 • 지도사업에 대한 전략적 기획 능력 • 전문지도사의 사업영역과 조정능력 • 인력배치능력 • 평가능력 • 보고서 통계, 기타 서류 작성 능력 • 예산 및 행정처리 능력
전문지도사 (subject -matter specialist)	• 일반농촌지도사가 기술적으로 능력이 부족할 때 조언하는 능력 • 일반농촌지도사를 대상으로 한 적정한 기술 및 기법 사용 능력 • 문제해결 접근 원리를 가지고 가능한 해결책과 장애를 인지하는 능력 • 일반농촌지도사를 대상으로 기본 및 전문교육을 할 수 있는 능력 • 연구기관과 일반 농촌지도사 간의 교량 역할을 수행할 수 있는 능력
일반농촌지도사 (general extension agent)	• 지도사업에서 실천한 내용 결정 능력 • 지도사업의 실행 능력 • 관리와 통제능력

[18. 전북지도사 기출변형]

31

전문지도사의 전문능력에 대한 설명이 옳지 않은 것은?

① 일반농촌지도사를 대상으로 한 적정한 기술 및 기법 사용 능력
② 문제해결 접근 원리를 가지고 가능한 해결책과 장애를 인지하는 능력
③ 일반농촌지도사를 대상으로 기본 및 전문교육을 할 수 있는 능력
④ 지도사업에서 실천한 내용 결정 능력

해설▶
농촌지도사 전문능력

전문지도사	• 일반농촌지도사가 기술적으로 능력이 부족할 때 조언하는 능력 • 일반농촌지도사를 대상으로 한 적정한 기술 및 기법 사용 능력 • 문제해결 접근 원리를 가지고 가능한 해결책과 장애를 인지하는 능력 • 일반농촌지도사를 대상으로 기본 및 전문교육을 할 수 있는 능력 • 연구기관과 일반농촌지도사 간의 교량 역할을 수행할 수 있는 능력

30.② 31.④ 정답

32

우리나라 농촌지도직공무원 육성지원 방안으로 옳지 않은 것은?

① 1계층 – 육성방법으로 중앙단위는 집합교육, 오리엔테이션이 있고 센터 단위는 멘토링이 있다.
② 2계층 – 육성의 초점은 지도사업 및 농업 전반 이해가 있다.
③ 3계층 – 육성의 초점은 특정 작물에 대한 기술적인 전문성의 함양이다.
④ 4계층 – 육성방법으로 중앙단위에서 집합교육, 전문지도연구회 참여가 있다.

해설
1계층 – 육성의 초점은 지도사업 및 농업 전반 이해가 있다.

농촌지도직공무원 육성지원 방안

구분	계층	육성의 초점	육성방법	
			중앙 단위	센터 단위
일반지도사	1계층 (3년 미만)	• 지도사업 및 농업 전반 이해 • 기초적 지도행정능력 개발	• 집합교육 • 오리엔테이션	• 멘토링/코칭 • 부서별 OJT • 자기주도학습 유도
	2계층 (3~10년)	• 기초적 농업상담 및 기술지도 능력개발	• 집합교육 • 연구기관 연수 • 전문지도연구회 참여	• 멘토링/코칭 • 과제수행 • 자율탐구 • 영농체험 • 시험장 파견 • 직무순환 • 자체 세미나 참여
	3계층 (10~20년)	• 특정 작물에 대한 전문성 확보 • 전업농 상담 및 경영지도 능력개발	• 집합교육 • 전문지도연구회 참여 • 국내외 학회 참여	• 과제수행 • 자율탐구 • 시험장 파견 • 직무순환 • 자체 세미나 참여
	4계층 (20년 이상)	• 특정 작물에 대한 전문성 유지 • 농업경영체 상담 및 경영지도 능력개발	• 집합교육 • 전문지도연구회 참여 • 국내외 학회 참여	• 현장영농컨설팅 • 농업기술강의 기회 제공 • 자체 세미나 참여
관리자	5계층 (담당)	• 개별 지도사업을 효과적으로 이끌 수 있는 리더십 개발	• 집합교육 • 성과평가 • 국내외 학회 참여	• 과제수행
	6계층 (과장)	• 조직 비전달성을 위한 전략과제를 효과적으로 이끌 수 있는 리더십 개발	• 집합교육 • 성과평가	• 과제수행
	7계층 (소장, 국장, 원장)	• 조직 비전과 방향을 제시할 수 있는 리더십 개발	• 집합교육 • 성과평가 • 리더십 평가 센터	

정답 32.②

33

우리나라 농촌지도직 공무원을 계층에 따라 분류한 내용으로 옳지 않은 것은?

① 2계층 - 지도사업관리, 현장지도 등 역량에 대한 요구도가 상대적으로 높게 나타난다.
② 3계층 - 특정 작물에 대한 기술적 전문성을 함양할 수 있는 방안이 필요하다.
③ 4계층 - 기술/주제전문성, 현장지도에 대한 교육요구가 매우 높게 나타난다.
④ 5~7계층 - 관리자 계층으로 리더십 역량군에 대한 교육이 상대적으로 높게 나타난다.

해설
농촌지도직공무원 계층

계층	내용
1계층	㉠ 3년 미만 경력의 지도직공무원으로 구성 ㉡ '농촌지도조직 및 사업 이해역량'과 '농업 및 농촌 이해역량'에 대한 교육 요구가 높음 ㉢ 지도사업과 농업 전반에 대한 이해를 토대로 기초 지도행정능력을 개발함 ㉣ 집합교육, 멘토링, OJT 중심의 육성
2계층	㉠ 3~10년 미만 경력의 지도직공무원으로 구성 ㉡ '지도사업자원관리'와 '현장지도' 등의 역량에 대한 교육요구가 높음 ㉢ 기초적인 기술지도 및 기술지도능력을 개발
3계층	㉠ 10~20년 미만 경력의 지도직공무원으로 구성 ㉡ '기술/주제 전문성'과 '현장지도'에 대한 교육요구가 매우 높음 → 3계층의 지도사가 주도적으로 기술지도를 수행하기 때문 ㉢ 특정 작물에 대한 기술적 전문성을 함양할 수 있는 육성방안이 필요함
4계층	㉠ 20년 이상 경력의 일반지도사로 구성 ㉡ 3계층과 유사한 요구를 나타내고 있었으나 3계층에 비해 전체적으로 요구도가 낮음 → 20년 이상 경력 지도사의 전문직무역량 수준이 상당부분 확보되어 있기 때문 ㉢ 특정 작물에 대한 전문성을 유지하고, 농업 경영체에 대한 상담 및 경영지도 능력을 배양하는 육성방안이 필요함
5~7계층	㉠ 관리자 계층으로 일반지도사 계층에 비해 리더십 역량군에 대한 교육요구가 높음 ㉡ '네트워크 형성', '전략적 지도사업 계획', '비전설정 및 공유', '변화지향과 촉진', '갈등관리', '문제해결' 관련 역량에 대한 교육요구도가 높음

33.④ 정답

34

실무지도자에 대한 설명으로 옳지 않은 것은?

① 신규지도자로서의 자질과 소양을 갖추게 된 후의 지도사를 말한다.
② 기초적인 농업상담과 기술지도가 가능하다.
③ 자체 세미나나 현장 영농체험도 효과가 높다.
④ 현장애로기술을 시험할 수 있는 자율탐구를 확대해야 한다.

해설
현장애로기술을 시험할 수 있는 자율탐구는 책임지도사의 육성방법이다.

단계	명칭	기간	정 의	방 법
일반지도 단계	신규 지도사	1~2년	농촌지도사업의 특성을 이해하고, 농업전반에 대한 기초 지식을 획득하여, 지도행정을 처리할 수 있는 사무능력을 갖춘 농촌지도직공무원	• 집합교육(중앙·도) • 부서별 OJT • 멘토링(멘티 역할) • Self-study(e-Leaning)
	실무 지도사	3~5년	농업인을 대상으로 특정 품목에 대한 기초적 농업상담 및 기술지도가 가능한 농촌지도직공무원	• 자체 세미나 참여 • 현장영농체험 • 시험장 파견 • 멘토링(멘티 역할) • 전문지도연구회 참여 • 직무순환
전문지도 단계	책임 지도사	5~8년	특정작물 내 특정품목에 대한 전문적인 지식을 갖추어, 특정품목 전업농에 대한 상담 및 경영지도가 가능한 농촌지도직공무원	• 국내외 학회 참여 • 자체 세미나 주도 • 자율탐구 • 전문지도연구회 참여 • 멘토링(멘토 역할) • 농업기술강사 • 집합교육
농업기술 컨설팅 단계	수석 지도사	3~5년	특정작물에 대한 전반적인 지식 및 다품목(또는 특정품목)에 대한 전문적인 지식을 지속적으로 유지·개발하여, 특정품목 전업농 수준 이상의 농업경영체에 대한 상담 및 경영지도가 가능한 농촌지도직공무원	• 농업기술강사 • 자체 세미나 주관 • 멘토링(멘토 역할) • 국내외 학회 발표 • 현장경영컨설팅 • 집합교육

정답 34.④

35

다음 〈보기〉에서 설명하는 농촌지도요원의 경력단계는?

> 특정 작물 내 특정 품종에 대한 전문적인 지식을 갖추어 특정 품목 전업농에 대한 상담 및 경영지도가 가능한 농촌지도공무원을 말한다.

① 신규지도사　　② 실무지도사
③ 책임지도사　　④ 수석지도사

36

책임지도사의 설명으로 옳지 않은 것은?

① 특정품종의 전업농에 대한 상담 및 경영지도가 가능한 농촌지도공무원 이다.
② 세미나보다는 학회참여를 권장한다.
③ 현장애로기술을 직접 개발·시험할 수 있는 연구기능까지 수행하도록 기반을 제공해야한다.
④ 특정작물에 대한 생산, 가공, 유통 판매에 이르는 전과정을 관리할 수 있는 컨설턴트이다.

해설▶
특정작물에 대한 생산, 유통, 가공, 판매에 이르는 전과정을 관리할 수 있는 컨설턴트는 수석지도사이다.

37

다음 설명에 해당하는 농촌지도요원의 경력단계는?

> 특정 작물에 대한 전반적 지식 및 다품목(또는 특정 품목)에 대한 전문적 지식을 지속적으로 유지·개발하여, 특정 품목 전업농 수준 이상의 농업경영체에 대한 상담 및 경영지도가 가능한 농촌지도직공무원

① 실무지도사　　② 책임지도사
③ 수석지도사　　④ 신규지도사

35.③　36.④　37.③

38

미국의 농촌지도요원에 대한 설명이 옳지 않은 것은?

① 지도요원 육성체계는 주별로 동일하다.
② 시군 농촌지도사는 주별로 자체 선발한다.
③ 지도전문가는 교육, 연구, 지도 업무 간 비율을 정하여 겸직한다.
④ 시군 단위 주립대학 소속하의 농촌지도센터에 농촌지도사가 근무한다.

해설
지도요원 육성체계는 주별로 상이하다.

39

미국의 농촌지도직공무원에 대한 설명으로 바르지 않은 것은?

① 농촌지도인력은 최고관리자, 관리자, 지도행정가, 지도전문가, 시군 단위 지도사로 구성되어 있다.
② 켄터키 주의 농촌지도사들은 "Country Extension Agent Development System"을 구축하여 전문성 개발을 시도한다.
③ 오하이오 주는 농촌지도사를 신규지도사, 실무지도사, 전문지도사, 관리자로 구분한다.
④ 텍사스 주의 농촌지도사는 먼저 4일간의 오리엔테이션을 통해 텍사스 농촌지도사업의 비전과 정보를 제공받는다.

해설
㉠ 켄터키주 지도요원 육성 과정 : 오리엔테이션 → 기본훈련 → 프로그램 영역 훈련 → 전문성 개발
㉡ 오하이오주 지도요원 육성 과정 : 진입 단계 → 동료 단계 → 카운슬러 및 어드바이저 단계
㉢ 텍사스주 농촌지도사 계층 : 신규지도사, 실무지도사, 전문지도사, 관리자

40

일본 보급지도원의 자질 향상을 위한 연수체계 4단계로 옳지 않은 것은?

① 훈련지도력 강화 연수
② 전문지도력 강화 연수
③ 종합지도력 강화 연수
④ 실천지도력 강화 연수

해설
보급지도원 연수체계 4단계
㉠ 실천지도력 강화 연수 : 보급지도원의 역할 및 목적의식의 함양, 기초적인 지도방법의 습득과 실천적 지도력 향상에 관한 연수

ⓛ **전문지도력 강화 연수** : 전문분야를 중심으로 문제해결능력 향상에 관한 연수, 마케팅·운영관리 등 경영적 관점을 중시한 지도력 향상에 관한 연수, 지적재산의 창조·보호·활용의 지원에 관한 지도력 향상에 관한 연수
ⓒ **종합지도력 강화 연수** : 농촌지역의 종합적 과제에 대한 해결능력을 향상하기 위한 보급지도방법의 고도화 등에 관한 연수
ⓔ **기획·운영능력 강화 연수** : 보급지도 활동의 총체로서의 기능을 발휘하기 위해 보급 활동의 종합적인 기획·조정, 보급지도원의 양성 및 자질 향상, 보급지도 활동의 관리운영에 관한 연수

41

보기에서 설명한 일본 보급지도원의 발전단계는?

> 전문기술을 보다 고도화하고, 지역의 통합적인 과제해결을 위한 효과적인 제안이나 지도를 실행할 수 있는 능력을 갖추기 위한 연수

① 기초적인 지도력 확립기   ② 스페셜리스트 기능 향상기
③ 코디네이터 기능 충실기   ④ 기획관리력 충실기

해설
코디네이터(통합) 기능 충실기(제3기) : 전문기술을 보다 고도화하고, 지역의 통합적인 과제해결을 위한 효과적인 제안이나 지도를 실행할 수 있는 능력을 갖추기 위한 연수

[17. 지도사 기출변형]

42

일본의 보급지도원의 발전단계에 대한 설명으로 옳지 않은 것은?

① 기초적 지도력 확립 : 기초적인 지도력과 커뮤니케이션 능력
② 스페셜리스트 기능 : 농업경영체의 기술적인 문제 지도
③ 종합지도력 : 시험연구 행정 분야의 성과기법의 종합적인 활용
④ 기획관리력 : 관계기관 및 단체와의 연계 강화

해설
보급지도원의 발전단계에 따른 연수 내용
㉠ **기초적인 지도력 확립(신임기, 제1기)** : 실천적 지도를 실행하기 위해 필요한 보급방법이나 기술·경영에 관한 기초적인 지도력과 커뮤니케이션 능력을 갖추기 위한 연수
㉡ **스페셜리스트 기능(전문) 향상기(제2기)** : 개별 경영이나 법인 경영 등의 농업경영체나 생산조직, 학습·연구·실천집단 등이 안고 있는 기술적인 문제나 경영관리기법에 대해 지도할 수 있는 능력을 갖추기 위한 연수
㉢ **코디네이터(통합) 기능 충실기(제3기)** : 전문기술을 보다 고도화하고, 지역의 통합적인 과제해결을 위한 효과적인 제안이나 지도를 실행할 수 있는 능력을 갖추기 위한 연수
㉣ **기획관리력의 충실기(제4기)** : 보급지도원의 조직적인 활동이나 효과적인 연수의 실시, 관계기관 및 단체와의 연계 강화, 시험연구 행정 분야의 성과기법의 종합적인 활용 등을 실행할 수 있는 능력을 갖추기 위한 연수

41.③ 42.③ 정답

02 리더십

01

다음 중 리더십의 개념을 가장 잘 설명한 것은?

① 같은 목표를 가진 사람들의 모임
② 특정 개인이 다른 사람에 대하여 영향을 끼치는 능력
③ 특정 단체가 어떤 개인에 대하여 영향을 끼치는 능력
④ 어떤 단체에서 토의능력을 함양하는 것

해설
리더십 : 집단의 목표 달성과 유지 발전을 위하여 집단성원의 자발적인 지지와 참여를 바탕으로 그들 간의 상호작용을 유도하고 집단 내외적 상황을 변화시키는 리더의 행동

02

다음 농촌지도력에 대한 설명으로 틀린 것은?

① 특성이론은 지도자란 천부적인 것으로서 그들은 다른 사람들에 비해서 정신적, 물질적, 개인적으로 우월하여 이런 특성들은 어떤 상황 하에서도 변질될 수 없는 것이기에 이런 특성들을 소유하는 사람들만이 진정한 지도자가 될 수 있다는 것이다.
② 성원이론은 지도적 권위는 지도자의 개인적 자질에도 물론 내재하지만 그보다 오히려 공통적인 조직목표에 대한 광범한 충성에서 기인하는 피지도자의 '동의의 잠재력'에 내재한다고 보고 있다.
③ 상황이론은 지도력을 특정 개인이 갖고 있는 자질요소나 종속자들의 태도보다는 오히려 그 조직의 목적 내지 기능을 파악하고, 그것과 지도자와의 관계를 규명하고자 하는 이론이다.
④ 농촌지역사회 주민들을 강제성과 반강제성을 동원하여 농촌생활의 개선을 이끄는 농촌지도사의 행동을 농촌지도력이라고 한다.

정답 01.② 02.④

> **해설**
> **농촌리더십(농촌지도력)** : 농촌이라는 지역사회 혹은 그 지역사회의 주민으로 구성된 개개 특수집단들의 유지 발전을 위하여 농촌지역사회 주민이 자발적이고 상호역동적으로 노력하게끔 유도하고 조정하여 이끄는 농촌리더의 행동

[17. 지도사 기출변형]

03

리더십 이론 중에서 카리스마적 리더는 어느 유형에 해당하는가?

① 특성이론
② 성원이론
③ 상황이론
④ 상호작용론

> **해설**
> 리더십은 어떤 개인적 초인적 자질에 근거한다는 이론은 특성이론이다.

04

다음 보기에서 설명하는 농촌리더십 관련 이론은?

> 지도적 권위는 리더의 개인적 자질에도 내재하지만 그보다 공통적인 조직목표에 대한 광범위한 충성에서 기인하는 구성원의 동의적 잠재력에 내재한다고 보고 있다.

① 특성이론
② 성원이론
③ 상호작용이론
④ 상황이론

> **해설**
> **성원이론(follower theory)**
> ㉠ **배경** : 특성이론이 리더와 피지도집단 간의 기능 관계라는 점을 간과한다고 비판함(상황이론에 포함시키기도 함)
> ㉡ **특징**
>   ⓐ 지도적 권위는 리더 개인적 자질에도 내재하지만, 그보다 공통 조직목표에 대한 충성에서 기인하는 구성원의 동의적 잠재력에 내재한다고 봄
>   ⓑ 동의적 잠재력에 구성원의 리더에 대한 인지, 구성원의 성격·습관, 문화적 배경 등이 포함됨
> ㉢ **장점** : 사람들은 자신의 개인적 욕망을 충족시켜 주는 사람을 추종하는 경향이 있다는 것을 밝혀냄
> ㉣ **비판** : 리더와 성원들의 상호작용에 관계하는 환경이나 상황을 간과함

03.① 04.②

05

지도적 권위는 개인적 자질에도 내재하지만 그보다 공통적인 조직목표에 대한 광범위한 충성에서 기인하는 동의의 잠재력에 내재한다고 보는 이론은?

① 성원이론
② 상황이론
③ 특성이론
④ 상호보완이론

해설▶
성원이론(follower theory)에서 지도적 권위는 리더 개인적 자질에도 내재하지만, 그보다 공통 조직목표에 대한 충성에서 기인하는 구성원의 동의적 잠재력에 내재한다고 본다.

06

농촌 리더십 이론에 대한 설명으로 가장 옳지 않은 것은?

① 특성이론(traits theory)에서 어떤 개인적 자질은 리더가 리더십을 발휘하기 위하여 구비해야 할 요건 중 하나라고 본다.
② 상호작용이론(interaction theory)은 조직지도자, 조직구성원, 조직상황의 세 가지 요인을 동시에 고려해야 한다는 이론이다.
③ 상황이론(situation theory)은 특정 개인이 갖고 있는 자질보다는 조직의 목적 및 기능을 파악하고, 그것과 리더와의 관계를 규명하고자 하는 이론이다.
④ 성원이론(follower theory)에서 지도적 권위는 개인적 자질에 대부분 내재한다고 본다.

해설▶
성원이론에서 지도적 권위는 리더 개인적 자질에도 내재하지만, 그보다 공통 조직목표에 대한 충성에서 기인하는 구성원의 동의적 잠재력에 내재한다고 본다.

07

조직의 목적과 지도자의 관계에 중점을 두어 전개한 지도력의 이론은?

① 특성이론
② 성원이론
③ 상황이론
④ 목적이론

[20. 경북지도사 기출]

[20. 서울지도사 기출]

정답 05.① 06.④ 07.③

해설
㉠ **특성이론(traits theory)**: 리더란 천부적인 것으로서 그들은 다른 사람들에 비해서 정신적·물질적·개인적으로 우월하여 어떤 상황 하에서도 변질될 수 없는 것이기 때문에 이런 특성을 지닌 사람만이 진정한 리더가 될 수 있다고 주장
㉡ **성원이론(follower theory)**: 지도적 권위는 리더 개인적 자질에도 내재하지만, 그보다 공통 조직목표에 대한 충성에서 기인하는 구성원의 동의적 잠재력에 내재한다고 보는 이론
㉢ **상황이론(situation theory)**: 리더십을 특정 개인이 갖고 있는 자질이나 추종자의 태도보다는 그 조직의 목적·기능을 파악하고, 그것과 리더와의 관계를 규명하고자 하는 이론

[18. 경남지도사 기출변형]

08

조직의 목적이나 기능을 파악하여 그것과 리더와의 관계를 규명하고자 하는 이론은?

① 상황이론 ② 상호작용이론
③ 성원이론 ④ 특성이론

해설
상황이론(situation theory): 리더십을 특정 개인이 갖고 있는 자질이나 추종자의 태도보다는 그 조직의 목적·기능을 파악하고, 그것과 리더와의 관계를 규명하고자 하는 이론. 신앙, 사교, 학술 등 각각 그 조직의 목적·기능이 다른 경우 상이한 리더를 요구하며, 같은 조직에서도 상황이 변화하면 다른 리더가 요구된다.

[18. 경북지도사 기출변형]

09

보기에서 설명하는 리더십 이론은 무엇인가?

> 조직지도자, 조직구성원, 조직상황의 세 가지 요인을 동시에 고려하여야 한다는 이론으로서 리더의 행동결과가 그 이후의 리더의 행동에 영향을 미칠 수 있다.

① 상호작용이론 ② 상황이론
③ 성원이론 ④ 특성이론

08.① 09.① 정답

10

다음에서 제시하는 리더십 이론은?

> 리더의 행동에 따른 결과만을 연구한다는 기존 전통적 리더십 이론에 대한 반론으로 등장한 이론으로, 리더의 행동결과가 다음 리더의 행동에 영향을 미칠 수 있다.

① 상황이론   ② 특성이론
③ 성원이론   ④ 상호작용이론

[24. 강원지도사]

11

다음 설명에 해당하는 리더십 이론은 무엇인가?

> 리더십을 특정 개인이 갖고 있는 자질이나 추종자의 태도보다는 그 조직의 목적·기능을 파악하고 그것과 리더와의 관계를 규명하고자 하는 이론이다.

① 성원이론   ② 상호작용이론
③ 상황이론   ④ 특성이론

해설

상황이론(situation theory)
㉠ Ross & Hendry : 리더십을 특정 개인이 갖고 있는 자질이나 추종자의 태도보다는 그 조직의 목적·기능을 파악하고, 그것과 리더와의 관계를 규명하고자 하는 이론. 신앙, 사교, 학술 등 각각 그 조직의 목적·기능이 다른 경우 상이한 리더를 요구하며, 같은 조직에서도 상황이 변화하면 다른 리더가 요구된다고 주장함
㉡ Cartwright & Zander : 집단목표의 성격, 집단의 구조, 집단 구성원의 태도와 요구, 외부환경에서 오는 기대라고 주장
㉢ Gibb : 집단을 둘러싼 사회적·물리적 환경의 성격, 집단 임무의 성격, 집단 구성원의 개인적 특성을 의미함
㉣ 집단이 관련된 어떤 요소가 리더십 기능에 영향을 미친다면 그 어떤 요소는 상황적 요인의 범주에 포함됨

정답 10.④ 11.③

12

농촌리더십 이론으로 상황이론에 대한 설명으로 옳은 것은?

① 신앙, 사교, 학술 등 각각 그 조직의 목적·기능이 다른 경우 상이한 리더를 요구한다.
② 리더가 지니고 있는 천부적인 특성을 설명한다.
③ 사람은 자신의 개인적 욕망을 충족시켜주는 사람을 따르려는 경향이 있다는 이론이다.
④ 특정 개인이 갖고 있는 자질요소나 추종자의 태도를 중시한다.

해설
②는 특성이론, ③은 성원이론
④ 리더십을 특정 개인이 갖고 있는 자질이나 추종자의 태도보다는 그 조직의 목적·기능을 파악하고, 그것과 리더와의 관계를 규명하고자 한다.

13

지도력이론 중에서 조직지도자, 조직구성원, 조직상황의 세 가지 요인을 동시에 고려하여야 한다는 이론은?

① 상호작용이론 ② 특성이론
③ 성원이론   ④ 상황이론

[19. 경남지도사 기출]

14

다음 중 리더십 이론에 대한 설명으로 옳은 것은?

㉠ 천부이론 – 지도자가 지니고 있는 천부적인 특성에 초점
㉡ 성원이론 – 집단구성원의 욕망을 충족시켜주는 사람을 추종
㉢ 상황이론 – 개인이 갖는 자질보다는 조직의 목적이나 기능을 파악
㉣ 상호작용이론 – 농업인의 소득향상과 삶의 질 향상

① ㉠, ㉡   ② ㉠, ㉢
③ ㉠, ㉡, ㉣   ④ ㉠, ㉢, ㉣

정답 12.① 13.① 14.②

해설
ⓒ 성원이론
- 지도적 권위는 리더 개인적 자질에도 내재하지만, 그보다 공통 조직목표에 대한 충성에서 기인하는 구성원의 동의적 잠재력에 내재한다고 봄
- 동의적 잠재력에 구성원의 리더에 대한 인지, 구성원의 성격·습관, 문화적 배경 등이 포함됨
- 사람들은 자신의 개인적 욕망을 충족시켜 주는 사람을 추종하는 경향이 있다는 것을 밝혀냄

ⓔ 상호작용이론
- 상호작용이론은 전통적 리더십 이론들이 리더의 행동에 따른 결과만을 연구하고 있다는 데 대한 반론으로 제기됨
- 조직지도자, 조직구성원, 조직상황의 세 가지 요인을 동시에 고려하여야 한다는 이론. 리더의 행동결과가 그 이후의 리더의 행동에 영향을 미칠 수 있음. 즉 리더의 행동에 의해 바람직한 결과가 나왔다면 그런 행동은 반복되고, 반대라면 반복되지 않음

15

Maslow의 인간의 욕구 5단계를 옳게 연결한 것은?

① 생리적 욕구 → 안전욕구 → 사회적 욕구 → 자기존중의 욕구 → 자아실현의 욕구
② 생리적 욕구 → 사회적 욕구 → 자기존중의 욕구 → 안전욕구 → 자아실현의 욕구
③ 생리적 욕구 → 자기존중의 욕구 → 자아실현의 욕구 → 사회적 욕구 → 안전욕구
④ 생리적 욕구 → 자아실현의 욕구 → 안전욕구 → 자기존중의 욕구 → 사회적 욕구
⑤ 생리적 욕구 → 안전욕구 → 자기존중의 욕구 → 자아실현의 욕구 → 사회적 욕구

해설
Maslow의 욕구계층이론
㉠ **5계층적 욕구** : 생리적 → 안전 → 사회적 → 존경 → 자아실현 욕구
㉡ **순차적 진행** : 하위욕구 충족시(100%가 아닌 어느 정도) 상위욕구로 진행
㉢ 충족된 하위욕구는 동기유발 無

정답 15.①

[20. 서울지도사 기출]

16
혁신을 창조하는 사람들의 특성 중 내외의 여러 가지 끊임없는 자극과 행동에 대하여 반응하고 적응하고자 하는 과정을 나타내는 욕구는?

① 자아규정의 욕구 ② 기피의 욕구
③ 긴장해소의 욕구 ④ 보상적 욕구

해설
긴장해소의 욕구는 혁신을 창조하는 사람들의 특성 중 내외의 여러 가지 끊임없는 자극과 행동에 대하여 반응하고 적응하고자 하는 과정을 나타내는 욕구이다.

17
지도자의 형태로 볼 때 가장 초인적인 인간성이나 능력을 가진 지도자는?

① 카리스마적 지도자 ② 관료적 지도자
③ 전제적 지도자 ④ 민주적 지도자

해설
카리스마적 리더 : 그 사람의 매력적인 특성에 의해 타인에게 존경을 받고 리더로 추앙받음
예) 초인적인 인간성이나 능력을 가진 위대한 위인들

[19. 경북지도사 기출]

18
다음 제시문은 농촌리더의 유형 중 어디에 해당하는가?

> 어떤 조직의 목적을 달성하기 위하여 제도나 규칙으로 규정된 역할을 착실히 수행하는 사람을 말하는데 행정적 책임자들이 많이 속하는 리더이다.

① 카리스마적 리더
② 관료적 리더
③ 전제적 리더
④ 민주적 리더

정답 16.③ 17.① 18.②

19
〈보기〉에서 설명하는 농촌리더의 유형은?

> 구성원의 의견과 인격을 존중하고 그들의 참여를 강조하며 집단의견을 합리적으로 조정하여 집단을 협력적으로 이끌어가는 리더

① 전통적 리더
② 카리스마적 리더
③ 관료적 리더
④ 민주적 리더

20
농촌리더의 유형에 대한 설명으로 바른 것은?

① 전통적 리더는 권력과 지배를 강조하고 복종을 요구한다.
② 카리스마적 리더는 연령, 학식, 경력, 신분 등으로 그 사회의 관습에 의해서 존경을 받고 있어서 영향력을 행사하는 리더이다.
③ 민주적 리더는 그 사람의 매력적인 특성에 의해 타인에게 존경을 받고 리더로 추앙받게 된다.
④ 관료적 리더는 어떤 조직의 목적을 달성하기 위해 제도나 규칙으로 규정된 역할을 착실히 수행하는 사람을 말한다.

해설
농촌리더의 종류
㉠ **전통적 리더** : 연령, 학식, 경력, 신분 등으로 그 사회의 관습에 의해서 존경을 받고 있어서 영향력을 행사하는 리더
㉡ **카리스마적 리더** : 그 사람의 매력적인 특성에 의해 타인에게 존경을 받고 리더로 추앙받음 예 초인적인 인간성이나 능력을 가진 위대한 위인들
㉢ **관료적 리더** : 어떤 조직의 목적을 달성하기 위하여 제도나 규칙으로 규정된 역할을 착실히 수행하는 사람으로서 인간성이나 융통성을 배제하고 법과 질서를 지나치게 강조하는 리더의 유형 예 행정적 책임자들
㉣ **전제적 리더** : 권력과 지배를 강조하고 복종을 요구하는 리더 예 독재주의자
㉤ **민주적 리더** : 구성원의 의견과 인격을 존중하고 그들의 참여를 강조하며 집단의견을 합리적으로 조정하여 집단을 협력적으로 이끌어가는 리더

[24. 충북지도사]

21

농촌리더에 대한 설명이 옳지 않은 것은?

① 전통적 리더 : 학식, 경력, 신분, 연령 등에 의해 영향력을 행사한다.
② 카리스마적 리더 : 초인적인 인간성이나 능력을 가진다.
③ 전제적 리더 : 행정적 책임자로서 권력과 지배를 강조하고 복종을 요구한다.
④ 관료적 리더 : 제도나 규칙으로 규정된 역할을 착실히 수행한다.

해설
관료적 리더에 행정적 책임자가 있고, 전제적 리더에 독재주의자가 좋은 예시이다.

[18. 경남지도사 기출변형]

22

리더에 대한 설명으로 옳지 않은 것은?

① 관료적 리더 : 권력과 지배를 강조하고, 복종을 요구하는 리더이다.
② 전통적 지도자 : 연령, 학식, 신분 등으로 존경을 받는다.
③ 카리스마적 지도자 : 그가 가진 매력적 특성에 의해 타인에게 존경받는다.
④ 민주적지도자 : 구성원들의 의견과 인격을 존중하고 그들의 참여를 강조한다.

해설
전제적 리더 : 권력과 지배를 강조하고, 복종을 요구하는 리더이다.

[17. 지도사 기출변형]

23

농촌리더의 유형 중 비공식적 리더가 아닌 것은?

① 전통적 리더   ② 오피니언 리더
③ 새마을 지도자   ④ 자원지도자

해설
㉠ **공식적 리더** : 선출된 리더(영농회장, 부녀회장 등), 임명된 리더(이장, 새마을 지도자 등)
㉡ **비공식적 리더** : 오피니언 리더, 전통적 리더, 자원지도자

21.③ 22.① 23.③ 정답

24

비공식적 지도자로 옳지 않은 것은?

① 새마을 지도자　② 전통적 리더
③ 오피니언 리더　④ 자원지도자

해설>
㉠ **공식적 리더** : 영농회장, 부녀회장, 이장, 새마을 지도자 등
㉡ **비공식적 리더** : 오피니언 리더, 전통적 리더, 자원지도자

[19. 경남지도사 기출]

25

다음 중 비공식적 지도자들에 해당하는 내용은?

① 전통적 지도자, 관료적 지도자, 전제적 지도자
② 전통적 지도자, 여론지도자, 자원지도자
③ 전통적 지도자, 관료적 지도자, 민주적 지도자
④ 민주적 지도자, 여론지도자, 자원지도자

해설>
비공식적 리더에는 전통적 리더, 오피니언 리더, 자원지도자 등이 있다.

26

다음 중에서 공식적 지도자로 볼 수 없는 것은?

① 여론지도자　② 새마을영농회장
③ 새마을지도자　④ 새마을부녀회장

해설>
새마을영농회장, 새마을지도자, 새마을부녀회장은 공식적 지도자이다.

정답 24.① 25.② 26.①

27

농촌리더의 유형에 대한 설명으로 옳지 않은 것은?

① 농촌리더는 한 부락에 한 사람만 존재한다고 볼 수 없고, 여러 종류의 리더가 있다.
② 공식적 리더는 공공기관에서 하향식으로 임명한 이장과 새마을지도자가 있다.
③ 비공식적 리더는 영농회장, 부녀회장이 속하며 민주적 방식에 의해 선출되었다.
④ 오피니언 리더는 공식적인 직책과 아무런 관련 없이 다른 사람의 의견이나 여론에 영향력을 끼치는 개인을 말한다.

해설
㉠ 공식적 리더
　ⓐ **의미** : 선거나 임명에 의하여 공식적으로 알려진 리더
　ⓑ **선출된 리더** : 집단이 민주적 방식에 의해 선출 예 영농회장, 부녀회장 등
　ⓒ **임명된 리더** : 정부기관이나 공공단체에서 하향적으로 임명 예 이장, 새마을 지도자 등
㉡ 비공식적 리더
　ⓐ **의미** : 선거나 임명이 없어도 집단이나 부락에서 커다란 영향력을 지닌 사람
　ⓑ **오피니언 리더** : 공식적인 직책과 아무런 관련 없이 다른 사람의 의견이나 여론에 영향력을 끼치는 개인
　ⓒ **전통적 리더** : 그가 갖고 있는 학식, 경력, 연령 등에 의해 영향력을 행사하는 유지급의 인사
　ⓓ **자원지도자** : 경제적 보수 없이 자원해서 자신의 시간과 노력을 보람 있고 가치 있는 일에 희생적으로 봉사하는 사람

[20. 경북지도사 기출]

28

다음 중 비공식적 리더에 관한 설명으로 옳지 않은 것은?

① 전통적 지도자는 포함하지 않는다.
② 선거나 임명이 없어도 집단이나 부락에서 커다란 영향력을 지닌 사람이다.
③ 공식적인 직책과 아무런 관련 없이 다른 사람의 의견이나 여론에 영향력을 끼치는 개인이다.
④ 경제적 보수 없이 자원해서 자신의 시간과 노력을 보람 있고 가치 있는 일에 희생적으로 봉사하는 사람이다.

해설
③ 오피니언 리더, ④ 자원지도사

27.③ 28.① 정답

29

농촌지도자(농촌 리더) 및 여론지도자(오피니언 리더)에 대한 설명으로 가장 옳지 않은 것은?

① 농촌지도자는 공식적 지도자일 수도 있고, 비공식적 지도자일 수도 있다.
② 여론지도자는 일반농민에 비해 광역지향적이며, 높은 사회적 지위를 가지고 있다.
③ 집단구성원들에 의해 선출된 농촌지도자와 존경받는 전통적 지도자는 공식적 지도자에 해당된다.
④ 사회관계 측정법은 농촌집단에서 여론지도자를 발굴하는 효과적인 방법으로 알려져 있다.

[해설]
집단구성원들에 의해 선출된 농촌지도자는 공식적 지도자에 해당하고, 존경받는 전통적 지도자는 비공식적 지도자에 해당된다.

30

농촌리더는 농업·농촌 환경의 변화에 따라 변화해 왔다. 다음 보기는 어느 시대인가?

- 다원적이고 민주적인 리더십 출현
- 이장이 선출직 전환, 생산자 조직, 작목반 등장

① 1960년대 ② 1970년대
③ 1980년대 ④ 1990년대

31

시대별 농촌리더의 변화로 옳지 않은 것은?

① 일제강점기 때에는 일제의 식민정책을 전달하는 창구 역할을 수행하였다.
② 1960년대 들어서는 촌락 내부 유지의 영향력이 매우 컸다.
③ 1980년대에는 농업관련 조직의 리더나 핵심인력이 변화를 이끄는 리더로 등장하였다.
④ 1970년대는 주민의 이해를 계획 수립이나 집행에 충분히 전달하지 못하였다.

[20. 서울지도사 기출]

해설
1990년대에는 농업관련 조직의 리더나 핵심인력이 변화를 이끄는 리더로 등장하였다.

시대구분	농촌리더의 특징
일제 강점기	• 일제의 식민정책 전달 창구 역할을 하는 교량적 성격의 리더십 • 이장 : 행정력 아래 놓여 일제 정책의 수용과 집행, 자원의 배분, 인력동원 등 권한 행사, 실질적으로 농촌을 이끌어가는 개념보다는 식민정부의 역할을 수행함
해방이후	• 정부주도의 농촌 근대화를 위한 지도사업 집행을 위해 들어선 여러 사회조직을 통해 공식적인 리더십 형성
1960년대	• 직·간접적으로 정치적 색채를 띠었으며, 촌락 내부의 유지 등으로 영향력이 매우 큼 • 리더 : 전·현직 이장, 반장, 친목회장, 면장, 유지 등
1970년대	• 새마을운동 과정에서 농촌개발에 적극적인 추진력을 보임 • 주민의 이해를 계획 수립이나 집행에 충분히 전달하지 못함
1980년대	• 다원적이고 민주적인 리더십 출현 • 이장의 선출직 전환, 생산자 조직, 작목반 등장
1990년대	• 농업관련 조직의 리더나 핵심 인력이 변화를 이끄는 리더로 등장 • 이장(행정 보조 역할), 새마을지도자(명목상 존재) 역할이 모호해짐

32

농촌환경의 변화에 따른 농촌리더의 변화로 옳은 것은?

① 과거의 농촌사회는 개방적이고, 혈연·지연이 강조되었다.
② 현재의 농촌사회는 평등주의적인 관계가 구축되고 조직적인 협동이 이루어지고 있다.
③ 과거의 농업정책은 하향식 진행, 선택과 집중이 강조되고 있다.
④ 현재의 농업정책은 농업발전 등을 강조하며 농업발전과 농촌발전을 동일시하였다.

해설
환경 변화에 따른 농촌리더의 변화

구 분	과 거	현 재
농촌사회	• 자족적인 지역사회 • 혈연·지연의 강조 • 농업위주의 농민구조 • 분업적 협동	• 개방적 사회 • 평등주의적 관계 • 겸업, 혼주화, 고령화 • 조직적 협동
농업정책	• 농촌근대화, 농업발전 • 농업발전과 농촌발전의 동일시 • 하향식, 평균적 시책 • 정부의 시장개입	• 농업·농촌 유지/소득 복지 향상 • 농업정책과 농촌정책 구분 • 상향식, 선택과 집중 • 농가의 직접 시장 대응

32.② **정답**

33

환경변화에 따라 농촌사회와 리더도 변화하게 된다. 과거와 비교한 현재의 변화 모습이 아닌 것은?

① 농촌리더는 국가정책실현을 위한 실천가 역할을 수행한다.
② 농촌리더는 지지와 선출에 의해 리더가 된다.
③ 농가가 직접 시장에 대응해간다.
④ 농촌사회는 겸업, 혼주화, 고령화가 진행되고 있다.

해설▶
환경 변화에 따른 농촌리더의 변화

구 분		과 거	현 재
농촌 리더	형태	• 공식적·형식적	• 공식·비공식·실질적
	범위	• 주로 마을단위	• 지역 작목 등 다양
	리더선출	• 관선적	• 지지와 선출
	리더역할	• 국가정책실현을 위한 지시 전달자	• 지역의 자발적 계획을 실천하는 조직가, 실천가
	기타	• 덕망과 외부대표 • 상황과 현실 순응자 • 수동적, 하향식, 권위적	• 전문성과 교섭력 • 동기부여, 변화 촉진자 • 자발적, 상향식, 민주적

34

농촌리더의 특징에 대한 설명으로 옳지 않은 것은?

① 농촌지도사업에서는 공식적 리더의 역할이 중요하다.
② 개인 대 개인의 대인적 영향의 흐름에 중요한 역할을 수행하는 것은 오피니언 리더이다.
③ 자원지도자는 농촌사회의 구성원으로서 타인에 비하여 영향력을 비교적 많이 행사한다.
④ 자원지도자는 리더보다는 자원봉사자라는 의미가 더 강하다.

해설▶
농촌지도사업에서는 비공식적 리더의 역할이 중요하다.

35

오피니언 리더의 특징 중 옳지 않은 것은?

① 교육수준이 일방농민보다 일반적으로 높으나, 월등히 높은 것은 아니다.
② 대부분 개인의 능력이나 공식적 직책 또는 역할에 의해 결정되는 수가 많다.
③ 매스미디어보다 추종자(성원)에 더 많은 주의를 기울이며 추종자들과 더 많은 관계를 맺는다.
④ 보다 많은 사회참여를 하고 높은 사회적 지위에 있다.

해설
오피니언 리더는 추종자(성원)보다 매스미디어에 더 많은 주의를 기울이며 더 많이 노출되어 있다.
오피니언 리더의 특성
㉠ 교육수준이 일방농민보다 일반적으로 높으나, 월등히 높은 것은 아님
㉡ 일반농민보다 광역 지향적, 농촌지도원·대량전달매체·외부사람들과의 접촉이 많음
㉢ 전통적인 규범체제 하에서는 사회규범에 의해 그 지위가 결정되지만, 도시화 사회에서는 대부분 개인의 능력이나 공식적 직책에 의해 결정됨
㉣ 보다 많은 사회참여를 하고 높은 사회적 지위에 있음

[23. 충북지도사]

36

다음 중 오피니언 리더에 대한 설명으로 옳지 않은 것은?

① 오피니언 리더가 추종자보다 학력이 높다.
② 개혁에 대한 개인 메시지를 전달하기 위해서 추종자와 간접 대화한다.
③ 오피니언 리더는 직접 행동을 이끄는 것보다 의견이나 변화를 인도한다.
④ 추종자보다 매스미디어에 더 많이 노출되어 있다.

해설
오피니언 리더는 개혁에 대한 개인 메시지를 전달하기 위해서 추종자와 직접 대화하며 사회참여가 더 많다. 오피니언 리더는 공식적 집단보다 비공식적이며, 광범위한 집단보다 대면적 작용을 하고, 직접 행동을 이끄는 것보다 의견·변화를 인도한다.

[19. 전북지도사 기출]

37

오피니언 리더에 대한 설명으로 옳지 않은 것은?

① 오피니언 리더는 공식적 집단보다 비공식적이다.
② 오피니언 리더는 리더보다는 자원봉사자의 의미가 더 강하다.
③ 오피니언 리더는 직접 행동을 이끄는 것보다 의견·변화를 인도한다.
④ 오피니언 리더는 광범위한 집단보다 대면적 작용을 한다.

해설
자원지도자는 농촌사회 구성원으로서 타인에 비하여 영향력을 비교적 많이 행사하는 사람으로서, 리더보다는 자원봉사자의 의미가 더 강하다.

35.③ 36.② 37.② 정답

38

다음 중 여론지도자의 개념을 가장 잘 표현한 것은?

① 여론지도자는 농촌지도의 전문가이다.
② 순수한 봉사정신으로 지도자적 역할을 하는 사람이다.
③ 학식, 재산, 경력 등에 의하여 영향력을 행사하는 사람이다.
④ 아무런 공식적 직책과 관계없이 여론이나 타인의 의견에 영향을 미치는 사람이다.

해설▶
오피니언 리더는 공식적 집단보다 비공식적이며, 광범위한 집단보다 대면적 작용을 하고, 직접 행동을 이끄는 것보다 의견·변화를 인도한다.

39

다음 중 자원지도자의 농촌지도사업에 참여하는 동기로 옳지 않은 것은?

① 권력동기
② 친애동기
③ 협동동기
④ 성취동기

해설▶
자원지도자의 지도사업 참여 동기(Henderson) : 권력동기 → 친애동기 → 성취동기로 구분. 자원지도자는 영향력 행사에 대한 기대욕구, 타인과의 친목, 자아실현을 위한 것이라고 주장함

40

[20. 강원지도사 기출변형]

자원지도자가 농촌지도사업에 참여하는 가장 높은 동기는?

① 친애동기
② 성취동기
③ 대인친목
④ 권력동기

해설▶
자원지도자는 영향력 행사에 대한 기대욕구, 타인과의 친목, 자아실현을 위한 것이라고 주장함. 자원지도자는 자원봉사를 통해 경제적 대가를 바라지 않지만, 정신적 보상을 기대하며, 친애욕구, 자아존경 욕구, 자아실현 욕구 충족을 추구함

정답 38.④ 39.③ 40.②

41

Henderson의 욕구이론 중에서 타인과 친해 보고 싶고, 애정을 교환하고 싶어하는 욕구는 어느 것인가?

① 친애동기
② 권력동기
③ 성취동기
④ 경제적 동기

해설
Henderson : 권력동기 → 친애동기 → 성취동기로 구분
㉠ **권력동기** : 타인에게 어떤 영향력을 행사할 수 있기를 기대하는 욕구
㉡ **친애동기** : 타인과 사귀고 싶고 애정을 교환하고 싶어하는 욕구
㉢ **성취동기** : Maslow의 자아실현욕구와 유사한 개념으로, 자기 이상을 실현하여 자기존중과 만족감을 느끼려고 하는 동기. 자기가 하고자 하는 일, 어려운 일, 사회적으로 보람있는 일 등을 성공적으로 이룩하려고 하는 욕구

[18. 경북지도사 기출변형]

42

자원지도자에 대한 설명으로 옳지 않은 것은?

① 자원지도자가 지명을 통해 임명한다.
② 수평적 의사전달자로서의 역할을 수행한다.
③ 각종 시범사업을 주도함으로써 지역사회 발전에 기여한다.
④ 농민과 지도공무원 간 고리를 연결하는 역할을 수행한다.

해설
많은 자원지도자가 모집(recruitment)을 통해 임명된다.

[19. 강원지도사 기출]

43

자원지도자에 대한 설명으로 옳지 않은 것은?

① 자원지도자의 봉사 기준으로 적극적 참여, 금전적 보상 비지급, 공동의 선을 추구한다.
② 자원지도자는 보수도 없고 다소의 명예나 지배욕구를 충족시키지 않는다.
③ 과거의 상의하달식 지도방법에서 벗어나 하의상달은 물론 수평적 의사전달자로서의 역할을 수행한다.
④ 자원지도자 선발도구로 직무기술서를 이용하여 적절한 자격을 갖춘 자를 선발할 수 있다.

해설
자원지도자는 자원봉사를 통해 경제적 대가를 바라지 않지만, 정신적 보상을 기대하며, 친애욕구, 자아존경 욕구, 자아실현 욕구 충족을 추구한다.

41.① 42.① 43.② 정답

44

자원지도자에 대한 설명이 옳지 않은 것은?

① 광범위한 집단보다 대면적 작용을 하고, 직접 행동을 이끄는 것보다 의견, 변화를 인도한다.
② 경제적 대가를 바라지 않지만, 정신적 보상을 기대한다.
③ 먼저 자원하는 것이 전제가 된다.
④ 농촌사회 구성원으로서 타인에 비하여 영향력을 비교적 많이 행사하는 사람이다.

해설
오피니언 리더는 공식적 집단보다 비공식적이며, 광범위한 집단보다 대면적 작용을 하고, 직접 행동을 이끄는 것보다 의견·변화를 인도한다.

[24. 충북지도사]

45

다음 중 자원지도자의 평가방법에 관한 설명으로 옳지 않은 것은?

① 자원지도자의 평가는 주로 토론, 간단한 인터뷰 등의 비공식적 평가방법을 통해 이루어진다.
② 공식적 평가방법으로는 자가평가리스트, 감독자의 평가, 심층인터뷰 등이 있다.
③ 자원지도자의 평가는 자원지도자에 대한 수행뿐만 아니라 자원지도자 개발 프로그램에 대한 평가도 포함된다.
④ 자원지도자의 평가는 감사를 표현하는 인정과 서로 연계되어 이루어져야 한다.

해설
감사를 표현하는 인정과 자원지도자의 수행내용에 대한 평가는 서로 다른 것이다.
자원지도자 평가
㉠ 비공식적 평가(주로 활용) : 토론, 간단한 인터뷰 등
㉡ 공식적 기법 : 자가평정 체크리스트, 감독자의 평가, 동료 및 고객의 의견, 심층 인터뷰 등

[20. 경북지도사 기출]

46

자원지도자에 대한 설명으로 가장 적당한 것은?

① 선거에 의해 피선된 사람이다.
② 어떤 기관이나 단체에서 일방적으로 지명하는 지도자이다.
③ 능력이나 지도력보다 자원한다는 것이 최우선이다.
④ 다소의 보수나 명예가 주어진다.

정답 44.① 45.④ 46.③

> [해설]
> 자원지도자는 선거로 선출된 리더, 기관·단체에서 지명하는 리더가 아닌 먼저 자원하는 것이 전제가 된다.

47
다음 중 자원지도자에 대한 설명과 관련이 없는 것은?

① 자원지도자란 지도자보다는 자원봉사자라는 의미가 더욱 강하게 내포되어 있다.
② 자원봉사자들이 하는 일에 있어서는 다소의 지도력이 있어야 한다.
③ 자원지도자들에게 주어지는 역할이란 도움을 필요로 하는 사람들에게 정신적으로나 교육적으로 또는 봉사를 통해서 도움을 주는 일이다.
④ 자원지도자는 선거에 의해서 피선된 지도자가 아니며 어떤 기관이나 단체에서 일방적으로 지명하는 지도자이다.

> [해설]
> 자원지도자(농촌민간리더, 농촌지역리더)는 선거로 선출된 리더, 기관·단체에서 지명하는 리더가 아닌 먼저 자원하는 것이 전제가 되며, 농촌지도사업에 참여하여 자신의 명예·경제적 이익에 도움을 받는 것이 아니라 시간·경제적 희생·봉사가 수반되는 일을 보수 없이 하게 된다.

[23. 서울지도사]

48
자원지도자에 대한 설명으로 가장 옳은 것은?

① 선거에 의해 피선되거나 기관이나 단체에서 일방적으로 지명한 지도자(리더)이다.
② 성취동기, 친애동기, 권력동기에 의하여 자원봉사에 참여한다.
③ 자원봉사에 참여하는 이유는 정신적 보상뿐 아니라 경제적·물질적 보상 때문이다.
④ 봉사의 의미보다는 명예나 지배욕구의 충족으로 보상이 된다.

> [해설]
> ① 자원지도자는 선거나 지명이 아닌 자원하는 것을 전제로 한다.
> ③ 자원봉사에 참여하는 이유는 경제적·물질적 보상이 아니라 정신적 보상을 기대한다.
> ④ 자원지도자는 자신의 명예·경제적 이익에 도움을 받는 것이 아니라 시간·경제적 희생·봉사가 수반되는 일을 보수 없이 한다.

49

지도사업에서 농촌지도자에 대한 설명이 아닌 것은?

① 상의하달식 지도방법에서 벗어나 하의상달·수평적 의사전달자로서의 역할을 수행한다.
② 농민과 지도공무원간의 고리를 이어주는 역할을 한다.
③ 직업적 지도자의 감화력이 농촌지도자보다 훨씬 효과가 크다.
④ 직업적인 외부지도자가 집단 내부에 있는 농촌지도자에게 자극을 주고, 자기 실정에 맞게 개량하여 이웃에게 전달한다.

해설
농촌지도자는 생업에 종사하면서 이웃을 돕기 때문에 이들의 감화력은 직업적 지도자보다 훨씬 효과가 크고 피교육자가 잘 따른다.

농촌지도자의 역할
㉠ 과거의 상의하달식 지도방법에서 벗어나 하의상달은 물론 수평적 의사전달자로서의 역할을 수행 → 정부 말단행정체계와 농민 간의 심리적 거리를 좁혀 줌
㉡ 지역사회의 협조자, 농촌지도자의 제안·발상은 지도사업 계획수립부터 사업 실시 단계까지 새로운 영농기술을 보급하는 데 기여함
㉢ 농촌지도자가 지도사업 참여를 통하여 쌓은 성과는 지도자 개인발전, 지역 발전, 국가시책의 실행에도 기여함
㉣ 학습단체의 조직·운영, 단체 구성원의 협동영농활동을 통하여 각종 시범사업을 주도함으로써 지역사회 발전에 기여함

50

농촌자원지도자의 관리방법인 ISOTURE에 관한 설명으로 옳지 않은 것은?

① 확인 – 자원자를 위한 직무기술서를 개발하는 활동을 한다.
② 선발 – 가장 많이 사용하는 방법은 질문지법이다.
③ 교육훈련 – OJT는 직무를 실제로 수행하면서 자신의 지식과 기술을 개선할 수 있다.
④ 평가 – 토론, 인터뷰 등 주로 비공식적인 평가기법을 사용한다.

해설
농촌자원지도자의 관리방법(Boyce의 ISOTURE 모형)
㉠ **확인(identification)**: 조직 내 자발적 참여 기회를 확인하고, 자원자를 위한 적절한 직무기술서를 개발하는 활동을 하고, 직무기술서는 중요 커뮤니케이션 도구로 사용
㉡ **선발(selection)**: 자원자 중 해당 직무를 가장 잘 수행할 수 있는 사람을 선택하지만, 많은 자원지도자가 모집(recruitment)을 통해 임명됨. 직무기술서에 근거하여 인터뷰 방식으로 가장 많이 선발함
㉢ **오리엔테이션(orientation)**: 자원지도자가 전체 조직 및 부여된 특정 직무에 대해 익숙해지도록 하기 위해 실시함

ⓔ **교육훈련(training)** : 선발된 자원지도자에게 직무를 보다 훌륭하게 수행하도록 추가적인 지식, 기술, 태도를 개발하기 위한 교육훈련을 제공해야 함
ⓜ **활용(utilization)** : 자원지도자의 지식, 기술, 태도를 활용하는 것. 사람을 일에 투입하는 것
ⓗ **인정(recognition)** : 농촌지도사업에 공헌한 자원지도자에 대한 보상의 하나. 즉 인정은 자원지도자의 가치를 존중하고 공개적으로 표현하는 방식
ⓢ **평가(evaluation)** : 자원지도자에 대한 수행뿐만 아니라 자원지도자 개발 프로그램에 대한 평가

51

농촌자원지도자 관리모형 중 LOOP모형의 단계가 아닌 것은?

① 찾기(location)
② 오리엔테이션하기(orienting)
③ 운영하기(operating)
④ 참여(participation)

해설
Penrod의 LOOP 모형 : 찾기(location : selection, recruitment), 오리엔테이션(orienting : informal, formal), 운영하기(operating : education, accomplishment), 지속화하기(perpetuating : evaluation, recognition) 단계로 구분

52

오피니언 리더를 발굴하는 방법으로 옳지 않은 것은?

① 사회관계 측정방식   ② 정보제공자의 평가
③ 브레인스토밍   ④ 관찰

해설
오피니언 리더를 발굴하는 방법 : 사회관계 측정방식, 정보제공자의 평가, 자기추천 방식, 관찰 등

[17. 지도사 기출변형]

53

여론지도자의 발견을 위해 사용하는 방법 중 가장 널리 알려진 방법은?

① 면접법   ② 개인접촉방법
③ 여론형성조사법   ④ 사회측정법

54

보기에서 설명하는 농촌 리더의 발굴 방법은?

> 집단을 성원 상호의 견인·반발의 긴장체계로 보고, 이것을 측정하여 집단 구조·인간관계·집단성원의 지위 등을 측정하는 이론

① 관찰
② 자기추천 방식
③ 사회관계측정법
④ 정보제공자의 평가

[21. 경북지도사 기출변형]

55

사회관계 측정방식에 대한 설명이 아닌 것은?

① 사회체계의 일부인 표본을 대상으로 할 경우 효과적이다.
② 오피니언 리더는 다수의 네트워크연결고리에 속해 있다는 사실을 근거로 한다.
③ 직접적인 인지자료에 근거해 측정하므로 리더십측정에 합당하다.
④ 사회관계 측정 질문들은 질의하기 쉬우며, 상이한 상황과 주제에 대해서도 적용하기 쉽다.

해설
사회관계 측정방식(sociometric techniques)
㉠ 대면 접촉을 통해 서로의 존재를 심리적으로 인식하고 있는 사람들에게 적용할 수 있는 것으로 오피니언 리더 발견에 대단히 효과적
㉡ 직접적인 인지자료에 근거해 측정하므로 리더십 측정에 매우 합당함
㉢ 오피니언 리더는 집단성원이 정보원으로 가장 많이 선택하는 사람들이므로 다수의 네트워크 연결고리에 속해 있음
㉣ 소수의 오피니언 리더를 발견하기 위해서 상당히 많은 응답자에게 질문해야 하는 번거로움. 적은 수의 표본보다는 모집단 전체의 네트워크 자료를 확보할 때 가장 효과적
㉤ 사회관계 측정 질문은 응답자가 네트워크를 통한 동료·지인을 모두 열거할 수 있도록 고안될 필요가 있음

정답 54.③ 55.①

56

사회관계 측정방법에 대한 설명으로 옳지 않은 것은?

① 응답의 결과를 감정지도(sociogram)로 도식화하여 집단 내의 선호 관계를 한눈에 볼 수 있다.
② 사회체계의 모집단 전체보다는 표본의 네트워크 자료를 확보할 때 가장 효과적이다.
③ 응답자들이 특정 혁신에 대한 정보와 충고를 얻기 위해 누구를 찾는지를 알아보는 방법이다.
④ 직접적인 인지자료에 근거해 측정하므로 리더십 측정에 매우 합당하다.

해설
사회체계의 표본보다는 모집단 전체의 네트워크 자료를 확보할 때 가장 효과적이다.

57

사회관계 측정방식에 대한 설명으로 옳은 것은?

① 대면 접촉을 통해 서로의 존재를 심리적으로 인식하고 있는 사람들에게 적용할 수 있다.
② 소규모의 체계에서 특정 정보제공자가 많은 정보를 가지고 있을 경우 효과적이다.
③ 한 체계 내에서 임의의 표본 응답자들에게 질의할 때 적절한 방법이다.
④ 사람들을 관찰함으로써 피관찰자의 리더십을 측정하는 방법이다.

해설
② 정보제공자의 평가, ③ 자기추천 방식, ④ 관찰

58

사회관계 측정법에 대한 설명으로 옳지 않은 것은?

① 정보제공자의 평가보다 시간 비용이 절약된다.
② 질의하기가 쉽고 상이한 상황과 주제에 대해서도 적응하기가 쉽다.
③ 일부인 표본을 대상으로 하는 경우 적합하지 않다.
④ 타당도가 높다.

정답 56.② 57.① 58.①

해설

구분	사회관계 측정방식
정의	구성원들에게 정보와 충고를 얻기 위해 누구를 찾는지를 묻는 방법
질문	당신의 오피니언 리더는 누구입니까?
장점	• 사회관계 측정질문은 질의하기 쉬우며, 상이한 상황과 주제에 대해 적용하기 쉬움 • 타당도가 높음
한계	• 사회관계 측정자료를 분석하는 것이 복잡함 • 소수 오피니언 리더를 식별하기 위해 많은 응답자가 필요함 • 사회체계의 표본을 대상으로 할 경우 부적합함

59

[19. 전북지도사 기출]

사회관계 측정방식에 대한 설명으로 옳지 않은 것은?

① 타당도가 높다.
② 사회관계 측정질문은 질의하기 쉬우며, 상이한 상황과 주제에 대해 적용하기 쉽다.
③ 개별 정보제공자는 체계에 대해 잘 알고 있어야 한다.
④ 사회체계의 표본을 대상으로 할 경우 부적합하다.

해설
③은 정보제공자의 평가를 설명한 것이다.

구분	사회관계 측정방식	정보제공자의 평가
정의	구성원들에게 정보와 충고를 얻기 위해 누구를 찾는지를 묻는 방법	오피니언 리더를 식별하기 위해 주관적으로 선별된 주요 구성원들에게 질의하는 방법
질문	당신의 오피니언 리더는 누구입니까?	체계에서 오피니언 리더들은 누구입니까?
장점	• 사회관계 측정질문은 질의하기 쉬우며, 상이한 상황과 주제에 대해 적용하기 쉬움 • 타당도가 높음	사회관계 측정방식에 비해 시간과 비용이 절약됨
한계	• 사회관계 측정자료를 분석하는 것이 복잡함 • 소수 오피니언 리더를 식별하기 위해 많은 응답자가 필요함 • 사회체계의 표본을 대상으로 할 경우 부적합함	개별 정보제공자는 체계에 대해 잘 알고 있어야 함

정답 59.③

60

정보제공자의 평가에 의한 오피니언 리더 발굴 방법의 장점은?

① 타당도가 높다.
② 질의하기 쉽다.
③ 시간과 비용이 절약된다.
④ 상이한 상황과 주제에 대해서 적용하기 쉽다.

해설
정보제공자의 평가

장점	사회관계 측정방식에 비해 시간과 비용이 절약됨
한계	개별 정보제공자는 체계에 대해 잘 알고 있어야 함

61

농촌리더의 발굴 방법에 대한 설명으로 옳지 않은 것은?

① 사회관계 측정방식은 대면 접촉을 통해 서로의 존재를 인식하고 있는 사람들에게 적용할 수 있다.
② 자기추천 방식은 사회관계 측정방식을 효과적으로 적용할 수 없을 때 사용한다.
③ 관찰법은 자료들의 타당도가 낮고 관찰자가 노출될 수 있다는 단점이 있다.
④ 사회관계 측정방식은 상당히 많은 응답자들에게 많은 질문을 해야 하는 번거로움이 있다.

해설
관찰법은 자료들의 타당도가 높은 장점과 관찰자가 노출될 수 있다는 단점이 있다.

62

농촌 리더(오피니언 리더)를 발굴하는 방법에 대한 설명으로 가장 옳지 않은 것은?

① 사회관계 측정방식은 사회체계의 일부인 표본을 대상으로 할 경우에 적합하지 않다는 한계점을 가지고 있다.
② 정보제공자의 평가방식은 사회관계 측정방식에 비해서 시간과 비용이 절약되는 장점이 있다.
③ 자기추천 방식은 응답자가 자신을 오피니언 리더로서 어느 정도로 인식하는지를 알아보기 위해 일련의 질문을 하는 방법이다.
④ 관찰 방식은 커뮤니케이션 네트워크 연결고리들을 식별하고 기록하는 방법으로 타당도가 낮다는 한계점을 가지고 있다.

해설
관찰 방식은 커뮤니케이션 네트워크 연결고리들을 식별하고 기록하는 방법으로 타당도가 높다.

[23. 서울지도사]

정답 62.④

03 농촌 인적자원개발(HRD)

[17. 지도사 기출변형]

01
우리나라 농업 혁명기를 시대별로 잘못 연결한 것은?

① 1960~70년대 - 녹색혁명기
② 1980년대 - 백색혁명기
③ 1990년대 - 지식혁명기
④ 2010년대 - 가치혁명기

해설
㉠ 1960, 70년대 : 녹색혁명기, 전통적 농업 기반
㉡ 1980년대 : 백색혁명기, 안정적 농업 기반
㉢ 1990년대 : 품질혁명기, 고품질 농업 기반
㉣ 2000년대 : 지식혁명기, 융복합 농업 기반
㉤ 2010년대 : 가치혁명기, 친환경 농업 기반

[18. 충남지도사 기출변형]

02
우리나라 농업기술의 혁신이 연대별로 바르게 짝지어진 것은?

① 1960년대 : 백색혁명기
② 1990년대 : 가치혁명기
③ 2000년대 : 지식혁명기
④ 2010년대 : 정보혁명기

해설
㉠ 1960, 70년대 : 녹색혁명기
㉡ 1980년대 : 백색혁명기
㉢ 1990년대 : 품질혁명기
㉣ 2000년대 : 지식혁명기
㉤ 2010년대 : 가치혁명기

01.③ 02.③ 정답

03

우리 농업의 역사를 새로 쓴 농업기술과 시기가 바르게 연결되지 못한 것은?

① 녹색혁명기 – 통일벼 개발
② 백색혁명기 – 비닐하우스 도입
③ 지식혁명기 – 국가 농경지 관리체계 구축
④ 가치혁명기 – IPM 사업

해설
1990년대 : 품질혁명기, 고품질 농업 기반
㉠ 통일형 벼 품종에서 일반형 품종으로 성공적 교체
㉡ 우리나라 토양의 족보『한국토양총설』발간
㉢ 농산물 생산의 새로운 패러다임 병해충종합관리(IPM) 사업
㉣ 다수확 과수 재배 시스템 확립
㉤ 한국형 씨돼지, MADE IN KOREA
㉥ 쪼개거나 자르지 않고도 맛을 알아낸다 '비파괴 품질판정기술'
㉦ 농가보급형 비닐하우스, 시설원예에 날개를 달다
㉧ 다양한 버섯 신품종 시대 진입 및 현장 실용화 성공
㉨ 일 년 내내 균일한 채소를 대량 생산하는 '공정육묘기술'
㉩ 국제경쟁력이 높은 과수 신품종 육성
㉠ 세계 최첨단 무병 씨감자 생산 기술
㉢ 천적활용 시대를 열다.
㉤ 한국형 순환식 수경재배 기술
㉥ FTA 대응 화훼 신품종 개발 토대 마련

04

우리나라 50대 농업기술과 사업 중 다음 보기는 어떤 시기인가?

- 로열티 파동을 극복한 국산 딸기 품종 개발
- 풀사료 자급 달성을 위한 사료작물 품종 육성
- 백마, 화훼품종 국산화의 비전을 제시
- 우수한 신토불이 한우 복제소 생산기술

① 녹색혁명기
② 백색혁명기
③ 품질혁명기
④ 지식혁명기

정답 03.④ 04.④

해설
2000년대 : 지식혁명기, 융복합 농업 기반
㉠ 전국 토양정보가 한눈에 보이는 국가 농경지 관리체계 '흙토람' 구축
㉡ 로열티 파동을 극복한 국산 딸기 품종 개발
㉢ 누에와 꿀벌은 기능성 소재의 보배
㉣ 풀사료 자급 달성을 위한 사료작물 품종 육성
㉤ 백마, 화훼품종 국산화의 비전을 제시
㉥ 쫄깃한 육질과 맛, 토종 '우리맛닭' 복원
㉦ 우수한 신토불이 한우 복제소 생산기술
㉧ 농촌 어메니티 자원, 농촌의 활력을 불어넣다.
㉨ 한국형 가축사양표준 제정으로 생산비를 절감하다.
㉩ 농촌 인력 육성의 요람, 농업인대학
㉪ 탑라이스 생산으로 수입 쌀 개방화에 대응하다.
㉫ 석유대체 저탄소 친환경 시설원예 난방기술 개발
㉬ 설갱벼를 이용한 전통주 개발
㉭ 농식품 가공·창업 지원으로 여성농업인 CEO 육성

[20. 경남지도사 기출]

05

우리나라 2000년대의 농업기술이 아닌 것은?

① 농촌 어메니티 자원, 농촌의 활력을 불어 넣다.
② 농촌 인력 육성의 요람, 농업인대학 농업
③ 농가보급형 비닐하우스, 시설원예에 날개를 달다.
④ 농식품 가공·창업 지원으로 여성농업인 CEO 육성

해설
③ 1990년대 농업기술

06

농촌청소년지도의 필요성을 잘못 설명한 것은?

① 현대사회에서 농업은 그 중요성이 점점 상실되고 있으므로 농촌청소년의 도시이동은 자연스럽고 바람직한 현실이다.
② 우리나라 농촌사회에서는 중·고등학교의 취학률이 낮아 비진학청소년 지도가 매우 필요하다.
③ 농촌에는 도시에 비하여 사회교육 기회와 시설이 적기 때문에 농촌청소년 지도가 필요하다.
④ 새로운 농업분야의 기술혁신사항을 농민들에게 지도할 때 잘 받아들이지 않지만 청소년들에게 지도하면 비교적 혁신사항을 잘 받아들이기 때문이다.

05.③ 06.①

해설
농촌청소년지도의 필요성
㉠ 이촌현상에 대처
㉡ 영농후계자 양성의 필요성
㉢ 비진학 농촌청소년지도
㉣ 학교교육의 보완
㉤ 사회교육기회의 확대
㉥ 기술혁신의 촉매자

07

농촌청소년지도의 목표를 설명한 것 중 틀린 것은?

① 농촌청소년들에게는 농업을 최고의 직업으로 선택하도록 지도한다.
② 농촌청소년들에게 건전한 시민성을 함양한다.
③ 농촌청소년들에게 행복한 가정생활능력을 함양한다.
④ 농촌청소년들에게 그들의 향토개발의욕과 책임을 인식시킨다.

해설
농촌청소년지도의 목표
㉠ 농촌지역사회 청소년으로서 긍정적 자아개념 확립
㉡ 건전한 시민성·지도력 함양
㉢ 직업선택능력과 준비성을 배양
㉣ 영농생활에 대한 가치
㉤ 행복한 가정생활능력 함양
㉥ 집단생활에 적극적으로 참여할 수 있는 능력 배양
㉦ 여가선용능력을 배양
㉧ 자연자원의 보호능력 배양
㉨ 국제적 안목을 증진

08

청소년지도의 원리에 대한 설명이 옳지 않은 것은?

① 계획과 평가에 모든 청소년을 참여시켜야 한다.
② 집단활동에 흥미를 부여하여야 한다.
③ 집단지도를 중심으로 스스로 해결하도록 도와주어야 한다.
④ 자원지도자를 확보하고 그들의 지도력을 활용하여야 한다.

[19. 전북지도사 기출]

정답 07.① 08.③

> **해설**
> 개인지도를 중심으로 스스로 해결하도록 도와주어야 한다.
> **농촌청소년지도의 원리**
> ㉠ 청소년의 심리적 특성을 감안하여 지도한다.
> ㉡ 자원지도자를 확보하고 그들의 지도력을 활용하여야 한다.
> ㉢ 가정과 지역사회의 지원을 확보하여야 한다.
> ㉣ 개인지도를 중심으로 스스로 해결하도록 도와주어야 한다.
> ㉤ 계획과 평가에 모든 청소년을 참여시켜야 한다.
> ㉥ 발표와 봉사의 기회를 자주 부여하는 것이 필요하다.
> ㉦ 강화를 시켜주어야 한다.
> ㉧ 집단활동에 흥미를 부여하여야 한다.

[18. 충남지도사 기출변형]

09

농촌청소년지도의 원리에 대한 설명이 옳지 않은 것은?

① 청소년지도는 농촌지도사가 계획한다.
② 자원지도자를 확보하고 그들의 지도력을 활용하여야 한다.
③ 발표와 봉사의 기회를 자주 부여하는 것이 필요하다.
④ 강화를 시켜주어야 한다.

> **해설**
> 자원지도자를 확보하고 그들의 지도력을 활용하여야 하며, 계획과 평가에 모든 청소년을 참여시켜야 한다.

10

농촌청소년지도에 대한 설명으로 올바르지 못한 것은?

① 농촌청소년들은 그 심리적인 특성이나 지도목표 등이 농촌성인들과 뚜렷한 차이가 있으므로 그 지도과정도 달리하지 않으면 안 된다.
② 학교에 다니는 농촌청소년은 공부할 때는 농촌청소년지도의 대상이 되지 않으나 그들이 귀가하여 가정 혹은 지역사회에서 생활할 때는 지도대상이 된다.
③ 농촌청소년지도는 직접적인 농업후계자를 양성하기 위한 지도사업이다.
④ 농촌청소년지도는 농촌청소년을 위한 학교교육에 비하여 지도내용이 보다 현실지향적이며 실용적이다.

> **해설**
> 농촌청소년지도는 농업후계자를 양성하기 위한 것도 있지만, 도시청소년과 똑같이 어느 분야로도 진출할 수 있도록 도와주는 사회교육사업으로 보아야 한다.

09.① 10.③ 정답

11

<보기>에서 농촌청소년지도의 원리에 대한 설명으로 옳은 것을 모두 고른 것은?

> 가. 어떤 행동에 대한 보상을 주어야 한다.
> 나. 발표와 봉사의 기회를 자주 부여하는 것이 필요하다.
> 다. 또래문화를 고려하여 청소년을 개인보다는 집단으로 지도하여야 한다.
> 라. 과제나 계획수립을 청소년 스스로 하도록 하여야 한다.

① 가, 나 ② 다, 라
③ 가, 나, 라 ④ 나, 다, 라

해설
농촌청소년지도는 개인지도를 중심으로 스스로 해결하도록 도와주어야 한다.

12

농촌청소년지도의 특색이라고 여겨지지 않는 것은?

① 청소년지도를 계획할 때는 학교에 다니는 학생까지 포함된다.
② 일종의 농촌청소년을 위한 사회교육이다.
③ 농촌청소년지도는 곧 영농후계자양성을 위한 지도사업이다.
④ 지도내용은 실용적, 사회생활중심적인 것이어야 한다.
⑤ 건전한 인간으로서의 육성이라는 교육적 목적을 강조한다.

13

다음 중 농촌청소년의 특성에 대한 설명으로 적합하지 않은 것은?

① 도시청소년에 비해 자기중심적인 사고방식을 가지고 있다.
② 농촌이라는 지역에서 살고 있는 청소년을 말한다.
③ 도시청소년에 비해 심리적 욕구를 충족시키는데 불리한 환경에 살고 있다.
④ 농촌에서 영농생활을 하는 자신에 대해 긍정적인 자아를 가지고 있지 않다.

해설
농촌청소년은 공동체적 사회구조 속에서 인간에 대한 신뢰와 의리가 강한 편이다.

14

4-H 개념 중 근로와 봉사를 통해 쓸모 있는 기능을 기르며 밝은 사회건설에 이바지한다는 의미는 무엇인가?

① head
② heart
③ hands
④ health

해설
4-H 실천이념
㉠ 지육(智育, Head) : 머리를 명석하게 하여 올바른 판단과 계획능력을 기름
㉡ 덕육(德育, Heart) : 덕성을 함양하고 진실과 겸손으로 인격을 도야하여 더불어 살아감
㉢ 노육(勞育, Hands) : 근로와 봉사를 통해 쓸모 있는 기능을 기르며 밝은 사회건설에 이바지함
㉣ 체육(體育, Health) : 건강을 증진하여 질병을 물리치고 능률을 증진하며 생활을 즐겁게 함

15

광복 이후 농촌부흥을 위한 농민단체 4-H회의 최초 명칭은?

① 농촌청년구락부
② 새마을 4-H 구락부
③ 새마을청소년회
④ 생활개선구락부

해설
4-H 운동의 변천
㉠ 1947~1951 : 해방 전후 농촌부흥을 위한 중견농업인 양성을 목표로 경기도 지역에서 처음 시작. '농촌청년구락부'
㉡ 1952~1961 : 전후 농촌재건을 촉진하기 위해 정부사업으로 채택. '새마을 4-H 구락부'
㉢ 1974~1979 : 후계 새마을지도자 육성을 목표로 새마을운동과 연계 추진. 1979년 '새마을청소년회'로 개칭
㉣ 1980~1990 : 농촌을 이끌어갈 영농후계세대 육성에 중점을 두고 사업 추진. 자격연령 13~29세로 조정. '4-H회'로 개칭
㉤ 1991~2007 : 건전하고 생산적 농촌청소년 육성에 목표를 두고 직능별로 조직 개편. 영농4-H회, 학생4-H회
㉥ 2008 : 민간추진 청소년운동으로의 전환을 위한 사업 추진. 한국4-H 활동 지원법 제정

16

4-H 활동의 기초조직이 되는 단위 4-H가 아닌 것은?

① 영농 4-H
② 학생 4-H
③ 일반 4-H
④ 전문 4-H

해설
단위 4-H : 4-H 활동의 기초조직으로서 지역사회, 각급학교, 직장단위로 영농 4-H회, 학생 4-H회, 일반 4-H회로 결성되어 있다.

14.③ 15.① 16.④ **정답**

17

우리나라 4-H 운동에 대한 설명으로 가장 옳은 것은?

① 1990년 이후 4-H 운동은 농촌개발을 위한 중견농업인 양성에 목표를 두고 있다.
② 영농 4-H회는 첨단농업기술지도로 후계영농주를 육성하는 데 목표를 두고 있다.
③ 일반 4-H는 초급영농과제이수로 농심을 함양하는 데 목표를 두고 있다.
④ 정부 추진 청소년 운동으로의 전환을 위하여 2007년에 「한국4에이치활동 지원법」이 제정되었다.

해설
① 1947~51년 4-H 운동은 농촌개발을 위한 중견농업인 양성에 목표를 두고 있다.
③ 학생 4-H는 초급영농과제이수로 농심을 함양하는 데 목표를 두고 있다.
④ 민간 추진 청소년 운동으로의 전환을 위하여 2007년에 「한국4에이치활동 지원법」이 제정되었다.

[20. 서울지도사 기출]

18

농촌청소년지도를 위한 4-H에 대한 설명으로 옳지 않은 것은?

① 4-H는 지, 덕, 노, 체의 실천이념을 가진다.
② 영농 4-H는 원칙적으로 리동 단위에서 영농에 종사하고 있거나 앞으로 영농에 정착을 희망하는 농촌청소년들로 구성되어 있다.
③ 영농 4-H의 주요 회의는 월례회의와 정례회의가 있는데 월례회의에서는 가입식, 임명식 등이 있다.
④ 4-H 활동은 대부분 과제활동으로 이루어진다.

해설
단위 4-H
㉠ **학생 4-H회** : 각급학교(초·중·고·대학) 내 특별활동 동아리로서 교내외에서 특별활동의 일환으로 4-H 활동을 함. 학교 내에 4-H회가 조직되어 있지 않을 때는 같은 지역의 학생들이 조직함
㉡ **일반 4-H회** : 직장 또는 지역단위로 취미생활, 봉사활동 등을 통해 소속 집단이나 지역사회 및 회원 간 친목도모를 위해 조직·운영
㉢ **영농 4-H회** : 원칙적으로 리동단위에서 영농에 종사하고 있거나 앞으로 영농에 정착을 희망하는 농촌청소년들로 구성, 명칭은 회원들 관심에 따라 작목 중심으로 ○○○ 4-H회라고 부름

19

다음 중 4-H회 교육행사를 개최하는 목적이 아닌 것은?

① 심신단련
② 과제이수능력 향상
③ 발표력향상 결과발표
④ 과제활동 촉진
⑤ 4-H회 정신계발

해설
4-H회 교육행사는 단체학습이나 활동을 통하여 새로운 기술을 습득하고, 협동심·적극성·극기력 등을 함양하며, 사회인으로서의 심성을 키우는 행사이다.

20

다음 중 4-H회의 활동내용에 속하지 않는 것은?

① 소득증대
② 봉사활동
③ 영리추구활동
④ 자연보호

해설
4-H회의 활동내용 : 과제활동, 경진대회, 국내외 연수, 교류활동, 야영교육, 봉사활동, 청소년의 달 행사 등

[23. 서울지도사]

21

〈보기〉에서 「한국4에이치활동 지원법」상 4에이치활동에 해당하는 것을 모두 고른 것은? (단, 〈보기〉의 활동은 모두 4에이치 이념에 근거를 두고 있는 활동이다.)

> 가. 4에이치 이념을 실천하기 위한 수련활동·문화활동, 그 밖의 교육훈련활동
> 나. 4에이치 이념을 확산·발전시키기 위한 홍보출판 및 연구활동
> 다. 국가간 4에이치 교환훈련 등 국제교류 활동

① 가.
② 가, 다
③ 나, 다
④ 가, 나, 다

해설
한국4에이치활동 지원법상 4에이치활동
가. 4에이치 이념을 실천하기 위한 수련활동·문화활동, 그 밖의 교육훈련활동
나. 4에이치 이념을 확산·발전시키기 위한 홍보출판 및 연구활동
다. 국가간 4에이치 교환훈련 등 국제교류 활동
라. 4에이치 이념을 강화하고 확산시키기 위한 활동

19.③ 20.③ 21.④ **정답**

22

4-H의 주요 활동에 대한 설명으로 옳지 않은 것은?

① 건전한 민주시민을 양성하기 위해 회의를 통하여 민주주의 기본원칙과 절차를 익힌다.
② 매년 1회 실시하는 경진대회를 통해 인관관계를 넓히고 사회성을 향상시킬 수 있다.
③ 1970년대 식량작물 과제는 감소하였으며 1980년대 소득작목 과제는 점차 증가하였다.
④ 야영교육은 봉사정신을 배우며 공동체 의식을 함양하는 교육행사이다.

해설
과제활동의 분야별 과제이수 경향
㉠ 1970년대 : 식량작물 과제가 42%로 크게 증가
㉡ 1980년대 : 소득작목의 과제선택이 점차 증가, 식량작물 과제는 극히 낮아졌으며 생활개선 과제도 다소 낮아짐
㉢ 1980년대 후반 : 학생회원 증가와 교양, 취미, 자연보호, 도의(道義) 과제 등이 전개됨
㉣ 1990년대 이후 : 영농회원과 학생회원으로 구분
  ⓐ 영농회원은 고소득작목 과제 또는 농업기계화 과제를 대부분 이수함
  ⓑ 학생 4-H 회원은 교양, 취미, 기능과제를 이수함

23

다음 중 농촌청소년의 과제활동에 대한 설명으로 적합한 것은?

① 농업 흥미유발을 위해 실시하는 교과활동
② 실천적 학습내용 중심의 학습경험
③ 가정학습
④ 연구활동에 따른 포장실습
⑤ 영농보조활동

해설
과제활동 : 과제를 생활 속에서 스스로 경험해서 배우는 실천적 학습활동

정답 22.③ 23.②

24

다음 중 농촌청소년의 과제활동에 대한 정의로 가장 올바른 것은?

① 중·고등학교에서 농업에 대한 흥미를 유발시키기 위해 실시하는 교양 강좌
② 농업계 고등학교에서 실시하는 학교 내 포장실습활동
③ 고등학교에서 교사가 학생에게 부여하는 가정학습
④ 농촌청소년들에게 앞으로의 직업에 관련하여 필요한 지식·기술 등을 학습시킬 목적으로 실천적인 학습내용을 중심으로 취사선택하여 조직한 학습경험을 말한다.

[18. 경북지도사 기출변형]

25

청소년의 과제활동에 대한 설명으로 옳지 않은 것은?

① 과제 이수 목적에 따라 생산과제, 개량과제, 보조과제로 구분한다.
② 청소년의 과제수행 중 부모·지도자의 적극적인 지도로 과제를 완수하는 것이 좋다.
③ 자기에게 흥미로운 과제가 발견되면 연차적으로 규모를 확대하여 사업적 규모로 발전시켜 나가는 것이 바람직하다.
④ 개량과제는 영농에 있어서 편리와 효율을 도모하거나 재산상의 가치를 증진시키는 활동이다.

해설▶
청소년의 자발성과 자주적 노력을 강조하므로 부모·지도자의 지나친 지도는 삼가는 것이 좋다.

26

농촌청소년에게 합리성을 부여하고 중견 영농인으로 육성하기 위해 전개하는 지도활동은?

① 야외활동 ② 과제활동
③ 연수활동 ④ 경진행사

해설▶
과제활동은 과제를 생활 속에서 스스로 경험해서 배우는 실천적 학습(leaning by doing) 활동을 말한다.

24.④ 25.② 26.② 정답

27

다음 중 농촌청소년들의 과제를 이수하는 목적으로 적당하지 않은 것은?

① 자주성과 흥미 개발
② 실천적 학습기회 부여
③ 사업경영능력 개발
④ 자신의 운명승패의 경험 부여

해설
과제활동의 목적 : 흥미와 적성의 개발, 실천적 학습기회의 부여, 사업적 경영능력의 개발, 자주성과 창의성의 개발, 미래자산의 확보

28

목적에 따른 과제활동으로 잘 연결되어 있는 것은 무엇인가?

① 생산과제, 공동과제, 단체과제
② 주과제, 개량과제, 공동과제
③ 주과제, 조과제, 단체과제
④ 생산과제, 개량과제, 보조과제
⑤ 생산과제, 개인과제, 부과제

해설
과제활동의 종류
㉠ 과제 이수 목적에 따라 : 생산과제, 개량과제, 보조과제
㉡ 과제 이수자수에 따라 : 개인과제, 공동과제, 단체과제
㉢ 과제 내용에 따라 : 흥미, 희망, 필요 등에 따라 다양함

29

다음 중 과제활동의 3요소는 무엇인가?

① 지도, 존경, 계몽
② 상의, 지원, 협력
③ 청소년, 부모, 지도자
④ 지원, 청소년, 부모

정답 27.④ 28.④ 29.③

30

과제활동지도에서 고려되어야 할 사항이 아닌 것은 어느 것인가?

① 처음에는 쉽고 단순하고 흥미로운 과제를 선택하고 경력에 따라 점차적으로 양적, 질적으로 규모를 확대해야 한다.
② 과제활동에 필요한 자금은 부모나 후원자가 지원하는 것이 바람직하다.
③ 과제활동은 계획과정에서부터 철저하게 기록하는 습관을 갖도록 지도해야 한다.
④ 계획적 확대지도가 필요하다.

해설
과제활동지도에서 고려되어야 할 사항
㉠ 처음 초기년도에는 비교적 쉽고 단순하며 흥미로운 과제가 좋다.
㉡ 자기에게 흥미로운 과제가 발견되면 연차적으로 규모를 확대하여 사업적 규모로 발전시켜 나가는 것이 바람직하다.
㉢ 청소년의 자발성과 자주적 노력을 강조하므로 부모·지도자의 지나친 지도는 삼가는 것이 좋다.
㉣ 과제활동은 계획과정부터 철저하게 기록하는 습관을 길러야 한다.
㉤ 이수한 과제활동의 업적을 발표할 수 있는 기회를 준다.

31

과제활동의 지도에서 고려되어야 할 사항으로 여겨지지 않는 것은?

① 계속적 확대지도
② 청소년 스스로에 의한 활동
③ 철저한 기록지도
④ 과제활동의 총괄적 지도
⑤ 과제활동의 평가지도

해설
과제활동의 지도에서 고려되어야 할 사항: 경력별 지도, 계속적 확대지도, 청소년 스스로에 의한 활동, 철저한 기록지도, 과제활동의 발표 및 평가

[19. 경북지도사 기출]

32

다음 과제활동 중 가장 규모가 크고 소득이 높게 발생하는 것은?

① 개량과제
② 보조과제
③ 부과제
④ 주과제

정답 30.② 31.④ 32.④

해설
생산과제의 분류
㉠ **주과제** : 한 사람이 여러 가지 생산과제를 이수할 때 가장 규모가 크고 소득이 높은 과제
㉡ **부과제** : 그 다음으로 비중이 있는 과제
㉢ **조과제** : 목초나 녹비작물 재배와 같이 주과제나 부과제의 이수에 필요로 사용되는 생산과제

33

[20. 경북지도사 기출]

다음 중 과제에 관한 설명으로 옳지 않은 것은?

① 개량과제 – 축사수리, 가정청소
② 생산과제 – 채소재배, 꽃기르기
③ 보조과제 – 가축 사료배합, 종자소독
④ 생산과제 – 도구상자만들기, 병해방제

해설
과제활동 사례
㉠ **생산과제(소유권과제)** : 도구상자만들기, 신발통만들기, 토끼장만들기, 라디오만들기, 옷만들기, 음식만들기, 토끼기르기, 송아지기르기, 돼지기르기, 꽃기르기, 채소재배 등
㉡ **개량과제** : 병해방제, 지력증진, 농로개수, 가축사육, 축사수선, 가정청소, 의복수선, 마을청소, 기금조성 등
㉢ **보조과제** : 전정법, 사료배합법, 종자소독법, 땜질하기, 칼갈기 등

34

다음에서 생산과제를 설명한 것 중 틀린 것은?

① 생산과제는 과제이수자가 책임을 지고 생산하여야 하며 생산물은 과제이수자에게 소속되어야 한다.
② 생산과제는 농촌청소년이 성인의 사업경영을 실제적 상황에서 경험을 하게 하는데 목표가 있다.
③ 생산과제를 이수할 때는 이수자가 직접 시장유통에 관한 경험도 하여야 한다.
④ 생산과제란 예를 들어 부모가 돼지를 사서 자녀에게 사료 주는 일만 맡기는 것도 포함된다.

해설
생산과제는 소유권과제라고도 부르며, 과제이수자가 책임을 지고 생산하여야 하며, 생산물은 과제이수자에게 소속되어야 한다. Harmonds and Binkley는 생산물이 과제이수자에게 소속되지 않으면 그것은 엄격한 의미에서 생산과제가 아니며 개량과제라고 하였다.

35

다음 중 주과제에 대한 설명으로 타당한 것은 무엇인가?

① 부친의 자금과 자신의 자금을 반반으로 하였을 때 이익금을 반반으로 나누어 수행하는 과제
② 한 사람이 여러 가지 생산과제를 이수할 때 가장 규모가 크고 소득이 높은 과제
③ 편리와 효율을 도모하거나 재산상의 가치를 증진시키는 활동
④ 목초나 녹비작물 재배 생산과제

해설
생산과제의 분류
㉠ **주과제** : 한 사람이 여러 가지 생산과제를 이수할 때 가장 규모가 크고 소득이 높은 과제
㉡ **부과제** : 그 다음으로 비중이 있는 과제
㉢ **조과제** : 주과제나 부과제의 이수에 필요로 사용되는 과제

36

다음 중 개량과제의 개념은?

① 토끼사육, 송아지사육 등과 같이 무엇을 만들거나 생산하는 활동이다.
② 소유권과제라고도 한다.
③ 가정생활이나 지역사회생활, 영농이나 기타 사업경영에 있어서 편리와 효율을 도모하거나 재산상의 가치를 증진시키는 활동이다.
④ 한 사람이 여러 가지 생산과제를 이수할 때 가장 규모가 크고 소득이 높은 과제이다.

해설
①, ②는 생산과제, ④는 생산과제 중 주과제라고 한다.

37

개량과제와 생산과제의 차이점을 설명한 것은?

① 개량과제와 생산과제는 의미상 별 차이가 없다.
② 생산과제와 개량과제란 그 소유권이 누구에게 속하느냐에 따라서 구별될 수 있다.
③ 가축을 사육하는 경우 그 가축이 이수자의 소유이면 개량과제, 집안의 소유이면 생산과제이다.
④ 개량과제와 생산과제의 구별은 이수대상자에 따라 달라진다.

35.② 36.③ 37.② **정답**

해설
③ 가축을 사육하는 경우 그 가축이 이수자의 소유이면 생산과제, 집안의 소유이면 개량과제이다.
④ 개량과제와 생산과제의 구별은 소유권에 따라 달라진다.

38

[17. 지도사 기출변형]

과제활동에 대한 설명으로 옳은 것은?

> 가. 개량과제를 소유권 과제라 지칭하기도 한다.
> 나. 개량과제는 주과제, 부과제, 조과제로 구분한다.
> 다. 생산과제는 과제이수자가 책임을 지고 생산하여야 한다.
> 라. 보조과제는 생산과제나 개량과제를 이수하는데 필요한 하나하나의 기능을 배우고 익히며 숙련하는 활동을 말한다.

① 가, 나
② 나, 다
③ 다, 라
④ 가, 라

해설
과제활동의 종류
㉠ **생산과제**
  ⓐ 무엇을 만들거나 생산하는 활동
  ⓑ 생산과제(소유권과제라고도 부름)는 과제이수자가 책임을 지고 생산하여야 하며, 생산물은 과제이수자에게 소속되어야 한다.
  ⓒ **생산과제의 분류** : 주과제, 부과제, 조과제
㉡ **개량과제** : 가정생활이나 지역사회생활, 영농이나 기타 사업경영에 있어서 편리와 효율을 도모하거나 재산상의 가치를 증진시키는 활동
㉢ **보조과제** : 생산과제나 개량과제를 이수하는데 필요한 하나하나의 기능을 배우고 익히며 숙련하는 활동

39

단체회원들이 평소 닦은 실력을 서로 비교하며, 집단 전체의 발전과 친목을 위한 청소년들의 활동은?

① 야외행사활동
② 과제활동
③ 경진활동
④ 단기연수활동

40

다음 중 농촌청소년들의 경진활동에 대하여 잘못 설명한 것은?

① 경진대회란 집단전체의 발전을 위한 친목 등의 단합대회의 성격이다.
② 경진내용은 영농과제의 경진, 청소년지도목표에 비추어 다양하게 설정되어야 한다.
③ 경진대회가 경진을 위한 경진으로 과열되는 것은 일차적으로는 청소년들의 책임이다.
④ 경진의 내용은 흥미로운 내용을 포함시켜야 한다.
⑤ 농촌청소년들의 경진대회는 중앙보다는 일선 읍면 단위의 경진대회를 충실히 하는 것이 좋다.

해설
경진대회가 경진을 위한 경진으로 과열되는 것은 청소년보다 이들을 지도하는 지도자의 책임이다.

41

청소년들에게 짧은 기간(2~3일 또는 2~3주일)에 특정의 기술, 지식, 정신, 교양 등의 함양을 목적으로 비교적 학교교육과 같은 내용으로 교육을 시키는 활동은?

① 단기연수활동
② 야외행사활동
③ 현장연수활동
④ 경진활동

42

청소년의 야외행사활동에서 얻을 수 있는 장점으로 볼 수 없는 것은?

① 협동심의 배양
② 정서의 안정
③ 과제활동의 이수
④ 소속감의 배양
⑤ 청소년문화에 대한 욕구의 충족

43

다음 중 영농후계자 육성의 목표가 아닌 것은?

① 농촌청소년들의 영농에 대한 흥미와 적성을 개발한다.
② 영농후계자들에게 영농생활에 대한 자신감을 갖게 한다.
③ 영농후계자들이 그 다음의 후계자들을 위해 가르칠 수 있는 능력을 습득시킨다.
④ 현대사회 변화에 대처할 수 있는 합리적 의사결정력을 기르게 한다.

해설
영농후계자 육성의 목적
㉠ 농촌청소년들의 영농에 대한 흥미와 적성을 계발한다.
㉡ 영농후계자들에게 영농생활에 대한 긍지와 자신감을 갖게 한다.
㉢ 영농후계자들에게 향토발전에 대한 책임의식과 봉사자세를 배양한다.
㉣ 영농후계자들에게 이상에 맞는 배우자를 선택하여 행복한 가정생활을 조성할 수 있는 태도와 능력을 배양하게 한다.
㉤ 영농후계자들이 영농정착에 필요한 각종 자산을 장기적으로 구축하여 나가도록 한다.
㉥ 영농후계자들에게 개별적으로 또는 협동적으로 효율적인 농업경영을 통하여 영농소득을 증대시킬 수 있는 과학적인 영농능력을 함양하도록 한다.
㉦ 영농후계자들이 그들 주위에 있는 가용자원과 외부환경을 효과적으로 활용할 수 있는 능력을 개발하도록 한다.
㉧ 영농후계자들에게 닥쳐올 수 있는 시련과 위험을 극복할 수 있는 정신과 인내력을 기른다.
㉨ 영농후계자들이 세계적인 안목에서 정보를 입수하고, 현대사회의 변화에 대처할 수 있는 합리적인 의사결정력을 기르게 한다.

[17. 지도사 기출변형]

44

영농정착의 발달단계를 순서대로 나열한 것은?

① 진로준비단계 → 진로인식단계 → 진로전문화단계 → 진로탐색단계
② 진로인식단계 → 진로준비단계 → 진로탐색단계 → 진로전문화단계
③ 진로준비단계 → 진로전문화단계 → 진로인식단계 → 진로탐색단계
④ 진로인식단계 → 진로탐색단계 → 진로준비단계 → 진로전문화단계

[18. 경남지도사 기출변형]

45

농촌청소년의 영농정착의 발달 순서가 옳은 것은?

① 진로탐색 → 진로인식 → 진로전문화 → 진로준비
② 진로탐색 → 진로준비 → 진로인식 → 진로전문화
③ 진로인식 → 진로탐색 → 진로준비 → 진로전문화
④ 진로인식 → 진로탐색 → 진로전문화 → 진로준비

정답 43.③ 44.④ 45.③

46

기회가 있는 대로 영농과 관련된 과제활동을 하게 하여 흥미와 능력, 적성을 개발하는 단계는?

① 진로인식단계
② 진로탐색단계
③ 진로준비단계
④ 진로전문화단계

해설
진로탐색단계
중학교 과정의 나이(12~15세)에 있는 청소년들에게 각자의 흥미와 능력에 맞는 직업분야에 관련되는 과제활동을 하게 하고, 그러한 과정에 익숙하여지면 적성을 개발한다. 따라서 기회가 있는 대로 이들이 영농과 관련된 과제활동을 하게 하여 흥미와 능력, 적성을 개발한다.

[23. 충북지도사]

47

다음 〈보기〉에서 설명하는 영농정착의 발달단계는?

> 청소년들에게 한 분야의 직업을 선택하게 한 후 다음으로 직업에 필요한 기술을 익히고 그 직업에 대한 가치를 부여하여 건전한 직업관을 갖게 한다.

① 진로 인식
② 진로 탐색
③ 진로 준비
④ 진로 전문화

48

진로발달단계 중 대학교에서의 직업에 필요한 지식과 기술을 확보하는 단계는?

① 진로인식단계
② 진로탐색단계
③ 진로준비단계
④ 진로전문화단계

해설
진로전문화단계
대학과정 이상의 나이에 있는 청소년들에게 선택한 직업에 필요한 전문직 지식과 기술을 확보하게 하고, 직업인으로서 건전한 인간관계의 조성능력을 갖게 하며, 또한 그 직업발전에 공헌할 수 있음은 물론 자신의 승진을 도모할 수 있는 능력도 갖게 한다.

46.② 47.③ 48.④ 정답

49

다음 중 부자협약이 필요한 시기로 바른 것은?

① 진로인식단계 ② 진로탐색단계
③ 진로준비단계 ④ 진로전문화단계

해설
㉠ 진로전문화단계에서 영농정착을 지도하는 활동은 여러 가지가 있으나, 그 중에서 가장 중요한 지도활동은 부자협약영농활동이다.
㉡ **영농정착의 발달단계** : ⓐ 진로인식단계, ⓑ 진로탐색단계, ⓒ 진로준비단계, ⓓ 진로전문화단계

50

다음 중 부자협약영농의 설명으로 바른 것은?

① 마을 단위 협동농업
② 부자(父子) 간에 영농책임·소득분배·영농이양 등에 대해 서로 협약하는 것
③ 토지를 남에게 빌려주는 것
④ 농산물을 공동으로 출하하는 것

해설
부자협약영농의 의미
㉠ 영농후계자는 대부분이 부친의 영농을 후계하는 경우가 많은데, 이러한 경우 부자 간에 영농책임·소득분배·영농이양 등에 있어서 부자 간이 상호협약하여 영농하는 것
㉡ 부자를 중심으로 가족 간의 화합에 의하여 영농경영과 농가생활에서 가족 각자의 분담을 결정하고, 일정한 약속 하에서 노동보수를 나누는 가족 상호 간에 새로운 인간관계를 결성하는 것

51

다음에서 부자협약영농의 형태 중 시안협약이란?

① 자녀에게 영농을 후계시킬 목적으로 가축이나 농장의 일부를 경작시키는 협약
② 노동에 대한 임금협약
③ 부모의 농지와 가축 등에 대하여 임차하는 소작경영협약
④ 임금을 지불하고 잉여소득을 배분하는 협약

정답 49.④ 50.② 51.①

해설
부자협약영농의 형태
㉠ **시안협약** : 자녀에게 영농을 후계시킬 목적으로 가축이나 농장의 일부를 경작시키는 협약
㉡ **경영부문협약** : 경영의 일부분에 대한 책임을 주고 경영하게 한다.
㉢ **임금협약** : 노동에 대한 책임협약이다.
㉣ **임금 및 소득분배협약** : 임금을 지불하고 잉여소득을 배분하는 협약이다.
㉤ **임대차협약** : 부모의 농지와 가축 등에 대하여 임차하는 소작경영협약이다.
㉥ **공동경영협약** : 부자 간에 공동출자하여 동업협약으로 조합협약과 회사협약을 한다.
㉦ **농장양도협약** : 자식에게 소유권을 이전하는 협약으로, 현금·연부지불, 부양계약에 의한 인수 등이 있다.

52
농촌 청소년 지도에서 4-H 운동의 성과로 옳은 것만 모두 고른 것은?

> 가. 농촌 청소년의 건전한 성장
> 나. 전문지도자의 확보와 지원 기능의 강화
> 다. 농촌의 기간 농업인과 지역지도자 배출
> 라. 의식개혁 운동의 주도적 역할

① 가, 나
② 가, 다, 라
③ 다, 라
④ 나, 다, 라

해설
4-H 운동의 성과
㉠ 의식개혁 운동의 주도적 역할
㉡ 농촌 청소년의 건전한 성장과 산업화의 인적 기반 형성
㉢ 농촌의 기간농업인과 지역지도자 배출
㉣ 농촌지도력 배양과 농업개발
㉤ 농업기술혁신을 통한 소득증대

[23. 충북지도사]

53
4-H 운동의 성과로 옳은 것은?

① 지·덕·노·체라는 4에이치 이념의 실현
② 농촌청소년 건전한 성장과 산업화의 인적기반 형성
③ 의식개혁 운동의 보조적 역할
④ 전문지도자의 확보와 지원 기능의 강화

해설
4-H 운동의 성과 : 의식개혁 운동의 주도적 역할, 농촌청소년 건전한 성장과 산업화의 인적 기반 형성, 농촌의 기간농업인과 지역지도자 배출, 농촌지도력 배양과 농업개발, 농업기술혁신을 통한 소득증대

52.② 53.② **정답**

54

4-H 운동의 발전과제로 옳지 못한 것은?

① 농업기술 혁신을 통한 소득증대
② 농촌청소년의 진로지도 확대
③ 전문지도자의 확보와 지원기능의 강화
④ 변화시대에 적응할 수 있는 4-H교육 추진

해설
4-H 운동의 발전과제
㉠ 변화시대에 적응할 수 있는 4-H 교육
㉡ 농촌청소년의 진로지도 확대
㉢ 4-H 연소 회원 및 여회원의 참여 확대
㉣ 전문지도자의 확보와 지원 기능의 강화

55

다음 중 농촌여성의 심리적 특성에 대한 설명으로 틀린 것은?

① 표출적 행동은 여성에게, 도구적 행동은 남성에게서 더 많이 관찰된다고 한다.
② 정서적 표현에 능하다.
③ 경쟁성이 강한 여성은 사회의 환영을 받는다.
④ 여성이 남성보다 비공격적 행위를 보여 주는 경향이 있다.

해설
경쟁성이 강한 여성은 사회의 환영을 받기 힘들고 남성의 분개를 자아내는 경향이 있다.

56

농촌여성의 영농참여 증대현상과 관련하여 부각된 문제점이라고 할 수 없는 것은?

① 여성의 육체적 노동은 가사노동과 더불어 더욱 가중되었다.
② 과중한 육체노동에 대한 사회 경제적 보상이 주어지지 못함으로써 오히려 충분히 개발·활용되고 있지 못하다.
③ 기계화적 농업생산기술 및 상농업의 발전으로 여성의 영농참여는 줄어드는 실정이다.
④ 농촌여성에 대한 영농지도와 교육훈련의 부족으로 인하여 여성의 영농능력이 충분히 개발·활용되고 있지 못하다.

정답 54.① 55.③ 56.③

해설
여성의 영농참여의 문제점
㉠ 여성의 육체적 노동은 가사노동과 더불어 더욱 가중되었다.
㉡ 과중한 육체노동에 대한 사회·경제적 보상이 주어지지 못함으로써 오히려 충분히 개발·활용되고 있지 못하다.
㉢ 농촌여성에 대한 영농지도와 교육훈련의 부족으로 인하여 여성의 영농능력이 충분히 개발·활용되고 있지 못하다.

57

다음 중 농촌여성지도의 구체적 목표에 속하지 않는 것은?

① 농촌여성들에게 의사결정능력과 이해능력을 배양한다.
② 가정에서의 역할보다도 사회에서의 여성의 지위를 향상시키는데 역점을 둔다.
③ 농촌여성들에게 건전한 인간관계를 조성할 수 있는 능력을 배양한다.
④ 인생의 가치와 가정역할에 대한 중요성을 이해시킨다.

해설
농촌여성지도의 목표
㉠ 농촌여성들에게 의사결정능력과 이행능력을 배양한다.
㉡ 농촌여성들에게 건전한 인간관계를 조성할 수 있는 능력을 배양한다.
㉢ 농촌여성들에게 개인적으로, 지역사회활동에 능동적으로, 그리고 효과적으로 참여할 수 있는 능력을 배양한다.
㉣ 인생의 가치와 가정역할에 대한 중요성을 이해시킨다.
㉤ 농촌여성들에게 가정이나 사회에서 여성의 지위를 스스로 향상시킬 수 있는 능력을 함양한다.
㉥ 농촌자녀를 건전하게 육성할 수 있는 능력을 배양한다.
㉦ 합리적으로 현금과 재산을 관리할 수 있는 능력을 함양한다.
㉧ 의식주 생활을 합리적으로 이행할 수 있는 능력을 배양한다.
㉨ 영농직과 타직업의 고용기회에 대한 철저한 준비능력을 배양한다.

58

농촌생활개선지도의 목표가 아닌 것은?

① 가정에 대한 중요성 인식
② 농촌자녀의 건전한 육성능력 배양
③ 합리적 현금관리능력 함양
④ 의식주 생활기술 함양
⑤ 농외소득기술의 함양

57.② 58.⑤ 정답

59

다음 여성농업인 육성계획 내용이 옳지 않은 것은?

① 경영능력 강화 – 전문교육시스템 구축, 여성농작업의 기계화 추진
② 지위향상 촉진 – 해외선진농업연수, 후계여성농업인의 육성
③ 삶의질 개선 – 자녀학자금 지원, 농가도우미 제도
④ 정책시스템 구축 – 정책과제 개발연구와 정책추진체계 정비

해설▶

여성농업인의 경영능력 강화 전문인력화와 영농활동 지원	여성농업인의 전문교육·훈련
	여성농업인의 전문교육시스템 구축
	여성농업인의 해외선진농업연수
	후계여성농업인의 육성
	여성농작업의 기계화 추진
여성농업인의 지위향상 촉진 여성농업인의 사회참여 활성화	각종 위원회의 여성 위촉 확대
	여성농업인의 협동조합 참여 확대
	여성단체위탁사업의 활성화
	여성농업인 단체활동 지원
	여성농업인의 전문직업의식 고양
	여성농업인센터 운영지원
여성농업인 삶의 질 제고	농업인의 고교생 자녀 학자금 지원
	농가도우미 제도 정착
	농업인 영유아 양육비 지원
여성농업인 정책시스템 구축	여성농업인의 정책과제 개발 연구
	여성농업인 육성 정책추진체계 정비

60

농촌여성지도와 생활개선지도를 동일한 의미로 본 전통적 관점의 기본목적에 해당하지 않는 것은?

① 농촌인의 영양개선
② 자녀교육, 양육능력
③ 지도력과 시민정신의 함양
④ 인생의 가치 인식

해설▶
농촌여성지도와 생활개선지도를 동일한 의미로 본 전통적 관점의 기본목적
㉠ 농촌인의 영양개선
㉡ 자녀교육, 양육능력의 향상
㉢ 지도력과 시민정신의 함양
㉣ 농촌문화 수준의 향상
㉤ 건강과 위생관리 능력의 향상
㉥ 가정생활의 합리적 운영

[23. 충북지도사]

61
농촌여성지도에 관한 설명으로 옳지 않은 것은?
① 농촌생활개선지도는 모든 농촌여성을 대상으로 한다.
② 농촌여성지도는 남녀를 동등한 입장에서 성을 기준으로 구분된 개념이다.
③ 농촌여성지도의 기본이념은 농촌여성의 인간성회복·지위향상을 통한 농촌사회의 질적 향상이다.
④ 전국여성농민회총연합은 여성농업인 뿐만 아니라 넓게는 농업인의 권익을 대변하는 기관이다.

[해설]
농촌생활개선지도는 모든 농촌인을 대상으로 한다.

62
다음 중 농촌여성지도의 이념에 해당하는 것은?
① 농촌생활의 전반적 개선
② 농촌여성의 인간성 회복과 지위향상
③ 농촌여성의 노동력 절감
④ 생활개선과제 이수를 통한 삶의 질 향상

[해설]
농촌여성지도의 기본이념: 농촌여성의 불평등한 실태에 관심을 가지고, 농촌여성의 인간성 회복과 지위향상을 통한 농촌사회의 질적 향상을 추구한다.

63
다음 중 농촌지도의 전통적 목적에서 농촌여성지도의 목표는?
① 여성의 지위향상   ② 농촌인의 영양개선
③ 여성의 잠재능력 개발   ④ 지역 개선

[해설]
농촌여성지도의 기본이념: 농촌여성의 불평등한 실태에 관심을 가지고, 농촌여성의 인간성 회복과 지위향상을 통한 농촌사회의 질적 향상을 추구하는 것이다.

61.① 62.② 63.①

64

다음 중 농촌생활개선지도에서 농촌여성이 참여하는 활동으로 볼 수 없는 것은?

① 문화적 활동 ② 사회적 활동
③ 복지적 활동 ④ 경제적 활동

해설
농촌생활개선사업 : 농촌주민 생활의 개선을 위하여 농촌여성을 중심으로 하는 모든 농촌주민이 그들의 가정이나 지역사회에서 농촌 생활의 질 향상에 관계되는 경제·사회·문화적 활동에 참여하고 스스로 개선을 추구할 수 있는 인격과 능력을 함양하고 그들에게 필요한 혁신과 정보를 제공하는 사업

65

농촌생활개선지도와 농촌여성지도의 설명으로 맞지 않는 것은?

① 농촌생활개선지도는 농촌여성지도와 같은 개념이다.
② 농촌생활개선지도는 농촌생활 개선에 관계되는 사회·경제적 모든 활동이다.
③ 농촌여성지도의 대상은 농촌에 거주하는 모든 여성이다.
④ 농촌여성지도의 내용은 농촌여성의 지위향상과 여성인력의 질적 향상 등이다.

해설
농촌여성지도의 의미
㉠ **농촌생활개선지도**
  ⓐ **의미** : 농촌여성만을 대상으로 하지 않고 농촌생활개선에 관계되는 사회·경제적 모든 활동
  ⓑ **지도대상** : 모든 농촌인을 포함
  ⓒ **지도내용** : 생활의 질 개선사업(quality of living programs)과 비슷한 의미. 의식주 등 물질적 개선뿐만 아니라 교육과 보건기회의 증대, 청소년의 농촌이탈 문제, 농촌인력의 질적 빈곤, 영농 외의 취업문제, 여가 비용, 교통·통신 문제 등의 광범위한 영역이 포함
㉡ **농촌여성지도** : 남녀를 동등한 입장에서 보고 성(性)을 기준으로 구분된 개념
  ⓐ **지도대상** : 농촌에 거주하고 있는 청·장·노년층의 모든 여성
  ⓑ **기본이념** : 농촌여성의 불평등한 실태에 관심을 가지고, 농촌여성의 인간성 회복과 지위향상을 통한 농촌사회의 질적 향상을 추구함
  ⓒ **지도내용** : 영농참여, 농외소득 증대 등을 가정생활 개선과 똑같이 주요한 하나의 영역으로 취급하고, 농촌여성의 경제·사회·문화적 지위 향상, 여성인력의 질적 향상 등 여성과 관련된 광범위한 분야

66

다음 중 농촌생활개선의 의미에 대한 설명으로 틀린 것은?

① 좁은 뜻으로는 농촌가정 내에 국한된 생활에 대한 개선이다.
② 생활의 질적 개선을 위해서는 농촌생활의 사회, 경제, 문화, 보건 등 많은 분야의 개선이 필요하다.
③ 사람이 스스로 자신의 생활의 질을 개선할 수 있는 능력을 함양하는 것이 그 목표이다.
④ 현대의 생활개선사업의 주된 내용은 전통적인 농촌생활 개선사업에 국한된다.
⑤ 넓은 의미로 농촌사회 내의 사회경제적 활동에 대한 개선이다.

[해설]
현대의 생활개선사업의 주된 내용은 전통적인 농촌생활 개선사업에 국한되지 않고, 영농참여, 사회활동 참여, 소비생활뿐만 아니라 도시사회에까지도 사회경제적 모든 활동에 대한 개선을 포함한다.

67

다음 중 농촌여성지도의 내용에 부적합한 것은?

① 소득증대지도　　② 가정관리지도
③ 사회참여지도　　④ 문화활동지도

[해설]
농촌여성지도의 내용
㉠ 기초 및 교양지도
㉡ **가정관리지도** : 가계부정리·소비생활·현금관리·가정의례·농가생활진단·보험 등의 재해대책, 생활기기의 구입과 관리 등
㉢ **의식주 생활개선지도** : 작업복만들기·간편한 일상복만들기·피복의 구입 및 보관관리 등의 의생활지도, 식품요리·영양개선·식품의 저장가공·부엌개량·단체급식·공동취사 등의 식생활지도, 주택개량·정원관리·실내장식·변소 및 부엌개량 등의 주생활지도
㉣ **자녀교육지도** : 농번기 탁아소(새마을유아원)의 설치·운영, 부모교육, 자녀의 가정학습지도, 자녀의 여가선용지도, 자녀 진학지도, 청소년문제지도 등
㉤ **보건위생지도** : 오물처리, 우물소독, 상하수도개량, 예방접종, 모자보건, 의료보험, 의료생활, 농약중독 등
㉥ **소득증대지도** : 영농기술교육, 부녀자 농기계훈련, 부업단지의 조성 및 부업기술지도, 농업생산의 부농을 위한 생산자재구입·판매 등
㉦ **가족계획지도** : 피임지식과 도구의 보급, 가족계획의 홍보·계몽·피임시술, 산전·산후의 관리방법 등
㉧ **사회참여지도** : 지도력의 개발, 집단활동참여, 인간관계조성, 의사소통방법, 지역사회개발활동의 참여 등

68

<보기>의 문제를 해결할 수 있는 농촌여성 지도의 내용으로 가장 옳은 것은?

> 청소년 자녀를 둔 다문화가족이 늘고 있지만 다문화 가족 자녀의 취학률은 전체 국민에 비해 낮은 수준으로 나타났다. 특히 도시지역의 다문화가족 청소년보다 농촌 지역의 다문화가족 청소년은 한국어 교육 등 정책 이용률도 낮아 더욱 소외되고 있다는 지적이다. 이에 농촌에 사는 다문화가족 청소년을 위한 한국어 교육 확대 등 농촌의 특성을 반영한 정책이 마련돼야 한다는 목소리가 나온다.

① 기초 및 교양 지도
② 자녀교육 지도
③ 의식주 생활개선 지도
④ 보건위생 지도

해설
자녀교육지도 : 농번기 탁아소(새마을유아원)의 설치·운영, 부모교육, 자녀의 가정학습지도, 자녀의 여가선용지도, 자녀 진학지도, 청소년문제지도 등

[23. 서울지도사]

69

다음 중 특히 여성들이 선호하는 지도방법에 속하지 않는 것은?

① 여성은 전시를 좋아한다.
② 여성은 견학과 여행을 좋아한다.
③ 여성은 지도요원들이 자신의 집을 직접 방문하는 것을 싫어한다.
④ 여성은 자신이 직접 실습하는 것을 좋아한다.

해설
여성들이 선호하는 지도방법
㉠ 여성은 전시를 좋아한다.
㉡ 여성은 견학과 여행을 좋아한다.
㉢ 여성은 지도요원들이 자신의 집을 직접 방문하는 것을 좋아한다.
㉣ 여성은 자신이 직접 실습하는 것을 좋아한다.
㉤ 여성은 조직을 좋아한다.

[17. 지도사 기출변형]

정답 68.② 69.③

[20. 경남지도사 기출]

70

생활개선사업의 연대별 중점지도로 바르게 짝지은 것은?

① 1970년대 아동영양 지도
② 1980년대 농번기 공동취사장 운영
③ 1990년대 농작업 환경개선 및 노동관리
④ 2000년대 농가 주거환경 개선

해설
생활개선사업의 중점지도 내용

연대	내용
1960년대	• 간편한 농작업복 입기 • 개량메주 만들기 • 식량 소비절약 및 분식 장려 • 아궁이 개량
1970년대	• 농번기 공동취사장 운영 • 농번기 탁아소 운영 • 식생활 개선 • 부업 및 메탄가스 이용 지도
1980년대	• 아동영양 지도 • 농민건강유지 지도 • 부엌개량 지도 • 농촌여성 역할확대 대응지도
1990년대	• 농가 주거환경 개선 • 농작업 환경 개선과 노동관리 • 농민 건강증진 • 우리농산물 애용 및 한국형 식생활 정착 지도 • 농촌여성 일감갖기 사업 • 농가 가계관리 • 농촌노인생활 지도 • 생활문화 지도
2000년대	• 농특산물 가공상품화로 농가소득 증대 • 농촌 어메니티 자원 활용 • 농업인 건강관리와 농촌환경 조성 • 쌀 중심 한국형 식생활 정착 지도 • 여성과 노인의 생산적 복지 향상 • 농촌전통문화 보전 • 친환경주거모델 시범 및 화장실 설치 • 향토음식 자원화 및 전통식문화 계승 • 농촌여성 평생학습 센터 운영

70.③ 정답

71

다음 중 농촌여성지도의 장애요인이 아닌 것은?

① 가정적 요인
② 신체적 요인
③ 문화적 요인
④ 사회적 요인

해설
농촌여성지도의 장애요인
㉠ **문화적 요인** : 남녀차별적 관습, 종교의식, 사고방식 등과 같은 농촌사회의 문화, 가치규범은 농촌여성의 지도활동에 대한 참여를 막는 장애요인이 되고 있다.
㉡ **가정적 요인** : 농촌여성의 다중적 역할과 과중한 노동부담은 농촌여성 자신을 위하여 필요한 지도활동이나 사회교육 기회에 참여하는 것을 어렵게 한다.
㉢ **사회적 요인** : 농촌사회에 있어 여성은 전통적으로 남성보다는 낮은 사회·경제적 지위를 점하여 왔으며, 남성우위적 사회제도가 형성되어 있기 때문에 농촌지도활동이나 여타의 사회활동에 있어서 남성보다 활동적이고 적극적인 역할을 하는 것은 사실상 배제되어 왔다.
㉣ **농촌지도기관적 요인** : 농촌지도기관이 농촌여성지도의 필요성을 인식하고 있지 못하였으며, 여성들에게 필요한 적합한 기술과 교육방법을 개발하지 못하였기 때문에 자연히 여성지도를 소홀히 해왔다.

[17. 지도사 기출변형]

72

○○농업기술원에서 실시하는 여성농업인을 위한 기초 농기계훈련은 어느 항목에 해당하는가?

① 기초 및 교양
② 의식주 생활개선
③ 농업소득 증대
④ 사회참여

해설
여성의 소득증대 지도활동 : 영농기술교육, 부녀자 농기계훈련, 부업단지의 조성 및 부업기술지도, 농업생산의 부농을 위한 생산자재구입·판매 등에 관한 여성교육

[17. 지도사 기출변형]

73

다음 중 농촌여성지도에 관한 설명으로 옳은 것은?

① 농촌사회의 문화, 가치규범은 농촌여성의 지도활동에 대한 참여를 촉진시킨다.
② 농촌지도기관에서는 농촌여성에 대한 지도를 다른 분야보다 우선시하였다.
③ 농촌여성지도의 내용으로 소득증대에 관한 지도는 포함되지 않는다.
④ 농촌여성의 지도방법으로는 전시에 의한 방법이 효과적이다.

정답 71.② 72.③ 73.④

해설
① 농촌사회의 문화, 가치규범은 농촌여성의 지도활동에 대한 참여를 어렵게 한다.
② 농촌지도기관에서는 농촌여성에 대한 지도를 다른 분야보다 경시하였다.
③ 농촌여성지도의 내용으로 기초 및 교양지도, 가정관리지도, 의식주 생활개선지도, 자녀교육지도, 보건위생지도, 가족계획지도, 사회참여지도, 소득증대에 관한 지도가 포함된다.

[19. 강원지도사 기출]

74

농촌여성지도에 대한 설명으로 옳지 않은 것은?

① 농촌여성의 다중적 역할과 과중한 노동부담은 농촌여성을 위하여 필요한 사회교육 기회에 참여하는 것을 어렵게 한다.
② 여성의 다양한 활동은 농업노동과 같은 가치생산적 활동, 육아나 의식주 생활관리 같은 노동력 재생산적 활동으로 구분될 수 있다.
③ 농촌여성지도와 농촌생활개선지도는 서로 동일시하는 같은 개념으로 볼 수 있다.
④ 농촌여성지도 중 영농기술교육은 소득증대지도에 해당된다.

해설
농촌여성지도와 농촌생활개선지도를 동일시하는 경향이 있는데 이들은 지도대상과 내용에 있어 서로 같은 개념이 아니다.

75

농촌여성의 집단적 접근의 장애요인에 대한 설명으로 옳지 못한 것은?

① 여성은 동질성을 바탕으로 한 보편적 집단을 형성하는 것이 쉽다.
② 농촌사회의 남성우위 사회 문화적 규범은 농촌여성의 집단조직과 집단활동에 매우 저항적이다.
③ 농촌여성은 자신의 운명이 달려 있는 가정의 한 구성원으로서의 역할을 최우선적으로 받아들이고 수행하는 경향이 있다.
④ 집단활동이 쉽게 와해되거나 중단되는 경향이 있다.

해설
일반적으로 여성은 어떤 동질성을 바탕으로 한 보편적 집단을 형성하는 것이 매우 힘들다.

74.③ 75.① 정답

76

다음 중 농촌생활개선 지도활동의 특징이 아닌 것은?

① 농촌지도의 계획, 평가, 방법의 과정과 같다.
② 지도활동의 내용은 농촌지도의 내용과 같다.
③ 타지도사업보다 여성의 지도인력이 많이 든다.
④ 지도대상은 여성이 남성보다 많다.
⑤ 지도접근방법 및 원리는 농촌지도의 방법원리와 같다.

해설▶
농촌생활개선 지도내용은 생활의 질 개선사업(quality of living programs)과 비슷한 의미로서 의식주 등 물질적 개선뿐만 아니라 교육과 보건기회의 증대, 청소년의 농촌이탈 문제, 농촌인력의 질적 빈곤, 영농 외의 취업문제, 여가 비용, 교통·통신 문제 등으로 농촌지도와는 다르다.

77

생활개선회 활동의 과제 및 목적이 아닌 것은?

① 농촌생활 환경가꾸기
② 전통문화 계승 및 효의 실천
③ 농업의 보조자로서 선진농촌 이끌어가는 파수꾼
④ 농촌과 도시회원 간의 교류 및 도농연대 농촌현장체험 교육

해설▶
농촌여성은 가정적 역할은 물론 농업생산 및 농업 외 소득활동의 역할이 증대되고 있으며 단순히 농업의 보조자가 아닌 영농주체이면서 선진농촌을 이끌어가는 파수꾼 역할을 수행한다.

생활개선회 역할과 과제
㉠ 건전한 가정육성 및 활력 있는 농촌사회의 형성, 회원 간 친목도모를 위한 교육행사
㉡ 농가소득 향상을 위한 농축산물의 생산·저장·가공식품의 개발 및 상품화·판매
㉢ 농촌생활 환경 가꾸기 및 환경보전 활동
㉣ 전통문화 계승 및 효의 실천
㉤ 농촌과 도시회원 간 교류 및 도농연대 농촌현장체험 교육
㉥ 의식개발 및 리더십 배양과 회원의 복지증진을 위한 활동
㉦ 여성농업인의 전문 인력화와 여성후계세대 육성을 위한 과제 활동
㉧ 농업정보화기술능력 향상을 위한 정보화사업
㉨ 농업생산활동 주체로서의 역할 및 경영능력의 전문기술 교육이수

78

여성농어업인 육성 기본계획 중 경영능력 강화에 속하는 내용이 아닌 것은?

① 영농에 필요한 정보 활용을 위한 정보화교육
② 전문영농기술이나 농기계조작과 같은 영농기술교육
③ 다양한 세미나, 여성농업인 대회 등 단체행사참여교육
④ 후계여성농업인 육성과 여성농작업의 기계화 추진

해설
여성농어업인 육성 기본계획의 기본전략
㉠ 여성농업인의 경영능력 강화
  ⓐ **전문인력화** : 영농에 필요한 정보 활용을 위한 정보화교육, 전문영농기술이나 농기계조작과 같은 영농기술교육, 농업경영과 마케팅 등의 지식 기술 습득을 위한 전문농업 경영교육을 실시. 전문교육시스템을 구축하고, 여성농업인의 해외선진농업 연수 실시
  ⓑ **영농활동 지원** : 후계여성농업인 육성과 여성농작업의 기계화 추진
㉡ 여성농업인의 지위 향상 촉진
  ⓐ 각종 위원회와 협동조합에 여성 참여를 확대. 다양한 세미나, 여성농업인 대회 등 단체행사를 지원하고 여성농업인을 시상하는 등 전문 직업의식을 고양해야 함
  ⓑ 자녀의 보육이나 학습지도, 교양·문화 활동 공간, 다용도 학습 공간, 여성농업인종합 상담사업 등 지역특성 및 여성농업인의 여건을 고려한 프로그램 운영을 위해 여성농업인 센터 운영을 지원
㉢ **여성농업인의 삶의 질 제고** : 자녀 학자금 지원, 농가도우미 제도, 영유아 양육비 지원 등 필요
㉣ 여성농업인 정책시스템의 구축

79

다문화사회를 맞이하기 위해 필요한 조건으로 옳지 않은 것은?

① 세계화시대에 걸맞은 성숙된 시민의식함량
② 다양한 문화적 배경을 지닌 역할모델과 서비스를 개발하기 위한 연구
③ 다문화정책의 시행은 다문화 이행속도가 빠른 도시에서 우선 시행
④ 다문화 가족의 인적, 문화자원적 가치를 활용하는 한국형 다문화사회 모델 개발

해설
다문화사회를 맞이하기 위한 과제
㉠ 세계화 시대에 걸맞은 성숙된 시민의식의 함양이 필요함
㉡ 다문화가족의 인적·문화 자원적 가치를 활용하는 '두 갈래 전략'을 이용하는 한국형 다문화사회 모델의 개발이 필요함
㉢ 정책의 시행은 다문화로 이행되는 속도가 상대적으로 빠른 농촌에 우선하여 시행되어야 함
㉣ 다양한 문화적 배경을 지닌 역할 모델과 서비스를 개발하기 위한 연구가 필요함

78.③ 79.③ 정답

80

2010년 변경된 이주여성농업인 맞춤형 농업교육 내용이 옳지 않은 것은?

① 1:1 교육
② 교육인원은 500명
③ 농협중앙회의 일괄 수당지급
④ 품목별 표준화된 교육과정 및 교재 제공

해설
이주여성농업인 1:1 맞춤 농업교육 변경

구분	2009	2010	변경사유
교육인원	700명	500명	교육횟수 조정
교육방법	1:1 교육	1:3 공동교육 가능	효과적 교육 진행
교육횟수	15회	15~20회	품목별 난이도 반영
교육과정	품목별 교육과정 및 교재 없음	품목별 표준화된 교육과정 및 교재 제공	교육방향 제시
수당지급방법	시군 지부 지급	농협중앙회 본부 일괄 지급	효율성 제고

81

이주여성농업인 대상의 맞춤농업교육에 대한 설명으로 바르지 않은 것은?

① 우수 여성농업인력 양성 및 농촌 정착을 유도하는 목적이 있다.
② 1년 이상 실제 농업에 종사하고 있는 이주여성을 대상으로 한다.
③ 한국어로 소통이 가능하지 않아도 지원을 받을 수 있다.
④ 농업교육후견인은 5년 이상 농업에 종사하고 있는 전문 여성농업인이여야 한다.

해설
한국어로 소통이 가능하여야 한다.
이주여성농업인 1:1 맞춤 농업교육
㉠ **목적** : 농업종사를 희망하는 이민여성농업인과 전문여성농업인을 연계 1:1 맞춤 농업교육을 통한 우수 여성농업인력 양성 및 농촌 정착을 유도하기 위한 사업
㉡ **대상** : 이주여성농업인(단, 한국어 소통이 가능하고 신청일로부터 1년 이상 실제 농업에 종사하고 있는 자)
㉢ **농업교육후견인 제도** : 농촌 이주여성을 우수한 농업 농촌의 농업 인력으로 양성할 수 있는 의지가 있고, 5년 이상 농업에 종사하고 있는 전문 여성농업인을 대상
㉣ **교육장소** : 이주여성농업인과 농업교육후견인을 1:1로 연결시켜, 이주여성농업인의 농장이나 농업교육후견인의 농장에서 교육을 실시

82

다음 중 개량된 농업기술을 선진농가로부터 소농으로 전파시키는 이론은?

① 국면접근법 ② 단계접근법
③ 전시지도법 ④ 낙수적 개발이론

해설
선진농가로부터 소농으로 전파시키는 이론을 낙수적 개발이론이라고 한다.

[18. 강원지도사 기출변형]

83

소농위주의 농촌지도가 이루어져야 하는 이유가 아닌 것은?

① 지도방식이 지나치게 상향적인 개발방식을 따랐기 때문
② 대농이나 진보적 농민만을 위한 획일적인 농촌지도였기 때문
③ 소농은 한계생존을 위협하는 혁신사항을 받아들이기 힘들었기 때문
④ 다단계 의사전달방법에 지나치게 의존했기 때문

해설
소농중심의 농촌지도의 필요성(종래 소수 대농이나 진보적 농민만을 대상으로 농촌지도가 이루어진 이유)
㉠ 과거의 농촌지도는 혁신전파이론을 지나치게 강조하였다. 농촌지도는 혁신전파 방법으로서 다단계 의사전달방법에 지나치게 의존하여 직접 농민에게 전파한 것이 아니라 여론지도자나 선진농가를 통하는 방식이었다.
㉡ 농촌지도가 일반농민들에게 장려하였던 혁신사항들이 대부분 농민들의 현실에 부합되지 못했다. 권장되었던 혁신사항은 농민의 한계생존을 위협하는 것들이어서 다수 소농은 혁신사항의 수용을 거부하였다.

[17. 지도사 기출변형]

84

소농의 경제적 특성으로 옳은 것은?

가. 자본집약적 생산방식
나. 높은 노동생산성
다. 낮은 상품화 비율
라. 비능률적 농업경영

① 가, 다 ② 나, 라
③ 가, 나 ④ 다, 라

82.④ 83.① 84.④ **정답**

> **해설**
> **소농의 경제적 특성** : 노동집약적 생산방식, 낮은 노동생산성, 낮은 상품화 비율, 비능률적 농업경영

85

[17. 지도사 기출변형]

소농의 일반적 특성으로 옳지 않은 것은?

① 제한된 세계관
② 가족주의적 성격
③ 낮은 감정이입
④ 미래지향주의

> **해설**
> **소농의 사회심리적 특성** : 상호불신적 성격, 제한된 세계관, 제한된 선의 지각, 가족주의적 성격, 혁신성의 결여, 운명주의, 낮은 포부, 낮은 감정이입, 현재지향주의, 정부권위에 대한 의존성과 배타성 등

86

[18. 충남지도사 기출변형]

다음 중 소농의 특징에 대한 설명이 옳지 않은 것은?

① 노동 집약적 생산방식
② 높은 노동생산성
③ 농업경영의 비능률성
④ 낮은 감정이입

> **해설**
> **소농의 특징**
> - **소농의 경제적 특성** : 노동집약적 생산방식, 낮은 노동생산성, 낮은 상품화 비율, 비능률적 농업경영
> - **소농의 사회심리적 특성** : 상호불신적 성격, 제한된 세계관, 제한된 선의 지각, 가족주의적 성격, 혁신성의 결여, 운명주의, 낮은 포부, 낮은 감정이입, 현재지향주의, 정부권위에 대한 의존성과 배타성 등

정답 85.④ 86.②

04 농촌지도사업 성과와 과제

01

지식기반사회의 농업기조에 대한 설명으로 바르지 않은 것은?

① 개방과 시장원리에 입각한 경쟁체제로
② 수요자중심에서 공급자중심으로
③ 노동집약적 형태에서 지식집약적 형태로
④ 식량의 양 중심에서 질 중심으로

해설
지식기반사회의 농업기조
㉠ 개방·시장원리에 입각한 경쟁체제(신자유주의)에 토대를 두고,
㉡ 공급자 중심에서 수요자 중심으로,
㉢ 노동집약적 형태에서 저비용·고효율 체제의 지식 집약적 형태로,
㉣ 식량의 절대공급이라는 양 중심에서 품질 좋고 안전한 농산물이라는 질 중심으로의 변화

02

농촌지도사업의 패러다임 변화로 옳지 않은 것은?

① 농촌산업에서 삶의 공간으로 변화되어야 한다.
② 농업인 중심에서 국가목표 중심으로 변화되어야 한다.
③ 농업기술 중심에서 문화·복지 중심으로 변화되어야 한다.
④ 중앙정부 중심에서 지방정부 중심으로 변화되어야 한다.

해설
농촌지도사업의 패러다임 변화
㉠ **농촌산업에서 삶의 공간으로** : 농업을 직업으로 하는 사람들이 소득을 높이고 행복한 삶을 살 수 있는 농촌으로 만들어야 함
㉡ **국가목표 중심에서 농업인 중심으로** : 국가목표 달성을 위한 하향식 농촌지도사업이 아닌 농가 또는 농민 중심의 사업으로 전환해야 함
㉢ **농업기술 중심에서 문화복지 중심으로** : 전통적인 농업기술 중심의 농촌지도가 아닌 농업인의 풍요로운 삶을 보장할 수 있는 문화복지적 차원을 강조해야 함
㉣ **중앙정부 중심에서 지방정부 중심으로** : 지역의 특색과 지역주민의 요구를 반영한 농촌지도가 이루어져야 함

01.② 02.② **정답**

03

농촌지도사업이 적극적으로 수행해야 할 정책과제에 해당되지 않는 것은?

① 농업, 농촌의 다원적 기능 활용
② 품목별 농업인 조직 육성
③ 사이버 농업지식정보 제공
④ 농업기술센터의 지도지원 기능 확충

해설

농촌지도사업이 수행해야 할 정책과제
㉠ 소비자 농업(consumers driven agriculture)의 육성
㉡ 친환경농업 실천 감시 기능 수행
㉢ 농촌지도기관의 농산물 품질관리를 통한 농산물의 통합 브랜드화
㉣ 농업·농촌의 다원적 기능 활용
㉤ 농업기술·경영 컨설팅 강화
㉥ 품목별 농업인 조직 육성
㉦ 사이버 농업지식정보 제공
㉧ 수출지향 농업 육성
㉨ 수확후관리 및 가공기술 중점 보급
㉩ 종자생산보급기능 확대
㉪ 시군농업기술센터 연구개발 기능 확충

04

농촌지도사업이 앞으로 강조해야 할 지향점에 대한 것이 아닌 것은?

① 기관을 중심으로 한 변화의 방향은 정부기관과 비정부기관의 연계 및 학교교육과 사회교육의 연계이다.
② 대상을 중심으로 한 변화의 방향은 농촌주민에서 도시주민 및 성인중심으로의 확대이다.
③ 내용을 중심으로 한 변화의 방향은 농업기술과 농촌 관련 사업과의 연계 및 직업농업교육과 교양농업교육의 연계이다.
④ 방법을 중심으로 한 변화의 방향은 온라인교육과 오프라인교육의 연계 및 교수학습방법의 다양화이다.

해설

농촌지도사업이 앞으로 강조해야 할 지향
㉠ **기관의 변화 방향**: 정부기관과 비정부기관의 연계 및 학교교육과 사회교육의 연계
㉡ **대상의 변화 방향**: 농촌주민에서 도시주민으로의 확대, 성인중심에서 전 연령층으로의 확대
㉢ **내용의 변화 방향**: 농업기술과 농촌 관련 사업과의 연계 및 직업농업교육과 교양농업교육의 연계
㉣ **방법의 변화 방향**: 온라인교육과 오프라인교육의 연계 및 교수학습방법의 다양화

정답 03.④ 04.②

05

농촌진흥조직의 활력화를 위한 7대 개혁과제에 속하지 않은 것은?

① 농촌행정기능과 농촌지도사업의 구분
② 농촌진흥기관의 정체성 재정립
③ 전문 인력육성 프로그램 혁신
④ 고객중심의 새로운 농촌진흥사업 확충

해설
농촌진흥조직의 활력화를 위한 7대 개혁과제
㉠ 농촌진흥기관의 정체성 재정립
㉡ 조직 활력화를 위한 제도개선
㉢ 고객중심의 새로운 농촌진흥사업 확충
㉣ 영농현장중심의 기술개발역량확충
㉤ 중앙과 지방의 업무 연계 활성화
㉥ 전문 인력육성 프로그램 혁신
㉦ 창조적 조직혁신 문화 기반 확충

[14. 지도사 기출변형]

06

21세기의 농촌성인교육이 지향해야 할 방향으로 가장 적절하지 않은 것은?

① 세계화에 대응하기 위해 국제적인 농업정보교육에 주력한다.
② 최신의 전문화된 농업기술교육을 강화하여 농업생산성을 향상한다.
③ 농업의 대량생산체제에 발맞추어 보편적인 농업기술을 확대, 보급한다.
④ 고령화 사회에 대응하기 위한 노령층 평생교육을 강화한다.
⑤ 농업노동력의 지속적인 감소에 대비하기 위해 생력화 기술교육을 강조한다.

해설
1970~80년대 고도의 성장기에는 보편적인 농업기술보급을 강조하였다면, 21세기에는 개별적인 품목에 대한 지식정보기술에 입각한 수확후관리 및 가공기술을 우선하며, 제품의 멀티미디어화, 개인화 등을 강조한다.

05.① 06.③ 정답

07

농산물 전자상거래를 촉진하기 위한 지도방안으로 적절하지 않은 것은?

① 농업인의 컴퓨터 숙련도를 높이기 위한 교육을 강화한다.
② 홍보 및 마케팅 전략에 대한 교육을 강화한다.
③ 출하생산물의 표준화, 규격화를 위한 교육을 강화한다.
④ 농업인들이 다양한 농산물정보를 활용할 수 있도록 하는 교육을 강화한다.
⑤ 농가의 수익성을 보장하기 위해 통합쇼핑몰보다는 개별 농가단위의 홈페이지를 구축한다.

해설
농가의 수익성을 보장하기 위해 개별 농가단위의 홈페이지보다는 통합쇼핑몰을 구축한다.

[14. 지도사 기출변형]

08

WTO 체제에서 우리나라 농업정책이 지향해야 할 방향으로 가장 적절하지 않은 것은?

① 농산물 가격지지나 영농자재 보조 중심의 농정에서 벗어나 시장을 왜곡시키지 않는 시장중심적 농정으로 전환해야 한다.
② 직접지불제의 확대, 농산물 재해보험과 같이 농가경영의 안전을 확보할 수 있는 소득안전망을 구축해야 한다.
③ 생산기반정비를 농촌종합정비와 연계시켜 추진하는 농촌종합개발을 추진해야 한다.
④ 관세 등 무역장벽을 구축하여 우리 농산물의 수익성을 보장해야 한다.
⑤ 국제적인 농산물 교육 규범을 준수해야 한다.

해설
관세 등 무역장벽을 타파하여 우리 농산물의 국제경쟁력을 제고하여 수출농업을 강화해 나가야 한다.

[14. 지도사 기출변형]

정답 07.⑤ 08.④

09

우리나라 농촌지도사업의 문제점 중 기술보급 및 지도 영역에 해당하지 않는 것은?

① 안전농산물에 대한 소비자 불신풍조
② 농촌지도사업 홍보 부족으로 사업 필요성에 대한 인식 저하
③ 21세기 유망 생명산업으로서 농업에 대한 인식 부족
④ 도시에 비해 상대적으로 낮은 컴퓨터 보급률과 인터넷 정보화기술 활용률

해설▶
낮은 컴퓨터 보급률과 인터넷 정보화기술 활용률은 교육 및 육성 영역에 해당한다.
우리나라 농촌 기술보급 및 지도 영역의 문제점
㉠ 21세기 유망 생명산업으로서의 농업에 대한 인식 부족
㉡ 농촌지도사업 홍보 부족으로 사업 필요성에 대한 인식 저하
㉢ 지식정보화 시대, 농촌지도직공무원의 지방직화 등 사업 패러다임 변화에의 대응 미흡
㉣ 안전농산물에 대한 소비자 불신풍조
㉤ 그린라운드에 따른 선진국의 환경규제 강화
㉥ 농산물 교역 증대에 대한 국제경쟁력 미흡
㉦ 고객 및 내용에 따른 차별적 기술보급 및 지도 미흡
㉧ 중앙지원시범사업과 도·시·군 자체 추진시범 사업 내용의 일부 중복 등 실증효과 검증 미비
㉨ 지방화 등에 따른 브랜드품목 및 차별화된 지역특화 전략품목에의 집중 부족
㉩ 농업전문화 및 정보화 진전에 따른 체계적 컨설팅 수요충족 미비
㉪ 면대면 현장지도 형태의 높은 비중에 따른 시간 부족 및 대상 농업인수 제한
㉫ 시설기자재 투입사업 치중으로 생산, 유통 등 종합적 지도 부족
㉬ 현재 기관평가 중심의 농촌지도사업 평가와 사업물량 달성 중심의 개별 사업 평가
㉭ 공공기관의 무료시스템에 의한 사업추진으로 농업인의 자발적 참여 유도 부족

10

다음은 농촌지도사업의 문제점 및 발전방안을 제시하였다. 우리나라 농촌지도사업 영역 중 어디에 해당하는가?

- 문제점 : 농업인 집단의 전문성 부족
- 발전방안 : 농업인의 전문화 및 학습조직화

① 농촌자원개발 영역
② 농촌지도사업 수행 영역
③ 교육 및 육성 영역
④ 농업연구 영역

09.④ 10.③ 정답

해설
교육 및 육성 영역

문제점	개선방안
• 도시(민)에 비해 상대적으로 낮은 컴퓨터 보급률과 인터넷 등 정보화기술 활용률	• 지식정보화사회 자율대응능력 함양을 위해 농업인 정보화 기술향상
• 현 농업인 집단의 전문성 부족	• 농업인 집단의 전문화 및 학습조직화 가속화
• 공공기관의 무료 운영체제에 따른 참여의식 부족	• 요구분석을 통해 지역 상황에 적합한 다양한 프로그램 개발 및 운영 등 수요자중심 교육 • 수혜자 경비 부담제 및 모니터 제도 등을 통한 참여확대와 질적 수준 향상
• 전업화 및 소득원 다양화에 따른 교육대상자 사전요구조사 체제 미흡	• 정기적 요구분석을 통한 수요자 중심 주문식 교육

11

우리나라 농촌지도사업 수행체제의 개선방안에 대한 설명으로 옳지 않은 것은?

① 시군센터의 광역자치단체 소속기관화
② 지도공무원 업무 통합과 종합화를 통한 전문능력 함양
③ 전국 단위 기술전문가 네트워크 구축
④ 연구직과 지도직 상호 교환근무 및 센터 간 인력 활용

해설
농촌지도사업 수행체제의 개선방안

- 시군 센터의 광역자치단체 소속기관화
  - 농업행정과 분리하여 전문 농촌지도사업 수행
  - 센터의 지역특화 시험장 흡수통합 및 연계
- 농촌지도 공급자 다양화(중앙, 지방농촌진흥기관, 농협 등 농민단체, 민간 컨설팅 회사 등)에 따른 기능특성화, 유사사업 통합, 효율적 역할분담 및 상호협조
- 대화의 장 상설화(한자리 종합상담)
- 농촌지도공무원 업무 단순화 및 명확화를 통한 전문능력 향상
  - 단계별 전문화 전략수립
  - 중앙/일선 지도공무원 간 전문기능 차별화
- 전국 단위 기술전문가 네트워크 구축
- 처우개선을 통한 사기진작
  - 우수공무원 해외연수 및 학위 취득 보장
  - 지도직 특성에 부합되는 보수 및 수당체계
  - 선별포상범위 확대
- 연구직과 지도직 상호 교환근무 및 센터 간 인력활용
- 행정기관과 지도기관의 분리 및 기술 정보보급의 특성 등을 반영한 농촌지도사업 명칭 변경

정답 11.②

12

우리나라 농업기술보급사업 주요 성과 중 옳지 않은 것은?
① 1970년대 녹색혁명 - 식량증산/지도 · 보급 강화
② 1980년대 백색혁명 - 농업의 계절성 극복/생력화
③ 2000년대 품질혁명 - 고품질/저비용 생산기술
④ 2010년대 가치혁명 - 강소농 육성, 친환경 · 건강기능성 · 고부가가치

해설
우리나라 농업기술보급사업 주요 성과

1970년대	• 녹색혁명 : 식량증산/지도 · 보급 강화 • 통일벼 보급, 농촌생활개선지도(주거 · 식생활 개선)
1980년대	• 백색혁명 : 농업의 계절성 극복/생력화 • 수리시설 개선, 비닐하우스 설치기술 보급 → 사계절 신선채소 공급
1990년대	• 품질혁명 : 고품질/저비용 생산기술 • UR, WTO 대응 → 고품질 원예 품종 개발 · 보급, 축산 자동화 규모화
2000년대	• 지식혁명 : BT · IT · NT 등 융 · 복합 녹색기술(전 분야) • BT · ET · IT · NT 등 첨단과학기술 접목 → 국가 신성장 동력원으로 부상
2010년대	• 가치혁명 강소농 육성, 친환경 · 건강기능성 고부가가치 • 薬食同原시대 → 고부가가치 창출, 식의약 소재산업, 수출농업

[19. 전북지도사 기출]

13

백색혁명기의 농업기술보급 성과로 옳은 것은?
① 첨단과학기술 접목하여 국가 신성장 동력원으로 부상
② 비닐하우스 설치기술 보급하여 사계절 신선채소 공급
③ 친환경 · 건강기능성 고부가가치 창출
④ 고품질 원예 품종 개발 · 보급

해설
① 2000년대 지식혁명, ③ 2010년대 가치혁명, ④ 1990년대 품질혁명

14

다음 중 농촌지도사업의 패러다임 전환으로 옳지 않은 것은?

		과거의 농촌지도사업	현재의 농촌지도사업
①	대상	농업인	소비자+농업인
②	기능	생산~소비 일관 기술보급	학습단체육성
③	방법	대면접촉 상담	사이버 상담
④	지원	지역 내 지도사 활용	전국 기술전문가 네트워크

12.③ 13.② 14.② 정답

농촌지도사업의 패러다임 전환

구분	과거의 농촌지도사업	현재의 농촌지도사업
개념	새로운 기술을 교육 또는 시범사업을 통하여 보급하는 사업	농업 농촌의 유지 발전과 이와 관련된 기술·정보를 수집·가공·분산·연계하는 공공서비스
대상	농업인	소비자 + 농업인
기능	• 생산기술보급 • 학습단체육성 • 농촌생활개선 • 시범농가 전시지도	• 생산~소비 일관 기술보급 • 품목별 조직 및 후계인력 육성 • 농촌지역사회개발 • 기술·경영 컨설팅
방법	대면접촉 상담	사이버 상담
지원	지역 내 지도사 활용	전국 기술전문가 네트워크

15

[20. 경북지도사 기출]

농촌지도사업의 패러다임의 전환으로 옳지 않은 것은?

① 과거에는 새로운 기술의 전시 교육이 강조되었다.
② 현재는 생산~소비까지 일관 기술을 보급한다.
③ 과거에는 학습단체 육성 및 후계인력 육성을 강조했다.
④ 과거는 대면접촉 상담을, 현재는 사이버 상담으로 전환된다.

과거에는 학습단체 육성 및 농촌생활개선을 강조했다면, 현재는 품목별 조직 및 후계인력 육성을 강조한다.

16

[17. 지도사 기출변형]

농촌지도사업의 패러다임전환에서 과거, 현재의 농촌지도사업에 대한 설명 중 틀린 것은?

① 대상이 농업인에서 소비자·농업인으로 전환되었다.
② 현재의 방법은 사이버 상담으로 전환되었다.
③ 기능 중 농촌지역사회개발은 농촌생활개선으로 전환되었다.
④ 과거 시범농가 전시지도는 현재 기술·경영 컨설팅으로 변화되었다.

기능 중 농촌생활개선은 농촌지역사회개발로 전환되었다.

정답 15.③ 16.③

17

우리나라 농촌지도사업의 전략과제 도출에 대한 설명으로 옳지 않은 것은?

① 선도전략이란 앞으로 일어날 농업환경의 변화를 우리에게 유리한 방향으로 이끌어 가는 것이다.
② 대응전략이란 바람직한 방향을 사전에 설정하고 농업 환경과 조건을 그 방향으로 만들어가는 전략이다.
③ 단기적으로는 대응전략을 구사해야 하겠지만 장기적으로는 선도전략을 구사해야 한다.
④ 전략과제란 지도사업의 비전 및 미션을 달성하는데 직결되는 중요한 일을 말한다.

해설
농업환경변화에 대응하는 전략
㉠ **대응전략(reactive strategy)** : 단기적 전략. 이미 일어난 농업환경 변화에 적응하는 것
㉡ **선도전략(proactive strategy)** : 장기적 전략. 앞으로 일어날 농업환경의 변화를 유리한 방향으로 이끌어가는 것. 바람직한 방향을 사전에 설정하고 농업환경과 조건을 그 방향으로 만들어나가는 전략

18

Ulrich의 경쟁력 있는 조직구축을 위한 인적자원의 역할 모델에 대한 설명으로 옳지 않은 것은?

① 1사분면의 결과는 새로워진 조직의 창출이고, 변화촉진자로서 역할을 수행한다.
② 2사분면의 결과는 전략의 실행이며, 전략적 파트너로서 역할을 담당한다.
③ 3사분면의 결과는 조직구성원의 참여이며, 관리전문가로서 역할을 수행한다.
④ 4사분면의 결과는 조직구성원의 역량 증대이며, 조직구성원을 관리하는 리더로서의 역할을 수행한다.

17.② 18.③ 정답

해설

	미래/전략에 초점(장기적)		
프로세스	**2사분면** 〈전략적 인적자원 관리〉 • 전략적이고 프로세스 관리 성격의 활동 • 결과가 전략의 실행이고, 활동은 조직 전체의 전략 달성과 직접 연계된 활동 • 전략적 파트너(strategic partner) 역할	**1사분면** 〈변화와 혁신 관리〉 • 전략적이고 사람관리 성격의 활동 • 결과가 새로워진 조직의 창출 • 변화촉진자(change agent) 역할	사람
	3사분면 〈확고한 하부구조 관리〉 • 일상적이고 프로세스 관리 성격의 활동 • 결과가 효율적 하부구조의 구축이고, 활동은 조직 프로세스를 지속적으로 개선하는 활동 • 관리전문가(administrative expert) 역할	**4사분면** 〈조직구성원 기여 관리〉 • 일상적이고 사람관리 성격의 활동 • 결과가 조직구성원의 참여와 역량 증대이고, 활동은 조직구성원의 소리에 반응하는 활동 • 조직구성원을 관리하는 리더(employee champion) 역할	
	일상/운영에 초점(단기적)		

19

Ulrich 모델에 근거한 농촌지도사업 분류 중 보기에서 제시한 영역은?

- 4-H 육성
- 영농후계자 육성
- 품목별 농업인 조직 육성
- 생활개선회 육성

① 전략적 농촌지도사업 관리
② 전략적 인적자원 관리
③ 지도사업 시스템 효율화
④ 고객 관리

해설

	미래/전략에 초점(장기적)		
프로세스	〈전략적 농촌지도사업 관리〉 • 고품질·전정생산 기술 • 수확 후 관리 및 가공기술 중점 • 수출지향 농업 • 지속가능한 친환경농법 • 종합적 기술·경영 컨설팅 • 농업·농촌의 다원적 기능 • 지역특성에 맞는 과제 중점 → 전문화된 기술지도	〈전략적 인적 자원 관리〉 • 4-H 육성 • 영농후계자 육성 • 품목별 농업인 조직 육성 • 생활개선회 육성 → 농업인 조직육성	사람
	〈지도사업 시스템 효율화〉 • 지도사업 계획 프로세스 • 지도사업 운영 프로세스 • 지도사업 평가 프로세스 → 지도사업 기반 구축	〈고객 관리〉 • 소비자 농업 육성 • 지역농업인의 일반적 기술상담 • 농업연구 및 행정 등과의 연계 (현장 피드백, 농정교육·홍보) • 농촌여성과 노인에 대한 건강 지원 → 농업복지 및 위상 제고	
	일상/운영에 초점(단기적)		

정답 19.②

[18. 충남지도사 기출변형]

20

보기에서 설명하는 농촌지도공무원의 역할은 무엇인가?

> 농업의 성격과 사업적 가능성에 대한 이해를 바탕으로, 농업인 문제를 정확히 발견하고, 적합한 전문적 해결방안(기술)을 제공하는 능력과 관련된다.

① 인적자원 개발자 능력
② 고객지원자 능력
③ 전략적 컨설턴트 능력
④ 관리전문가 능력

해설
농촌지도공무원의 역할

인적자원개발자 능력 (Ulrich 모델의 1사분면)	개인·조직의 잠재적 능력을 개발하는 일과 관련된 것으로서, 농업인의 리더십 개발(leadership development)에 필요한 능력
고객지원자 능력 (4사분면)	고객의 다양한 문제에 대응하는 것뿐 아니라 필요를 발굴·제시하여 고객만족 차원을 넘어 고객감동 단계까지 도달하도록 하는 고객만족(customer satisfaction) 능력
전략적 컨설턴트 능력 (2사분면)	농업의 성격과 사업적 가능성에 대한 이해를 바탕으로, 농업인 문제를 정확히 발견하고, 적합한 전문적 해결방안(기술)을 제공하는 수행 컨설팅(performance consulting)과 관련됨
관리전문가 능력 (3사분면)	지도사업의 효율성을 진단하고 개선하는 일과 관련된 것으로서, 지도사업 자체의 수행 개선(performance improvement) 능력

[21. 경북지도사 기출변형]

21

Ulrich 모델에서 농촌지도사의 역할수행에 요구되는 능력으로 옳지 않은 것은?

① 전략적 컨설턴트 : 농업인 문제를 정확히 발견하고, 적합한 전문적 해결방안(기술)을 제공하는 것
② 관리전문가 : 지도사업의 효율성을 진단하고 개선하는 일과 관련된 것
③ 인적자원개발자 : 개인·조직의 잠재적 능력을 개발하는 일과 관련된 것
④ 네트워커 : 바람직한 성과를 이루기 위해 필요한 사람들과 자원을 찾아 연계하는 것

해설
㉠ **농촌지도사의 역할수행에 요구되는 능력** : 인적자원개발자 능력, 고객지원자 능력, 전략적 컨설턴트 능력, 관리전문가 능력
㉡ **고객지원자 능력** : 고객의 다양한 문제에 대응하는 것뿐 아니라 필요를 발굴·제시하여 고객만족 차원을 넘어 고객감동 단계까지 도달하도록 하는 고객만족(customer satisfaction) 능력

20.③ 21.④ 정답

22

농촌지도사의 역할 중 전략적 컨설턴트의 필요능력에 해당하지 않는 것은?

① 핵심 사업전략을 선정하고 수립할 수 있는 능력
② 변화를 관리할 수 있는 능력
③ 품목별 전문지식 및 기술을 활용할 수 있는 능력
③ 농업인을 비롯한 관련 이해당사자들에게 영향력을 행사할 수 있는 능력

해설
변화를 관리할 수 있는 능력은 인적자원개발자의 필요능력이다.

23

농촌지도사의 역할 수행능력 중에서 관리전문가에게 필요한 능력은?

① 품목별 전문지식 및 기술을 활용할 수 있는 능력
② 지도사업 프로세스와 시스템에 대한 전문 지식
③ 고객의 작업환경을 진단할 수 있는 능력
④ 개인 및 집단의 요구에 맞는 프로그램을 개발할 수 있는 능력

해설

인적자원 개발자	• 개인 및 집단의 요구에 맞는 프로그램을 개발할 수 있는 능력 • 집단의 분위기를 조절하고, 촉진할 수 있는 능력 • 조직(시스템)의 문제를 확인하기 위해 진단할 수 있는 능력 • 개인의 문제를 발견하고, 효과적으로 상담할 수 있는 능력 • 변화를 관리할 수 있는 능력
고객지원자	• 고객의 작업환경을 진단할 수 있는 능력 • 고객의 능력을 개발할 수 있는 능력 • 고객의 수행을 관리할 수 있는 능력 • 고객에게 필요한 정보나 자원을 찾아 적시에 제공할 수 있는 능력
전략적 컨설턴트	• 핵심 사업전략을 선정하고 수립할 수 있는 능력 • 농업인의 수행 문제를 찾아낼 수 있는 능력 • 품목별 전문지식 및 기술을 활용할 수 있는 능력 • 농업인을 비롯한 관련 이해당사자들에게 영향력을 행사할 수 있는 능력
관리전문가	• 지도사업 프로세스와 시스템에 대한 전문 지식 • 지도사업 프로세스 개선 능력 • 정보기술을 활용할 수 있는 능력 • 고객과의 관계를 관리할 수 있는 능력 • 지도사업 서비스에 대한 요구분석 능력

[17. 지도사 기출변형]

[18. 경북지도사 기출변형]

[19. 경남지도사 기출]

24

전략적 컨설턴트 역할 수행이 아닌 것은?

① 농업인의 수행 문제를 찾아낼 수 있는 능력
② 핵심 사업전략을 선정하고 수립할 수 있는 능력
③ 개인 및 집단의 요구에 맞는 프로그램을 개발할 수 있는 능력
④ 농업인을 비롯한 관련 이해당사자들에게 영향력을 행사할 수 있는 능력

해설
③ 인적자원 개발자의 능력

25

한국 농촌지도사의 역할 수행에 요구되는 능력으로 옳지 않은 것은?

① 전략적 컨설턴트는 핵심 사업전략을 선정하고 수립하는 능력이 필요하다.
② 인적자원 개발자는 조직의 문제를 확인하기 위해 진단할 수 있는 능력이 필요하다.
③ 고객지원자는 농업인의 수행문제를 찾아낼 수 있는 능력이 필요하다.
④ 관리전문가는 지도사업 프로세스와 시스템에 대한 전문지식이 필요하다.

해설
농촌지도사의 역할 수행에 요구되는 능력

역할	필요능력
인적자원 개발자	• 개인 및 집단의 요구에 맞는 프로그램을 개발할 수 있는 능력 • 집단의 분위기를 조절하고, 촉진할 수 있는 능력 • 조직(시스템)의 문제를 확인하기 위해 진단할 수 있는 능력 • 개인의 문제를 발견하고, 효과적으로 상담할 수 있는 능력 • 변화를 관리할 수 있는 능력
고객지원자	• 고객의 작업환경을 진단할 수 있는 능력 • 고객의 능력을 개발할 수 있는 능력 • 고객의 수행을 관리할 수 있는 능력 • 고객에게 필요한 정보나 자원을 찾아 적시에 제공할 수 있는 능력
전략적 컨설턴트	• 핵심 사업전략을 선정하고 수립할 수 있는 능력 • 농업인의 수행 문제를 찾아낼 수 있는 능력 • 품목별 전문지식 및 기술을 활용할 수 있는 능력 • 농업인을 비롯한 관련 이해당사자들에게 영향력을 행사할 수 있는 능력
관리전문가	• 지도사업 프로세스와 시스템에 대한 전문 지식 • 지도사업 프로세스 개선 능력 • 정보기술을 활용할 수 있는 능력 • 고객과의 관계를 관리할 수 있는 능력 • 지도사업 서비스에 대한 요구분석 능력

24.③ 25.③ 정답

26

농촌지도공무원의 역할을 효과적으로 수행하기 위해 필요한 능력을 나눈 것으로 바르지 않은 것은?

① 전략적 컨설턴트로서 조직(시스템)의 문제를 확인하기 위해 진단할 수 있는 능력이 필요하다.
② 인적자원 개발자로서 개인 및 집단의 요구에 맞는 프로그램을 개발할 수 있는 능력이 필요하다.
③ 고객지원자로서 고객의 작업환경을 진단할 수 있는 능력이 필요하다.
④ 관리전문가로서 고객과의 관계를 관리할 수 있는 능력이 필요하다.

해설
인적자원 개발자는 조직(시스템)의 문제를 확인하기 위해 진단할 수 있는 능력이 필요하다.

27

농촌지도사업 영역별 역할 중 전략적 컨설턴트의 세부역할이 아닌 것은?

① 수행전문가
② 조직·시스템 설계자
③ 조정자
④ 기술내용전문가

해설
지도사업 영역별 지도대상과 역할 설정

포괄적 역할	업무영역	지도대상	세부역할
인적자원 개발자	개인·조직의 변화역량 관리	• 4-H • 영농후계자 • 품목별 농업인 조직	• 교육프로그램 개발자 • 강사(전달자) • 그룹 촉진자 • 상담자
고객지원자	고객관리	• 농업인 • 소비자 • 농업연구 • 농업행정	• 고객요구 분석가 • 정보제공자 • 지역사회 자원 동원자 • 마케터
전략적 컨설턴트	전략적 지도사업 관리	• 농업인(전업농가) (농업연구/행정과의 파트너십 중요)	• 수행전문가 • 기술내용전문가 • 조정자
관리전문가	지도사업 시스템 효율화	• 지도사업의 모든 수혜자	• 업무시스템 분석가 • 조직·시스템 설계자 • 조정자

[17. 지도사 기출변형]

정답 26.① 27.②

[24 충북지도사]

28

농촌지도사업의 영역 중 인적자원 개발자의 세부역할은?

① 상담자
② 기술내용 전문가
③ 고객요구 분석가
④ 업무시스템 분석가

해설

포괄적 역할	세부역할
인적자원개발자	교육프로그램개발자, 강사(전달자), 그룹 촉진자, 상담자
고객지원자	고객요구 분석가, 정보제공자, 지역사회 자원 동원자, 마케터
전략적컨설턴트	수행전문가, 기술내용전문가, 조정자
관리전문가	업무시스템 분석가, 조직·시스템 설계자, 조정자

29

농촌지도조직의 구조변화에 대한 설명으로 바르지 않은 것은?

① 농업행정에 통합되어 있는 시군농업기술센터의 농촌지도 기능을 분리하여 독립적 기능으로 만들어야 한다.
② 농촌지도공무원의 신분을 지방직에서 국가직으로 환원하거나 도원 소속으로라도 바꾸어야 한다.
③ 농촌지도 기능과 시험연구 기능의 연계를 보다 실질적으로 강화해야 한다.
④ 농업기술·경영 컨설팅·사이버 상담을 확대 강화해야 한다.

해설
지도조직 구조 변화
㉠ 농업행정과 통합된 농업기술센터의 농촌지도 기능을 분리·독립적 기능을 수행해야 함
㉡ 농촌지도공무원의 신분을 지방직에서 국가직으로 환원 또는 도원 소속으로 전환해야 함
㉢ 농촌지도-시험연구 기능의 연계를 보다 실질적으로 강화해야 함. 연구결과의 신속한 보급으로 농업인의 실용화를 촉진하기 위함
㉣ 지역적 특성(농업인구, 품목 등)을 고려하여 전략적으로 조직구조를 설계할 필요가 있음

28.① 29.④ 정답

30

지도사업 방식 및 시스템의 변화와 관련한 우리나라 농촌지도사업의 과제에 대한 설명으로 옳지 않은 것은?

① 지도사업의 수요자중심의 사고로 전환하고, 실제 지도사업방식과 시스템에 반영되어야 한다.
② 농업기술, 경영컨설팅 및 사이버상담을 확대, 강화해야 한다.
③ 집단중심 지도방식에서 벗어나 개별농가 중심의 농촌지도를 강화해야 한다.
④ 농촌지도사업의 결과평가에 고객을 참여시키는 방식을 도입할 필요가 있다.

해설
지도사업 방식 및 시스템 변화
㉠ 농업기술·경영컨설팅·사이버 상담을 확대 강화해야 한다.
㉡ 개별농가 중심이 아니라 집단(조직) 중심의 농촌지도를 강화해야 한다.
㉢ 농촌지도사업 고객(수요자)의 요구를 신속·정확하게 파악할 수 있고, 결과 평가에 고객 참여 방식을 도입할 필요가 있다.

31

우리나라 지도사업 문화에 대한 설명으로 옳지 않은 것은?

① 현재 농촌지도기관의 조직문화는 시군 센터의 통합과 분리의 반복으로 조직의 불안정성이 높다.
② 농업행정의 우월적 지위에 밀리다 보니 피해의식이 커져 있으며 의욕이 떨어져 있는 상태이다.
③ 농촌지도사업이 발전하려면 정부주도적으로 조직을 개편해야 한다.
④ 지도공무원 자신들이 농촌지도 기능의 고유성과 전문성을 인정하고 사기와 의욕을 높여주어야 한다.

해설
지도사업 문화 변화
㉠ 현재 우리나라 농촌지도기관의 조직문화는 시군센터의 통합·분리의 반복으로 조직의 불안정성이 높아서 사기가 떨어져 있고, 농업행정의 지위에 밀리어 피해의식이 커져 있음
㉡ 향후 지도사업이 발전하기 위해서 지도기관 스스로 성찰하고, 활기차고 일하고 싶은 조직문화를 만들어가야 함
㉢ 농촌지도기관의 바람직한 조직문화는 어떤 것인지 구성원이 함께 토론하고 규정할 필요가 있으며, 모든 계층의 참여와 헌신을 통해 가능함
㉣ 농촌지도의 혁신주체는 지도공무원이기 때문에 국가 차원에서 농촌지도의 고유성·전문성을 인정하고, 지도공무원의 사기·의욕을 높여주는 지원이 필요함

[19. 경남지도사 기출]

32

농촌진흥법에서 지도사업에 대한 설명 중 옳지 않은 것은?

① 농업경영체의 경영 진단 및 지원
② 연구개발 성과의 보급
③ 농촌자원의 소득화 및 생활개선 지원
④ 농업인, 청소년 및 이와 관련된 단체의 구성원에 대한 교육훈련

해설
④는 교육훈련사업에 해당한다.
농촌지도사업 : 연구개발 성과의 보급과 농업경영체의 경영혁신을 통하여 농업의 경쟁력을 높이고 농촌자원을 효율적으로 활용하는 사업
가. 연구개발 성과의 보급
나. 농업경영체의 경영 진단 및 지원
다. 농촌자원의 소득화 및 생활 개선 지원
라. 농업후계인력, 농촌지도자 및 농업인 조직의 육성
마. 농작물 병해충의 과학적인 예찰, 방제정보의 확산 및 기상재해에 대비한 기술 지도
바. 가축질병 예방을 위한 방역 기술 지도
사. 그 밖에 농촌지도에 관하여 대통령령으로 정하는 업무

[18. 경남지도사 기출변형]

33

농촌진흥법에 명시된 교육훈련사업에 해당하는 것은?

① 연구개발 성과의 보급
② 농촌자원의 소득화 및 생활개선 지원
③ 농업인, 청소년 및 이와 관련된 단체의 구성원에 대한 교육
④ 농업경영체의 경영진단 및 지원

해설
농촌진흥청 업무(농촌진흥법)

연구개발사업	가. 식량자원의 안정적 확보를 위한 조사·연구 나. 품종개발 및 농업유전자원의 수집·보존·활용과 이에 관련된 조사·연구 다. 농축산물·농식품의 생산성 향상, 안전성, 수확 후 관리, 가공·이용, 부가가치 제고 등에 관한 조사·연구 라. 농업 및 농업환경의 유지·보전에 관한 조사·연구 마. 농업·농촌 생활환경, 문화의 보존 및 여성 농업인의 실태에 관한 조사·연구 바. 농업생물자원의 활용을 위한 첨단기술 연구개발 사. 농기계·농약·비료 등 농자재의 표준규격 설정 및 품질관리에 관한 조사·연구 아. 그 밖에 연구개발에 관하여 대통령령으로 정하는 업무

32.④ 33.③ 정답

농촌 지도사업	가. 연구개발 성과의 보급 나. 농업경영체의 경영 진단 및 지원 다. 농촌자원의 소득화 및 생활 개선 지원 라. 농업후계인력, 농촌지도자 및 농업인 조직의 육성 마. 농작물 병해충의 과학적인 예찰, 방제정보의 확산 및 기상재해에 대비한 기술 지도 바. 가축질병 예방을 위한 방역 기술 지도 사. 그 밖에 농촌지도에 관하여 대통령령으로 정하는 업무
교육훈련 사업	가. 농촌진흥사업에 종사하는 공무원 등에 대한 교육훈련 나. 농업인, 청소년 및 이와 관련된 단체의 구성원에 대한 교육훈련 다. 농업관련 학교의 교원 및 학생에 대한 교육훈련 라. 그 밖에 교육훈련에 관하여 대통령령으로 정하는 업무
국제협력 사업	가. 국제기구 및 국제연구기관 등과의 농업기술에 관한 공동연구개발·보급사업 나. 외국의 정부, 대학, 민간기구 등과의 농업기술에 관한 공동연구개발·보급사업 다. 그 밖에 국제협력에 관하여 대통령령으로 정하는 업무

34

[18. 강원지도사 기출변형]

농촌진흥법에서의 농촌지도가 아닌 것은?

① 농자재의 표준규격 설정 및 품질관리
② 농업인 조직의 육성
③ 기상재해에 대비한 기술 지도
④ 농업경영체의 경영 진단

해설
농촌지도사업
가. 연구개발 성과의 보급
나. 농업경영체의 경영 진단 및 지원
다. 농촌자원의 소득화 및 생활 개선 지원
라. 농업후계인력, 농촌지도자 및 농업인 조직의 육성
마. 농작물 병해충의 과학적인 예찰, 방제정보의 확산 및 기상재해에 대비한 기술 지도
바. 가축질병 예방을 위한 방역 기술 지도
사. 그 밖에 농촌지도에 관하여 대통령령으로 정하는 업무

35

[17. 지도사 기출변형]

농촌진흥법에 규정하고 있는 농촌지도사업에 해당하지 않는 것은?

① 농업후계인력, 농촌지도자 및 농업인 조직의 육성
② 농업인, 청소년 및 이와 관련된 단체의 구성원에 대한 교육훈련
③ 농촌자원의 소득화 및 생활 개선 지원
④ 농업경영체의 경영 진단 및 지원

해설
농촌진흥법
제1장 제2조 제3호 농촌지도사업: 연구개발 성과의 보급과 농업경영체의 경영혁신을 통하여 농업의 경쟁력을 높이고 농촌자원을 효율적으로 활용하는 사업
가. 연구개발 성과의 보급
나. 농업경영체의 경영 진단 및 지원
다. 농촌자원의 소득화 및 생활 개선 지원
라. 농업후계인력, 농촌지도자 및 농업인 조직의 육성
마. 농작물 병해충의 과학적인 예찰, 방제정보의 확산 및 기상재해에 대비한 기술 지도
바. 가축질병 예방을 위한 방역 기술 지도
사. 그 밖에 농촌지도에 관하여 대통령령으로 정하는 업무
제1장 제2조 제4호 교육훈련사업: 농촌진흥사업에 종사하는 공무원과 농업인 등의 역량개발을 지원하여 경쟁력 있는 전문 인력으로 양성하는 사업
가. 농촌진흥사업에 종사하는 공무원 등에 대한 교육훈련
나. 농업인, 청소년 및 이와 관련된 단체의 구성원에 대한 교육훈련
다. 농업관련 학교의 교원 및 학생에 대한 교육훈련
라. 그 밖에 교육훈련에 관하여 대통령령으로 정하는 업무

[20. 경남지도사 기출]

36

농촌진흥법 제1장 제2조에서 규정하는 농촌지도사업이 아닌 것은?

① 농업경영체의 경영 진단 및 지원
② 농촌자원의 소득화 및 생활 개선 지원
③ 농업후계인력, 농촌지도자 및 농업인 조직의 육성
④ 농업인, 청소년 및 이와 관련된 단체의 구성원에 대한 교육훈련

해설
④ 교육훈련사업

37

농촌진흥사업의 기본계획에 포함되지 않는 것은?

① 농촌진흥사업의 기반 조성과 재원 조달방안
② 농촌진흥사업의 기본 방향과 중장기 목표
③ 농촌진흥사업의 평가와 성과관리에 관한 사항
④ 농촌진흥사업별 중점 추진전략

해설
농촌진흥법
제5조 ② 농촌진흥사업의 기본계획
1. 농촌진흥사업의 기본 방향과 중장기 목표
2. 농촌진흥사업별 중점 추진전략

3. 농촌진흥사업의 기반 조성과 재원 조달방안
  4. 그 밖에 농촌진흥청장이 필요하다고 인정하는 사항
제6조 ① 농촌진흥사업심의위원회의 심의사항
  1. 기본계획과 시행계획에 관한 사항
  2. 농촌진흥사업 육성을 위한 주요 정책 수립과 조정에 관한 사항
  3. 농촌진흥사업의 평가와 성과관리에 관한 사항
  4. 그 밖에 위원장이 필요하다고 인정하여 회의에 부치는 사항

38

정부, 정부출연 연구기관과 민간 등의 농업과학기술 분야 연구개발 성과의 실용화를 촉진하기 위하여 설치한 기구는?

① 국립농업과학원　　　　　② 한국농업기술진흥원
③ 농촌자원연구소　　　　　④ 농촌진흥사업심의위원회

해설
농촌진흥법 제33조 ③ 진흥원의 사업
1. 연구개발 성과의 실용화를 위한 중개와 알선
2. 연구개발 성과의 실용화를 위한 조사와 연구
3. 영농 현장에서의 연구개발 성과 활용 지원
4. 연구개발 성과의 사업화
5. 특허 등 지식재산권의 위탁관리 업무
6. 농가와 농업생산자 단체 등의 연구개발 성과 사업화 지원
7. 농식품 벤처·창업 활성화 지원
8. 연구개발 성과의 실용화 촉진을 위하여 국가 또는 지방자치단체가 위탁하거나 대행하게 하는 사업
9. 그 밖에 연구개발 성과의 실용화를 위하여 대통령령으로 정하는 사업

39

[20. 경남지도사 기출]

현재(2020년) 우리나라 농촌지도사업목표로 옳지 않은 것은?

① 안전, 안심 기술로 국민들에게 안정적 먹거리 제공
② 국민요구에 부응하는 농업농촌의 다기능성 극대화
③ 미래대응 혁신역량 강화를 위한 경영개선 및 품목조직 활성화
④ 농촌자원의 융복합화로 지역경제의 활성화 및 일자리 창출

해설
제2차 농촌진흥사업 기본계획(18~22)
㉠ 농촌지도 사업목표
 • 안전, 안심 기술로 국민에게 안정적 먹거리 제공
 • 농촌자원의 융복합화로 지역경제 활성화 및 일자리 창출

- 소득연계 비용절감 식품기술 확산으로 농산물 가치 증대
- 미래대응 혁신역량 강화로 경영개선 및 품목조직 활성화

ⓒ 연구개발 사업목표
- 농업 농촌의 혁신성장을 선도하는 농업과학기술의 융복합화 추진
- 국민 요구에 부응하는 농업 농촌의 다기능성 극대화
- 안전한 먹거리의 안정 공급을 위한 기술혁신 강화

40 [19. 강원지도사 기출]

농촌진흥청의 농촌진흥사업 기본계획에 대한 설명으로 옳지 않은 것은?

① 소득연계 비용절감 식품기술 확산으로 농산물 가치 증대
② 농촌자원의 융복합화로 지역경제 활성화 및 일자리 창출
③ 안전한 먹거리의 안정 공급을 위한 기술혁신 강화
④ 미래대응 혁신역량 강화로 경영개선 및 품목조직 활성화

해설
③은 연구개발사업 목표이다.

41 [23. 충북지도사]

2023 농촌지도법률 추진과제 중 지속가능한 미래농업 실현을 위한 추진과제가 아닌 것은?

① 먹거리의 안정적인 공급으로 식량주권확보
② 청년농업인 육성 및 성장 생태계 구축
③ 탄소중립 환경친화적 농업기술로 농업의 지속가능성 강화
④ 한국 농업기술의 글로벌 확산 및 국제 협력선도

해설
제3차 농촌진흥사업 기본계획(2023~2027)

목표	추진과제
농업의 미래성장 산업화	• 데이터 기반의 스마트농업 확산과 고도화 • 그린바이오 융복합화로 농업의 미래 경쟁력 제고
지속가능한 미래농업 실현	• 먹거리의 안정적이 공급으로 식량주권 확보 • 탄소중립·환경친화적 농업기술로 농업의 지속가능성 강화 • 한국 농업기술의 글로벌 확산 및 국제협력 선도
풍요롭고 활력이 넘치는 농촌 구현	• 지역농업 활성화 및 농촌 재생 지원 • 청년농업인 육성 및 성장 생태계 구축
건강하고 행복한 국민의 삶 실현	• 치유농업 활성화로 국민 행복 증진 및 신산업 창출 • 농업인 안전재해 예방 및 복지향상

40.③ 41.②

수험서의 NO.1
서울고시각

편저자약력

장사원

- (전) 7·9급 공무원 시험 합격
  농촌지도사·농업연구사 시험 합격
  9급 공무원 시험 출제편집위원
  5급 사무관 승진시험 출제편집위원
  농촌지도사 및 농업연구사 출제편집위원
  농업연구사 (생명공학 연구)

- (현) 서울 윌비스 고시학원 전임교수

- 저서 : 컨셉 재배학
  컨셉 식용작물학
  컨셉 작물생리학
  컨셉 농촌지도론
  컨셉 토양학
  컨셉 공무원 생물학
  컨셉 재배학 기출문제집
  컨셉 식용작물학 기출문제집
  컨셉 작물생리학 기출예상문제집
  컨셉 농촌지도론 기출예상문제집
  컨셉 토양학 기출예상문제집
  컨셉 공무원 생물학 기출문제집
  컨셉 유기농업기능사(필기+실기)

※ 인터넷강의 : www.willbesgosi.net (윌비스 고시학원)
※ Q&A : cafe.daum.net/youryang

ConCept
농촌지도론
기출예상문제집

인쇄일 2025년 2월 10일
발행일 2025년 2월 15일

편저자 장사원
발행인 김용관
발행처 ㈜서울고시각
주 소 서울시 마포구 양화로7길 83 2층(데이비드 빌딩)
대표전화 02.706.2261
상담전화 02.706.2262~6 | FAX 02.711.9921
인터넷서점·동영상강의 www.edu-market.co.kr
E-mail gosigak@gosigak.co.kr
표지디자인 이세정
편집디자인 김수진, 황인숙
편집·교정 이대근

ISBN 978-89-526-4984-3
정 가 29,000원

• 이 책에 실린 내용에 대한 저작권은 ㈜서울고시각에 있으므로 무단으로 전재하거나 복제, 배포할 수 없습니다.